GEORGE MONBIOT

NEULAND

GEORGE MONBIOT

NEULAND

Wie wir die Welt ernähren können, ohne den Planeten zu zerstören

Aus dem Englischen von Rita Gravert

BLESSING

Originaltitel: *Regenesis. Feeding the World without Devouring the Planet*
Originalverlag: Allen Lane, Penguin Books, London

MIX
Papier aus verantwortungsvollen Quellen
FSC® C014496
www.fsc.org

Klimaneutral*
Druckprodukt
ClimatePartner.com/14044-1912-1001

Penguin Random House Verlagsgruppe FSC® N001967

1. Auflage, 2022

Satz: Leingärtner, Nabburg
Druck und Einband: GGP Media GmbH, Pößneck
Umschlaggestaltung: Bauer & Möhring Grafikdesign; Berlin
Printed in Germany
ISBN: 978-3-89667-687-0

www.blessing-verlag.de

Für meine wunderbare Assistentin Fi,
ohne die das alles nicht möglich gewesen wäre

Inhalt

1 WAS UNTER UNS LIEGT

Ein wunderschöner Ort für einen Obstgarten, aber ein furchtbarer, um Obst anzubauen. Hier in Zentralengland, weit weg vom schützenden Puffer des Meeres, werden die Bäume vom späten Frost hart getroffen. Für gewöhnlich fließt kalte Luft wie Wasser ab, doch auf dieser flachen Parzelle, umgeben von einem Damm aus Häuserreihen, staut und sammelt sie sich und ertränkt den Obstgarten in einer Kältewelle.

Jedes Jahr, wenn die Bäume zu blühen anfangen, erwacht mit den aufbrechenden Knospen auch meine Hoffnung. Doch in zwei von drei Jahren verkümmern sie mitsamt den Blüten. Wie ein Giftgas kriecht der Frost in die Zweige, färbt die Staubgefäße schwarz und lässt sie welken.

Im Herbst ist der Obstgarten schließlich ein lebendes Abbild der Frühjahrstemperaturen. Die verschiedenen Apfelsorten erblühen zwar zu unterschiedlichen Zeitpunkten, doch jede hat Jahr für Jahr den gleichen Rhythmus. Der Frost vernichtet nur die bereits geöffneten Blüten, es sei denn, er ist ungewöhnlich hart. Anhand der Bäume mit und ohne Blüten kann man beinahe bis auf die Nacht genau bestimmen, wann der Frost zugeschlagen hat.

Jede Sorte gehört zur selben Art: *Malus domestica*, was wörtlich übersetzt das gezähmte Böse heißt. Die Ursachen für die jahrhundertealte begriffliche Herabsetzung dieses hübschen Baumes sind komplex. Am wahrscheinlichsten handelt es sich um eine etymologische Verwirrung: Anscheinend ist eine dialektale Bezeichnung für Frucht – μᾶλνο oder ›malon‹ – vom Griechischen ins Lateinische gerutscht, wo es sozusagen korrumpiert wurde: zu *malum*, das Böse.

Aus dieser einzelnen Art, zu gut, um wahr zu sein, wurden die unterschiedlichsten Sorten gezüchtet: Speiseäpfel, Backäpfel, Saftäpfel und Trockenäpfel in einer erstaunlichen Variation von Größen, Formen, Farben, Düften und Geschmacksrichtungen. Bei uns wächst Miller's Seedling, der im August reif ist und direkt vom Baum verzehrt werden sollte, weil die kleinste Erschütterung Stellen in seiner durchscheinenden Schale hinterlässt. Er ist süß und mild und enthält mehr Saft als Fruchtfleisch. Dagegen ist der Wyken Pippin beim Pflücken hart wie Holz und bis in den Januar kaum essbar. Dann aber bleibt er knackig bis zum folgenden Mai. Wir ernten den St. Edmund's Pippin, dessen Schale an Sandpapier erinnert, im September, wenn er für zwei Wochen trocken, nussig und aromatisch ist, und danach zerfällt. Außerdem den Golden Russet, dessen Geschmack und Textur beinahe identisch ist, sich bei ihm jedoch erst im Februar ausprägen. Mein Lieblingsapfel, der Ashmead's Kernel, ist knackig mit einer Note Kümmel und schmeckt am besten mitten im Winter. Der Reverend W. Wilks bauscht beim Backen auf wie Wolle und schmeckt wie weicher Weißwein. Wenn man den Catshead an Weihnachten röstet, ist er kaum von Mangopüree zu unterscheiden. Ribston Pippin, Mannington's Pearmain, Kingston

Black, Cottenham Seedling, D'Arcy Spice, Belle de Boskoop und Ellis Bitter: All diese Äpfel sind Kapseln von Zeit und Ort, Kultur und Natur.

Da jeder Baum unterschiedliche Bedingungen braucht, um zu gedeihen, wachsen einige von ihnen hier besser als andere. Einige Sorten sind so stark an Boden und Klima ihres Ursprungsortes angepasst, dass sie sich bereits auf der anderen Seite desselben Hügels enttäuschend entwickeln. Indem wir Sorten angepflanzt haben, die zu unterschiedlichen Zeiten blühen, versuchen wir das Risiko einer Missernte zu minimieren. Dennoch verlieren wir in schlechten Jahren, wenn es wiederholt friert, fast die gesamte Ernte.

Aber ja, trotz all der geplatzten Träume ist es ein wundervoller Ort für einen Obstgarten. Als ich ihn heute Morgen betrat, verschlug seine Schönheit mir den Atem. Die ersten Apfelbäume haben zu blühen begonnen: Die rosa Knospen haben sich geöffnet und zeigen ihre blassen Herzen. Die Birnen- und Kirschbäume stehen in voller Blüte und tragen so viele weiße Blütenblätter, dass ihre Zweige sich mit jeder Brise heben.

Ich laufe die Baumreihen ab und sauge ihren Duft ein. Jede Sorte hat einen schwachen, ganz eigenen Duft: Einige Blüten duften wie Hyazinthen, andere nach Flieder, wiederum andere nach Seidelbast oder Schneeball. Ich bilde mir ein, eine bestäubte Blüte am Geruch zu erkennen: Kaum dass ihr Parfüm nicht mehr gebraucht wird, um Bienen und Schwebfliegen anzulocken, verliert es sich. Die schneeweiße Birnenblüte mit ihren zwanzig schwarzen Staubgefäßen, die wie kleine Pferdehufe aussehen, sondert einen widerlichen Gestank nach Sardellen ab. Die Blütenblätter der Kirschbäume fallen bereits herunter und schweben wie Federn im leichten Wind. Das frische Gras ist von Schatten durchzogen, und Ringeltauben gurren in den Pflaumenbäumen. All dies nur ein paar hundert Meter von unserem Haus entfernt zu haben, erscheint mir als ein großer Luxus. Ein Luxus, für den wir unter den fünf Familien, die daran beteiligt sind, nur 75 Pfund im Jahr zahlen, was etwa 88 Euro entspräche.

Der Obstgarten befindet sich auf drei aneinander grenzenden Parzellen einer gemeinschaftlichen Gartensiedlung. Seit 1878 haben die Lokalregierungen in England den Bürgern Land zugeteilt, auf dem sie Gemüse und Früchte anbauen können. Im Prinzip haben wir seit 1908 per Gesetz das Recht, anzubauen.

In der Praxis beträgt die Wartezeit in manchen Städten allerdings zwanzig Jahre oder sogar mehr. Ohne es zu wollen, verbreitete dieses Gesetz im wahrsten Sinne des Wortes Anarchie. Es schuf Tausende selbst organisierter, selbst regierter Gemeinschaften, *commons* genannt. Auch wenn das Land der jeweiligen Gemeinde gehört, wird es von den Menschen, die darauf arbeiten, verwaltet und gepflegt.

Unsere Siedlung in Oxford teilt sich in 220 Parzellen, die von Menschen bewirtschaftet werden, die aus aller Welt in die Stadt gekommen sind. Wir bestäuben unser Wissen gegenseitig mit fremden Körnchen aus den seltsamsten Erfahrungsschätzen.

Vor siebzehn Jahren schienen die Gemeinschaftsgärten auszusterben. Lediglich ein Zehntel der Parzellen war besetzt. Die verbleibende Gemeinschaft suchte verzweifelt nach Menschen, die eine Parzelle übernahmen: Ansonsten würde die Stadt das Grundstück zur Bebauung freigeben. Sie verpachteten mir zweieinhalb aneinandergrenzende Parzellen, von der eine von bis zu drei Meter hohen Brombeersträuchern überwuchert war. Ich verbrachte einen Monat damit, sie mit einem Buschmesser zurückzuschneiden und ihre Wurzeln mit einer Hacke auszugraben. Unter ihnen lag eine schlafende Schönheit. Wiesengräser, Schlüsselblumen, Margeriten, Wildes Vergissmeinnicht, Wicke, Flockenblume, Gemeines Benediktenkraut, Skabiosen, Schafgarbe, Spitzwegerich, Gewöhnliches Ferkelkraut und Löwenzahn sprossen aus der Erde. Ihre Samen mussten jahrzehntelang darin geschlummert haben. Ich überredete ein paar Freunde, sich mir anzuschließen, und wir pflanzten alte Kulturobstsorten: Vor allem Apfelbäume, ein paar Pflaumenbäume, Kirschen, Birnen, einen Mispel- und einen Quittenbaum.

Gerade als die Bäume anfingen, Früchte zu tragen, verließ ich Oxford und zog nach Wales. Den Obstgarten hinter mir zu lassen, war eines der wenigen Dinge, die mir den Abschied erschwerten. Meine Freunde gaben ihn an andere Leute weiter, die ihn wiederum an andere weitergaben. Ein paar Jahre später kehrte ich aus familiären Gründen unerwartet zurück. Kurz nachdem ich angekommen war, erzählte mir einer meiner besten Freunde aus der Stadt, dass ein paar Leute, die kürzlich weggezogen waren, ihm einen wunderschönen Obstgarten überlassen hatten, der ein paar Jahre zuvor in den Gemeinschaftsgärten gepflanzt worden war … Allein war er der Aufgabe nicht gewachsen, und da fiel mir ein, dass ich ein bisschen was von Obstbäumen verstand.

Ich hatte das Gefühl, nach Hause zu kommen.

Obwohl der Obstgarten weniger als ein Zehntel Hektar umfasst, kommt er mir inzwischen manchmal vor wie meine halbe Welt. Ein lebender Kalender, der mein Jahr strukturiert. Wir haben drei weitere Familien aufgenommen und eine kleine Gemeinschaft innerhalb der *commons* gegründet. Alle paar Monate organisieren wir einen Arbeitstag mit einer Mittagspause zwischen den Bäumen. Im späten Winter und im Frühling schneiden wir die Apfel- und Birnenbäume zurück. Im Mai und September mähen wir Gras. Im Juni dünnen wir die Früchte aus. Im Oktober ernten wir die Äpfel, lagern die unversehrten ein und verbringen, falls die Ernte es erlaubt, einen ganzen Tag damit, wie verrückt den Rest zu schneiden, zu zerdrücken, zu pressen, abzukochen und in Flaschen zu füllen. Einige werden zu Saft, andere zu Apfelcider. Echter Cider enthält keine Zusatzstoffe. Die Äpfel liefern den nötigen Zucker, den Geschmack und in ihrer Schale die Hefe. Bereits an Weihnachten ist der Cider genießbar, wenn auch noch süß und voller Kohlensäure. Binnen Februar hat er sich zu einem weichen, ausgewogenen Gebräu gesetzt, meiner leidenschaftslosen Meinung nach das beste alkoholische Getränk, das je Menschenleben ruiniert hat. Ende Mai ist der Cider bereits ein wenig zu trocken und im Juli macht er seinem lateinischen Namen für Äpfel alle Ehre: Er taugt, um Graffitis zu entfernen.

Mitten im Winter veranstalten wir ein »Wassail« im Obstgarten. »Wassailing« ist ein wissenschaftliches Prozedere, das sicherstellen soll, dass die Bäume im kommenden Jahr eine reiche Ernte tragen. Die Methodologie besteht darin, zu singen und Cider zu trinken. Einer sorgfältig geprüften Hypothese zufolge gibt es einen direkten Zusammenhang zwischen dem Reichtum der Ernte und dem Aufwand, den man betrieben hat: »For more or lesse fruits they will bring, / As you give them Wassailing.«[1] Allerdings ist die Hypothese noch nicht bestätigt worden.

Und schon beginnt der Kreislauf von Neuem.

Am späten Vormittag befinde ich mich fast zwei Meter über dem Boden, mit einer Handsäge und einer langstieligen Baumsäge hantierend. Unser freundlicher Gartennachbar Stewart hat entschieden, dass er zu alt ist, um sich um seine Obstbäume zu kümmern: Er hat uns seine gesamte Baumreihe überlassen, die etwa die Größe unseres Obstgartens hat, womit unsere drei Parzellen komplett sind. Seine alten Bäume sind in einem ziemlich bemitleidenswerten Zustand, mit krummen Ästen, die entweder den Boden streifen oder so hoch in den Himmel ragen, dass man ihre Früchte unmöglich ernten kann. Darum stehe ich jetzt mitten in einem Kirschbaum, dessen Äste so voller Blüten sind, dass man kaum die Rinde erkennen kann, und begehe eine Schandtat.

Während Apfel- und Birnenbäume im Winter zurückgeschnitten werden können, müssen Steinobstbäume im Frühjahr oder frühen Sommer zurückgeschnitten werden, wenn ihre Lebenskraft steigt. Andernfalls riskiert man einen Pilzbefall oder, dass sie Baumkrebs oder die Kräuselkrankheit bekommen. Das bedeutet, dass man das unverzeihliche Verbrechen begehen muss, einen Baum in voller Blüte oder Frucht zu beschneiden. Die Äste krachen in einer Wolke aus schneeweißen Blüten zu Boden.

Obwohl mich das Gemetzel nicht unberührt lässt, liebe ich die Baumpflege. Beinahe zum Selbstzweck geworden, ist sie sowohl Pflege als auch Bildhauerei. Wenn man die großen Strukturschnitte hinter sich hat, stutzt man die verbleibenden Zweige bis auf eine Knospe zurück, die in die Richtung zeigt, in die der Baum wachsen soll. Sobald der Baum neue Triebe bildet, nimmt er die Form an, um die man ihn gebeten hat. Meine Lieblingsform ist die Spanische Form, auch Kelch genannt, bei der man den Baum zu einer breiten Tassenform zurückschneidet. Wenn man es richtig anstellt, bekommt jedes Blatt Sonnenschein und frischen Wind ab, was einem Blattlausbefall und Mehltau vorbeugt, ohne dass man Chemikalien einsetzen muss.

Während ich mich durch den Baum arbeite, denke ich über die Geschichte dieses kleinen Fleckens nach. Als wir den Boden umgruben, fanden wir Teile weißer Tonpfeifen, wie sie früher Arbeiter geraucht haben. Einige davon waren mit Punkten, Ringen oder Ranken verziert; und sie trugen die Fingerabdrücke und die Nageleinkerbungen ihrer Hersteller. Wir fanden zerbrochene Bewässerungsrohre, ein Eselshufeisen und moderne Austernmuscheln, die zum Teil schwer von Teilen fossiler *Gryphae* zu unterscheiden waren, die wir ebenfalls ans Licht holten: Eine knotige, gekrümmte Auster aus der Jurasteinzeit, hierzulande auch als *Devil's Toenails* – »Zehennägel des Teufels« – bekannt. Früher, als das Meer noch reich an Fischen und Meeresfrüchten war, gehörten Austern selbst in Zentralengland zum Essen der armen Leute. Eines Tages fand ich eine halbe Perle mit einem Bohrloch für die Schnur, an der sie gehangen hatte.

Bevor sie von der Stadt eingekreist und an die Stadtbewohner verteilt wurden, waren diese Parzellen Ackerland gewesen, auf dem – den Bewässerungsrohren und schlafenden Wildblütensamen nach zu urteilen – wahrscheinlich verschiedene Fruchtfolgen angebaut worden waren. Einige Orte in der nahen Umgebung haben im Namen das Suffix *-ley* oder *-leys*, was oft eine vorübergehende Wiese bezeichnet, auf der zwischen Feldfruchtfolgen Heu und Viehfutter angebaut wird. Unsere Austernmuschelfunde konzentrieren sich auf einen ganz bestimmten Teil des Gartens, was darauf hinweist, dass hier möglicherweise einmal ein Baum stand, unter dem die Arbeiter sich zum Mittagessen niederließen, genau wie wir heute. Ich stelle mir vor, wie sie ausgestreckt dalagen, die breiten Hüte schief auf den Köpfen, und ihre Sensen lehnten zwischen den knotigen Wurzeln der großen Eiche.

Auch wir mähen das Gras hier ausschließlich mit Sensen. Zum einen, um möglichst wenig auf fossile Brennstoffe zurückzugreifen, zum anderen, um die Frösche und Wühlmäuse zu schonen. Anfangs haben wir ziemlich grob auf das Gras eingehackt. Je angestrengter wir versuchten, es zu mähen, desto schlimmer sah es aus. Bis ich eines Tages bemerkte, wie eine Gartennachbarin, die 81-jährige serbische Geflüchtete Angela, uns ungläubig bei der Arbeit zusah.

Trotz allem, was sie gesehen und erlebt hat, findet Angela stets Freude am Leben und sieht das Gute in den Menschen. Ihren bäuerlichen Wurzeln treu geblieben, drängt sie uns oft ihr überzähliges Gemüse auf. Dabei erklärt sie uns stets, dass heutzutage keiner mehr weiß, was echtes Gemüse ist und wir keine Ahnung hätten, wie man es zubereitet, aber das sei nicht ihr Problem, denn sobald sie ihr Gemüse aus der Hand gegeben hätte, läge es in Gottes Händen. Im Gegenzug geben wir ihr Äpfel zum Rösten, Mispeln (die man im Balkan weitaus mehr zu schätzen weiß als hierzulande) und Pflaumen, aus denen sie alkoholische Getränke braut.

Irgendwann hielt sie es nicht länger aus, uns beim Grasmähen zuzusehen.

»Nein, stopp! Ihr macht alles falsch!«

Angela riss einem von uns die Sense aus der Hand und prüfte deren Gewicht, indem sie das Arbeitsgerät leicht hob und senkte, als würde sie damit Zwiesprache halten.

»Ich mache das, seit ich kleine Mädchen. Ich zeige es euch.«

Sie ließ das Blatt ins Gras sinken und tat dann etwas, was aussah wie ein leichter Hüftschwung. Das Gras fiel gleichmäßig zu Boden. Ohne in Schweiß auszubrechen, arbeitete sie sich die ganze Reihe hoch und hinterließ einen perfekt gemähten Rasen. Das gemähte Gras lag vollkommen einheitlich zu einer Seite, als wäre jeder Halm zurechtgekämmt worden.

Ich blicke von meinem Posten im Kirschbaum hinunter auf seine nutzlos gewordenen Äste am Boden. Lediglich vier habe ich am Baum gelassen, die mehr oder weniger in alle vier Himmelsrichtungen zeigen. Nun sieht er arg verstümmelt aus, doch er wird sich erholen. Ich klettere wieder hinunter und beginne, die abgesägten Äste zu zerteilen. Hier wird nichts weggeworfen. Die schweren Äste stapeln wir vorn am Eingang zu den Gemeinschaftsgärten, wo die Leute sie als Brennholz mit nach Hause nehmen. Obstbaumholz lässt sich sauber zuschneiden und brennt gut. Das Sägemehl verwende ich für meinen Holzgrill: So nehmen all meine Grillgerichte den weichen, dunklen Geschmack des Holzes an. Ein paar der dünneren Zweige verwenden wir, um die Erbsenpflanzen zu stützen, und den Rest stapeln wir zu einem Haufen. Nach fünf Jahren sind die Zweige zu einem nährstoffreichen, trockenen Kompost zerfallen, den wir entlang der Tropflinie der Bäume ausstreuen. Als Tropflinie bezeichnet man den Ring rund um den Baum entlang des Kronenrandes. Da die Baumkrone wie ein Regenschirm funktioniert, tropft das meiste

Regenwasser entlang dieser Linie zu Boden. Infolgedessen konzentrieren sich in diesem Bereich die Nährwurzeln der Bäume. Schichtet man, wie einige es (aus Unwissenheit) tun, den Kompost rund um den Stamm, riskiert man lediglich, dass er schimmelt, anstatt den Baum zu ernähren.

In einem Frühling kam eine ganze Igelfamilie aus dem Zweigstapel. Die Jungen waren neugierig und arglos. Eines watschelte auf mich zu, schnupperte an meiner Hand und versuchte hineinzubeißen.

Wer Obst oder Gemüse anbaut, wie ich es in großen Mengen in meiner Zeit in Wales getan habe, wird jeden Tag an die Grenzen der Anbaubedingungen erinnert, die uns die Biologie und das Klima auferlegen und daran, wie diese Bedingungen zu flackern begonnen haben. Während ich keinen einheitlichen Wandel in den Frosteinbrüchen erkennen konnte, die immer wieder lärmend, aber ohne Signalwirkung über unseren Obstgarten kommen, sind andere Muster aufgetreten, die wir unmöglich ignorieren können. Dazu zählt vor allem der extreme Wechsel zwischen Dürren und heftigen Regenfällen, die nicht nur unseren Obstbäumen, dem Boden, sondern – wie wir inzwischen alle wissen – dem Rest der Nation und der gesamten Welt zusetzen. Diesen winzigen Landstrich zu bearbeiten, hat mir die Augen für das ganze Ausmaß der Notlage geöffnet, auf die wir zusteuern. Denn die Bedingungen, die es uns bisher ermöglicht haben, genug Nahrungsmittel anzubauen, sind im Wandel begriffen.

Ich lege die letzten Zweige auf den Komposthaufen und verstaue meine Sägen, Baumscheren und den Helm. Dann hole ich ein Set an Instrumenten aus dem Schuppen, um etwas zu tun, von dem ich kaum glauben kann, dass ich es noch nie getan habe. Ich habe Waldgebiete und Regenwälder, Savannen und Graslandschaften, Flüsse, Seen und Sumpfgebiete, die Tundra und Berggipfel, Küstenlinien und flache Ozeanregionen erforscht. Doch ich habe noch nie gründlich und bewusst den Boden unter meinen Füßen untersucht.

Es gibt Momente, in denen ich Mühe habe, mich selbst zu verstehen. Dies ist einer davon. Wo ich doch ein halbes Jahrhundert lang in unsere Lebenswelt eingetaucht bin und jede sich bietende Gelegenheit – so glaube ich zumindest – ergriffen habe, um die natürliche Tier- und Pflanzenwelt zu entdecken und die mich umgebende Ökologie zu verstehen, wie konnte ich so kläglich daran scheitern, das Ökosystem, das so vielem anderen zugrundeliegt, zu erforschen? Warum habe ich, obwohl ich seit dreißig Jahren Nahrungsmittel anbaue, das Substrat vernachlässigt, das direkt oder indirekt rund 99 Prozent der von uns konsumierten Kalorien zur Verfügung stellt?[2]

Wie so viele stelle ich mir gern vor, dass ich meinen eigenen Weg gehe. Doch wir alle sind in einem viel größeren Maße von der Gesellschaft und dem Zeitgeist beeinflusst, als wir uns eingestehen. Wir denken entlang der Linien, die andere für uns ausgelegt haben und folgen ausgetretenen Pfaden. Wir sehen, was andere sehen, und sind blind für Dinge, für die andere blind sind. Gut möglich, dass wir uns leidenschaftlich für die kleine Anzahl an Problemen einsetzen, die ins Rampenlicht geraten sind, aber wir kommen unbewusst und stillschweigend überein, andere Themen, die oft viel wichtiger sind, zu übersehen. Es gibt nur wenige Themen, die für uns so wichtig und zugleich so unbekannt sind wie der Boden.

Ein paar Meter vom Kirschbaum entfernt, treibe ich meinen Spaten in die Erde. Da ich meine Werkzeuge beständig schärfe, teilt sich die Grasnarbe trotz des schweren, von Wurzeln durchzogenen Bodens in einem sauberen Schnitt. Ich steche mit dem Spaten ein kleines Quadrat in die Grassode und hebe eine halbe Spatenlänge aus, etwa ein Kilogramm Boden. Dann lege ich mich bäuchlings ins Gras und arbeite mich Stück für Stück durch meine Probe.

England ist – so glaubte ich zumindest, bis ich mit den Recherchen für dieses Buch begann – für einen Naturforscher ein ziemlich entmutigender Ort. Auch wenn seine sichtbare Tier- und Pflanzenwelt einst sehr viel artenreicher war als heute, war sie nie so vielfältig wie in anderen Teilen der Erde, insbesondere in den Tropen. Inzwischen existiert nur noch ein trauriger Rest. Die Inselgruppe hat all ihre großen Landraubtiere verloren, ebenso wie die meisten großen Pflanzenfresser. Unsere Nahrungsnetze sind zerlumpt und zerlöchert, da viele Fäden fehlen. Es gibt kaum noch nicht bewirtschaftete Flächen und selbst diese werden oft falsch verwaltet und sind verschmutzt. In großen Teilen des Landes gibt es nicht viel zu entdecken. So glaubte ich zumindest.

Nun ging mir auf, dass ich am falschen Ort gesucht hatte. Während das Leben über der Erde hierzulande unterdrückt und ausgelaugt ist, verbirgt sich unter ihrer Oberfläche eines der reichsten Ökosysteme der Welt. In diesen Breitengraden ist der Boden diverser als beinahe irgendwo sonst. Ein wissenschaftlicher Artikel vermutet eine umgekehrte Beziehung zwischen der Diversität des Pflanzenlebens über der Erdoberfläche und dem Tierreich darunter.[3] In einem Quadratmeter unseres Obstgartenbodens leben wohl viele hunderttausend Tiere, die Tausende Arten umfassen. Diese Erkenntnis musste ich erst einmal verdauen. Mehrere Tausend Arten in einem Quadratmeter Boden.

Der englische Boden ist womöglich ebenso artenreich und ebenso unerforscht wie der Regenwald des Amazonas (den Boden des Amazonas nicht mitgerechnet). Wissenschaftler gehen davon aus, dass bisher lediglich 10 Prozent der kleinen Bodentiere identifiziert wurden.[4] In meinem Obstgarten gibt es wahrscheinlich Tausende unentdeckter Arten, von denen viele wohl auch noch einzigartig für diese Region sind: Kaum eine Mikroarthropode (kleine herumflitzende Kriechtiere) ist in Bodengemeinschaften in verschiedenen Teilen der Welt heimisch.[5] Über ihre Beziehungen untereinander ist noch weniger bekannt. So staunen Ökologen beispielsweise über etwas, das sie das Rätsel der Hornmilben nennen.[6] Mag sein, dass es nicht so romantisch oder mysteriös klingt wie das Rätsel der Sphinx, aber ich finde es genauso faszinierend. Hornmilben sind eine Unterordnung einer Unterordnung der Milben, die wiederum eine Unterordnung der Arachniden oder Spinnentiere darstellen, die Klasse, zu der unter anderem die Spinnen zählen. Sie sind winzig, krabbenartig und auf den ersten Blick vollkommen unauffällig. Doch in nur einer Handvoll Boden können Hunderte Arten Hornmilben vorkommen, die scheinbar alle die gleiche ökologische Nische besetzen. Ökologen sind es gewohnt, dass eine einzelne Art eine ganz bestimmte Nische besetzt, weil sie die anderen übertrifft und somit verdrängt. Hier hingegen haben wir es mit einer erstaunlichen Anzahl verwandter Tiere in einer breiten Variation von Formen, Größen und Farben zu tun, die augenscheinlich friedlich nebeneinander her leben und offenbar alle dasselbe tun. Wie ist das möglich?

Schon Leonardo da Vinci merkte an, dass wir mehr über die Bewegung der Himmelskörper wissen als über den Boden unseres eigenen Planeten. Das gilt auch heute noch.

Das Erste, was ich erblicke, sind ein Knochenteilchen, ein blasses Schneckenhaus, ein vertrockneter Pflaumenkern und eine blaue Keramikscherbe. Dann sehe ich genauer hin und entdecke eine Landassel und einen kleinen, bleichen Tausendfüßer, dessen Beine sich entlang seines Körpers in Wellen zusammenkrümmen und wieder auseinander streben. An seinen Flanken prangen rote Flecken wie die Schilde eines Wikingerlangschiffes. Ein brauner Hundertfüßer eilt Segment für Segment vorbei und verschwindet in einer dunklen Erdwand. Ich sehe karamellfarbene Käferlarven und ganze Trauben durchsichtiger Kugeln, die die hellweißen Sicheln von Schneckenembryos enthalten. Die verschlungenen Triebe der Setzlinge arbeiten sich auf der Suche nach Licht durch die Bodenmatrix.

Ich zerbrösele eine Prise Boden über einem feinen Sieb und platziere es im hellen Licht über einem Trichter, der in ein Reagenzglas gefüllt mit Gin führt. Den Reagenzglasständer hindere ich mit kleinen Stöcken am Umfallen und stelle das Ganze zum Erwärmen in die Sonne.

Dann breche ich einen Klumpen aus dem Boden, nehme mein 40-faches Vergrößerungsglas und stelle die Brennweite ein. Kaum habe ich das getan, erwacht die Erde zum Leben. Das Erste, was ich sehe, ist ein Springschwanz: Ein schwach olivfarbenes, rundliches Wesen, leicht pelzig wie ein gehäkeltes Spielzeug, das vor dem Licht flieht. Nun, da ich einen gesehen habe, entdecke ich sie überall: Es gibt kleine graue mit einer Länge von weniger als einem Millimeter, winzige weiße, einen Drei-Millimeter-Giganten, der grau, pink und blau schillert und eine buckelige, bernsteinfarbene Art, die aussieht wie ein Tropfen Honig.

Springschwänze sehen ein bisschen aus wie Insekten, doch sie bilden eine ganz eigene Klasse von erstaunlichem Artenreichtum: Manchmal findet man 100 000 oder mehr in einem Quadratmeter Boden. Sie können männlich, weiblich, hermaphroditisch (ein bisschen von beidem) oder parthenogenetisch sein, was bedeutet, dass sie sich durch unbefleckte Empfängnis reproduzieren (eingeschlechtliche Fortpflanzung). Sie leben fast überall, selbst in der Antarktis, und haben in den vergangenen 400 Millionen Jahren jedes Ereignis, das zu einem Massenaussterben geführt hat, überlebt. In vielen Teilen der Erde verknüpfen sie das gesamte Nahrungsnetz miteinander. In anderen Worten, sie sind der Kanal, der vieles Leben an Land miteinander verbindet. Doch kaum jemand weiß von ihrer Existenz.

Während ich den Springschwänzen folge, schiebt sich ein riesiges Ungeheuer vor meine Linse. Erschrocken fahre ich zurück. Es dauert einen Moment, bis ich begreife, dass es sich um eine Ameise handelt. Als ich mich umsehe, fällt mir auf, dass ich mich am Rande der Myrmekosphäre befinde, also der Bodenschicht, die unter dem Einfluss der Ameisen steht. Neben meiner Schulter befindet sich einer ihrer Hügel, etwa 40 Zentimeter hoch, mit dessen Bau die Vertreter der Gelben Wiesenameise beinahe sofort, nachdem ich die Brombeersträucher entfernt hatte, begonnen haben.

Ameisenhügel sind fest wie Beton. Wenn ich Pflaumenschösslinge und wieder auflebende Brombeersträucher aus dem Boden hacke, weiß ich immer, wenn ich den Rand eines Ameisenhügels treffe, weil das Werkzeug in meinen Händen stumpf und unangenehm zum Stillstand kommt. Die Ameisen holen Lehm aus dem Untergrund hoch und vermischen ihn mit ihrem Speichel zu einem Zement, der stark genug ist, um ihre mehrstöckigen Gewölbe zu tragen. Verglichen mit menschlichen Behausungen wären diese Türme hundert Meter hoch. In ihre Keller, die bis zu einem Meter tief in den Boden reichen,[7] verschleppen sie Blattläuse, die sich von den verzweigten Wurzeln der Pflanzen ernähren und den Honigtau produzieren, von dem sich wiederum die Ameisen ernähren.

Ameisen sind die Ingenieure des Ökosystems, die alles Leben in ihrem Gebiet beeinflussen. Im Obstgarten habe ich beobachtet, dass der Germander-Ehrenpreis, eine kleine blaue Blume, am liebsten die Dächer der Ameisenhügel besiedelt, während um sie herum ungewöhnlich dichtes, dunkles Gras wächst. In und rund um ihre Wolkenkratzer sammeln die Ameisen Nährstoffe und füttern damit unbeabsichtigt die Lebewesen, die sich daran angepasst haben, neben ihnen zu leben. Die südöstliche Seite jedes Ameisenhügels ist flach und wie ein Solarpaneel ausgerichtet, um die Morgenwärme aufzunehmen.

Bald nachdem ich die Ameise gesichtet habe, entdecke ich ein weißes Krebstier, das nur einen Millimeter lang ist. Als ich es nachschlage, finde ich heraus, dass es sich um eine Ameisenassel handelt. Ganz im Gegensatz zu seinen Verwandten kann es zwischen diesen kampfeslustigen Tieren leben, ohne entzweigerissen und verspeist zu werden. Noch viel eindrucksvoller: Es überredet sie, es zu füttern, indem es sie mit seinen Antennen streichelt und solange bettelt, bis sie die Futterteilchen wieder hochwürgen, die sie normalerweise nur untereinander teilen.[8] Da Gelbameisen fast blind sind, scheint es so zu sein, dass die Assel sie an der Nase herumführt, indem sie ihren Geruch annimmt. Ihr Geruch und die Liebkosungen ihrer Antennen überzeugen sie, dass es sich um ein hungriges Mitglied ihres eigenen Staates handelt. Wenn die Verkleidung jedoch auffliegt und die Ameisen angreifen, hebt die Assel die beiden Hörner an ihrem Hintern und spritzt ihnen einen Stoff ins Gesicht, der ihre Kiefer verklebt.

Ich belichte einen langen, blassen Hundertfüßer, der in der Vergrößerung so furchterregend wie ein mittelalterlicher Riesenwurm aussieht. Er schnappt mit seinen Fängen – genaugenommen handelt es sich um ein umgewandeltes Vorderbeinpaar, im Englischen *forcipules* genannt –, durch die Gift fließt, und kriecht dann in einer grausamen Mischung aus wuseligen und geschmeidigen Bewegungen davon. Im Gegensatz dazu wirkt der unterwürfige, rosa-braune Tausendfüßer, der mit seinem flachen Körper unter einem breiten, überlappenden Panzer seine Eier bewacht, auf beruhigende Weise schlicht wie eine Hofhenne. Kleine, weiße Enchyträen winden sich unter dem Lichtstrahl, und überall sieht man runde, krabbenartige Milben. In Böden wie diesem sind sie sogar noch zahlreicher vertreten als Springschwänze: Es gibt Orte, an denen man auf erstaunliche 500 000 pro Quadratmeter kommt.[9] Einige haben winzige Füßchen, die wie bei Einsiedlerkrebsen gerade so aus ihrem Panzer ragen, andere haben lange Tastbeine. Es gibt sie in Braun, Rosa, Violett, Gelb, Orange und Weiß. Überhaupt scheint es im Boden eine weiße Version von allem zu geben. Die weißen Tiere leben für gewöhnlich in tieferen Schichten, wo alle blind sind (abgesehen von einer groben Fähigkeit, Licht von Dunkelheit zu unterscheiden) und somit keinerlei Verkleidung vonnöten ist. Alles, was ein Tier kreiert, bedeutet einen zusätzlicher Energie- und Ressourcenaufwand, auch Farbe und Augen. Wenn sie ohne auskommen können, sorgt die natürliche Selektion dafür, dass sie es auch tun.

Ich nehme das Reagenzglas aus der Halterung und halte es gegen ein Blatt schwarzes Papier. Mit meinem Objektiv kann ich ganz schwach winzige, weiße Filamente ausmachen: Nematoden (Fadenwürmer) werden durch das Licht und die Wärme der Sonne aus der Bodenprobe in den Trichter und von da in den Gin getrieben. Auch von ihnen gibt es geradezu fantastisch viele und sie sind für das Nahrungsnetz des Bodens von entscheidender Bedeutung. Wenn die Bedingungen stimmen, können sie sich zwölfmal am Tag vermehren.[10]

Während ich in die verborgenen Kammern des Bodens vordringe, komme ich mir riesig, gewalttätig und ungeheuer langsam vor. All seine Bewohner verabscheuen das Licht und bewegen sich überraschend schnell, wenn es auf sie trifft. Andernfalls würden sie in diesem unersättlichen Dschungel sofort gefressen werden. Ich sehe deutlich das Blutbad, das Bodenraubtiere hinterlassen haben: die leeren Panzer der Tausendfüßer, die Flügelplatten von Käfern, leere Schneckengehäuse, die verstreuten Rüstungen nach der Schlacht.

Dann bemerkte ich etwas, das aussieht, als wäre es einem japanischen Zeichentrickfilm entstiegen: lang und geduckt, mit zwei feinen Fühlern vorn und zwei hinten, sprungbereit und gefedert wie ein kräftiger Drache oder ein fliegendes Pferd. Beinahe rechne ich schon damit, eine Studio-Ghibli-Heldin auf seinem Rücken vorzufinden. An diesem Punkt hätte mich nichts mehr überrascht. Es verfügt über sechs Beine, ist aber kein Sprungschwanz und ähnelt keinem mir bekannten Insekt. Als ich es nachschlage, finde ich heraus, dass es sich um Doppelschwänze oder Diplura handelt. Sie gehören einer ganz eigenen Klasse an Lebewesen an – eine Gruppe mit dem gleichen Status wie Insekten oder Säugetiere –, von deren Existenz ich keine Ahnung hatte.[11] Wie konnte es sein, dass ich, nachdem ich mich mein Leben lang mit Naturgeschichte beschäftigt und einen Abschluss in Zoologie in der Tasche habe, noch nie davon gehört hatte? Aber das ist noch nicht die spektakulärste Enthüllung meiner Ignoranz.

Kurz darauf sichte ich ein weiteres Tier, das auf den ersten Blick aussieht wie ein kleiner, weißer Hundertfüßer. Bei genauerem Hinsehen entdecke ich jede Menge von ihnen. Als ich eines von ihnen unter mein Objektiv lege, zähle ich jedoch statt der für Hundertfüßer üblichen fünfzehn oder mehr Beinpaaren lediglich zwölf, und statt des gepanzerten Kopfes mit den gefährlich geschwungenen Kiefern hat dieses Geschöpf das weiche, runde Gesicht eines Pflanzen- oder Aasfressers. Als ich durch ein Buch über Bodenökologie blättere, stoße ich auf ein Foto, das erstaunt. Es handelt sich um ein Lebewesen namens Symphyla, Mitglied nicht nur einer mir noch nie untergekommenen Klasse von Lebewesen, sondern einigen Sachkundigen zufolge gar eines gesamten Phylums.[12]

Ein Phylum ist eine große Sache. Menschen gehören zur Familie der Hominidae, der Menschenaffen. Diese Familie wiederum ist Teil der Ordnung der Primaten: Menschenaffen, Affen, Faulaffen, Koboldmakis, Galagos und Lemuren. Diese Ordnung ist eine Unterkategorie der Klasse, die wir Säugetiere nennen und die alles von Spitzmäusen bis hin zu Walen umfasst. Die Säugetiere sind ein Zweig des Phylums Chordata, was uns mit Vögeln, Reptilien, Amphibien, Fischen, Lanzettfischchen und Seescheiden eint. Jetzt betrachte ich (einigen Quellen zufolge) ein Phylum, eine mit den Chordata vergleichbare Gruppe, die wahrscheinlich noch artenreicher ist und von der ich bis heute nie etwas gehört hatte.

Mir kommt ein überraschender Gedanke. In diesem halben Spatenstich Boden sehe ich mehr Hauptzweige des Lebens versammelt, als ich je in der Serengeti oder irgendeinem anderen Ökosystem zu Gesicht bekommen habe. Hier gibt es Insekten und Krebstiere, Milben und Spinnen, Chilopoda (Hundertfüßer) und Diplopoda (Tausendfüßer), Springschwänze und Regenwürmer, Nematoden, Weichtiere und andere Lebewesen, von deren Existenz ich bisher nichts wusste.

Der außergewöhnliche Artenreichtum im Boden ist nur aufgrund seiner riesigen Oberfläche möglich. In Extremfällen – sehr feiner Lehm – könnte ein einziges Gramm (in trockenem Zustand ein halber Teelöffel), wenn all die Oberflächen flach ausgelegt wären, 800 Quadratmeter bedecken, also ein Gebiet, das etwas größer ist als unser Obstgarten. Ebenso wichtig: Anders als die homogene Masse, für den ich ihn einst gehalten habe, ist der Boden eine kosmopolitische Stadt aus verschiedenen Zonen und Strukturen, in der unterschiedliche Kulturen angrenzende Gemeinden bewohnen. Eine dieser Zonen ist die Myrmekosphäre, der Ameisenbezirk, der wiederum in untergeordnete Stadtteile gegliedert ist. Aber ökologisch noch wertvoller sind die schmalen Abteilungen rund um die Pflanzenwurzeln, auch Rhizosphäre genannt. Auf dieser Zone baut die gesamte Menschheit auf. Als ich den Klumpen auseinanderziehe, ist das Wurzelgeflecht so dicht, dass es sich anfühlt, als würde ich Stoff zerreißen.

Ich wende meine Aufmerksamkeit einem winzigen Wurzelhaar zu. Für das bloße Auge sieht es aus wie eine einzelne Faser, dünn wie ein Baumwollfaden. Doch unter dem Mikroskop entdecke ich, dass es von sehr viel feineren Haaren umrankt und eingeschlossen ist, die wie Kristalle im Sonnenlicht glitzern. Jede Wurzel hat sie, sogar um die sprießenden Spitzen herum, die um diese Jahreszeit nicht älter als ein oder zwei Tage sein können. Einige sehen aus wie Schnurrhaare, andere sind so fest miteinander verwoben, dass sie an ein ausgefranstes Nylongeflecht rund um das Kabel eines Bügeleisens erinnern. Es sind die Filamente – Hyphen – der Pilze, deren Leben eng mit dem der Pflanzen verflochten ist.

In den meisten Fällen handelt es sich nicht um Pilze, deren Früchte wir über der Erde sehen können, auch wenn Speisepilze und Giftpilze ebenfalls Beziehungen mit Pflanzen eingehen. Die große Mehrheit der Pilze – vielleicht eine Million Arten – lebt ausschließlich im Boden und viele von ihnen verflechten sich mit und vermehren sich durch die Pflanzenwurzeln, von denen ihr Leben abhängt. Die meisten Pflanzen sind wiederum darauf angewiesen, dass die Pilze ihnen Mineralstoffe und Feuchtigkeit aus dem Boden zuführen.[13] Die Pflanze versorgt den Pilz mit Kohlenhydraten und Lipiden – die chemischen Stoffe, die die Bausteine für Fette und andere wichtige Verbindungen bereitstellen –, die sie mittels der Fotosynthese herstellt. Die Pilze hingegen liefern der Pflanze Stickstoff, Phosphor und andere Elemente, nach denen sie den Boden absuchen und die sie weitaus effizienter transportieren können als Pflanzen. Ihre feinen Filamente kriechen in Poren und

Furchen, die selbst für die dünnsten Wurzelhaare zu schmal wären und die Enzyme und Säuren, die sie freisetzen, trennen Mineralverbindungen, die Pflanzen nicht aufspalten könnten.

Diese für beide Seiten vorteilhafte symbiotische Beziehung ist so alt wie die ersten Landpflanzen, nämlich etwa 460 Millionen Jahre.[14] Als sich die ersten Algen aus dem Wasser an Land zurückzogen, hatten sie noch keine Wurzeln: Im Meer konnten sie die Nährstoffe direkt aus dem Wasser absorbieren. Um zu überleben, mussten sie Beziehungen mit Pilzen eingehen, die das Land besiedelt hatten und im Grunde nichts anderes als Wurzeln waren. So wie wir nicht die einzelnen Lebewesen sind, für die wir uns halten, sondern eine Gemeinschaft aus Milliarden von Mikroben und den vielzelligen Strukturen, die sie bewohnen, dürfen wir Pflanzen nicht als unverwüstliche Individuen sehen, sondern als Vereinigung miteinander nicht verwandter Lebewesen, die mit vereinten Kräften Lebensformen schaffen, die so komplex sind, dass wir gerade erst anfangen zu verstehen, wie wenig wir eigentlich wissen.

An Orten wie unserem Obstgarten, wo die Pflanzen bereits seit längerer Zeit etabliert sind, finden sich in jedem Gramm Boden insgesamt rund ein Kilometer Pilzhyphen:[15] ein Kilometer in weniger als einem Teelöffel. Die Hyphen eines jeden Pilzes bilden ein dichtes Netz, das Mycel heißt. In einigen Wäldern kann sich das Mycel eines einzigen Pilzes über mehrere Quadratkilometer Boden erstrecken, doch die meisten sind weitaus kleiner. Sie befinden sich in einem konstanten Wachstums- und Rückzugsprozess, gehen neue Beziehungen ein, verändern die Bedingungen der bereits etablierten, greifen ineinander, bewegen Nährstoffe von einem Ort zum anderen und sichern ihr eigenes Überleben, während sie zugleich den Pflanzen dienen, mit denen sie eine Symbiose eingegangen sind. Einige von ihnen verbinden die Wurzeln Hunderter Pflanzen miteinander.

Die Entdeckung, dass zuweilen Zucker von den Wurzeln starker, gesunder Bäume zu den Wurzeln schwacher oder kranker bewegt wird, sorgte für Aufregung, da einige darin einen Beweis für den Altruismus unter Pflanzen sahen. Doch, wie Merlin Sheldrake in seinem wundervollen Pilzbuch *Verwobenes Leben* darlegt, lautet die wahrscheinlichere Erklärung, dass die Pilze ihre Beziehungspartner im Grunde bewirtschaften, indem sie Nahrung von einer Pflanze zur nächsten bewegen und so dafür sorgen, dass all jene, von denen sie abhängig sind, am Leben bleiben.[16]

Sheldrake bespricht in seinem Buch auch die Möglichkeit, dass es sich bei Pilzmycelien um intelligente Lebewesen handelt. Sie besitzen ein räumliches Erinnerungsvermögen, finden sich in Labyrinthen zurecht, können Nachrichten von einem Ende des Netzwerks zum anderen senden und weit entfernt vom Ort der Stimulation die Reaktionen des Netzwerks beeinflussen. Seit man herausgefunden hat, dass Pilzhyphen elektrische Signale leiten können, deren Intervall den Signalen tierischer Nervenzellen – grob gesagt, vier Aktionspotenziale pro Sekunde – ähnlich ist, betrachten manche Wissenschaftler die Millionen Zweigstellen im Mycel als Entscheidungstore oder Prozessoren und das Netzwerk als eine Art Computer.

Pilze tragen wesentlich zur Gesundheit der Pflanze bei, mit der sie wachsen. In vielleicht noch größerem Maße als ihre grünen Partner binden sie den Boden,[17] schützen ihn vor Erosion, nehmen Regen auf und speichern den darin enthaltenen Kohlenstoff.

All das ist erstaunlich genug. Doch einige Dinge, die ich noch nicht einmal durch mein Objektiv sehen kann, sind sogar noch viel überwältigender.

Hier kommt eine Tatsache, die alles ändert, was wir einst über das lebende System zu wissen glaubten, das unser aller Leben zugrunde liegt: Von dem Zucker, den Pflanzen durch Fotosynthese herstellen, geben sie zwischen 11 und 40 Prozent an den Boden ab.[18] Sie verlieren ihn nicht aus Versehen. Sie pumpen ihn aus freien Stücken in den Boden. Noch bizarrer: Bevor sie ihn freigeben, verwandeln sie einige dieser Zucker in höchst komplexe Verbindungen mit unmöglichen Namen wie

2,4-Dihydroxy-7-Methoxy-2H-1,4-Benzoxazin-3(4H)-on.

Chemische Substanzen wie diese herzustellen, erfordert einen beträchtlichen Aufwand an Energie und Ressourcen. Auf den ersten Blick erscheint es völlig wahnsinnig, dieses teure Gebräu einfach in den Boden zu kippen: Als würde man Geld den Abfluss hinunterspülen. Warum sollte man so etwas tun? Die Antwort darauf öffnet das Tor zu einem geheimen Garten.

Diese komplexen chemischen Substanzen werden nicht wahllos in den Boden ausgeschüttet, sondern in den Bereich rund um die Wurzeln:[19] die Rhizosphäre. Sie werden freigesetzt, um eine Reihe wundersamer und verschlungener Beziehungen mit den Wesen aufzubauen und zu pflegen, auf denen alles Leben fußt: Mikroben.

Der Boden birst nur so vor Bakterien. Sein erdiger Geruch ist in Wahrheit der Duft chemischer Stoffe, die sie herstellen. Petrichor, der Geruch, der von trockener Erde ausgeht, wenn der erste Regen darauf fällt, wird größtenteils von Bakterien der Ordnung Actinomycetales hervorgerufen. Keine zwei Böden riechen gleich, weil keine zwei Böden dieselbe Bakterienbesiedlung haben. Jeder hat sozusagen sein eigenes Terroir. Biologen bezeichnen Bodenmikroben auch als »Nadelöhr«, das alle in verwesendem Material enthaltenen Nährstoffe passieren müssen, bevor sie vom restlichen Nahrungsnetz recycelt werden können.[20]

Mikroben leben im gesamten Boden verteilt, doch in den meisten Ecken verbringen sie ihre Zeit größtenteils in einem Schwebezustand und warten auf Nachrichten, die sie aus ihrer Starre holen. Wenn eine Pflanzenwurzel in einen Klumpen Boden vordringt und anfängt, Signalsubstanzen und Zucker auszuschütten, löst sie explosionsartige Aktivität aus. Die Bakterien antworten auf ihren Ruf, indem sie die reichhaltige Suppe konsumieren, mit denen die Pflanze sie versorgt und vermehren sich in unglaublicher Geschwindigkeit, um einige der dichtesten Mikrobenkolonien der Erde zu bilden. In einem einzigen Gramm Boden der Rhizosphäre können bis zu einer Milliarde Bakterien stecken.[21]

Die Bakterien sammeln und setzen viele Nährstoffe frei, die die Pflanze zum Überleben braucht. Neben den Pilzen, deren Hyphen mit den Wurzeln verflochten sind, fangen Bakterien und andere Mikroorganismen Eisen, Phosphor und andere Elemente aus dem Boden auf und machen sie für die Pflanzen verfügbar. Sie spalten komplexe organische Verbindungen, die dann von den Wurzeln aufgenommen werden können.[22] Bakterien können auf einzigartige Weise inaktiven Stickstoff aus der Atmosphäre in Mineralstoffe verwandeln (Nitrate und Ammonium), die entscheidend für die Proteinherstellung sind. Kein Teil des Nahrungsnetzes kann ohne Bakterien überleben.

Bodenbakterien produzieren außerdem Wachstumshormone und andere spezifische chemische Stoffe, die die Pflanzen in ihrer Entwicklung unterstützen. Die Komplexität einiger Verbindungen, die die Pflanze in den Boden ausschüttet, erklärt sich dadurch, dass sie nicht alle, sondern bestimmte Bakterien erreichen will, die ihr Wachstum am effektivsten fördern.[23] Pflanzen sprechen chemische Sprachen, die nur die Mikroben, die sie erreichen wollen, verstehen können.

Diese Sprachen ändern sich von Ort zu Ort und von Zeit zu Zeit, je nachdem, was die Pflanze braucht.[24] Wenn es Pflanzen an einem bestimmten Nährstoff mangelt oder der Boden zu trocken oder zu salzig ist,[25] wenden sie sich an die Bakterien, die diese Engpässe überwinden können. Einige Biologen sprechen von einem »Hilferuf«. Als Antwort auf diese chemischen Rufe der Pflanze vermehrt sich eine spezifische Bakterienkultur rund um ihre Wurzeln.

Wenn man einen Schritt zurücktritt und sich diese Fakten vor Augen führt, erkennt man etwas, das unser Verständnis vom Leben auf der Erde von Grund auf verändert. Obwohl die Rhizosphäre außerhalb der Pflanze liegt, ist sie ebenso entscheidend für ihre Gesundheit und ihr Überleben wie das pflanzliche Gewebe. Im Grunde ist sie ihr externer Darm.[26]

Die Rhizosphäre weist eine geradezu unheimliche Ähnlichkeit mit dem menschlichen Darm auf, wo ebenfalls Bakterien in erstaunlicher Zahl zu finden sind. In beiden Systemen spalten Mikroben organisches Material in einfachere Verbindungen auf, die die Pflanze oder der Mensch aufnehmen kann. Obwohl es bei Bakterien mehr als 1000 Phyla (Stämme) gibt, dominieren die gleichen vier Phyla[27] die Rhizosphäre und den Darm von Säugetieren.[28] Vielleicht weisen diese vier Bakterienstämme Charakteristika auf, die sie besser kooperieren lassen als andere.

Bei Menschen ist das kindliche Immunsystem weniger aktiv als das von Erwachsenen, wodurch sich eine Vielzahl von Bakterien in ihrem Darm ansiedeln kann. Parallel dazu geben junge Pflanzen weniger Abwehrstoffe in den Boden ab als ältere und erlauben somit einer breiten Variation von Mikroben, sich in ihrer Rhizosphäre anzusiedeln.[29] Menschliche Muttermilch enthält bestimmte Zuckermoleküle, die Oligosaccharide. Anfangs verstanden Wissenschaftler nicht, warum Mütter diese chemischen Verbindungen produzieren, obwohl ihre Säuglinge sie nicht verdauen können. Inzwischen hat es allen Anschein, als bestünde ihr einziger Zweck darin, die Bakterien zu ernähren, mit denen das Kind aufwachsen wird. Sie kultivieren eine ganz bestimmte Bakterienart – *Bifidobacterium longum infantis* –, die eine entscheidende Rolle bei der Entwicklung der Darmflora und des Immunsystems spielen.[30] Auch junge Pflanzen geben große Mengen Saccharose an den Boden ab, um ihre neuen Mikrobiome zu ernähren und wachsen zu lassen.

Wie auch der menschliche Darm verdaut die Rhizosphäre nicht nur Nahrung, sondern hilft auch dabei, die Pflanze vor Krankheiten zu schützen. Genau wie unsere Darmbakterien eindringende Krankheitserreger zahlenmäßig übertreffen und angreifen, bilden die Mikroben der Rhizosphäre rund um die Wurzeln einen Verteidigungswall. Pflanzen ernähren nützliche Bakterienarten, damit sie pathogene Mikroben und Pilze verdrängen.[31]

Manchmal verfolgen Pflanzen eine chemische Kriegsführung, indem sie Stoffe ausschütten, die schädliche Mikroben vergiften oder unterdrücken und nützliche fördern.[32] Einige dieser Chemieattacken sind so präzise, dass sie eine pathogene Unterart einer Bakterienspezies vollkommen ausschalten, nicht jedoch eine nützliche genetische Variante *derselben Art*.[33] Manchmal verbinden Pflanze und Bakterium sich gegen einen gemeinsamen Feind und produzieren dieselben Abwehrstoffe.[34] Manchmal veranlassen die von den Pflanzen abgefeuerten Warnsignale freundlich gestimmte Mikroben, ihre Rivalen mit Antibiotika anzugreifen.[35] Manchmal, wenn es schädlichen Pilzen gelungen ist, in die Wurzeln einzudringen, baut die Pflanze ihre gewöhnlichen Abwehrmechanismen ab und erlaubt bestimmten Bakterienarten ebenfalls einzudringen, um die Pilze im Wurzelgewebe zu bekämpfen.[36]

Krankheitserreger wehren sich, indem sie tödliche »Effektorproteine« gegen die pflanzlichen Hilfsmikroben aussenden.[37] Einige pathogene Arten haben die Fähigkeit entwickelt, unter chemischen Stoffen aufzublühen, die sie eigentlich bekämpfen sollen. Einige Pilz- und Insektenschädlinge wiederum nutzen die Hilferufe der Pflanzen, um sie zu lokalisieren und zu attackieren.[38]

Pflanzen rufen auch größere Lebewesen zur Unterstützung herbei. Wenn ihre Wurzeln von Insekten angegriffen werden, geben sie flüchtige chemische Substanzen an den Boden ab, die bestimmte Nematodenarten anlocken:[39] Die kleinen, weißen Fadenwürmer, auf die ich in meinem Reagenzglas gestoßen bin. Die Nematoden dringen mit ihren scharfen Beißwerkzeugen in die Haut von Erdraupen ein und winden sich in ihre Körperhöhle. Dort würgen sie die lumineszenten, symbiotischen

Bakterien hervor, die ihren Darmtrakt besiedeln. Die Bakterien produzieren ein Insektizid, das die Larve tötet und Antibiotika, die die Mikroben, die bereits im Insekt leben, auslöschen. Dann verdauen sie die Raupe von innen heraus, und die Nematoden fressen die sich vermehrenden Bakterien.

Daraufhin explodiert die Population der Nematoden. In einem einzigen verwesenden Raupenkörper können sie bis zu 400 000 Nachkommen produzieren.[40] Aus seiner erschlafften Haut schießen sie in den Boden und begeben sich auf die Suche nach neuer Beute. Diese ist leicht zu finden, da die lumineszenten Bakterien bei den infizierten Raupen ein blaues Leuchten hervorrufen. Das Leuchten scheint andere Raupen anzulocken, die wiederum angegriffen werden.

Im amerikanischen Bürgerkrieg wurden 1862 nach der Schlacht in Shiloh, Tennessee, Tausende junge, verletzte Soldaten im Schlamm des Schlachtfeldes zurückgelassen. Da beide Seiten hohe Opfer zu beklagen hatten und ihre Bergung und Versorgung die Kapazitäten der Armeen überstieg, lagen manche für volle zwei Tage und zwei Nächte dort. Viele erlagen ihren Verletzungen und den damit einhergehenden Infektionen. Doch nachts bemerkten einige der Verletzten ein seltsames blaues Leuchten in ihren Wunden und ihr geisterhafter Halbschatten war weithin zu erkennen. Feldärzte beobachteten, dass die Wunden der leuchtenden Soldaten schneller verheilten und sie eine höhere Überlebenschance hatten als andere Verwundete.[41] Sie nannten es den *Angel's Glow*.

139 Jahre später lieferte der siebzehnjährige Highschool-Schüler William Martin die Erklärung für den *Angel's Glow*. Einer Vermutung folgend, überredete er seinen Freund Jonathan Curtis, ihm bei der Recherche zu helfen.[42] In ihrem Auf-

satz, für den sie einen nationalen Wissenschaftspreis erhielten, argumentierten sie, dass die im Schlamm liegenden Soldaten offenbar von insektenfressenden Nematoden angegriffen wurden, die aus der Erde in ihre Wunden gelangt waren. Die Nematoden würgten ihre Bakterien hervor und die Antibiotika, die diese Mikroben produzieren, haben wahrscheinlich andere Krankheitserreger, die ihre Wunden befallen hatten, zerstört. Da die lumineszenten Bakterien an die Infektion von Insekten angepasst sind, deren Körpertemperatur niedriger ist als die von Menschen, vermuteten die Schüler, dass nur unterkühlte Soldaten auf diese Weise geschützt wurden. Als sie zur Behandlung ins Krankenhaus gebracht und aufgewärmt wurden, starben die Bakterien, die ihnen das Leben gerettet hatten, ab, und so wurden weitere Komplikationen verhindert. (Eine verwandte Art, die an die Temperatur von Säugetieren angepasst ist, verursacht lebensgefährliche Infektionen.)[43]

Viele der heute in der Medizin verwendeten Antibiotika wurden von Bodenbakterien[44] für ihre brutalen Untergrundschlachten entwickelt, von denen die meisten in der Rhizosphäre geschlagen werden. Da einige dieser wichtigen Mittel inzwischen ihre Wirkung verlieren – da die Keime, die wir mit ihnen abtöten wollen, resistent werden –, müssen wir dringend neue ausfindig machen. Die Rhizosphäre ist dafür aller Wahrscheinlichkeit nach eine reiche Quelle. Mittels des sogenannten Genome Mining, bei dem man den genetischen Code eines Lebewesens nach biosynthetischen Gen-Clustern absucht, die komplexe chemische Verbindungen herstellen, haben Wissenschaftler bereits damit begonnen, neue Antibiotika in den mit Pflanzen lebenden Bakterien ausfindig zu machen.[45] Da lediglich die Hälfte aller Hauptstämme von

Bodenbakterien bisher in Laboren kultiviert wurden,[46] können wir kaum Aussagen darüber treffen, was die Rhizosphäre uns noch alles zu bieten hat.

Eine weitere Methode, wie Mikroben Pflanzen in der Rhizosphäre – ihrem »externen Darm«– vor Schädlingen schützen, besteht in der Stimulierung ihres Immunsystems. Wenn ihre Blätter von Pilzen oder Insekten befallen werden, könnte eine der ersten Antworten der Pflanze lauten, Hormone an den Boden abzugeben und so einen Hilferuf an die dort lebenden Bakterien auszusenden. Auf den ersten Blick eine höchst seltsame Reaktion: Schließlich können die Bakterien nicht aus dem Boden kommen, um die Krankheitserreger hoch oben in den Blättern zu attackieren. Doch sie beantworten das Signal der Pflanze mit einer eigenen chemischen Nachricht, die ihr Immunsystem aktiviert.[47] Dadurch kann die Pflanze chemische Abwehrstoffe in ihren Blättern produzieren und ihre Poren (die Stomata), durch die Pilzsporen eindringen, verschließen.[48]

Ein sehr umständlicher Weg, einen Schädling abzuwehren, sollte man meinen. Doch da sich das Immunsystem der Pflanze gemeinsam mit den Bakterien entwickelt hat und ein Leben lang durch sie trainiert und vorbereitet wurde, funktioniert es nur in dieser Form. Auch dieser Prozess ähnelt Beziehungsstrukturen, wie wir sie im menschlichen Darm vorfinden. Dickdarmbakterien, von denen einige harmlos, andere Krankheitserreger sind, und wieder andere zwischen diese beiden Rollen wechseln können, erziehen unsere Immunzellen. Wenn Krankheitserreger versuchen, durch die schützende Schleimschicht des Dickdarms zu gelangen und die Darmwände angreifen, senden sie ihnen chemische Warnsignale.[49]

Inzwischen wissen wir, dass die Kombination aus übertriebener Hygiene, dem übermäßige Einsatz von Antibiotika und dem Wandel von einer abwechslungsreichen Ernährung, die viele Ballaststoffe enthält, hin zu einer gleichförmigeren, ballaststoffarmen Ernährung unsere Darmflora zerstört und die dortige Artenvielfalt verringert. Das schadet unserer Gesundheit und unserem Immunsystem. Zugleich haben Agrarwissenschaftler in den letzten Jahren herausgefunden, dass Pflanzen, wenn sie in geschwächten Böden mit einer verringerten Mikrobenvielfalt wachsen, anfälliger für einen Befall durch bestimmte Krankheitserreger werden.[50] Wo der Boden durch zu viel Dünger, Pestizide oder Fungizide und übermäßiges Pflügen strapaziert und durch schwere Maschinen verdichtet wurde, wird ihr Hilferuf eher durch Krankheitserreger und Schädlinge ausgenutzt. In beiden Fällen hat dies eine Dysbiose zur Folge,[51] der medizinische Fachbegriff für einen Kollaps unserer Darmkulturen. Doch er könnte auf die Vernichtung eines jeden Ökosystems angewandt werden.[52]

Forschungsergebnisse deuten darauf hin, dass Böden mit einem reichen und ausgewogenen Mikrobenbiom pathogene Bakterien, die bei Menschen Krankheiten auslösen, unterdrücken[53] und die Übertragung von menschlichen Krankheiten durch Nahrungsmittel unwahrscheinlicher machen.[54] Unsere Gesundheit hängt auf naheliegende und weniger offensichtliche Weise von der Gesundheit der Böden ab.

Die Wissenschaft hat herausgefunden, dass Böden, genau wie eine gesunde oder ungesunde Darmflora, Krankheitserregern gegenüber entweder »suppressiv« (hemmend) oder »konduktiv« (krankheitsförderlich) sein können. Wenn Pflanzen sterben, hinterlassen sie als Erbe die Bakterien, die sie im

Boden kultiviert haben, und schützen damit die nachfolgenden Pflanzen, die an ihrer Stelle dort wachsen. Einige Forscher experimentieren nun mit dem landwirtschaftlichen Äquivalent zu Stuhltransplantationen. Genau wie Ärzte gesunden Menschen Stuhlproben entnehmen und in den Darm kranker Patienten einsetzen, spekulieren einige Agrarwissenschaftler, dass man durch die Transplantation suppressiver Bodenproben in ungesunde, konduktive Böden pathogene Bakterien und Pilze verdrängen könnte.[55]

In dem Loch, das ich gegraben habe, erregt etwas meine Aufmerksamkeit. Es ist ein riesiger Regenwurm, der in der Leere baumelt und sich zweifellos fragt, wo sein Bau hin verschwunden ist. Ich habe gelernt, dass die Gänge von Regenwürmern für viele Jahre, teils sogar Jahrzehnte, bestehen können und genau wie unsere Häuser von mehreren Generationen genutzt werden.[56] Sie bilden eine weitere wichtige Bodenschicht: Die Regenwurmschicht oder Drilosphäre.

Jeder Hektar einer weitestgehend naturbelassenen Wiese wie dieser kann von 800 Kilometern Regenwurmgängen durchzogen sein.[57] Sie lüften den Boden und sorgen dafür, dass Wasser schneller versickert. Ein Experiment hat gezeigt, dass sich die Versickerungsgeschwindigkeit von regenwurmarmen Böden nach ihrer Wiedereinführung innerhalb von zehn Jahren beinahe verdoppelt.[58] Dadurch wird weniger Wasser über die Oberfläche hinweggespült, das wertvollen Boden mit sich reißt. Stattdessen gelangt mehr Wasser an die Wurzeln der Pflanzen. Einer Schätzung nach halbieren Regenwurmbauten die Bodenerosion. Doch ihr Einfluss ändert sich von Ort zu Ort und von Jahr zu Jahr. In anderen Fällen wiederum können

Regenwürmer dabei helfen, den Boden weniger brüchig zu machen und die Erosionsrate verdichteter Böden erhöhen, indem sie lose Erde an die Oberfläche bringen.

Regenwürmer können beinahe alle Arten von Blättern, Stängeln und Zweigen, die auf den Boden fallen, in ihre Gänge hinabziehen.[59] Genau wie Vögel schlucken sie kleine Steine und Split, um damit in ihrem Speisetrakt, der in Wahrheit ein einziger Muskel ist, totes Pflanzenmaterial zu zerkleinern. Ihre Darmbakterien helfen ihnen bei der Verdauung und einige Arten scheiden dann alles, was sie nicht aufnehmen können, in Form von kleinen Hügeln an der Bodenoberfläche aus.

In Kombination haben diese Vorgänge eine enorme Wirkung. An Orten wie unserem Obstgarten können Regenwürmer pro Hektar 40 Tonnen Boden an die Oberfläche transportieren.[60] In tropischen Savannen sind es sogar 1000 Tonnen.[61] Verfallene Gebäude verschwinden nicht etwa im Laufe der Zeit im Boden, weil sie einsinken, sondern weil der stets neu von den Würmern ausgeschiedene Boden um sie herum steigt.[62] Aufgrund des organischen Materials, das die Regenwürmer aufnehmen, ist ihr Kot sehr viel mineralstoffhaltiger als der Rest des Bodens. Indem sie totes Pflanzenmaterial zermahlen, machen sie die Nährstoffe für Bakterien und Pilze verwertbar, die sie wiederum für lebende Pflanzen zur Verfügung stellen. Wo Regenwürmer leben, ist das Gewicht von Pflanzen und Tieren über der Erdoberfläche durchschnittlich um 20 Prozent höher als dort, wo keine vorkommen.[63]

Zudem geben Regenwürmer wachstumsfördernde Hormone für die Pflanzen an den Boden ab,[64] auch wenn noch nicht geklärt ist, ob sie es direkt tun oder Bakterien dazu bringen, sie herzustellen. Indem sie Nährstoffe aufspalten oder ihre

Immunsysteme mit chemischen Signalen triggern,[65] machen Regenwürmer Pflanzen in einigen Fällen widerstandsfähiger gegen parasitäre Nematoden[66] und Stechinsekten. Im Gegenzug beeinflussen Pflanzen möglicherweise mit ihren chemischen Botenstoffen das Verhalten der Würmer.[67] Je genauer wir uns jedes Ökosystem ansehen, desto komplexer wird es.

In meinem Klumpen Boden entdecke ich eine ledrige, ockerfarbene Hülle in Form einer Zitrone, etwa sieben Millimeter lang. Sie erinnert mich an die trockenen, aufgepumpten Schweineblasen, mit denen man früher Fußball gespielt hat. Ich nehme meine Lupe zur Hand und erkenne im Inneren einen roten Streifen, der abwechselnd schwach und stark pulsiert, als würde Blut durch ein Gefäß gepumpt werden. Es ist ein kleiner Wurm, der in seinem Kokon heranwächst. Wie alles im Boden ist die Regenwurmreproduktion eine ziemlich seltsame Angelegenheit. Nachdem Regenwürmer sich gepaart haben (jeder Wurm innerhalb einer Art kann sich mit einem anderen paaren, da beide sowohl männliche als auch weibliche Geschlechtsteile besitzen), werden die Sättel rund um ihre Körpermitten dick und hart. Dann gleitet eine Hülle, die Eier und Sperma enthält, vom Sattel hinunter und über den Kopf des Wurmes. Sie verbindet sich an beiden Enden und bildet einen Kokon. Als ich mit der Untersuchung meines Klumpen Bodens begann, kam ein Gefühl auf, das ich nicht ganz verorten konnte. Jetzt wird es mir klar: Meine Reise durch den Boden erinnert mich an mein erstes Schnorchelerlebnis. Als ich damals, genau wie jetzt, durch die Wasseroberfläche brach, fand ich mich in einer neuen Welt wieder, die von oben nicht zu erkennen war. Kaum ist mir dieser Gedanke gekommen, da erscheint mir der Boden immer mehr wie ein

Korallenmeer. Genau wie das Meer mit seinen Riffen und dem offenen Gewässer hat er mehr oder weniger strukturierte Zonen: Orte intensiver biologischer Aktivität (wie die Rhizosphäre, die Drilosphäre und die Myrmekosphäre) und dann den freien Boden, durch den große Raubtiere streifen. Nur, dass es sich in diesem Fall um Hundertfüßer und Käfer handelt statt um Haie und Delfine.

Wie im Falle der Korallenriffe sind die am meisten strukturierten Bereiche reich an Symbiosen. Genau wie Korallen eine Verbindung aus von den Felsen stammenden Mineralstoffen, Tieren, Pflanzen und Mikroben sind, die allesamt miteinander kooperieren und im Wettbewerb stehen, Strukturen aus diesen Mineralstoffen zu bauen, ist der Boden ein Ökosystem, das von Lebewesen aus toten Materialien geschaffen wird.[68] Von diesen biologischen Beziehungen hängen die Gesundheit und die Fruchtbarkeit des Bodens ab – und damit fast alles Leben auf der Erde. Mag sein, dass er nicht so schillernd anzusehen ist wie die Korallen, doch wenn man beginnt, ihn zu verstehen, dann ist er für den Geist ebenso faszinierend.

In Wahrheit wissen wir kaum etwas über ihn. Dieses Ökosystem wurde so vernachlässigt und man hat so wenig Geld und Mühe in seine Erforschung gesteckt, dass wir gerade erst damit begonnen haben, seine komplexen Strukturen aufzudecken. Die kläglichen Mittel, die für die Erforschung des Bodenlebens bereitgestellt werden, wurden hauptsächlich dafür aufgewendet, neue Wege zu finden, ihn zu töten: mit anderen Worten, zur landwirtschaftlichen Schädlingsbekämpfung. Wie einer meiner Dozenten an der Universität sagte: »Ich erforsche Insekten, weil ich sie liebe. Aber die einzigen Fördermittel, die ich bekommen kann, haben das Ziel, sie umzubringen.« Im Gegensatz zu den vielen Forschungsgruppen, die sich anderen lebenden Systeme gewidmet haben, gibt es auf der ganzen Welt kein einziges Institut für Bodenökologie.

Während wir den Boden einst als homogene Masse angesehen haben, besteht er in Wahrheit aus Strukturen innerhalb von Strukturen innerhalb von Strukturen. Regenwürmer, Wurzeln und Pilze stellen aus Fasern und chemischen Klebstoffen Bodenklumpen her, die Aggregate genannt werden.[69] Innerhalb dieser Aggregate formen winzige Tiere wie Milben und Springschwänze kleinere Klumpen, innerhalb derer wiederum Bakterien und ihre mikroskopisch kleinen Fressfeinde – Lebewesen, die ich noch nicht einmal mit meinem Vergrößerungsglas erkennen kann, wie Bärtierchen, Wimperntierchen und Amöben – noch kleinere Aggregate formen.

Zwischen diesen Clustern gibt es Löcher verschiedener Formen und Größen. Sie sind von Schichten aus Wasser und komplexen chemischen Verbindungen umschlossen, die von Pflanzen und Tieren abgegeben werden. Jedes dieser Cluster, Lücken und Schichten hat seine eigenen Proportionen und schafft Millionen winziger, ökologischer Nischen, die verschiedene Arten sich zunutze machen können.

Im Jahr 2020 haben Wissenschaftler etwas auf den Weg gebracht, was als die ersten vorsichtigen Schritte in Richtung einer Theorie des Bodens betrachtet werden könnte.[70] Mit anderen Worten, sie fangen an zu verstehen, was Boden in seiner Ganzheit überhaupt ist. Auch wenn es seltsam klingen mag: Es hat bis heute gedauert, bis wir wirklich begriffen haben, dass das Substrat, von dem unser aller Leben abhängt, eine biologische Struktur ist.

Mikroben bauen Aggregate, indem sie winzige Partikel mit den kohlenstoffbasierten Polymeren oder Zementen, die sie ausscheiden, zusammenkleben. Sie stabilisieren den Boden und schaffen zugleich ihren eigenen Lebensraum. Mit der Zeit entsteht durch diesen Prozess eine noch komplexere Architektur: Es bilden sich Poren und Passagen, durch die Wasser, Sauerstoff und Nährstoffe gelangen. Der Boden ähnelt einem Wespennest oder einem Biberdamm. Er ist ein von Lebewesen geschaffenes System, das ihr Überleben sichert. Doch im Gegensatz zu diesen simpleren Strukturen entstehen in diesem Fall unermesslich verschlungene, sich endlos verzweigende Katakomben, die von Bakterien, Pflanzen und Bodentierchen in unbewusster Zusammenarbeit gebaut werden. Der Boden verhält sich wie der Staub in Philip Pullmans Romanreihe: Er organisiert sich spontan in kohärente Welten, die auf dem Prinzip des Fraktals aufbauen. Das bedeutet, dass die Struktur, unabhängig von der Vergrößerung, aus der sie betrachtet wird, immer die gleiche Form behält.

Die selbst organisierte, anpassungsfähige Welt, die Mikroben, Pflanzen und Tiere für sich erschaffen, liefert eine Erklärung, warum der Boden so erstaunlich widerstandsfähig gegen Dürren und Überschwemmungen ist. Er überlebt Krisen, die ihn andernfalls in formlosen Puder verwandelt hätten. Doch diese Entdeckungen könnten auch erklären, warum Boden, der in Ackerland umgewandelt wurde, oft beginnt, in sich zusammenzufallen. Wenn Bauern oder Gärtner unter bestimmten Bedingungen Stickstoffdünger hineingeben, antworten die Mikroben, indem sie den Kohlenstoff verbrennen, der in den Polymeren gelagert wird, aus denen die Katakomben bestehen.[71] Ohne Zement löst sich die Struktur – und damit das gesamte System – nach und nach auf. Die Poren brechen zusammen, die Gänge stürzen ein und Wasser und Sauerstoff können nicht länger hindurchfließen. Da der Boden fraktal aufgebaut ist, brechen mit dem Einsturz der Mikrostrukturen auch die Makrostrukturen ein: Er wird durchweicht, fest und verdichtet. Paradoxerweise haben Pflanzen in überdüngten Böden große Mühe, die Nährstoffe zu erhalten, die sie brauchen.

Die räumliche Komplexität des Bodens wird durch seine zeitliche Komplexität multipliziert. In einem Körnchen Boden können sich die Gegebenheiten von Stunde zu Stunde drastisch verändern, indem er austrocknet oder durchweicht, indem Bakterien das enthaltene organische Material konsumieren, indem ein Wurzelhaar durchbricht und Kohlenhydrate und komplexe chemische Stoffe abgibt, indem ein Wurm ihn verschlingt und wieder ausscheidet, indem ein Ameisenstaat ihn mit seinem Speichel verbindet oder indem ein größeres Bodentier wie ein Maulwurf, ein Kaninchen oder ein Dachs ihn ausgraben und umwühlen.

Diese räumlichen und zeitlichen Fluktuationen schaffen, was einige Ökologen »Hotspots« oder »Hot Moments« nennen:[72] Orte und Momente intensiver biologischer Aktivität. Ihre endlosen Variationen tragen zu einem wundervollen biologischen Konzept bei: dem Hutchinson'schen Hyperraum.[73] [74] Er beschreibt auf multidimensionalen Ebenen die Faktoren, die das Überleben verschiedener Lebewesen ermöglichen.[75] Grob gesagt, je komplexer das System über Zeit und Raum, desto größer seine Diversität.

Der riesige Hutchinson'sche Hyperraum eines gesunden Bodens könnte das bereits erwähnte Rätsel der Hornmilben erklären: Wie können Hunderte Arten einer einzigen Ordnung der Milben zur selben Zeit am selben Ort zusammenleben und augenscheinlich das Gleiche tun, ohne dass eine oder einige wenige Arten die anderen verdrängen und so zu ihrem Aussterben beitragen? Eine mögliche Antwort liegt in unserer Unkenntnis des Bodens begründet: Auch wenn es so aussehen mag, als würden sie am selben Ort und zur selben Zeit leben, tun sie es vielleicht gar nicht. Vielleicht besetzen sie winzige unterschiedliche Hotspots und Hot Moments, die für uns noch nicht auszumachen sind.[76]

Ich muss mir immer wieder in Erinnerung rufen, dass es den Boden nicht gibt, damit wir ihn benutzen können. Er ist nicht dazu da, damit wir unsere Nahrung anbauen. Wie alle komplexen, selbst organisierten Systeme ist er auf der Suche nach seinem Gleichgewicht. Wenn meine Gartennachbarn, so sensibel sie auch für ökologische Gesichtspunkte sein mögen, davon sprechen, »den Boden gut bestellen« zu wollen oder ihr Ziel sei »ein gut bestellter Boden«, dann reden sie unwissentlich von der Beschädigung seiner komplexen Strukturen und der Zerstörung vieler dieser von einer erstaunlichen Lebensfülle besetzten ökologischen Nischen. Wenn wir davon sprechen, »den Boden aufzubrechen«, um Kulturpflanzen anzubauen, dann ist die Wortwahl angemessener als wir uns je vorgestellt hätten.

Nach zwei Stunden Bodenforschung stelle ich fest, dass ich noch nicht einmal das Kilogramm Boden von meinem Spaten genommen habe, so tief war ich in dieser neuen Welt gefangen. Und ich habe weniger als die Hälfte davon durchgesehen. Doch mein Rücken ist steif und mein Magen verrät, dass es Zeit für eine Mittagspause ist. Wolkenschleier schieben sich vor die Sonne. Ich drücke den Boden wieder ins Loch und setze die Grassode zurück an ihren Platz. Als ich aufstehe, stelle ich fest, dass ich von Kirschblüten bedeckt bin, die von den verbliebenen Ästen des Baumes auf mich hinabgeschneit sind.

Mein neu entdecktes Forschungsfeld des Bodens hat mich mehr denn je gelehrt, dass wir unsere Wahrheiten aus unvollständigen und trüben Informationen zusammentragen. Darunter liegen jedoch Realitäten, die wir uns kaum vorstellen können. Weithin anerkannte Aussagen beruhen auf Mythen und Hörensagen, während wissenschaftliche Erkenntnisse, so dramatisch und faszinierend sie auch sein mögen, außerhalb eines kleinen Fachkreises kaum bekannt werden.

Während der Recherchen zu diesem Buch musste ich feststellen, dass diese Kluft zwischen Wahrnehmung und Realität auf beinahe jeden Aspekt unserer Ernährungssysteme zutrifft. Unsere Annahmen von Nahrungsmitteln und Landwirtschaft werden von Fabeln und Metaphern beherrscht, die nicht die tatsächliche Welt, sondern einen idealisierten, simplifizierten Planeten beschreiben und uns damit zu schwerwiegenden Fehlern verleiten. Das vorliegende Buch stellt den Versuch dar, Neuland zu betreten und eine neue Entstehungsgeschichte über das zu schreiben, was wir essen und wie wir es anbauen. Eine Geschichte, die den Graben zwischen wissenschaftlichen Erkenntnissen und Volksglauben zu überwinden vermag und die Lebenswelt in all ihrer faszinierenden Komplexität aufgreift.

Jede Frage über den Boden verzweigt sich in weitere Fragen und jede Antwort deckt einen Tumult an transgressiven Beziehungen auf und eröffnet neue Forschungsfelder. Je mehr wir vom Leben auf der Erde verstehen, desto komplexer und verwobener wird es und desto wichtiger wird auch seine

Rolle, unsere physische Umwelt zu erschaffen. Um es mit den berühmten Worten des Umweltschützers John Muir zu sagen: »Wenn wir versuchen, etwas selbst herauszufinden, stellen wir fest, dass es an alles andere im Universum gebunden ist.« Gut möglich, dass der Boden das komplexeste unserer lebenden Systeme ist. Und wir behandeln ihn wie Dreck.

Die meisten von uns nehmen den Boden als totes, passives Substrat wahr: Eine *tabula rasa*, deren einziges Ziel darin besteht und die das Potenzial ihrer Möglichkeiten lediglich ausschöpft, wenn unsere Kulturpflanzen auf ihr wachsen. Unserer Vorstellung nach übernimmt der Boden in unserer Nahrungsmittelproduktion die Rolle, Pflanzenwurzeln zu verankern und die synthetischen Chemikalien aufzunehmen, die wir ihm zufügen. Stoßen wir auf seine Lebensformen, dann reagieren wir oft entsetzt und voller Ekel. Wenn wir jemanden beleidigen wollen, dann nennen wir ihn einen Wurm: Ein Tier, von dem unser Leben wohl mehr abhängt als von irgendeinem anderen. Doch wir müssen den Boden verstehen, um einige der größten Fragen, vor denen wir stehen, beantworten zu können: Wie können wir uns in einer Welt ernähren, deren natürliche und menschengemachten Systeme sich mit erstaunlicher Geschwindigkeit verändern, ohne unsere Lebensgrundlage zu zerstören, und wie können wir, während wir unser eigenes Überleben sichern, auch den Rest des Lebens auf der Erde schützen? Die Zukunft liegt im Untergrund.

2 WAS VOR UNS LIEGT

Jedes komplexe System ist ausgefeilter und faszinierender, als wir es uns überhaupt vorstellen können.[77] Wie wir am Beispiel der Bodenökologie sehen, haben sie alle Eigenschaften, die durch die isolierte Untersuchung ihrer einzelnen Bestandteile nicht vorhersehbar sind. Ein komplexes System, das niemand in seiner Gesamtheit geplant hat, das sich jedoch wie all diese Netzwerke selbst organisiert, ist das globale Ernährungssystem: Die Wege, wie wir unsere Nahrung anbauen, verkaufen, verarbeiten, verpacken, verteilen, kaufen und essen. Seit Beginn meiner Recherche stolpere ich immer wieder über erstaunliche und unerwartete Eigenschaften. Lassen Sie mich ein Beispiel geben.

Wissenschaftler vom deutschen Max-Planck-Institut haben herausgefunden, dass sage und schreibe 40 Prozent der Regenfälle, die über Teilen Ostafrikas niedergehen, offenbar von Bauern verursacht werden, die ihre Felder in Indien, Pakistan und Bangladesch bewässern. Also 4000 bis 6000 Kilometer entfernt.[78]

Wenn Wasser durch ein Flussbett fließt, verdunstet aufgrund der vergleichsweise geringen Oberfläche der meisten Flüsse nur wenig. Ist es in Grundwasserleitungen unter der Erde eingesperrt, entweicht so gut wie gar kein Wasserdunst. Doch wenn Bauern es aus dem Fluss oder dem Boden pumpen und über ihre Felder verteilen, vergrößern sie die Wasseroberfläche um ein Vielfaches. Unter Sonne und Wind verdunstet ein großer Teil. Die Feldpflanzen, die sie an Orten anbauen, die andernfalls trocken wären, nehmen Wasser durch ihre Wurzeln auf und geben es über ihre Blätter an die Atmosphäre ab. Diesen Prozess nennt man Transpiration.

Von Februar bis April wird der Wasserdampf, der von den bewässerten Feldern in Indien, Pakistan und Bangladesch verdunstet ist, von den vorherrschenden Winden aufgenommen, die südwestlich über das Arabische Meer wehen. Nach Tausenden Kilometern trifft diese Luft auf die Ostküste Afrikas, wo sie aufsteigt und abkühlt. Der Wasserdampf kondensiert und ein Teil davon kommt als Regen herunter.

Dieses unfreiwillig von südasiatischen Bauern gesandte Wasser erhöht die Regenfälle in Ostafrika um bis zu einen Millimeter am Tag. Das mag nach wenig klingen, doch in den trockenen Teilen dieser Region ist es offenbar ein entscheidender Faktor für das Überleben von Bauern, Viehzüchtern und den Menschen, die sie ernähren. Die wachsende lokale Bevölkerung könnte inzwischen gänzlich von diesen zusätzlichen Regenfällen abhängig sein, zumal der Wasserdampf die dort vorherrschenden Temperaturen zusätzlich durch Verdunstung und die entstehende Wolkendecke um ein halbes Grad (Celsius) verringert. An einem Ort, wo sowohl Menschen als auch das von ihnen gehaltene Vieh schweren Hitzewellen ausgesetzt sind, mag das überlebenswichtig sein. Würde die Bewässerung in Südasien ausbleiben, wären die Folgen möglicherweise nicht nur vor Ort verheerend, sondern auch auf der anderen Seite des Ozeans.

Zwischen April und Mai drehen sich die Winde und das Geschenk aus Südasien bleibt aus. Der zusätzliche Millimeter Wasser, der über Ostafrika niederging, fällt nun stattdessen auf China. Bewässerung in Indien, Pakistan und Bangladesch hat auch Einfluss auf ihren eigenen Monsun und die Regenfälle über ganz Südostasien.

Alle komplexen Systeme sind in vielerlei Hinsicht überraschend und sie alle sind sich in gewisser Weise ähnlich. Egal, ob es sich um Ökosysteme, atmosphärische Systeme, Meeresströmungen, Finanzsysteme oder menschliche Gesellschaften handelt, sie alle unterliegen den gleichen Prinzipien.

Das erste davon lautet, dass sie emergente Eigenschaften besitzen. Das bedeutet, dass ihre Elemente, so einfach sie auf den ersten Blick erscheinen mögen, beim Aufeinandertreffen ein komplexes Verhalten an den Tag legen. Zudem organisieren sie sich selbst und schaffen spontan eine Ordnung, die keiner zentralen Kontrollinstanz unterliegt. Selbst wenn die Herausbildung der jeweiligen Systeme durch menschliches Handeln angeregt wurde, entziehen sie sich ab einem gewissen Komplexitätslevel jeglicher Kontrolle. Durch untergeordnete Netzwerke, die durch Milliarden Entscheidungen entstanden sind, entwickelt das System eine Eigendynamik.

Ein Aspekt menschlicher Tragik liegt darin, dass viele Versuche, unsere Probleme zu lösen, ungewollt Systeme schaffen, deren Komplexität unser Verständnis schnell übersteigt. Sie verhalten sich seltsam und unvorhersehbar, und das Ergebnis ist oft das Gegenteil von dem, was wir beabsichtigt hatten.[79]

Im Jahr 1939, als Wissenschaftler gerade erst damit begannen, komplexe Systeme zu beschreiben,[80] brachte der Autor John Steinbeck in *Früchte des Zorns* instinktiv seine Sorge darüber zum Ausdruck, wie sehr sie inzwischen unser Leben beherrschen:

> Jeder Mensch in der Bank hasst das, was die Bank tut, und doch tut die Bank es. Die Bank ist mehr, als Menschen sind, das sage ich dir. Sie ist ein Ungeheuer. Menschen haben sie zwar gemacht, aber sie können sie nicht kontrollieren.[81]

Komplexe Systeme haben Schwellenwerte. Das bedeutet, dass sie Veränderungen bis zu einem gewissen Grad absorbieren können, ohne ihr Verhalten zu ändern, doch dann bricht ihre Selbstorganisation in sich zusammen und sie kollabieren. Bevor diese Schwellenwerte überschritten werden, sind sie schwer zu erkennen. Oft werden sie als »Tipping-Points«, »Kipppunkte«, beschrieben. Unter bestimmten Bedingungen mag ein System stabil sein, da seine selbst regulierenden Eigenschaften es im Gleichgewicht halten. Doch wenn sich die Bedingungen ändern und das System in Richtung einer Schwelle gedrängt wird, haben die selbst organisierenden Eigenschaften den gegenteiligen Effekt und münden im Chaos.[82] Sie beginnen Schocks durch das Netzwerk zu senden, die sich gegenseitig verstärken und eine Kettenreaktion auslösen. An diesem Punkt kann bereits eine kleine Störung das gesamte System zum Kippen bringen. Die Schwelle wird überschritten, und es kollabiert plötzlich und unwiderruflich.

Der Kollaps kann das System in einen vollkommen neuen Gleichgewichtszustand bringen. Da dieser neue Zustand in vielen Fällen eigene selbst verstärkende Eigenschaften hat, die ihn stabilisieren und festigen, kann es schwierig, manchmal sogar unmöglich werden, ein gekipptes System in seinen ursprünglichen Zustand zurückzubringen. Im Allgemeinen muss viel mehr Energie aufgewendet werden, um den Prozess rückgängig zu machen, als nötig war, um den Kipppunkt zu überschreiten.[83] Dieser Umstand wird »Hysterese« genannt.

Als klassisches Beispiel eines ökologischen Systemkollaps gilt die Verunreinigung eines Sees durch Düngemittel, die aus Feldern hineingeschwemmt werden. Wenn die Verschmutzung einen kritischen Schwellenwert erreicht hat, kippt die Ökologie des Sees, und die Mikroben, die sich vom Dünger ernähren, trüben das klare Wasser. Doch man kann die Verunreinigung des gekippten Sees nicht einfach wieder aufheben, indem man den Gehalt des Düngers im Wasser unter den kritischen Punkt verringert. Um das Wasser wieder zu säubern, müssen die zusätzlichen Nährstoffe beinahe bei null liegen.[84] Ein System in einen neuen, feindlichen Gleichgewichtszustand zu bringen, ist damit vergleichbar, einen Kieselstein zu entfernen, der einen großen Felsbrocken auf einem Hügel an Ort und Stelle gehalten hat. Eine Hysterese rückgängig zu machen, bedeutet, den Felsbrocken wieder den Hügel hinaufzurollen.

Ein kollabierendes System kann weitere komplexe Systeme, mit denen es in Wechselwirkung steht, mit sich reißen.[85] Der amerikanische »Dust Bowl« wurde beispielsweise von jahrelanger, stetig zunehmender Schädigung des Bodens durch intensive Landwirtschaft verursacht. Die fortdauernden Schäden drängten das ökologische System an den Rand eines Kipppunkts. Als es in den 30er-Jahren zu Dürren kam, kollabierten die Bodenstrukturen schnell und katastrophal.[86]

Binnen weniger Jahre trug der Wind in den Southern Plains pro Hektar durchschnittlich sage und schreibe 1000 Tonnen Boden fort.[87] Vier Millionen Hektar verloren beinahe ihren gesamten fruchtbaren Mutterboden. Die Nahrungsmittelerzeugung kollabierte, gefolgt von den Bauerngemeinschaften, deren Leben von ihr abhing. Ein Bericht der US-amerikanischen Regierung aus dem Jahr 1937 beschreibt treffend die Hysterese des Systems: »Ein Mann kann den Sandsturm nicht aufhalten, doch ein Mann kann ihn verursachen.«[88]

Hätte man im Jahr 2008 zugelassen, dass das globale Finanzsystem einen kritischen Schwellenwert überschreitet, dann hätte sein Kollaps einen kaskadierenden Systemkollaps, also eine Art Kettenreaktion quer durch die menschliche Gesellschaft ausgelöst. Lediglich eine globale Rettungsaktion, die Trillionen Dollar forderte, konnte es wieder in einen stabileren Zustand zurückdrängen. Obwohl es noch nicht zur Hysterese gekommen war, war wesentlich mehr Energie (beziehungsweise Geld) nötig, um den Kollaps zu verhindern, als aufgewendet wurde, um ihn zu verursachen (Hypothekenausfälle in den USA). Ökologische Krisen wie ein plötzliches Massenaussterben sind offenbar ein weiteres Beispiel für einen kaskadierenden Systemkollaps. Wenn ein Ökosystem auf der Erde ins Straucheln gerät, kann es weitere mit sich reißen, die mit ihm interagieren.[89]

Während es schwierig bis unmöglich ist, die Schwellen präzise zu verorten, wissen wir inzwischen genug über das Verhalten von Systemen, um Aussagen darüber treffen zu können, ob sie resilient oder instabil sind. So faszinierend und beängstigend es auch sein mag, wir müssen nicht länger wissen, um was für ein System es sich handelt (ob es nun um die schmelzenden Polarkappen oder ein Versicherungsnetzwerk geht), um zu entscheiden, ob es bald kollabiert oder nicht.[90] Alles, was wir brauchen, sind die mathematischen Werte seiner einzelnen Komponenten.[91]

Wissenschaftler stellen komplexe Systeme grafisch als ein Netz aus Schnittpunkten und Verbindungslinien dar. Dabei kann man sich die Schnittpunkte wie die Knoten eines altmodischen Fischernetzes und die Verbindungen wie die Schnüre dazwischen vorstellen. In einem Nahrungsnetz kann es sich bei den Knoten beispielsweise um bestimmte Pflanzen- oder Tierarten handeln und die Schnurverbindungen sind die Nahrungsbeziehungen zwischen ihnen: Wer frisst wen? Im Finanzsystem repräsentieren die Knoten Banken und andere größere Player, während die Verbindungen kommerzielle und finanzielle Beziehungen darstellen (im Grunde ebenfalls oft eine Frage von: »Wer frisst wen?«).

Wenn die Knoten sich unterschiedlich verhalten und die Verbindungen zwischen ihnen eher schwach sind, ist das System aller Wahrscheinlichkeit nach resilient. Wenn die Knoten sich jedoch sehr ähnlich zueinander verhalten und stark miteinander verknüpft sind, ist das System instabil.[92]

Das liegt daran, dass das Verhalten ähnlicher Knoten sich – von derselben Störung geschüttelt – mit einer hohen Wahrscheinlichkeit synchronisiert, und starke Verbindungen die Störung im gesamten Netzwerk verteilen. Als sich beispielsweise im Jahr 2008 die Finanzkrise abzeichnete, entwickelten die Großbanken, da sie dieselben Profitquellen verfolgten, ähnliche Strategien und ähnliche Wege des Risikomanagements.[93] Die Verbindungen zwischen ihnen wurden so stark (teilweise durch die Verbriefung von Krediten in Wertpapieranlagen und den Derivatehandel), dass sie für Kontrollaufsichten kaum noch zu begreifen waren.[94] Als Lehman Brothers dann Konkurs ging, drohte die Bank alle anderen mit sich zu reißen.

Einige Knoten – die mit den meisten Verbindungen zu anderen (wie die Großbanken zum Beispiel) – erweisen sich als viel gewichtiger als andere.[95] Wenn sie implodieren, kippt ihr Zerfall das gesamte System in den Kollaps.

Ein weiteres wichtiges Merkmal komplexer Systeme ist ihre »Modularität«: Bis zu welchem Grad ist das System in einzelne Zwischenräume unterteilt?[96] Wenn unterschiedliche Systemelemente bis zu einem gewissen Grad isoliert voneinander bestehen, ist das Netzwerk insgesamt stabiler und einzelne Störungen breiten sich nicht aus.[97]

Idealerweise enthält das Netzwerk Sicherungen, die genau wie in einem elektrischen System die Ausbreitung einer Störungswelle verhindern. Innerhalb oder entlang des Hauptnetzwerks sollte es ein Back-up-System geben, das grundlegend anders operiert.[98] Zudem sollte das System über ausreichend Redundanz verfügen, also zusätzliche Kapazität, die eine Störung auffangen kann.

Tritt man einen Schritt von diesen Resilienzregeln zurück, dann fällt etwas Alarmierendes auf. Unsere Bemühungen, die Leistung unserer eigenen kleinen Ecke eines Systems zu verbessern, schwächen das System als Ganzes. Mit der gesteigerten Effizienz eines Geschäftszweiges oder eines Prozesses wird die Redundanz des gesamten Systems gemindert. Auch wenn es für das wirtschaftliche Überleben eines Geschäfts von zentraler Bedeutung sein mag, stärkere Beziehungen zu anderen aufzubauen, wird das Netzwerk dadurch womöglich geschwächt. Global gültige Standards mögen den Handel schneller und einfacher gestalten, doch sie sorgen auch dafür, dass die Knoten (in diesem Fall die Nationen) ihr Verhalten zunehmend aneinander anpassen. Die Globalisierung beschert Menschen und Nationen eine größere Reichweite, doch sie zerstört die Modularität und spült die Sicherungen fort. Das viel zitierte Ziel vieler Regierungen, Banken, Tech-Firmen und Großkonzerne, die Fusionen und Übernahmen anstreben, ein »Netzwerk aller Netzwerke« zu schaffen, ist geradezu ein perfektes Werkzeug, um einen kaskadierenden Systemkollaps zu streuen.[99]

Die von uns geschaffenen Systeme besitzen offenbar die immanente Eigenschaft, mit der Zeit komplexer, verwobener und zunehmend unverständlich für den menschlichen Geist zu werden. Noch bevor wir uns mit den Folgen von Dummheit und Gesetzesübertretungen auseinandersetzen müssen, bedrohen wir die Netzwerke, von denen wir abhängig sind, bereits durch das augenscheinlich rationale Verfolgen unserer eigenen Interessen. Im Streben nach vermeintlicher Sicherheit machen wir uns verwundbar für Katastrophen.

Hier kommen also zwei fundamentale Fragen rund um unser Überleben, die in der Öffentlichkeit selten gestellt werden. Ist das globale Ernährungssystem resilient? Mit anderen Worten, hält es größeren Störungen stand? Und wird es stabiler oder instabiler?

Einen der rasantesten Kulturwandel in der Menschheitsgeschichte bedeutet die Annäherung an eine »globale Standardernährung«.[100] Bis vor ein paar Jahrzehnten haben sich die Menschen in unterschiedlichen Ländern – oder in unterschiedlichen Regionen desselben Landes – grundverschieden ernährt. Das bedeutet nicht, dass sie sich grundsätzlich gesünder ernährt haben. Ganz im Gegenteil, viele ernährten sich unzureichend und monoton. Doch ihre Ernährung unterschied sich von dem, was Menschen an anderen Orten aßen. Von Nation zu Nation, in einigen Gebieten sogar von Tal zu Tal, formte die Ernährung die separaten landwirtschaftlichen Systeme von Menschen, ihre Geschichten und Traditionen und wurde wiederum von ihnen geformt. Doch inzwischen hat eine Ernährung, die ihren Ursprung in den 1960er-Jahren in den reichen Nationen nahm und sich rasant im Rest der Welt ausgebreitet hat, die spezifischen Eigenheiten von Ort und Kultur aus dem Weg geräumt.

Während viele von uns nun Zugang zu einem viel breiteren Nahrungsangebot haben als es unseren Großeltern überhaupt bekannt war, ist unsere Ernährung auf globaler Ebene eintöniger geworden.[101] Mit anderen Worten, unsere Ernährung ist lokal diverser geworden, hat global jedoch an Vielfalt eingebüßt.[102] In beinahe jeder Nation haben wir begonnen, Nahrung zu uns zu nehmen, die energiereicher ist und mehr verfügbare Kalorien enthält. Heutzutage essen wir weitaus mehr pflanzliches Öl, Fett und Protein als noch vor sechzig Jahren (überraschenderweise jedoch nicht mehr Zucker), weniger Wurzeln und Knollengemüse, dafür jedoch ein paar mehr Gemüsesorten und etwas mehr Obst.[103] Unsere Nahrung beziehen wir überwiegend aus einer sehr begrenzten Artenvielfalt. Gerade einmal vier Pflanzen – Weizen, Reis, Mais und Sojabohnen – liefern beinahe 60 Prozent der landwirtschaftlich angebauten Kalorien.[104]

Der Anbau dieser Nutzpflanzen konzentriert sich inzwischen auf die Regionen, in denen er am effizientesten ist. 76 Prozent des weltweit exportierten Mais wird in lediglich vier

Ländern geerntet (USA, Argentinien, Brasilien und Frankreich). Fünf Länder (Thailand, Vietnam, Indien, die USA und Pakistan) verkaufen 77 Prozent des weltweit geernteten Reises und sechs Länder (die USA, Frankreich, Ukraine, Kanada, Russland und Australien) produzieren 65 Prozent des weltweit exportierten Weizens.[105] Im Fall von Sojabohnen sind es sogar nur drei Länder, nämlich Brasilien, die USA und Argentinien, die 86 Prozent der Exportpflanze anbauen (die wiederum zu drei Vierteln an Nutztiere verfüttert wird).[106] Das zeigt, das die Versorgung durch unsere globale Standardernährung zu einem erschreckenden Maße von den USA abhängig ist.

In lediglich 18 Jahren hat sich die Zahl der Handelsverbindungen zwischen Exporteuren und Importeuren von Weizen und Reis verdoppelt.[107] Rund 40 Prozent der weltweiten Bevölkerung sind auf Nahrungsmittel angewiesen, die aus anderen Nationen importiert werden.[108] Im Jahr 2050 wird sich der globale Import von Getreide wahrscheinlich erneut verdoppeln.[109] Länder, die zuvor etwas weniger oder etwas mehr produziert haben, als sie brauchen, haben sich inzwischen zu Superimporteuren oder Superexporteuren entwickelt.[110] Einige Nationen, insbesondere in Nordafrika, dem Mittleren Osten und Zentralamerika, sind auf Importe angewiesen, da sie nicht mehr über genug fruchtbares Land oder Wasser verfügen, um ihre eigenen Nutzpflanzen anzubauen.[111] Andere, insbesondere in der Subsahara-Region in Afrika, haben in der Theorie ausreichend Land und Wasser, doch ihr Ertrag ist so gering, dass die Erzeugnisse heimischer Bauern von Billigimporten aus anderen Ländern, deren Großbauern staatliche Subventionen beziehen, unterboten werden. Für reiche Nationen wie Großbritannien sind Nahrungsimporte im Vergleich zu wertvollen Gütern und Dienstleistungen billig und daher einfach zu erwerben.

Mit anderen Worten: Jede Entscheidung mag für sich betrachtet ökonomisch nachvollziehbar sein, führt jedoch zu einem System, das zunehmend Resilienz verliert. In der wissenschaftlichen Literatur finden sich hinreichend Warnungen vor dieser Entwicklung. Viele Beiträge zeigen auf, dass einige Knoten (die Hauptexporteure) immer größer und wichtiger und ihre Verbindungen zu anderen Knoten (die Importeure) viel stärker geworden sind:[112] klassische Ursachen für schwindende Resilienz.[113] Sie warnen außerdem, dass der steigende Handel die Pufferzonen, die zwischen nationalen Nahrungsmittelerzeugungssystemen bestanden, einreißen: Das System verliert an Modularität.[114] Zudem zeigen sie eine zunehmende Verwundbarkeit gegenüber externen Störungen auf,[115] die sich nun in einer Kettenreaktion über das gesamte Netzwerk ausbreiten und »global ansteckend« werden könnten.[116]

Doch diese Warnungen haben kaum die Oberfläche der öffentlichen Wahrnehmung gekräuselt. Unser generelles Unverständnis von der Funktionsweise komplexer Systeme lässt die hartnäckige Annahme zu, dass etwas, das gut für einen ist, gut für alle sein muss. Die unsichtbare Hand privater Interessen, von der Adam Smith glaubte, sie würde »die Interessen der Gesellschaft lenken und Mittel bereitstellen, um die Artenvielfalt zu erhöhen«,[117] könnte, je mehr sie in einem komplexen System durchgreift, genau das Gegenteil bewirken.

Die globale Standardernährung schafft die globale Standardfarm, und die globale Standardfarm befeuert wiederum die Durchsetzung der globalen Standardernährung. Weltweit gleichen Bauern ihre Techniken einander an, benutzen die gleichen Maschinen, die gleichen Chemikalien und bauen die gleichen Sorten von Hauptkulturpflanzen an. Der UN zufolge haben die Nutzpflanzen seit 1900 weltweit um 75 Prozent an genetischer Diversität eingebüßt.[118] Dieser Verlust an genetischer Vielfalt macht die Pflanzen anfälliger für Krankheiten wie den Rostpilz Ug99, einem virulenten Schädling, der Weizen befällt. Ursprünglich in Uganda nachgewiesen, hat er sich inzwischen mit Hilfe des globalen Handelsnetzwerks, das Krankheiten bisweilen ebenso schnell verteilt wie Nahrungsmittel,[119] in ganz Afrika und Teilen Asiens ausgebreitet. Da wir die gleichen Pflanzenschutzmittel auf die gleichen Kulturpflanzen sprühen, entwickeln sich auf der ganzen Welt die gleichen herbizidresistenten Unkräuter und lassen sich inzwischen an einigen Orten von den Bauern kaum noch eindämmen.[120] Durch die sich abzeichnende Konvergenz in Richtung identischer Nutzpflanzen und identischer Anbauformen werden die Backup-Systeme der Bauern – verschiedene Anbauformen, unterschiedliche Wege, die Feldfrüchte zu verkaufen – heruntergefahren.

Überall werden Bauern angewiesen, »die Ertragslücke zu schließen«, was bedeutet, dass sie die Menge der aus ihren Nutzpflanzen gewonnenen Nahrung maximieren sollen. Das mag zunächst sinnvoll erscheinen, aber diese Effizienzoptimierung stellt sicher, dass die Redundanz (die zusätzlich verfügbare Kapazität) innerhalb des Systems schwindet. Schon jetzt gibt es Anzeichen dafür, dass die Hauptkulturpflanzen an manchen Orten trotz massiver Investitionen in Forschung und Entwicklung ihr sogenanntes »Ertragsplateau« erreicht haben: ein Ertragsniveau, über das die Produktion nicht weiter gesteigert werden kann.[121] Wie eine Studie festgestellt hat, ist das bereits bei einem Drittel aller Reis- und Weizenbauern weltweit der Fall.[122]

Haben Nutzpflanzen ihr Plateau erreicht, schwindet der aus zusätzlichen Bemühungen gezogene Gewinn.[123] Sind die Erträge niedrig, dann haben Düngemittel enorme Auswirkungen auf die Produktion, doch jede weitere Steigerung zeigt weniger Wirkung.[124] Ab einem gewissen Punkt übersteigen die Investitionen, die die Bauern machen, um ihre Erträge zu steigern, jeden Gewinn, den sie daraus ziehen.[125]

Diese Entwicklungen haben eine Rückkoppelungsschleife ausgelöst, wie sie typisch für komplexe Systeme ist. Während Ernährung und die Anbaumethoden, mit denen sie erzeugt wird, an Diversität einbüßen, erobern Megaplayer den globalen Markt und zerstören kleinere Konkurrenten. Korporationen, die weltweit Saatgut, Maschinen und Chemikalien bereitstellen, genießen einen immer größeren Skaleneffekt, ebenso wie Unternehmen, die die universellen landwirtschaftlichen Erzeugnisse vertreiben und verarbeiten. Marktwirtschaftliche Macht übersetzt sich direkt in politische Macht: Die Unternehmen nutzen ihr Vermögen, um Lobbyarbeit bei Regierungen zu betreiben und Handelsabkommen zu beeinflussen. Sie sichern sich weitreichende geistige Eigentumsrechte (Patente auf Saatgut und Züchtungen ebenso wie auf Chemikalien und Maschinen) und erwirken sich die Erlaubnis, zu fusionieren und sich gegenseitig zu schlucken, wodurch ihre Produkte eine noch größere Vormachtstellung auf dem Markt erhalten.[126]

Mit anderen Worten, ihr gesamtes Wachstum gründet sich darauf, die Sicherungen, Backup-Systeme und Modularitäten abzubauen und ein System, dessen Hauptknoten bereits zu groß und dessen Verbindungen bereits zu stark sind, noch stromlinienförmiger auszurichten.[127] Eine Abwärtsspirale, die sich immer weiter beschleunigt und das System unaufhaltsam destabilisiert.

Das Ergebnis ist ein Wirtschaftssektor, der noch konzentrierter und verwickelter ist als der Finanzsektor vor seinem Crash im Jahr 2008. Vier Großunternehmen – Cargill, Archer Daniels Midland, Bunge und Louis Dreyfus – kontrollieren einer Schätzung zufolge[128] 90 Prozent des globalen Getreidehandels. Dabei schließen sie sich sowohl auf vertikaler als auch auf horizontaler Ebene zusammen, indem sie sich in Saatgut, Dünger, Verarbeitung, Verpackung, Verteilung und Einzelhandel einkaufen. Doch selbst dieser große Anteil an der Welt reicht ihnen nicht und sie verdrängen weiterhin kleinere Konkurrenten.[129]

Vier weitere Unternehmen – ChemChina, Corteva, Bayer und BASF – kontrollieren 66 Prozent des Weltmarkts für Agrarchemie, [130, 131] während eine ähnlich aufgestellte Gruppe (in der nur BASF von LimaGrain vertreten wird) 53 Prozent des globalen Saatgutmarktes beherrscht. Einige der Fusionen, die diese Giganten schufen, verfolgten das Ziel, Saatgut- und Chemiekonzerne so aufeinander abzustimmen, dass die Produkte nur noch im Paket gekauft werden können.[132] Einige dieser Saatgutarten wurden genetisch so verändert, dass sie nur mit den Herbiziden angebaut werden können, die vom gleichen Hersteller vertrieben werden. Wenn Bauern von diesen Großkonglomeraten ein Saatgut- und Chemiepaket erhalten, kaufen sie de facto ein vorgeformtes Entscheidungsset, wie sie anzubauen haben. Die globale Standardisierung schreitet mit jedem Jahr weiter voran.

Drei Unternehmen – Deere, CNH und Kubota – vertreiben beinahe die Hälfte der weltweit verkauften landwirtschaftlichen Maschinen.[133] Weitere vier Unternehmen kontrollieren 99 Prozent der globalen Hühnerzucht und zwei liefern weltweit beinahe alle Enten.[134] Vier Firmen betreiben 75 Prozent der weltweiten Schlachthofkorporationen und Verpackungshöfe für Rindfleisch und vier weitere kontrollieren 70 Prozent der Schlachthofkonzerne für Schweinefleisch.[135] Auch diese Unternehmen sind auf vertikaler Ebene miteinander verflochten, indem sie entweder landwirtschaftliche Betriebe aufkaufen oder Bauern unter strengen und unveränderlichen Konditionen vertraglich dazu verpflichten, ihnen Fleisch zu liefern, wobei oft eine standardisierte Fütterung und die Versorgung mit anderen Produkten, die sie bereitstellen, verpflichtend ist. Händler übernehmen die Futtermittelwerke und -mühlen, mit denen sie einst Geschäfte gemacht haben, beherrschen Supermärkte und kontrollieren die Bauern, die sie mit Nahrungsmitteln beliefern, und Fast-Food-Ketten verdrängen unabhängige Restaurants.

Während Fusionen und Übernahmen in vielen Industriezweigen zugenommen haben,[136] ist dieser Prozess in der Lebensmittelindustrie so weit fortgeschritten wie in kaum einem anderen Sektor.[137] Das liegt unter anderem daran, dass Zweige, die einem hohen technologischen Wandel unterliegen, ihr geistiges Eigentum – wie Patente oder genetisch verändertes Saatgut – nutzen können, um Konkurrenten vom Markt zu verdrängen.[138] Dabei begründen sie unbeabsichtigt neue, komplexe Systeme, die sich schnell verändern und mit anderen Systemen auf undurchsichtige und unvorhersehbare Weise interagieren.

Die Instabilität des Ernährungssystems wird vom globalen Umschwung auf eine zeitlich genau abgestimmte Just-in-time-Lieferung verschärft. Rund um die Welt wurden Grenzen geöffnet und Straßen und Häfen ausgebaut, wodurch das globale Handelsnetz noch linearer ausgerichtet wurde. Dank eines sorgsam aufeinander abgestimmten Systems konnten Unternehmen ihre Lagerkosten reduzieren, indem sie sich von Warenbestand auf Warenfluss verlagerten. In guten Zeiten klappt das reibungslos. Doch wenn die Lieferkette unterbrochen wird oder die Nachfrage plötzlich steigt, bleiben die Regale leer, mit mitunter katastrophalen Folgen.[139] Während der Covid-19-Krise bekam Großbritannien beispielsweise die Folgen der Privatisierung seiner Vorräte an medizinischen Masken, Kitteln, Handschuhen und anderer Schutzkleidung zu spüren. Anstatt Reserven anzulegen, hatten die Unternehmen, die mit der Beschaffung dieser Ausrüstung beauftragt waren, die Lagerkosten durch geringe Bestände minimiert. Hunderte Beschäftigte im Gesundheitswesen starben hierzulande nicht zuletzt aufgrund unzulänglicher Schutzkleidung.

Als wäre das System nicht schon verwundbar genug, haben Regierungen in den vergangenen dreißig Jahren die Verantwortung für ihre Lebensmittelbestände in den Privatsektor ausgelagert.[140] Zugegeben, die Art und Weise, wie einige Staaten ihre strategischen Nahrungsmittelreserven verwalteten, war problembehaftet, einschließlich Korruption, abwegiger Prämien und Lagerkosten. Doch diese Aufgabe in private Hand zu übergeben, bedeutet, ein fehlerhaftes System durch ein dysfunktionales zu ersetzen. In Malawi, im Südosten Afrikas, hat der Internationale Währungsfonds (IWF) beispielsweise die Regierung ermuntert, ihre Vorräte zu reduzieren.

Der Fonds argumentierte, man könne Getreide im Falle einer Knappheit von privaten Händlern zukaufen.[141] Doch als es im Jahr 2001 zu Missernten kam und die Silos der Regierung leer waren, stiegen die Lebensmittelpreise (wie es bei Versorgungsknappheit die Regel ist) und in der Folge starben Anfang 2002 Menschen an Hunger.

Mit der Privatisierung gehen drei Hauptprobleme einher. Erstens: Wenn kommerzielle Unternehmen Getreide lagern, dann tun sie es aus Profitgründen und nicht, um Menschenleben zu retten. Es liegt im Interesse von Unternehmen, die Lebensmittelpreise hoch zu halten. Um das zu erreichen, limitieren sie oft die Menge der auf den Markt geschütteten Lebensmittel. Infolgedessen sind private Getreidelager offenbar weniger in der Lage, explodierende Preise zu dämpfen als staatliche.[142]

Das zweite Problem besteht darin, dass Umfang und Beschaffenheit privater Lebensmittelreserven tendenziell das Geheimnis ihrer Eigentümer bleiben: Unternehmen, die auf dem Rohstoffmarkt spekulieren, haben ein Interesse daran, vor anderen geheim zu halten, wie groß ihre Vorräte tatsächlich sind.[143] Demzufolge werden Lebensmittelvorräte selbst für Regierungen unsichtbar. Wir wissen dann nicht, wie gut wir auf eine größere Krise vorbereitet sind.

Das dritte Problem besteht darin, dass die Unternehmen, die von Staaten mit deren Vorratshaltung betraut werden, die gleichen Unternehmen sind, die eine Monopolstellung im globalen Lebensmittelhandel innehaben: Die Knoten im Netzwerk werden noch größer.

Die Lebensmittelindustrie ist immer stärker an die Finanzwirtschaft gekoppelt.[144] Dieselben institutionellen Investoren tauchen auch überall im globalen Ernährungssystem auf und kaufen Anteile in der Landwirtschaft, im Handel, in Verarbeitung und Einzelhandel. Auch sie streben einen Zusammenschluss an, der ihre Macht auf dem einen Markt durch die Macht auf dem anderen verstärkt.[145] Wenn Wirtschaftsbereiche eine gegenseitige Abhängigkeit entwickeln, erhöht sich die sogenannte »Netzwerkdichte« des Systems, wodurch es insbesondere anfällig für ein kaskadierendes Systemversagen wird. »Hyperverbindungen« in einem Netzwerk aus Netzwerken generieren »Hyperrisiken«.[146]

Spekulationen an Warenterminbörsen mögen globale Märkte einst gegen Risiken abgesichert haben. Indem man die Preise für Feldfrüchte noch vor ihrer Ernte festlegt, werden sowohl Bauern als auch Händler vor Unvorhersehbarkeiten geschützt. Doch mit den Jahren haben die Preisspekulationen einen Selbstzweck entwickelt und sind inzwischen zu einem destabilisierenden Faktor geworden. Es ist schwer, an genaue Zahlen zu kommen, doch die begrenzten Informationen, die für die Öffentlichkeit zugänglich sind, legen nahe, dass auf der größten Warenterminbörse in Chicago jährlich zwischen 65- und 215-mal so viel Weizen gehandelt wird, wie in den USA überhaupt geerntet wird. Mit anderen Worten: Dieselbe Ernte wird viele Male ausgetauscht.[147]

Einige Investoren haben zudem Land aufgekauft. Globale Landübernahmen werden im 21. Jahrhundert zu einem Großteil von ultrareichen Personen und Institutionen – oft mit Korruption und Nötigung – vorangetrieben, die Landbesitz zu ihren Wertpapierbeständen hinzufügen[148] und bereits Millionen von Bauern von ihrem Land vertrieben haben.[149] Seit 2000 sind 9 Prozent von Afrikas Flächen – meist die fruchtbarsten und obendrein oft in Ländern, in denen Hunger herrscht – aufgekauft oder beschlagnahmt worden.[150] Inzwischen befinden sich über 70 Prozent der globalen Agrarflächen im Besitz oder unter der Kontrolle von lediglich 1 Prozent der weltweiten »Bauern«.[151] Bauern setze ich an dieser Stelle in Anführungszeichen, da viele der Großeigentümer keinerlei landwirtschaftliche Erfahrung mitbringen oder noch nicht einmal eine direkte Verbindung zum Anbau von Feldpflanzen oder der Haltung von Nutztieren haben. Zu ihnen gehören unter anderem Investmentbanken, Pensionsfonds, Hedgefonds und private Eigenkapitalanlagen.

Zuweilen ist es schwierig, unter den komplexen Unternehmensstrukturen und verzweigten Beteiligungsgesellschaften die tatsächlichen Eigentümer überhaupt auszumachen. Selbst in reichen Nationen mit starken Verwaltungsapparaten befinden sich große Gebiete inzwischen im Besitz von obskuren Unternehmen mit Sitz in Steueroasen.[152] Diese Spekulanten setzen andere Menschen oder Unternehmen dafür ein, ihr Land zu bewirtschaften. Da das Land lediglich ein weiterer Vermögenswert in ihren Wertpapierbeständen darstellt, hegen wohl weder die neuen Eigentümer noch ihre Vertragspartner ein gesteigertes Interesse an Schutz und Pflege eines fruchtbaren Bodens. Wenn der Ertrag nicht einen ähnlichen Gewinn wie ihre anderen Spekulationsobjekte einfährt, intensivieren sie entweder die Bewirtschaftung oder stoßen das Land an einen weiteren gesichtslosen Vermögensverwalter ab.

Kleine Bauern bauen durchschnittlich eine größere Bandbreite an Feldfrüchten an und nutzen mehr Techniken als Großbauern.[153] Die Landräuber, die an ihre Stelle getreten sind, setzen hingegen oft auf sogenannte »Flex Crops«: Rohstoffe, die sich am Ende für unterschiedliche Märkte nutzen lassen. Beispielsweise können Soja und Mais sowohl an die Lebensmittelindustrie als auch als Viehfutter oder Biogas verkauft werden.[154] In der Konsequenz wird das System allgemeiner, homogener und verliert seine Pufferzonen. Das größte Problem, vor dem das globale Ernährungssystem steht, ist offenbar das globale Ernährungssystem selbst.

Woran merkt man, ob ein komplexes System sich einem Kipppunkt nähert? Es beginnt zu flackern.[155] Mit anderen Worten, es verhält sich unbeständiger:[156] Geringfügige, zufällig auftretende Veränderungen, die es zuvor mühelos absorbiert hat, vervielfachen sich nun zu immer größeren Schockwellen. Flackern ist das, was das globale Ernährungssystem derzeit tut. Ein wissenschaftlicher Beitrag stellt fest, dass »die Frequenz von Störungen [seit den 1970er-Jahren] weltweit in allen Bereichen zugenommen [hat]«.[157] Die Resilienz des Systems schwindet.

Bis 2014 schien sich eine wunderbare Entwicklung abzuzeichnen: Es sah aus, als wäre der Welthunger bald besiegt. Die Zahl chronisch hungernder Menschen verringerte sich stetig, und die Staaten feierten, was aussah wie ein unaufhaltsamer Fortschritt in Richtung des durch die UN proklamierten Ziels, bis zum Jahr 2030 ausreichend Nahrungsmittel für alle zu erzeugen. Doch dann verkehrte sich der Trend in die entgegengesetzte Richtung.[158] Binnen fünf Jahren war die Zahl chronisch unterernährter Menschen um 60 Millionen auf 690 Millionen gestiegen.

Was war geschehen? War die Nahrung knapp geworden? Weit gefehlt. Die globale Nahrungsmittelerzeugung steigt seit über einem halben Jahrhundert stetig an und übertrifft das Bevölkerungswachstum um Längen. Während im Jahr 1961 täglich 2200 kcal für jeden Menschen auf der Erde verfügbar waren, waren es im Jahr 2011 beinahe 2900 kcal.[159] Die Ernte ist insgesamt sogar noch viel mehr angestiegen: auf erstaunliche 5400 kcal am Tag pro Person am Tag. Doch beinahe die Hälfte dieser Nahrungsfülle geht verloren, sei es als Futtermittel für Nutztiere, durch anderweitige Nutzung (wie Biotreibstoff) oder als Abfall. Doch selbst dann wäre, wenn das Essen bezahlbar und gerecht verteilt wäre, theoretisch genug für alle da. Der neue Hunger ist allem Anschein nach auf systemische Instabilität zurückzuführen.

Betrachtet man die Jahre 2008 und 2011, so weisen sie den größten Anstieg des Nahrungsmittelpreises und, in der Konsequenz, des Hungers in diesem Jahrhundert auf. Der Weltmarktpreis für Weizen stieg im Jahr 2008 um 33 Prozent und im Jahr 2011 um 38 Prozent. Doch diese beiden großen Schocks weisen zwei außergewöhnliche Eigenschaften auf. Vorgeblich wurden sie durch die wiederholten Hitzewellen und Dürren in einigen Anbauregionen zwischen 2007 und 2010 verursacht. Doch die Wetterlagen waren im Vergleich keineswegs die extremsten der vergangenen Jahre.[160] Noch erstaunlicher: In beiden Jahren stieg das Gesamtvolumen des auf dem internationalen Markt verfügbaren Weizens um jeweils 5,5 und 3,2 Prozent.[161] Stattdessen hallten offenbar kleinere, lokale Störungen im gesamten globalen Ernährungssystem wider und wurden von Rohstoffhändlern verstärkt.[162] Daraufhin verfielen Großproduzenten in Panik und limitierten ihre Exporte.[163] Die Schockwelle rollte einmal durch das gesamte Netzwerk, wurde dabei immer größer und brach beinahe vollständig über den ärmsten Nationen zusammen, deren Importe scharf einknickten, obwohl reichere Länder Unterstützung leisteten oder ihre Einkaufsmenge erhöhten.

In ähnlicher Form hat das globale Ernährungssystem möglicherweise das von der Covid-19-Pandemie ausgelöste Chaos verschärft. Natürlich war die Pandemie für viele Wirtschaftszweige eine große Herausforderung. Doch in einigen Ländern war die Kombination aus leeren Regalen und plötzlichem Einkommensverlust verheerend. Obwohl die Ernten von 2019 und 2020 weltweit gut waren, wurden die Lieferketten an manchen Orten unterbrochen, und einige Ländern stellten ihre Exporte ein.[164] Die Ernte verrottete auf den Feldern und viele Menschen hungerten.[165] Die globalen Auswirkungen auf das Ernährungssystem waren weniger schlimm als bisweilen angenommen, doch da spielte eine große Portion Glück mit. Wäre das Systemchaos, das durch die ersten Pandemiewellen hervorgerufen wurde, mit den Omegahochdruckgebieten,[166] Dürren[167] und Überschwemmungen[168] zusammengetroffen, die mehrere wichtige Anbaugebiete im Jahr 2021 heimsuchten und die Nahrungsmittelpreise in die Höhe schnellen ließen,[169] wäre die Zahl der Unterernährten noch viel höher ausgefallen.

Dieses zunehmend aus dem Gleichgewicht geratene System, das sich möglicherweise gerade einem Kipppunkt nähert, ist verschiedenen Belastungen ausgesetzt. Darunter finden sich Probleme, die über eine kleine Gruppe an Fachleuten hinaus kaum bekannt sind oder verstanden werden. Dabei könnte das Überleben vieler Menschen auf der Welt davon abhängen, dass sie ans Licht gebracht werden.

Im Jahr 2050 wird die Weltbevölkerung auf neun bis zehn Milliarden Menschen gestiegen sein. Theoretisch produziert die Welt schon jetzt genug Essen für zwischen 10 und 14 Milliarden Menschen.[170] Das Problem ist, dass lediglich ein kleiner Anteil dieses Reichtums Menschen direkt ernährt. Warum? Während die Bevölkerungswachstumsrate auf 1,05 Prozent jährlich gesunken ist,[171] stieg die Wachstumsrate der Nutztierpopulation auf 2,4 Prozent.[172] Um es brutal auszudrücken: Im Jahr 2050 werden die zusätzlichen Menschen auf dem Planeten etwas über hundert Millionen Tonnen wiegen, die zusätzlichen Nutztiere werden jedoch, wenn der derzeitige Trend nicht unterbrochen wird, 400 Millionen Tonnen auf die Waage bringen.[173] Die größte Überbevölkerungskrise ist nicht die wachsende Zahl der Menschen, sondern die der Nutztiere.

Diese eskalierende Systembelastung kann durch das sogenannte Benett's Law erklärt werden: ein ökonomisches Gesetz, demzufolge mit steigendem Einkommen der Verzehr von Fett und Protein steigt.[174]

Im Schnitt isst jeder Mensch auf der Erde 43 Kilogramm Fleisch im Jahr.[175] In Großbritannien essen wir ein wenig mehr, als wir im Schnitt wiegen: 82 Kilogramm. US-Bürger essen durchschnittlich 118 Kilogramm im Jahr.

Während sich der Fleischkonsum in den reichsten Nationen stabilisiert hat und in einigen Regionen sogar leicht zurückgeht, holt der Rest der Welt auf. In den vergangenen 50 Jahren ist die Zahl der Rinder auf der Erde um rund 15 Prozent gestiegen,[176] die Zahl der Schweine hat sich verdoppelt und die der Hühner sogar verfünffacht.[177] Berechnungen der UN zufolge wird der Fleischkonsum im Jahr 2050 um 120 Prozent höher sein als noch im Jahr 2000.[178]

All diese Tiere müssen gefüttert werden. Bereits jetzt werden rund die Hälfte der von Bauern erzeugten Kalorien als Viehfutter eingesetzt.[179] Reiche Nationen wie Großbritannien erklären stolz, dass ein großer Teil an Fleisch, Eiern und Milchprodukten, die sie verzehren, aus eigener Produktion kommt, doch das ist nur durch den massenhaften Import von Viehfutter möglich. Vieles davon wird durch Soja aus Südamerika gedeckt, mit verheerenden Auswirkungen auf den Regenwald, die Feuchtgebiete und Savannen. Da wir so viel Fleisch konsumieren, verbraucht die britische Ernährung beinahe 24 Millionen Hektar Land.[180] Dabei haben wir lediglich 17,5 Millionen Hektar landwirtschaftlich genutzte Flächen.[181] Mit anderen Worten: Unser Fußabdruck ist, was landwirtschaftliche Flächen betrifft, 1,4-mal so groß wie unser derzeit genutztes Agrargebiet. Hätte jedes Land ein derartiges Verhältnis von Konsum zur Produktion, dann bräuchten wir einen weiteren Planeten von der Größe Merkurs, um die Welt zu ernähren.

Ich glaube – und hoffe –, dass unsere Nachfahren angesichts dieser Verschwendung entsetzt sein werden. Doch sie werden möglicherweise noch schockierter sein, wenn sie feststellen, dass weitere 41 Millionen Hektar, also viereinhalbmal die Fläche des britischen Agrarlandes, Nutzpflanzen gewidmet sind, die lediglich angebaut werden, um sie anschließend zu verbrennen: Sie dienen der Herstellung von Biotreibstoff.[182] Für mich ist das Verheizen von Nahrungsmitteln der Inbegriff der Dekadenz. Die Ernte, die für die Treibstoffherstellung verwendet wird, könnte beinahe die Hälfte der weltweit Hungernden ernähren.[183]

Wenn sich unsere Nahrungsmittelerzeugung nicht radikal verändert, wie ich es in diesem Buch vorschlage, dann wird die Welt 2050 rund 50 Prozent mehr Getreide anbauen müssen.[184] Grundsätzlich, und nur gesetzt dem Falle, dass sich ansonsten nichts ändert, ist das auf den landwirtschaftlich genutzten Flächen von heute möglich. Auch wenn sich der Anstieg der Ernteerträge verlangsamt hat, wird die Ernte der vier wichtigsten Feldfrüchte (Mais, Weizen, Reis und Soja) nach den derzeitigen Raten im Jahr 2050 durchschnittlich um 50 Prozent höher sein[185] und damit genau die erwartete Nachfrage befriedigen. Doch anzunehmen, dass sich ansonsten nichts ändern wird, ist äußerst riskant.

Eine der unmittelbaren Auswirkungen der Erderwärmung auf das Ernährungssystem besteht darin, dass einige Regionen des Planeten wahrscheinlich so heiß sein werden, dass man dort nicht mehr unter freiem Himmel arbeiten kann. Da unsere normale Körpertemperatur bei 36,8 °C liegt, ist der Temperaturunterschied ab Temperaturen von 35 °C Außentemperatur zu gering, um einer Überhitzung des Körpers durch Wärmeabgabe vorzubeugen. Ab diesem Punkt können wir Wärme nur durch Verdunstung abgeben – mit anderen Worten, durch Schwitzen. Doch da auch Verdunstung ein Gefälle erfordert – in diesem Fall ein Feuchtigkeitsgefälle –, kühlt uns selbst Schwitzen nicht mehr ausreichend ab, wenn die Luftfeuchtigkeit 100 Prozent erreicht hat. Die Temperaturmessung bei einer relativen Feuchtigkeit von 100 Prozent wird Feuchtkugeltemperatur genannt. Menschen sterben ab einer Feuchtkugeltemperatur von rund 35 °C an Überhitzung: Ihre Kühlgrenztemperatur wurde überschritten.

Tatsächlich würden die meisten von uns schon vorher sterben. Eine Feuchtkugeltemperatur von 35 °C kann einen fitten, gesunden Menschen, der vollkommen still daliegt, töten. Während der Hitzewellen in Südeuropa im Jahr 2003 und in Russland im Jahr 2010 starben viele Menschen, obwohl die Feuchtkugeltemperatur nie über 28 °C betrug.[186]

Schon jetzt hat die Feuchtkugeltemperatur an zwei Wetterstationen am Persischen Golf die 35 °C-Grenze mehrfach überschritten. Weitere Wetterstationen an flachen Gewässern in den Subtropen – am Roten Meer, am Golf von Oman, Ostindien und Pakistan, am Golf von Mexiko und am Golf von Kalifornien – haben Feuchtkugeltemperaturen über 31 °C aufgezeichnet,[187] ebenso wie eine Region, die auf den ersten Blick nicht ins Bild passt: die Westküste Südasiens. In diesem Fall hat die intensive künstliche Beregnung die ohnehin schon durch den Sommermonsun hervorgerufene Feuchtigkeit noch intensiviert: Eine weitere unbeabsichtigte (jedoch in diesem Fall gefährliche) Folge landwirtschaftlicher Bewässerung.[188]

Seit 1979 hat sich die Zahl extremer Feuchtkugeltemperaturschocks mehr als verdoppelt.[189] Dabei werden starke Hitzewellen in weiten Teilen Afrikas kaum überwacht. Mit hoher Wahrscheinlichkeit sind dort bereits viele Menschen durch extreme Hitze gestorben, ohne dass ihr Tod registriert wurde.[190]

Wir haben die möglichen Auswirkungen von Hitzeschocks unter anderem deshalb unterschätzt, weil wir Temperaturanstiege in allgemeinen Zahlen ausdrücken: 2 °C oder 3 °C Erderwärmung klingt nicht nach einer großen Veränderung. Doch diese 2 °C oder 3 °C beziffern lediglich den Durchschnitt auf dem gesamten Planeten. Da sich Landmasse schneller erwärmt als die Meere und da die Weltbevölkerung insbesondere in den heißesten Regionen wächst, schätzt eine Studie, dass sich 3 °C

Erderwärmung über dem vorindustriellen Niveau im Jahr 2070 in einen durchschnittlichen, von den Menschen wahrgenommenen Temperaturanstieg um 7,5 °C übersetzen lassen.[191]

Seit den Anfängen der Landwirtschaft haben die Menschen sich überwiegend in Orten mit einer Jahresdurchschnittstemperatur von etwa 13 °C angesiedelt, da sie die besten Bedingungen für Ackerbau und Viehzucht bietet. In diesem Temperaturbereich haben sich viele Menschen niedergelassen. Doch er unterliegt langsam und unaufhaltsam einem katastrophalen Wandel. Der genannten Studie zufolge wird das Temperaturband innerhalb der nächsten fünfzig Jahre viel weiter in Richtung Pole wandern als in den vergangenen 6000 Jahren. Wenn die Menschen nicht migrieren können, wird ein Drittel der Weltbevölkerung an Orte mit einer Jahresdurchschnittstemperatur von 29 °C gebunden sein: also an Orte, die so heiß sind wie heutzutage die heißesten Teile der Sahara. Rund 1,2 Milliarden von ihnen leben in Indien, beinahe eine halbe Milliarde in Nigeria, 185 Millionen in Pakistan und 150 Millionen in Indonesien.

Wie werden Menschen unter diesen Bedingungen Landwirtschaft betreiben? Mit Traktoren, die Klimaanlagen haben, mag das möglich sein, doch die große Mehrheit der weltweiten Bauern kann sich diese modernen Maschinen nicht leisten. In Nigeria, wo 72 Prozent der Kleinbauern weniger als zwei US-Dollar am Tag verdienen,[192] kostet ein gebrauchter, moderner Minitraktor beispielsweise rund 3 Millionen Naira, was etwa 7000 US-Dollar entspricht.[193] Ein großer Prozentsatz der weltweiten Kleinbauern – die überwiegend in den heißen Regionen der Erde leben – wird einen Großteil des Jahres nicht arbeiten können. Kleinbauern (Menschen, die weniger als zwei Hektar bewirtschaften) produzieren weltweit rund ein Drittel der Nahrungsmittel für die gesamte Menschheit.[194] Der Wandel vom Kleinbauerntum zu landwirtschaftlichen Großbetrieben geht oft mit Hungersnöten einher, da viele Arme auf dem Land abseits des Marktes arbeiten und ihre Nahrung selbst anbauen. Verlieren sie ihr Land, verlieren sie oft alles.

Doch selbst wenn von Großunternehmen beschäftigte Landwirte mit ihren gekühlten Traktoren den gesamten Agrarsektor übernehmen, könnte dann in den heißen Regionen überhaupt noch etwas wachsen? Auch in diesem Fall wird unsere Einschätzung des Problems von Mittelwerten verfälscht. Die meisten veröffentlichten Studien untersuchen die Auswirkungen von 1,5 °C, 2 °C oder 4 °C Erderwärmung auf den Ackerbau. Doch wenn ein durchschnittlicher Temperaturanstieg um 2 °C oder 4 °C bedeutet, dass die Erwärmung in einigen der weltweiten Hauptanbauregionen viel höher ausfällt, dann wurde das Ausmaß der möglichen Folgen wohl noch nicht vollständig erfasst. Die bisherige Erderwärmung hat den Ernteertrag aus den Hauptkulturpflanzen wohl nur leicht gemindert.[195] Die Ernteausfälle fielen auch deswegen geringer aus als befürchtet, weil die Erzeugung an Orte verlegt wurde, an denen die Pflanzen besser wachsen. Weizenfelder sind beispielsweise trotz der Erderwärmung im Schnitt kälter als zuvor, da der Weizenanbau an kühlere Orte verschoben wurde.[196]

In manchen Fällen werden sich die Erträge mit einem Temperaturanstieg um 2 °C oder sogar 4 °C steigern, in anderen werden sie schwinden. Einige wissenschaftliche Artikel bewerten das in der Summe positiv,[197] andere negativ.[198] Doch da selbst eine Erwärmung um »nur« 2 °C an einigen Orten einen

Temperaturanstieg von über 4 °C zur Folge haben könnte,[199] benötigen wir dringend Studien, die sich mit dem wahrscheinlichen Temperaturanstieg in den weltweit wichtigsten Kornkammern befassen. Vor allem brauchen wir mehr Wissen über die Auswirkung steigender Temperaturen auf die Ernteerträge in heißen Regionen, wo derzeit am meisten Hunger herrscht.

Im Zusammenhang mit der Ernte stehen wir vor einem weiteren Problem: Das Gewicht des erzeugten Korns gibt wenig Auskunft über seinen tatsächlichen Nährwert. Selbst wenn die Erträge weiter steigen, so zeigen doch Experimente und Modellstudien, dass die Kombination aus höheren Temperaturen und einer höheren Konzentration an Kohlenstoffdioxid in der Luft den Gehalt an Mineralstoffen (wie Eisen, Zink, Kalzium und Magnesium), Proteinen und B-Vitaminen in Getreide drastisch senken wird.[200] Grund dafür ist offenbar, dass die Pflanzen unter diesen Bedingungen schneller wachsen und weniger Zeit haben, Nährstoffe aufzunehmen.[201]

In den reichen Nationen, wo wir unsere Nahrungsmittel zum Teil durch Nährstoffe ergänzen und generell mehr Protein zu uns nehmen, als wir brauchen,[202] werden davon weniger Menschen betroffen sein als in armen Nationen, die schon jetzt unter einem Mangel an Vitaminen, Mineralstoffen und Protein zu leiden haben.[203] Dieser Umstand steigert die Ungerechtigkeit einer Krise, die hauptsächlich von den Reichen verursacht wurde, deren Folgen jedoch vor allem die Armen zu spüren bekommen. Eine Studie schätzt, dass im Jahr 2050 durch den Anstieg an Treibhausgasen weitere 122 Millionen Menschen unter Eiweißmangel leiden werden,[204] eine andere Studie rechnet mit 148 Millionen Menschen mit Eiweißmangel.[205] In armen Ländern ist Blutanämie insbesondere bei Mädchen und Frauen weit verbreitet. Wenn die erzeugten Nahrungsmittel noch weniger Eisen enthalten, wird sich sich dieser Missstand verschärfen.[206] Bereits jetzt leiden über eine Milliarde Menschen unter Zinkmangel und den entsprechenden gesundheitlichen Folgen wie Frühgeburten und einem geschwächten oder gehemmten Immunsystem.[207] Weitere 130 Millionen Menschen könnten einen Mangel an Folacin entwickeln, eines der B-Vitamine[208], dessen Fehlen schlimme Folgen für Schwangere und ihre Föten haben kann. Ein wissenschaftlicher Artikel beschreibt die sinkende Konzentration von Protein und Mineralstoffen in Feldfrüchten als »existenzielle Bedrohung«.[209]

Doch die vergleichsweise beschwichtigenden Vorhersagen über die Auswirkungen steigender Temperaturen auf die Ernteerträge verschweigen noch ein weiteres Problem. Mit der Erwärmung des Planeten nimmt auch die Zahl der extremen Wetterphänomene zu. Eine Studie zu Versicherungsentschädigungen für Ernteverluste bei Mais und Sojabohnen in den USA zeigt, dass der Anstieg um 1 °C, den wir gegenwärtig zu verzeichnen haben, den Ernteverlust durch Dürren und Hitzewellen schon heute verdoppelt hat.[210] Auch wenn es weniger Ausgleichszahlungen für Frost und Überschwemmungen gab, scheint die Erwärmung insgesamt schwere Ernteschäden mit sich zu bringen. Dadurch werden sich die Nahrungsmittelbestände verringern.

Weltweit ist mit mehr Zyklonen, stärkeren Hurricans, mehr Dürren und Überschwemmungen zu rechnen.[211] Im Jahr 2021, zwei Jahre, nachdem der Zyklon Idai Mosambik verwüstet hatte, lebten dort noch immer hunderttausend Menschen, viele davon Bauern, in Notunterkünften.[212] Seitdem wurde das

Land von drei weiteren verheerenden Zyklonen heimgesucht. Jeder von ihnen hat Felder und Häuser dem Erdboden gleichgemacht und Hunderttausende von ihrem Land vertrieben. In einigen Regionen ist das gemäßigte Wetter einem brutalen Kreislauf aus Überschwemmungen und Dürren gewichen:[213] Der Regen bringt den Bauern nach der Trockenheit nicht mehr die erhoffte Erleichterung, sondern ertränkt ihre Pflanzen. Kaum hat sich das Wasser zurückgezogen, bricht wieder eine Dürreperiode an. Die Trockenheit verursacht in einigen Regionen Waldbrände, die Häuser und Äcker zerstören und Nutztiere töten. Wissenschaftler machen zudem auf eine bisher unbeachtete Folge von Waldbränden aufmerksam: In Windrichtung liegende Orte können selbst Hunderte Kilometer von einer Feuersbrunst entfernt durch die Ozonverschmutzung und die frei gewordenen Aerosole unter geschwächten Pflanzen und damit Ernteeinbrüchen leiden.[214]

Extremwetterlagen bedrohen nicht nur den Ackerbau, sondern auch den Transport der Ernteerträge. Rund 55 Prozent der Getreideernte und der Sojabohnen, die auf dem Weltmarkt gehandelt werden, müssen wenigstens einen der sogenannten »Choke Points«, also ein infrastrukturelles Nadelöhr passieren: den Panamakanal, den Suezkanal, die Türkische Meerenge, die Straße von Gibraltar, den Bab al-Mandab (das viel zitierte Tor der Tränen, das das Rote Meer mit dem Golf von Aden verbindet), die Straße von Hormus (Verbindung des Persischen Golfs mit dem Golf von Oman) oder die Straße von Malakka.[215] Einige dieser »Choke Points« wurden bereits von schlimmen Wetterlagen getroffen. Der Schiffsverkehr in der Türkischen Meerenge wurde von heftigen Winden und im Panamakanal von Dürre beeinträchtigt.[216] Im Jahr 2021 sorgte eine heftige Windböe während eines Sandsturms dafür, dass das Containerschiff *Ever Given* im Suezkanal mit dem Bug voran auf einer Sandbank strandete[217] und dort volle sechs Tage feststeckte. Da in dieser Zeit keine Schiffe vom einen oder anderen Ende des Kanals passieren konnten, verspäteten sich Frachtgüter im Wert von insgesamt mehreren Milliarden Dollar. Hätten die Bagger und Schlepper keinen Erfolg gehabt, und die *Ever Given* hätte erst entladen werden müssen, um von der Sandbank gezogen zu werden, dann hätte die ganze Operation Wochen in Anspruch genommen und womöglich zu ernsten Versorgungsengpässen geführt. Die Auswirkungen bewaffneter Auseinandersetzungen, politischer Konflikte und Piraterie – Probleme, die in vielen Fällen selbst durch die Klimakrise hervorgerufen oder verstärkt wurden – vervielfachen sich, wenn sie bis zu den Nadelöhr-Passagen vordringen.

Ein Fünftel der weltweiten Weizenexporte und ein Sechstel der Maisexporte passieren die Türkische Meerenge, die an der schmalsten Stelle lediglich einen Kilometer breit ist. Ein Viertel der Sojabohnen und ein Viertel des weltweit gehandelten Reises passieren die Straße von Malakka (zwischen der Malaiischen Halbinsel und der Nordostküste von Sumatra), deren schmalste Stelle mit 2500 Metern nur wenig breiter ist.[218] Durch den lediglich dreihundert Meter breiten Panamakanal werden 40 Prozent des gesamten US-amerikanischen Maisexports transportiert und die Hälfte der Sojabohnen. Wäre der Kanal komplett gesperrt, müssten viele Schiffe durch die Straße von Malakka umgelenkt werden (die schon heute überfüllt ist) und würden den dortigen Verkehr innerhalb weniger Monate um 80 Prozent steigern. Während die Schiffe darauf warten, sie passieren zu können, könnte die zeitlich genau aufeinander abgestimmte Just-in-time-Lieferkette für Nahrungsmittel abreißen.[219]

Insbesondere im Mittleren Osten, in Ostafrika und am Horn von Afrika sind viele Länder zu einem großen Teil auf Nahrung angewiesen, die durch die Nadelöhre der Welt verschifft wird. Gelangt sie nicht an ihr Ziel, kann es schnell zu Hungersnöten kommen. Selbst China, das teilweise vom offenen Meer umgeben ist, würde ins Straucheln geraten: Beinahe die Hälfte seiner Sojaimporte wird durch die Straße von Malakka und der Rest zu einem Großteil durch den Panamakanal transportiert.

Doch ich habe die unsicherste aller Annahmen noch nicht erwähnt. Auf aller Welt wird Bauern leichtfertig erzählt, sie sollten ihre Erträge durch Bewässerung steigern. Eine weltweit angelegte Studie ergab, dass man 146 Prozent mehr Süßwasser bräuchte als heute, um die Ertragslücke zu schließen.[220] Doch gibt es dieses Wasser überhaupt?

In den vergangenen hundert Jahren hat sich unser Wasserverbrauch versechsfacht.[221] Schon heute werden 70 Prozent des aus Flüssen, Seen und Aquiferen (natürlichen Wasserreservoirs unter der Erde) gewonnenen Wassers zur Bewässerung eingesetzt.[222] Da die Landwirtschaft so viel Wasser schluckt, erreichen Flüsse wie der Colorado River und der Rio Grande nicht mehr das offene Meer, und Seen wie der Aralsee schrumpfen. Der Wasserverbrauch durch Bewässerungsanlagen ist eine der Ursachen, warum im Süßwasser lebende Arten fünfmal stärker vom Aussterben bedroht sind als Arten, die auf dem Land leben.[223]

Im Kalifornischen Längstal, wo dem Marktwert nach 8 Prozent aller Nahrungsmittel für die USA angebaut werden, sinkt der Grundwasserspiegel pro Jahr um drei Zentimeter.[224] Während man sich zu Recht um den Wasserverbrauch durstiger Pflanzen wie Mandel- und Pistazienbäume sorgt, wird in Kalifornien mehr als doppelt so viel Wasser für Futterpflanzen wie Alfalfa aufgewendet, um Nutztiere zu ernähren.[225]

Bereits jetzt leiden vier Milliarden Menschen mindestens einen Monat im Jahr unter Wasserknappheit.[226] 33 Großstädte, darunter São Paulo, Kapstadt, Los Angeles und Chennai, sind von extremer Wasserknappheit bedroht: In Trockenzeiten könnten sich die Reservoirs in einigen von ihnen vollkommen leeren.[227]

Parallel zu unserem explodierenden Wasserverbrauch verschwinden mit der globalen Erwärmung wichtige Wasserquellen. Rund ein Drittel des weltweit bewässerten Ackerlandes ist auf Wasser angewiesen, das aus den Bergen in die Täler fließt. Da die Grundwasservorkommen erschöpft sind und die Nachfrage weiter steigt, wird Schmelzwasser immer wichtiger: Eine weitere naive Annahme lautet, dass es Mitte des Jahrhunderts rund die Hälfte des weltweiten Bedarfs decken wird.[228] Doch Berge heizen sich im Schnitt schneller auf als der gesamte Rest der Erdoberfläche[229], und die Gletscher und Schneegipfel, die einen Großteil dieses Wassers bereitstellen, schrumpfen.

Im weltweit größten Bewässerungssystem entlang des Indus, dem längsten Strom des indischen Subkontinents, ist die Bedrohung durch Wasserkonflikte ebenso real wie Gefahr von Ölkriegen im Mittleren Osten. Schon heute werden dem Fluss 95 Prozent seines Wassers entnommen, um Menschen in Pakistan, Indien, China, Afghanistan und – durch Exporte – verschiedenen anderen Nationen zu ernähren und zu kleiden.[230]

Im Einzugsgebiet des Indus herrschen schon jetzt große Spannungen rund ums Wasser, insbesondere in Pakistan. Angesichts des derzeitigen Wirtschafts- und Bevölkerungswachstums müssen wir davon ausgehen, dass die Nachfrage im Jahr 2025 um 44 Prozent höher sein wird als der verfügbare Wasservorrat.[231]

Ein wichtiger Teil des Wassers, das den Menschen in der Region ihr Überleben sichert, ist Schmelzwasser von den Gletschern im Himalaya, im Hindukusch und anderen hohen Gebirgszügen Indiens. Das Schmelzwasser trifft in den entscheidenden Momenten ein: In den Wochen vor dem Monsun stammen bis zu 60 Prozent des aus dem Fluss für die Landwirtschaft entnommenen Wassers von geschmolzenen Gletschern und Schnee.[232] Während der langen Dürreperioden stellt Schmelzwasser die Hälfte des durch den Fluss fließenden Wassers bereit.[233]

Die Intensivierung der Landwirtschaft im Industal und der dortige Städtewachstum sind jedoch auch darauf zurückzuführen, dass die Gletscher rund anderthalbmal schneller schmelzen, als sie neue Eisdecke bilden. Dank der Erderwärmung ist der Pegel des Flusses höher denn je. Doch dieser Überfluss an Wasser, von dem die Bevölkerung inzwischen abhängig ist, wird nicht mehr lange andauern. Am Ende dieses Jahrhunderts werden wahrscheinlich zwischen einem und zwei Dritteln der Eismassen im Hindukusch und im Himalaya verschwunden sein.[234] Die Wassermenge, die von ihnen die Berge hinabströmt und den Fluss speist, wird ihren Höhepunkt wohl in der Mitte des Jahrhunderts haben und dann nachlassen.[235]

1960 schlossen Indien und Pakistan den Indus-Wasservertrag ab, der die Quellen und Zuflüsse zwischen ihnen aufteilt und nach außen hin größeren Konflikten vorbeugen soll. Doch der Vertrag hat einen schwerwiegenden Mangel: Er regelt nicht den Fall eines merklichen Rückgangs der Wassermenge in diesen Strömen, die durch einen Klimakollaps ausgelöst weden. Nun, da beide Nationen ihren Wasserverbrauch steigern wollen, wird das Einzugsgebiet des Indus erneut zu einem gefährlichen Brennpunkt. Einige Beobachter halten Wasser jetzt schon für die Hauptursache der immer wieder aufflammenden Konflikte in Kaschmir.[236] In der Region gibt es drei Atommächte (Indien, Pakistan und China) und viele sehr instabile Gebiete, die von wirtschaftlichen, religiösen und ethnischen Spannungen beherrscht und von Hunger und extremer Armut gezeichnet sind. Neue landwirtschaftliche, industrielle und urbane Projekte werden allesamt unter der Voraussetzung beschlossen und umgesetzt, dass auch in Zukunft genügend Wasser zur Verfügung steht. Es ist schwer vorstellbar, wie das ein gutes Ende nehmen soll.

Im Westen der USA und in Kanada, in Zentralasien, Chile, Argentinien, in der Türkei, Norditalien und Südspanien könnte das Verschwinden der Schnee- und Eisgipfel verheerende Auswirkungen auf die Ernte haben. Die Schneeschmelze setzt in gemäßigten Regionen oft dann ein, wenn sie am meisten gebraucht wird: während der frühen Wachstumsphase der Pflanzen. Landwirtschaftliche Flächen, die stark von der Schneeschmelze abhängig sind, produzieren 10 Prozent des weltweit bewässerten Reises, ein Viertel des bewässerten Mais und ein Drittel des bewässerten Weizens.[237]

Als Antwort auf die knapper werdenden Wasservorkommen wird Bauern eingeschärft, sie müssten die Bewässerung effizienter gestalten, indem sie die Felder beispielsweise durch

Tröpfchen benetzen statt sie zu fluten und durch betonierte Bewässerungskanäle Lecks verhindern. Doch so wie Energieeffizienz augenscheinlich den Energieverbrauch erhöht (Auch bekannt als Jevons-Paradoxon oder das Khazzoom-Brokes-Postulat), scheint Wassereffizienz den Wasserverbrauch zu steigern. Dieser Umstand ist auch als Bewässerungsparadox bekannt.[238] Es entsteht aus dem einfachen Grund, dass eine effizientere Bewässerung, bei der mit gleicher Wassermenge höhere Ernteerträge erzielt werden, Bewässerung allgemein günstiger macht und Investitionen anlockt. Bauern fühlen sich ermuntert, wasserintensivere Pflanzen anzubauen und eine größere Fläche einzunehmen. Im akademischen Jargon spricht man von einer Verhärtung der Nachfrage. Je größer die Abhängigkeit der Bauern von jedem Wassertropfen, desto mehr schrumpft die Redundanz des Systems. Dieser Prozess konnte beispielsweise im spanischen Guadiana-Becken beobachtet werden, wo Investitionen über 600 Millionen Euro in eine effizientere Bewässerung den Wasserverbrauch nicht gesenkt, sondern erhöht haben.[239]

Doch das ist nicht das einzige perverse Ergebnis. Mit steigender Effizienz – insbesondere, wenn Bewässerungskanäle ausgekleidet oder durch Rohre ersetzt werden – kommt es nicht mehr zu ineffizienten »Verlusten« von Wasser, das versickert und die Aquifere wieder auffüllt. Flüsse erreichen die Meere nicht mehr und die Städte flussabwärts bleiben durstig.

Diese Probleme werden dadurch verschärft, dass feuchte Orte durch den Klimawandel aller Voraussicht nach noch nasser und trockene Orte aller Voraussicht nach noch trockener werden.[240] Regionen, die schon jetzt unter Wasserknappheit leiden, wie beispielsweise der Mittelmeerraum, Südafrika,

Ostaustralien und die trockeneren Regionen Mexikos und Brasiliens, drohen bereits mit nur 1 °C Erwärmung zur Wüste zu werden. Noch ein weiteres Grad würde einer Schätzung zufolge 32 Prozent der weltweiten Landmassen austrocknen.[241] Ein Artikel beschreibt ein Worst-Case-Szenario, wonach der Anteil der von Trockenheit bedrohten Weizenfelder zum Ende des Jahrhunderts von 15 Prozent auf 60 Prozent steigen wird.[242] Selbst im besten Fall – wenn die Länder ihre im Pariser Klimaabkommen von 2015 unterzeichneten Versprechen einhalten – würden sich die Dürren in Zahl und Intensität bis 2070 verdoppeln. In der Mitte dieses Jahrhunderts könnten schwere Dürren einen beinahe durchgehenden Gürtel von Portugal bis Pakistan bilden.

Einem Artikel in der Zeitschrift *One Earth* zufolge[243] werden die Auswirkungen der Klimakatastrophe zusammengenommen in den letzten beiden Jahrzehnten dieses Jahrhunderts ein Drittel der weltweiten Nahrungsmittelerzeugung aus ihrer »sicheren Klimazone« verdrängt haben. Eine »sichere Klimazone« verfügt über klimatische Bedingungen, die Menschen das Leben und Arbeiten ermöglichen.

Es herrscht ein weitverbreiteter Irrglaube, dass diese großen Bedrohungen durch Zuchterfolge neuer Feldfruchtsorten, die Trockenheit und Hitze besser standhalten, überwunden werden können. Dies könnte jedoch Teil der Anpassungsillusion sein.[244] Viele Ertragssteigerungen, die Wissenschaftler unter normalen Bedingungen von den Hauptkulturpflanzen erwarten, sind auf die neuen dürre- und hitzeresistenten Eigenschaften zurückzuführen. Diese erlauben zum Beispiel, die Feldfrüchte näher beieinander zu pflanzen, ohne dass die Konkurrenz um Wasser zu groß wird, oder aber sie zu heißeren

Jahreszeiten anzubauen. Mit anderen Worten, die Resultate dieser Merkmale sind womöglich schon mit einberechnet worden. Verfechter der Argumentation, man könne die Erträge auch angesichts zunehmender Dürren und Hitzewellen durch die Entwicklung dürre- und hitzeresistenter Sorten wahren, zählen möglicherweise zweimal dasselbe Korn.

Und dann wäre da noch der Boden, dieser fragile Puffer zwischen Luft und Stein, auf den alle Zivilisationen bauen. Ein Indikator dafür, wie sehr wir dieses Ökosystem, das unser aller Leben ermöglicht, vernachlässigt haben, ist die Tatsache, dass es kein einziges Bodenabkommen gibt. Es gibt internationale Abkommen zu Telekommunikation, zur Zivilluftfahrt, Investitionsgarantien, Abkommen über geistiges Eigentum, psychotropische Substanzen und Doping im Sport. Aber kein einziges Bodenabkommen. Die darin zum Ausdruck kommende Zuversicht, dass dieses hochkomplexe und kaum verstandene Ökosystem allem standhält, was wir hineinschmeißen, und uns trotzdem weiterhin unterstützen wird, könnte der gefährlichste aller Irrtümer über das globale Ernährungssystem sein.

In dem Versuch, ein regionales Abkommen zu schließen, plante die EU die Einführung einer Bodenrahmenrichtlinie mit dem Ziel, Bodenerosion und Verdichtung zu reduzieren, organisches Material zu erhalten, Erdrutsche zu verhindern und die Giftstoffabgaben an den Boden zu stoppen.[245] Doch nach einer heftigen Lobbykampagne, in der Bauernverbände des Kontinents acht Jahre lang gegen das geplante Gesetz zu Felde gezogen waren, wurde das Vorhaben im Jahr 2014 begraben. Übrigens der erste Gesetzesentwurf in der Geschichte der Europäischen Union, der zurückgezogen wurde.

In Großbritannien feierte der Bauernverband, die National Farmer's Union, die ihren Teil zu dem Versagen beitrug, den Niedergang der Richtlinie.[246] Ihr zufolge wären »die Böden in Großbritannien und der EU bereits durch eine Reihe von Gesetzen und anderer Maßnahmen geschützt«. Doch die einzigen »Gesetze und Maßnahmen«, die sie nannte – und das sind auch tatsächlich die einzigen, die existieren –, waren die Mindestanforderungen, an welche die Agrarsubventionen geknüpft sind. Selbst auf dem Papier sind diese Anforderungen unzulänglich. Außerhalb des Papiers sind sie kaum existent.

Um Subventionen zu erhalten, müssen Bauern ein Formular – die sogenannte »Soil Protection Review« (SPR) – ausfüllen, auf dem sie erklären, dass sie ihren Boden schützen. Die Regierungen sind angehalten, ihre Aussagen zu überprüfen, doch da bisher lediglich 1 Prozent aller Bauern jährlich überprüft werden, muss jeder Betrieb mit durchschnittlich einem Besuch pro Jahrhundert rechnen.[247] Die meisten Sachprüfer haben weder die Expertise im Bereich Bodenerosion noch die Befugnisse, eine »invasive Untersuchung« durchzuführen, heißt, mit einem Spaten ein Loch zu graben. Demzufolge können sie keinerlei Aussagen darüber treffen, ob der Boden durch schwere Maschinen verdichtet ist oder nicht. Und selbst wenn ihnen etwas auffällt, wird meist nur »Beratung angeboten«, um das Problem zu korrigieren. Solange die Bauern ihr Formular korrekt ausgefüllt haben, können sie nicht als »unkooperativ« gelten und ihre Subventionen können nicht zurückgehalten werden.[248]

Inzwischen hat Großbritannien die Europäische Union verlassen und ein neues Subventionssystem verabschiedet. Auf dem Papier sieht es besser aus als das der EU (schlechter geht auch kaum). Die Auflagen, um Steuergelder zu erhalten, sind strenger. Doch da die Regierung zugleich das Budget der Sachprüfer gekürzt hat, können die wenigen verbliebenen Angestellten kaum die Zeit aufbringen, ihren Schreibtisch zu verlassen. Ohne Überprüfung sind die neuen Richtlinien nichts als leere Worte.

Statt neue Strategien für den Schutz unseres Bodens zu entwickeln, beschleunigen wir seinen Kollaps. In Europa stellt der Maisanbau wohl die größte Gefahr dar. Mais wächst im Frühling langsam und wird im Allgemeinen zu spät geerntet, um noch Wintergetreide ansäen zu können. Seine Stoppeln sind spärlich und in großen Abständen über den bloßen Acker verteilt. Das hat zur Folge, dass der Mutterboden auf diesen Feldern ausgerechnet zu der Jahreszeit den Elementen ausgesetzt ist, wenn Regen und Wind ihn am stärksten vom Land spülen. Während Mais in Europa hauptsächlich als Viehfutter angebaut wird, folgt seine Ausbreitung in Ländern wie England den neuen, perversen Anreizen, Biogas[249] herzustellen: eine Form jener dekadenten Gepflogenheit, Nahrungsmittel in Brennstoff zu verwandeln.

Anfangs wurden die Biogasprämien der Öffentlichkeit noch als grüne Abfallverwertung verkauft. Anstatt weggeworfenes Essen, Abwasser und Tiermist unter freiem Himmel verrotten zu lassen und dabei Methan freizusetzen, das die globale Erwärmung weiter vorantreibt, würde dieser Abfall in großen Tanks verwertet, die entstehenden Gase eingefangen und als Ersatz für fossiles Methan (»natürliches Gas«) verwendet werden. Auf den ersten Blick eine vernünftige Lösung, die von vielen Umweltschützern befürwortet wurde. Doch sie wurden an der Nase herumgeführt. Von Anfang an ermunterten verschiedene EU-Staaten die Bauern, ihre Methanerzeugung durch Nutzpflanzen aufzustocken, die ausschließlich für die Biogasanlagen angebaut werden. Da sich Mais als höchst profitabel erwies, wurde er zur Hauptfutterpflanze der neuen Technologie. Die Biotreibstoffprämie der EU ist eine ganz ähnliche Geschichte, die eigentlich vorsah, Unternehmen davon zu überzeugen, ihr verbrauchtes Fett in Autobrennstoff umzuwandeln. Doch wie einige von uns gewarnt hatten,[250] wurde stattdessen die Zerstörung des Regenwaldes in Indonesien und Malaysia vorangetrieben, um dort Palmölplantagen zu errichten.

Der *Farming Press* zufolge benötigt eine Biogasanlage mit einer Leistung von 1 Megawatt zwischen 20000 und 25000 Tonnen Mais pro Jahr.[251] Das bedeutet, dass sie 450 oder 500 Hektar Anbaufläche verschlingt. Im Vergleich: Windkraftanlagen benötigen pro Megawatt an Leistung lediglich ein Drittel Hektar Land[252] oder andersherum ausgedrückt: 1500-mal weniger als Biogasanlagen. Heutzutage kann man in verschiedenen Teilen Europas alljährlich das Desaster beobachten, das dieser »grüne« Brennstoff angerichtet hat. Während der Winterstürme wird der Boden von geernteten Maisfeldern geschwemmt, rutscht Hänge hinunter, bedeckt Straßen und landet in Flüssen, wo er Habitate zerstört und Überschwemmungen auslöst.

Eine wissenschaftliche Studie, die Bodenproben von Maisfeldern in Südwestengland entnommen hat, musste feststellen, dass bei 75 Prozent von ihnen die Bodenstruktur zerstört ist.[253] Unter anderem, weil mit dem Boden der darin enthaltene Kohlenstoff ausgewaschen wird, verursacht maisbasiertes Biogas wahrscheinlich mehr Treibhausemissionen als es

Methangas verbrennt. Einer Schätzung in Deutschland zufolge sind die dadurch verursachten Emissionen in einigen Fällen vergleichbar mit den Emissionen, die bei der Kohleverbrennung entstehen.[254]

In armen Ländern ist die Bodenerosion noch schlimmer. Das liegt teils daran, dass viele von diesen Ländern in den heißeren Regionen der Erde liegen, wo extreme Regenfälle, Zyklonen und Hurrikane die ungeschützte Erde mit sich reißen, teils, weil hungernde Menschen oft gezwungen sind, ihre Nahrungsmittel an steilen Hängen oder anderen ungünstigen Orten anzubauen.

Ein Artikel fand heraus, dass die Erosionsrate in den ärmsten Ländern der Welt in nur elf Jahren um 12 Prozent gestiegen ist.[255] In einigen Ländern, insbesondere in Zentralamerika, den afrikanischen Tropen und in Südostasien, weisen 70 Prozent des Kulturlandes starke Erosion auf.[256] In Malawi, wo die Hälfte der Bevölkerung unterernährt ist,[257] entwickelt sich die Erosion so extrem, dass das Ersetzen der verlorenen Nährstoffe durch Düngemittel das Land jährlich zwischen 1 und 3 Prozent seines BIPs kosten würde.[258]

Schon jetzt betrifft die Ausdehnung der Wüsten als Folge von Dürren, Erosion und überbeanspruchten Böden ein Drittel aller Menschen weltweit.[259] Man rechnet damit, dass bis 2050 vier Milliarden Menschen in den Trockengebieten der Erde leben werden, die besonders anfällig für Bodenverlust und Degradation sind. Die voranschreitende Zerstörung der Bodenstrukturen in trockenen Regionen ist einer der Gründe, warum die Getreideerträge in der afrikanischen Subsaharaaregion seit 1960 trotz eines Booms im Rest der Welt kaum noch gestiegen sind.[260]

Der Klimawandel wird diesen Verlust weiter beschleunigen. Noch extremere Dürren und Stürme mit Wind und Regen werden die Böden in Nord- und Zentralafrika, der Arabischen Halbinsel, in Westasien, Peru und Bolivien selbst bei den optimistischsten Zahlen der zu erwartenden Erwärmung forttragen.[261] In den schlimmsten Klimaszenarien würde das extreme Wetter auch dazu beitragen, zentralen und östlichen Regionen der USA und Kanadas, Mexiko, Südbrasilien, fast ganz Afrika, Europa, Indien, China und Russland ihre fruchtbare Muttererde zu nehmen.

Während die meisten Schäden durch Pflügen und die Verdichtung durch schwere Maschinen hervorgerufen werden, gibt es auch subtilere Einwirkungen, die den Boden auf lange Sicht nachhaltig zerstören können. So wird das Saatgut auf der globalen Standardfarm beispielsweise mit Neonicotinoiden versehen, die vielen Bodentieren[262, 263] und Mikroben schaden.[264, 265]

Indem wir seine Struktur unterwandern, schwächen wir die Fähigkeit des Bodens, sich zu erneuern und machen ihn wie jedes komplexe System anfälliger für externe Schocks. Der Resilienzverlust des Bodens geht subtil und schrittweise vonstatten. Gut möglich, dass wir sein Flackern erst bemerken, wenn ein Schock ihn schließlich über einen Kipppunkt drängt. Wenn schwere Dürren eintreten, kann die Erosionsrate eines schwachen, zersetzten Bodens um das 6000-fache steigen.[266] Mit anderen Worten, der Boden kollabiert. Fruchtbares Land wird zu Staub.

Wir sind von einem Ernährungssystem abhängig geworden, dessen emergente Eigenschaften wir, wenn überhaupt, gerade erst zu verstehen beginnen. Das Überleben dieses Systems hängt wiederum vom Gleichgewichtszustand anderer komplexer Systeme wie den Finanzmärkten und der internationalen Politik ab, die auf komplexe und oft neuartige Weise miteinander interagieren. Vor allem aber hängt es vom Boden, der Atmosphäre und der Kryosphäre (der Eis- und Schneedecke der Erde) ab. Wir feuern unentwegt Umweltschocks auf diese Systeme ab. Uns ist bewusst, dass das globale Ernährungsnetz seine Redundanz, Modularität, Back-up-Systeme und Sicherungen verliert, aber wir können wenig darüber sagen, wo seine Kipppunkte liegen oder welche der vielen möglichen Schocks – einzeln betrachtet oder zusammen – zu seinem Kollaps führen könnten.

Während sich die Systeme immer stärker miteinander verbinden, wird die Wissenschaft paradoxerweise immer zerklüfteter: Die akademische Forschung unterliegt einem Trend der zunehmenden Spezialisierung. Zwar wird ein unglaublicher Umfang an Wissen generiert, doch zwischen den einzelnen Disziplinen liegen hohe Mauern. In der Wissenschaft ist Modularität gefährlich.

Wir müssen nicht nur den äußeren Druck reduzieren, der auf dem System lastet – die Umweltzerstörung und die steigende Nachfrage –, sondern wir müssen auch das System an sich verändern. Wir müssen die Zahl der Knoten erhöhen, ihren Umfang verringern, die Verbindungen schwächen, das Netzwerk in mehr Pufferzonen aufgliedern, die Redundanz vergrößern und für mehr Diversität sorgen. Doch leider verfolgen die Regierungen und Unternehmen der Welt für das Problem nachlassender Redundanz genau den falschen Lösungsansatz: Wachstum.

3 LANDWIRTSCHAFTLICHER FLÄCHENFRASS

Wenn man zum ersten Mal mit einem komplexen System konfrontiert ist, mag es zu groß erscheinen, um vom menschlichen Gehirn erfasst zu werden. In seiner Gesamtheit ist es das auch.[267] Um dieses System zumindest in groben Zügen zu verstehen, müssen wir uns auf entscheidende Elemente konzentrieren und beobachten, wie sie durch das System fließen. Bei den Elementen, die ich am nützlichsten erachte, um das globale Agrarsystem und seine Beziehungen zur Lebenswelt sichtbar zu machen, handelt es sich um Nährstoffe. Mit Nährstoffen meine ich Mineralstoffe wie Nitrate und Phosphate, die entscheidend für das Überleben aller Lebensformen sind. Einige davon kommen natürlich im Boden vor, andere werden diesem im Herstellungsprozess künstlich zugesetzt.

Während sich die Nährstoffe durch Pflanzen, Tiere, den Boden und Wasser bewegen, beleuchtet ihr Fluss die Funktionsweise des Systems und hilft uns dabei zu erkennen, wie es sich auf dem lebenden Planeten ausbreitet. Aus diesem

Grund beginne ich, und dafür entschuldige ich mich in aller Form, das folgende Kapitel, mit einer Reise durch das ekelerregende Thema der Exkremente.

Als ich zum ersten Mal vor Jahren darauf stieß, verstand ich zunächst nicht, was ich sah. Ich kannte diesen Fluss gut und was ich von der Brücke in Glasbury sah, machte keinen Sinn. Bei trockenem Wetter ist der Fluss Wye klar. Doch obwohl es seit zwei Wochen nicht geregnet hatte, war er braun und trüb. Hatte jemand eine Ladung Schlamm – oder Schlimmeres – im Wasser abgeladen? Doch als ich zum Wasser hinunterlief, entdeckte ich keine Ablagerungen auf den Steinen. Die Tasse, die ich hineintauchte, enthielt keinerlei Sedimente. Ich stand vor einem Rätsel.

Vier Jahre später erblickte ich das Phänomen erneut, diesmal jedoch unter Anleitung eines Experten. Ich war mit Stephen Marsh-Smith, dem Vorsitzenden des Afonydd Cymru (der walisische Flussverband) gekommen, um die Insekten am Fluss zu studieren. Als wir im Wasser standen, wies er mich auf etwas hin, das mir damals entgangen war.

»Siehst du diese weißen Steine dort? Achte mal darauf, wie sie ihre Farbe ändern, wenn das Wasser darüber fließt.«

Die braune Brühe schimmerte wie ein Hitzeschleier unter Wasser.

»Wenn das im Wasser Sedimentablagerungen wären, hätte es eine konsistente Farbe. Aber wenn es wie jetzt schillert, dann weißt du, es sind Algen.«

Stephen erklärte, dass es sich um eine sogenannte »Algenblüte« handelte. Durch die warmen Temperaturen, den niedrigen Wasserstand und zu viel Phosphat im Wasser war die

Population der Diatomeen – mikroskopisch kleine Einzellerpflanzen – explodiert.

»Es hat schon immer Algenblüten im Wye gegeben«, erklärte er mir. »Aber früher waren sie selten. Als ich hierher gezogen bin, haben wir so was nie gesehen, bis auf das seltsame Jahr 1976. Aber heutzutage passiert es jedes Jahr.«

Als wir begannen, Kickproben zu nehmen, spürte ich, wie sich Verzweiflung in mir breitmachte. Kickproben nehmen bedeutet, ein Netz gegen das Flussbett zu drücken und die Steine unmittelbar darauf flussaufwärts zu kicken. Dadurch werden die kleinen Tiere, die sich unter ihnen verbergen, von der Strömung ins Netz getragen. Der Wye, der durch Wales und England fließt, ist bekannt für seinen Artenreichtum und in der Theorie streng geschützt. Umweltschützer haben hart dafür gearbeitet, seine Ökologie wiederherzustellen, indem sie saure Ausspülungen von den Nadelbaumplantagen flussaufwärts stoppten, Bauern dabei halfen, ihre Bodenerosion zu reduzieren und Wehre und Dämme entfernten. Sie hatten damit begonnen, dem Fluss die faszinierenden Wanderungen der Lachse, Forellen und Alsen zurückzugeben.

Doch mein Netz tauchte wieder und wieder leer auf. Ich fing ein paar Heptageniidae – Nymphen der Heptagenia Sulphurea und der Märzbräune, deren tragflächenartige Körper sie am Flussbett halten –, ein paar Larven der Baetis-Fliege, einige Baby-Steinfliegen und eine einzige Eintagsfliegenlarve, die im Netz hin und her ruckte. Doch für den Sommerbeginn, wenn es am Fluss für gewöhnlich vor Insekten nur so wimmeln sollte, war meine Ausbeute ungewöhnlich mager.

Stephen erklärte mir, dass es an den Hühnern läge. In gerade einmal fünf Jahren hatte die Bezirksverwaltung dieses

Einzugsgebiets riesige Hühnermastanlagen mit sechs Millionen Tieren genehmigt: Fabriken ist eigentlich das treffendere Wort.[268] Es könnten noch viele weitere hinzugekommen sein, da ein Bauer eine Scheune aus Stahlbauten für bis zu 40000 Hühner ohne jegliche Umweltgenehmigung bauen kann,[269] und weder die hiesigen Bezirksverwaltungen noch die englische oder walisische Regierung haben sich die Mühe gemacht, sie zu zählen.[270] Insgesamt beherbergen die registrierten Fabriken den Zählungen zufolge mindestens 20 Millionen Hühner im Wassereinzugsgebiet des Flusses.[271]

Es gibt Richtlinien, wie die Bauern, die diese intensiven Hühnerfabriken betreiben, den anfallenden Mist zu entsorgen haben. Sie dürfen ihn nur unter bestimmten Bedingungen und zu ganz bestimmten Jahreszeiten auf ihre Felder streuen. Doch die Anwendung dieser Richtlinien wird kaum kontrolliert.[272] Und selbst wenn man sich Wort für Wort an sie hielte, würde das kaum einen Unterschied machen. Dem Hühnerfutter werden so viele Nährstoffe beigemischt und über ihre Exkremente wieder ausgeschieden, dass der Boden sie gar nicht aufnehmen kann,[273] selbst wenn sie genauso verteilt würden, wie die Richtlinien es vorschreiben. Der Regen spült die überschüssigen Phosphate und Nitrate in den Fluss und düngt die mikroskopisch kleine Alge. Wenn das Wasser niedrig steht und aufgeheizt wird, explodiert die von den Nährstoffen gemästete Algenpopulation. Je nachdem, welche Art der Diatomee gerade dominiert, färbt sich das Wasser des Flusses während dieser Algenblüten braun oder grün. Das Phänomen wird häufiger und anhaltender. Seit 2010 haben sich die Algen 110 Kilometer flussaufwärts ausgebreitet.[274] Die Ausbreitung der Algenblüten kartografiert die Ausbreitung der Hühnerfarmen.[275]

Tagsüber steigern die Diatomeen den Sauerstoffgehalt des Wassers durch Fotosynthese. Doch nachts saugen sie ihn mit der Atmung wieder auf. In der Dämmerung kann der Sauerstoffgehalt des Wassers so stark fallen, dass die Fische an Asphyxie sterben. Da durch den Algenteppich zudem weniger Licht in das Flussbett dringt, sterben die dort heimischen Flusspflanzen, darunter der Gewöhnliche Wasserhahnenfuß, dessen lange, weiße Sprossachsen mit den weißen und gelben Blüten einst auf der gesamten Wasseroberfläche zu finden waren. Für Flüsse wie den Wye sind diese Pflanzen so wichtig wie Mangroven für die tropischen Meere: Sie bilden die Kindergärten, in denen junge Fische und wirbellose Tiere aufwachsen und sich als Erwachsene verstecken und brüten. In den letzten Jahren ist der Hahnenfuß aus einigen Flussabschnitten vollständig verschwunden.[276] Statt mit Hahnenfuß ist das Flussbett nun von braunem Schleim bedeckt: Güllesedimente und die Fäden der Alge, die auf ihnen blüht.

Nachdem wir eine halbe Stunde geredet und Proben entnommen hatten, unterbrach Stephen sich plötzlich: »Siehst du die weißen Steine?«

Ich blickte nach unten. Während das Wasser kurz zuvor noch trüb gewesen war, war es nun vollkommen lichtundurchlässig. »Nein.«

»Das liegt daran, dass die Sonne rausgekommen ist.«

»Aber damit sollten die weißen Steine doch leichter zu sehen sein?«

»Sobald die Sonne rauskommt, vermehrt sich die Alge schneller. Jetzt scheint sie seit fünf Minuten. Deshalb kann man das Flussbett nicht mehr sehen.«

Ich musste an den seltsamen Ozean in Stanislaw Lems Roman *Solaris* denken. Ich hatte das Gefühl, in einem lebendigen, auf uns reagierenden Feld zu stehen, das sich schneller veränderte, als ich es aus biologischen Gesichtspunkten für möglich gehalten hatte. Und genau wie der Ozean in *Solaris* verstörte es mich.

Ich fragte Stephen, warum die Plage nicht einfach fortgespült wurde. »Das wird sie«, erwiderte er, »doch sie wird ständig von neuen Algen ersetzt, die flussabwärts fließen. Selbst während sie fortgespült werden, vermehren sie sich. Es kann Tage dauern, bis die Algenblüte vorüber ist.«

Die Diatomeen, die den Fluss ersticken, ergießen sich aus einem schwarzen Loch der Aufsichtsbehörden. Die Genehmigung, intensive Hühnerfarmen im walisischen Teil des Einzugsgebiets zu bauen, wurde von Powys Bezirksverwaltungsrat hinter verschlossenen Türen und ohne gründliche demokratische Überprüfung durchgewinkt.[277] Der Bezirksrat entschied beinahe ausnahmslos, dass sie »keine signifikanten Auswirkungen auf die Umwelt« hätten, was bedeutet, dass ihre Auswirkungen auf den Fluss nicht beurteilt werden mussten. Zu der Zeit, als ich Stephen traf, war noch kein einziger Antrag für eine Hühnerfarm abgelehnt worden. Noch schlimmer, die Bezirksverwaltungen in England und Wales ebenso wie die Regierungsbehörden behandelten jeden Antrag für sich genommen und machten keinerlei Anstalten abzuschätzen, was für Auswirkungen jeder zusätzliche Anstieg der Exkremente auf einen bereits überlasteten Fluss haben könnte.

Stephens Organisation legte Beschwerde bei der Europäischen Kommission ein. Eine lokale Petition sammelte 75 000 Unterschriften.[278] Ende 2020 sah sich die Waliser Regierung schließlich gezwungen, eine neue Leitlinie für den Phosphatgehalt des Flusses zu veröffentlichen.[279] Sie war schwach und voller Widersprüche.[280] Doch immerhin lehnte die Bezirksverwaltung von Powys im Jahr 2021 erstmals einen Antrag für eine weitere Hühnerfarm ab.[281] Der Wind schien sich gegen den Hühnermist zu drehen.

Aber leider zu spät. Es ist nicht abzusehen, wie dieser und viele weitere schöne Flüsse gerettet werden können, wenn nicht viele oder wahrscheinlich alle industriellen Nutztieranlagen in ihrem Einzugsgebiet geschlossen werden. Das wäre nicht nur teuer, sondern würde zudem politisch für Aufruhr sorgen. Der Wye verwandelt sich von einem artenreichen und komplexen Ökosystem in eine widerliche Kloake.

Im Sommer, nachdem ich Stephen getroffen hatte, unternahm ich mit meiner Familie in einer kurzen regenfreien Phase eine Kanutour den Fluss hinab. Nur selten bekamen wir Hühnerfarmen zu Gesicht, die für gewöhnlich etwas weiter landeinwärts gebaut werden. Obwohl die Alge nicht in voller Blüte stand, war das Wasser braun und leicht wolkig. Als ich zwölf Jahre zuvor zum ersten Mal mit einem Kanu den Fluss hinuntergerudert war, hatte ich Schwärme von Brassen und Döbeln gesehen, Forellen, die ihr Territorium verteidigten und ganze Gruppen von Flussbarben, die dicht ans Flussbett gepresst waren, beinahe, als würden sie in der Luft schwimmen. Wenn ich diesmal einen Fisch sichtete, dann war es lediglich ein namenloser Schatten.

Ein paar Meilen flussaufwärts von Hay schoben wir das Kanu auf einen steinigen Strand und gingen aus Macht der Gewohnheit schwimmen. Die Steine im flachen Wasser waren so glitschig, dass ich kaum das Gleichgewicht halten konnte.

Ich schlitterte in ein tieferes Becken. Doch kaum hatte ich – die Nase direkt über der Wasseroberfläche – die ersten Schwimmzüge getan, da ging mir voller Entsetzen auf, dass das Wasser nach Hühnerscheiße stank. Beinahe würgend vor Ekel stolperte ich zurück in Richtung Ufer, rutschte auf den Steinen aus und stieß mir das Knie. Als ich aus dem Fluss kam, erschrak ich erneut. Meine Haut war von einem feinen Schleimfilm bedeckt. Es fühlte sich an, als hätte ich in einer Rotzlösung gebadet.

Die Verwandlung unserer Flüsse durch die intensive Landwirtschaft hat beinahe alle kalt erwischt. Wie bei vielen Menschen steckte meine Vorstellung von Flussverunreinigungen noch tief in den 1970ern: industrielle Abwasser, Schwermetalle und ganze Flotten giftigen Schaums. Meine Wahrnehmung veränderte sich zum ersten Mal, als ich mit einem alten Freund an den Fluss Culm in Devon fuhr. Wir hatten vorgehabt, den ganzen Tag zu fischen und Wildtiere zu beobachten. Doch kaum trat ich aus dem Auto, da wusste ich, dass etwas nicht stimmte. Ich konnte den Fluss riechen. Als wir hineinspähten, sahen wir, dass das Flussbett von einer fedrig-weißen Schicht überzogen war. Der fadenförmige Abwasserpilz ist ein Zeichen für chronische und schwere Verunreinigung. Ich folgte ihm flussaufwärts.

Der Ausgangsort war nicht schwer zu finden. Darüber war das Wasser klar, und ich sah Welse, Elritzen und Forellen zwischen den Steinen umherflitzen. Darunter war es wolkig und tot, bis auf die fluffigen Pilzklumpen. Den genauen Ursprung der Verunreinigung zu finden, dauerte eine Weile. Denn wenn Flüsse durch Nährstoffe verunreinigt sind, wird ihre Ufervegetation undurchdringlich. Schließlich entdeckte ich unter einem dichten Pflanzenteppich ein Rohr, aus dem brauner Unrat strömte.

Ich folgte der Rohrleitung den Hügel hinauf. Sie führte mich zu einem Milchviehbetrieb. Obwohl das Wetter trocken gewesen war, spritzte Gülle aus der Lippe einer der Jauchegruben. Sie floss in einen Graben und von dort aus in eine Betonleitung, die offenbar allein zu diesem Zweck gebaut worden war. Als ich die Anlage später auf Google Earth mit älteren Bildern verglich, stellte ich fest, dass sich die Stallanlagen des Milchviehbetriebs hinsichtlich ihrer Größe im Vorjahr verdoppelt hatten, wohingegen die Jauchegruben unverändert geblieben waren. Statt sie zu vergrößern, leitete der Betrieb die überschüssigen Exkremente in den Fluss.

In meinen Augen ein klarer Verstoß gegen das Umweltschutzgesetz. Ich erstattete Bericht bei der staatlichen Aufsichtsbehörde, der Environment Agency. Sie schickte Sachprüfer und behauptete, »diesen Vorfall ernst zu nehmen«.[282] Doch als ich ein paar Wochen später nachhakte, wurde mir gesagt, man habe nichts gegen den Bauern unternommen, weil »die Auswirkungen auf die Umwelt auf lange Sicht zum Glück gering waren«. Wie kam man zu diesem Schluss? Die Sachprüfer hätten »keinen Beweis für Fischsterben« gefunden.

Natürlich hatten sie keinen Beweis für ein »Fischsterben« gefunden: Alle Fische waren bereits gestorben. Ein Mann aus der Gegend erzählte mir, dass er bereits seit sechs Monaten versuchte, die Wasserverschmutzung zu stoppen: Die meisten Lebewesen in diesem Flussabschnitt waren bereits gestorben oder vertrieben worden. Ein »Fischsterben« (das Auffinden toter Fische im Fluss) wird von plötzlichen Vorfällen verursacht, nicht von chronischer Verschmutzung.

Die Behörde teilte mir außerdem mit, es gäbe keine Probleme mit dem Betrieb, da die einzelnen Milchviehanlagen den gesetzlichen Richtlinien entsprächen. Ich hatte den Sachprüfern bereits im Vorfeld erklärt, dass das Problem nicht die Anlagen, sondern die unzulänglichen Jauchegruben waren. Dieses Ausmaß an Inkompetenz wollte mir nicht in den Kopf. Ich hatte den Eindruck, die Behörden sahen absichtlich in die andere Richtung.

Obwohl ich die Geschichte im *Guardian* veröffentlichte[283] und einen Stunk auslöste, der sich mit dem Flussgestank messen konnte, rührte die Behörde sich nicht. Im folgenden Jahr traf ich den Mann aus der Gegend wieder. Er erzählte mir, dass die Jauche immer noch ungehindert in das Gewässer floss. Doch inzwischen hatte ich immerhin eine Erklärung. Zwei Whistleblower aus der Umweltbehörde hatten mir unabhängig voneinander geschrieben, sie seien angewiesen worden, das Gesetz nicht gegen Milchviehbetriebe durchzusetzen. Die Regierung hatte darauf bestanden, dass die Behörde »einen freiwilligen Ansatz« verfolgte. Das bedeutete in extremen und unvermeidlichen Fällen ein ruhiges Wort hinter vorgehaltener Hand, doch vorzugsweise sollte man überhaupt nicht in Aktion treten.

Im Jahr 2021 machte der *Guardian* von seinem Recht auf freien Zugang zu Informationen Gebrauch, um in Erfahrung zu bringen, wie viele Fälle landwirtschaftlicher Umweltvergehen die Aufsichtsbehörde verfolgt hatte.[284] Obwohl sie seit der Einführung neuer Richtlinien im Jahr 2018 243 Vorfällen »nachgegangen« war, hatte sie lediglich 14 Mahnbriefe verschickt und keine weiteren Schritte eingeleitet. Nicht ein einziges Mal waren Bußgelder verhängt oder Subventionen gestrichen worden.

Die Budgets der Aufsichtsbehörde sind so stark gekürzt worden, dass ein Betrieb im Schnitt alle 263 Jahre eine Umweltprüfung zu erwarten hat.[285] Erst ein Mal, zwischen 2016 und 2019, hat die Environmental Agency aktiv die Auswirkungen der Landwirtschaft im Wassereinzugsgebiet des Flusses Axe, ebenfalls in Devon, untersucht.[286] Sie stellte fest, dass 95 Prozent der 68 besuchten Betriebe gegen die Lagerregelungen für landwirtschaftliche Abfälle verstießen und 49 Prozent den Fluss oder seine Zuflüsse an den Tagen der Untersuchung verunreinigten. Die Bauern, so hielt die Behörde fest, »gaben in vielen Fällen zu, durch fehlende Investitionen in die Infrastruktur ein Geschäftsrisiko einzugehen«, da sie wussten, dass sie mit hoher Wahrscheinlichkeit weder dabei erwischt noch bestraft wurden. Und selbst im unwahrscheinlichen Fall einer Aufdeckung fielen die Bußgelder mit hoher Wahrscheinlichkeit kleiner aus als die Kosten, um ihren Betrieb umzustrukturieren.[287] Viele der Betriebe waren nicht nur außerstande, ihren Mist angemessen zu lagern, sondern sie streuten ihn auch auf ihre Felder, wenn diese wassergesättigt oder gefroren waren, wodurch er direkt in den nächsten Fluss gespült wurde. Dennoch hatte jeder Betrieb, den die Behörde untersucht hatte, das Red-Tractor-Logo erhalten, ein Zertifikat, das garantiert, dass ein Betrieb die Lebensmittel »mit Sorgfalt anbaut«.[288] Das Zertifikat ist in Wahrheit ebenso wertlos wie die Richtlinien, deren Einhaltung nicht überprüft wird.

Die Hauptursache für Flussverunreinigungen sind in Großbritannien nicht länger die Industrie oder ungeklärte Abwasser, so schlecht überwacht sie auch sein mögen. Die Hauptursache ist vielmehr die Landwirtschaft.[289,290] Die mit großem Abstand schlimmste landwirtschaftliche Verschmutzung wird durch Viehwirtschaft hervorgerufen, insbesondere durch Milchkuhhaltung.[291] Wo sich die Milcherzeugung konzentriert, sterben unsere Flüsse. So kann man beispielsweise das Sterben von Forellenpopulationen in Wales anhand der Verteilung der Milchviehbetriebe verfolgen.[292]

So ist es in vielen reichen Ländern. Landwirtschaftsabfälle – vor allem von Viehbetrieben – bilden inzwischen den größten Faktor für Wasserverunreinigung. Das gilt selbst für Irland[293] und Neuseeland[294], die viel in die Werbung für ihre sogenannten »reinen« Nahrungsmittel investiert haben. Die Milchviehwirtschaft zerstört Neuseelands Flüsse,[295] lässt heimische Fische aussterben, kontaminiert das Grundwasser und macht Strände unbetretbar, indem sie Blüten toxischer Meeralgen auslöst.[296] Selbst in China, das von schwerer industrieller Verschmutzung überschattet wird, scheint Schweinegülle inzwischen die Hauptursache für das Seen- und Flusssterben zu sein.[297] Der globale Standardviehbetrieb schafft den globalen Standardfluss: überdüngt und lebensfeindlich außer für einige wenige Arten.

Der Culm River, der durch die Devon Redlands in Devon fließt und der längste Nebenfluss des Flusses Exe ist, veranschaulicht das Problem auf eindrückliche Weise. Da die Preise für Fleisch, Milch und Eier eingestürzt sind, haben die Bauern die Zahl ihrer Tiere erhöht. Ganze Regionen haben sich auf bestimmte Nutztierarten spezialisiert. Vielerorts befriedigen sie die Nachfrage von Fabriken und Verpackungsbetrieben – Zweigstellen multinationaler Konzerne, die den internationalen Handel von Waren wie Hähnchenfleisch, Eiern, Schweinefleisch und Milch dominieren. Die Bauern sind dabei oft nicht viel mehr als Subunternehmer dieser Großkonzerne.

Die walisische Grenzregion beispielsweise beherbergt inzwischen Großbritanniens Hühnerkapital, während sich im südlichen Devon die Milchviehwirtschaft konzentriert. In Kontinentaleuropa fressen nur die wenigsten Milchkühe Gras. Eine deutsche Studie zeigt, dass Gras lediglich 5 Prozent ihres Futters ausmacht.[298] Stattdessen fügen die Bauern ihrem Land Stickstoff und Phosphor zu, um Mais oder Gras für Silage anzubauen und die Kühe im Stall zu füttern. In Großbritannien verbringen sie noch etwas mehr Zeit draußen, doch auch hier macht sich ein Wandel bemerkbar.

Viele Milchviehbauern haben ihr Ackerland ersetzt oder ihre alten Weiden umgepflügt, um eine einzige Grassorte auszusäen, die nun vier-[299] oder fünfmal[300] im Jahr gemäht wird. Auch wenn eine grüne Wiese hübsch anzusehen ist, gibt es in diesen Feldern wenig Leben. Vögel haben keine Zeit zu nisten, Insekten finden keine Nahrung und Wiesenblumen haben keine Zeit zu blühen. Schweine- und Hühnermasten importieren ihr Viehfutter zum größten Teil: Soja und Mais aus den amerikanischen Kontinenten, Fischmehl aus dem Meer und Weizen oder Gerste aus anderen Teilen des Landes. Die Tiere werden mit diesen Nährstoffen gefüttert und scheiden sie in konzentrierter Form in ihren Exkrementen aus.

Da das Verhältnis von Vieh zu Fläche immer weiter auseinanderklafft, findet sich das Problem, auf das ich am Wye gestoßen bin, an vielen Orten, in denen Nutztiere gehalten werden: Weder kann das Land ihre Gülle länger aufnehmen noch kann es zu anderen landwirtschaftlichen Regionen abtransportiert werden. Mindestens 95 Prozent der Gülle der meisten Betriebe besteht aus Wasser: Sie ist schwer und hat kaum Wert. Kuhgülle beispielsweise weiter als etwa zehn Kilometer zu transportieren, rechnet sich wirtschaftlich nicht.[301] Nährstoffe, die für Bauern eigentlich wertvoll sein sollten, sind zu einem Problem geworden, das sie abladen müssen.

Das Verteilen von Gülle durch intensive Landwirtschaftsbetriebe sieht oft mehr nach Abfallentsorgung als nach Düngung der Felder aus. Auch wenn es gesetzlich verboten ist – wenn der Boden beispielsweise nass oder gefroren ist[302] –, müssen Bauern entweder den Mist auf ihre Felder bringen oder ihre Jauchegruben überquellen lassen. In einem Verhör zu einem Umweltskandal in Wales erklärte ein landwirtschaftlicher Vertragspartner, dass einige Bauern ihre Gülle extra vor hohen Regenfällen auf die Felder sprühen, um sicherzugehen, dass sie weggespült wird.[303] Egal, ob die Gülle auf die Felder gebracht wird oder in der überquellenden Jauchegrube bleibt: So oder so endet sie im Fluss.

Es wäre schon schlimm genug, wenn die Tiere sozusagen reines Abwasser produzieren würden. Doch in vielen Teilen der Welt ist ihr Mist mit Metallsalzen kontaminiert, von denen viele giftig für Menschen und andere Lebewesen sind. Ein wissenschaftlicher Artikel stellt fest, dass die Regionen mit den schwersten Kontaminierungen die Europäische Union und Südostasien sind. In diesen Regionen sorgen allein die Unmengen an Gülle, die ausgesprüht werden, dafür, dass sich Quecksilber, Kupfer und Zink im Boden anreichern.[304] Auch China ist betroffen: Durch die Verteilung von Schweinegülle wird das Land mit Arsen, Quecksilber, Chrom, Kupfer und Mangan vergiftet.[305]

Rund 75 Prozent der in der Europäischen Union und in den USA vertriebenen Antibiotika werden nicht zur Behandlung von Menschen, sondern von Nutztieren eingesetzt.[306] Auf industriellen Viehbetrieben werden Antibiotika prophylaktisch verabreicht. Also mit anderen Worten, bevor es überhaupt zu einer Infektion gekommen ist. In einigen Ländern werden die Mittel nicht nur eingesetzt, um Krankheiten zu behandeln oder vorzubeugen, sondern um das Wachstum zu beschleunigen: Tiere, die mit Antibiotika gefüttert werden, legen schneller an Gewicht zu. Diese allgegenwärtige Praxis wurde in den 1990ern aus Europa verbannt, und in den USA wird seit 2017 davon »abgeraten«. Das bedeutet, dass die US-Behörde für Lebens- und Arzneimittel die Pharmaunternehmen freundlich gebeten hat, davon Abstand zu nehmen, Antibiotika als »wachstumsfördernde« Mittel zu verkaufen und sie stattdessen, mit einem Nicken und einem Zwinkern, aus Gründen »neuer, therapeutischer Indikationen« zu vertreiben.[307]

Einer Schätzung zufolge werden 58 Prozent der an Nutztiere verfütterten Antibiotika ausgeschieden.[308] Einige der Mittel lösen sich schnell im Boden auf, andere verbleiben für Hunderte oder sogar Tausende Tage im Boden.[309] Wo Mist gelagert wird, sind die enthaltenen Bakterien einem starken Selektionsdruck ausgesetzt, Resistenzen gegen die ausgeschiedenen Antibiotika zu entwickeln.[310] Wird er dann auf die Felder gestreut, treffen sowohl die Antibiotika als auch die selektiv überlebenden Mikroben auf die Bodenbakterien.

Wie wir in Kapitel 1 gesehen haben, führen die Bodenbakterien einen brutalen Krieg, bei dem sie Antibiotika nutzen, um ihre Herausforderer abzuwehren oder zu zerstören. Sie haben entwickelt, was Wissenschaftler eine »intrinsische Resistenz« nennen.[311] Das bedeutet, dass sie eine Präadaptation dafür besitzen, sich gegen gefährliche neue Stoffe zu verteidigen.[312]

Wenn sie mit Gülle in Kontakt kommen, können zwei Dinge geschehen: Entweder überleben und vermehren sich Bakterien mit resistenten Genen auf Kosten derer, die sie nicht haben. Oder aber die Bodenbakterien erwerben die Resistenzen der Güllebakterien. Das geschieht in einem erstaunlichen Prozess, den man horizontalen Gentransfer nennt. Dabei tauschen verschiedene Mikrobenarten genetische Pakete aus.[313] Das Ergebnis ist, dass sich ein mit Gülle behandelter Boden schnell in einen Herd aus Antibiotikaresistenzen verwandelt. Forscher entdeckten in Bodenproben aus dem nordchinesischen Tiefland 114 verschiedene resistente Gene.[314]

Diese resistenten Gene können auf verschiedenen Wegen in andere Ökosysteme oder die menschliche Nahrungskette gelangen. Sie werden mit der Gülle in Flüsse gespült,[315] sickern ins Grundwasser,[316] werden in die Luft geweht[317] und von Pflanzen absorbiert. Resistente Bakterien oder Genpakete werden ebenso wie Antibiotika durch die Wurzeln unserer Kulturpflanzen aufgenommen und sind in unserer Nahrung enthalten.[318]

Von den 27 Antibiotikagruppen, die für die Viehzucht eingesetzt werden, werden 20 in der Medizin auch an Menschen verabreicht.[319] Darunter finden sich einige der wertvollsten noch wirksamen Arzneimittel, von Ärzten auch »die letzten Verteidigungslinien« genannt. Die Verbreitung von Antibiotikaresistenzen über die Nahrungskette könnte einer Studie zufolge »sogar größer sein als die Übertragung in Krankenhäusern«.[320]

Schon heute geht man davon aus, dass 25 000 Menschen in Europa an antibiotikaresistenten Infektionen sterben.[321] Weltweit sind es Hunderttausende.[322] Ohne Antibiotika würde die moderne Medizin kaum funktionieren.[323] Obwohl Wissenschaftler und Ärztinnen die jeweiligen Regierungen immer wieder auf diese Krise aufmerksam machen, nimmt man an, dass die Anwendung von Arzneimitteln in den weltweiten Viehbetrieben in den nächsten 15 Jahren um zwei Drittel steigen wird.[324] Die intensive Landwirtschaft bedroht nicht nur die Gesundheit der Menschen, sondern der gesamten Lebenswelt.

Landwirtschaftliche Flächen werden auch genutzt, um den Klärschlamm von Menschen loszuwerden. Im Grunde macht es durchaus Sinn, die Nährstoffe, die durch unsere Körper wandern, wiederzuverwerten. Doch leider sind sie nicht die einzigen Substanzen, die recycelt werden.

Wir wissen wenig darüber, was eigentlich alles auf unserem Land verteilt wird. So haben sich beispielsweise die Kontrollvorgaben in Großbritannien seit 1989 nicht verändert. Obwohl 87 Prozent unseres Klärschlamms zu Landwirtschaftsbetrieben transportiert wird,[325] wird er vorher nur auf eine Handvoll Schadstoffe kontrolliert: Schwermetalle, Fluoride und gefährliche Bakterien. Seit diese Gesetze in Kraft getreten sind, haben wir jedoch herausgefunden, dass Klärschlamm für gewöhnlich ein viel breiteres Spektrum an Giftstoffen enthält, als die derzeit üblichen Tests abdecken.

Greenpeace machte von seinem Recht auf freien Zugang zu Informationen Gebrauch, um Einblick in einen von der Regierung in Auftrag gegebenen Bericht zu erhalten, dessen Veröffentlichung jedoch zurückgehalten worden war.[326] Er warnte davor, dass der auf landwirtschaftlichen Flächen verteilte Klärschlamm einen erstaunlichen Cocktail aus gefährlichen Substanzen, einschließlich PFAS (Per- und polyfluorierten Alkylverbindungen, sogenannte »ewige Chemikalien«),[327]

Benzo(a)pyren (ein Karzinogen erster Sorte), Dioxine, Furan, PCBs und PAHs, die allesamt langlebig sind und sich potenziell anreichern.[328]

Da in die Kläranlagen Abwasser aus allen möglichen Quellen fließt – darunter von der Straße gespültes Regenwasser, in dem sich Öl und kleine Reifenteile befinden, Abwasser von Baustellen, Werkstätten und Schönheitssalons, Büros und Wäschereien, Duschen und Waschmaschinen und die vielen synthetischen Chemikalien, die legal oder illegal hinuntergespült werden – leidet der Boden. In manchen Fällen mischen skrupellose Subunternehmer, die für eine sichere Giftmüllentsorgung bezahlt werden, den Giftmüll mit Klärschlamm und verteilen ihn auf den Feldern.[329] Die Bußgelder für die wenigen, die dabei erwischt werden, fallen für gewöhnlich geringer aus als das Geld, das sich dadurch verdienen lässt.[330] Die Politik verspricht immer wieder neue Richtlinien, schiebt sie jedoch auf die lange Bank.[331]

In den USA ist die Situation sogar noch erschreckender.[332] In einem Fall war der auf einer landwirtschaftlichen Fläche in Georgia verteilte Klärschlamm so giftig, dass Hunderte Kühe starben.[333] Ein Milchviehbetrieb in Maine musste aufgrund eines alarmierend hohen PFAS-Gehalts im Boden geschlossen werden. Zwei Jahre später wies das Blut des Bauern immer noch eine zwanzigmal höhere Konzentration dieser krebserregenden Chemikalien auf als der nationale Durchschnitt.[334] Viele weitere Höfe in dem Bundesstaat, die ähnlich vergiftet waren,[335] durften ihren Betrieb dennoch aufrechterhalten. Auch in vielen anderen Staaten berichten Bürger von ernsten Krankheiten, von denen sie glauben, dass sie von Klärschlamm hervorgerufen wurden.[336] Dabei ist der Klärschlamm nicht nur trotz mangelnder Kontrollen als Landwirtschaftsdünger zugelassen, er wird in den USA auch noch als »umweltfreundlich« eingestuft und als Gartendünger freigegeben,[337] ohne Hinweis darauf, was es ist, woher er kommt und welche heimtückischen Auswirkungen er auf unser Leben haben kann.

Doch das seltsamste Schicksal kommt in dieser Geschichte wohl Mikroplastik zuteil. Vieles davon stammt aus synthetischer Kleidung, die wir tragen und die in der Waschmaschine Partikel verliert. Wir wissen, dass diese Fasern mit Flüssen strömen und sich im Meer anreichern, wo sie ganze Nahrungsketten bedrohen. Dies wird für gewöhnlich als verzwicktes Problem beschrieben, das kaum zu lösen ist. Dabei werden beinahe alle Fasern und andere Mikroplastikpartikel von modernen Kläranlagen herausgefiltert: Einer Studie zufolge liegt die Rückgewinnungsrate bei 99 Prozent.[338] So weit, so gut. Doch – und an diesem Punkt weiß man kaum, ob man lachen oder weinen soll – kaum wurden sie aus dem Abwasser herausgefiltert, lassen die Kläranlagen sie in Form von Klärschlamm, den sie an die Bauern verkaufen, wieder auf die Umwelt los.[339]

Um das Chaos komplett zu machen: Manchmal wird Mikroplastik sogar absichtlich im Boden verteilt, um ihn lockerer zu machen.[340] Europaweit wird Düngemitteln tonnenweise Plastik zugesetzt, damit sie nicht klumpen,[341] oder um die Freisetzung der enthaltenen Nährstoffe zu bremsen, die dadurch langsamer im Boden versickern und für die Nutzpflanzen zum richtigen Zeitpunkt verfügbar sind. Düngepellets sind von einem Plastikfilm ummantelt – Polyurethane, Polystyrol, PVC, Polyacrylamid und andere synthetische Polymeren[342] –, von denen einige bekanntermaßen toxisch sind,[343] aber alle zu Mikroplastik zerbröseln. Unglaublich, aber wahr: Im 21. Jahrhundert kontaminieren wir landwirtschaftliche Böden bewusst mit langlebigen und kumulativen Schadstoffen. Manchmal habe ich fast den Eindruck, dass in der Landwirtschaft, die doch eigentlich der sensibelste und am sorgfältigsten kontrollierte aller Industriezweige sein sollte, alles möglich ist. Immer wieder stehe ich vor derselben Frage: »Warum ist das legal?«

Ich glaube, ein Teil der Antwort besteht darin, dass Menschen in kleinen Gemeinden größere Hemmungen haben, sich ihren mächtigen Nachbarn entgegenzustellen. Und Bauern sind oft die mächtigsten von allen. Während meiner Recherchen zu diesen Themen wurde mir wiederholt von Einschüchterung und Schikane berichtet: von toten Tieren, die plötzlich vor ihren Türen lagen, von Gülle, die über eine Gartenmauer gekippt wurde und von einem Wall aus Hühnerscheiße, den ein Bauer an drei Seiten eines Hauses errichtete, weil der Bewohner Einspruch gegen seine neuen Mastanlagen erhoben hatte. Von zerkratzten Autos und eingeschmissenen Windschutzscheiben, von Mafiastrukturen und einflussreichen Bauernfamilien.

Ich habe Menschen getroffen, die auf der Suche nach einem bukolischen Idyll aufs Land gezogen sind, nur um dort Angst und Hass vorzufinden. In anderen Ländern, insbesondere Kolumbien, Mexiko und den Philippinen, sind die Konsequenzen von Protesten nicht nur stressig, sondern extrem gefährlich. Jedes Jahr werden dort viele Umweltaktivisten, insbesondere die, die sich landwirtschaftlichen Interessen entgegenstellen, ermordet.[344]

In reichen Ländern, so wird mir von den Menschen an vorderster Front oft in Erinnerung gerufen, erfahren vor allem vom Staat eingesetzte Sachprüfer und Umweltgruppen Einschüchterung. Ein Angestellter bei einer Behörde sagte mir:

»Immerhin muss ich in dieser Gemeinde leben. Wenn ich anfange, hier das Gesetz durchzusetzen, werde ich geächtet, meine Kinder werden geächtet und unser Leben wird sehr ungemütlich.«

Lokalzeitungen, deren Herausgeber und leitende Angestellte sich oft mit anderen mächtigen Mitgliedern der örtlichen Gemeinde verbünden und deren Einnahmen von örtlichen Werbeträgern abhängen, schlagen sich meist auf die Seite der Bauern. Kreisräte sind oft von Landbesitzern besetzt oder von denjenigen, die sich ihnen fügen. An einigen Orten scheint die Treue gegenüber den Gutsherren beinahe ebenso stark zu sein wie zu Zeiten, bevor die Menschen ihr Wahlrecht erhielten. Auf dem Land gibt es Regionen, in denen man den Eindruck hat, dass die Demokratie mehr schlecht als recht funktioniert.

Einige Studien zeigen, dass Böden mit der Zugabe von Klärschlamm immer mehr Mikroplastik anreichern,[345] andere zeigen, dass beinahe alles in die Flüsse gespült wird.[346] Schwer zu sagen, was schlimmer ist. In beiden Fällen werden Nahrungsketten für immer kontaminiert. Plastik verschwindet nicht, sondern wird in immer kleinere Partikel zersetzt. Für das Leben im Boden könnten sie ebenso gefährlich sein wie für das Leben in den Meeren.

Experimente zeigen, wie sich Mikroplastik wasserfallartig in allen Nahrungsnetzen im Boden verteilt[347] und Schnecken,[348] Springschwänze,[349] Milben, Ameisen und Nematoden vergiftet,[350] Regenwürmer hemmt[351] und die Fruchtbarkeit von Enchyträen zur Hälfte reduziert.[352] Wenn Mikroplastik in Nanopartikel zerfällt, kann es von Pilzen im Boden aufgenommen werden[353] und sich in Pflanzen anreichern.[354] Derzeit wissen wir weder, welche Auswirkungen es hat, kontaminierte Pflanzen zu essen, noch wissen wir, welche kombinierte und anreichernde Wirkung der mit dem Klärschlamm verteilte Giftcocktail auf die Bodenökologie[355] oder unsere eigene Gesundheit hat. Bevor große landwirtschaftliche Flächen unbrauchbar werden und die Schäden für viele Ökosysteme, vom Boden bis zum Meer, unwiderruflich sind, müssen die Staaten schnellsten das Verteilen von Klärschlamm verbieten. Es ist möglich, dass man Klärschlamm eines Tages dekontaminieren kann. Doch bisher ist das nicht der Fall. Einige Unternehmen arbeiten an der Entwicklung einer Technik namens hydrothermische Karbonisierung, bei der Nährstoffe erhalten und Giftstoffe zerstört werden sollen. Doch die dabei eingesetzte Erhitzung des Klärschlammes ist nicht groß genug, um langlebige organische Schadstoffe wie Dioxine und Furane zu zerstören.

Eine Frage, die mir oft gestellt wird, ist, warum die Menschen auf dem Land so selten ihre Stimme gegen die Vergiftung von Flüssen und Böden, das Fällen von Bäumen, das Töten wilder Tiere oder andere Schäden, die ihrer Umwelt und ihrer Lebensqualität zugefügt werden, erheben.

Wie viele andere Aspekte der Landwirtschaft sind die Auswirkungen der Hühnermast viel weiter zu spüren als in dem Tal, wo sie gehalten werden. Obwohl Soja nur ein Bestandteil von Hühnerfutter ist, kann Hähnchenfleisch mehr Soja enthalten als Tofu: Einem Bericht zufolge stecken in 100 Gramm Hähnchenbrust 109 Gramm Soja.[356] Mehr als drei Viertel des weltweit angebauten Sojas wird an Nutztiere verfüttert. Von dem Rest wird ein Großteil in der Industrie oder für die Herstellung billiger Pflanzenöle verwendet.[357] Lediglich 7 Prozent werden zu Fleisch- und Milchersatzprodukten wie Tofu,

Tempeh, Sojahack und Sojamilch verarbeitet. Die Menge, die für Viehfutter angebaut wird, hat seit 1990 3,5-mal schneller zugenommen als der Anbau für vegane Alternativen.[358]

In Südamerika frisst der Sojaanbau heutzutage 200-mal mehr Land als noch im Jahr 1961.[359] Die 57 Millionen Hektar Ackerland, die die Pflanze inzwischen bedeckt, hat insgesamt eine größere Fläche als Spanien. Einige indigene Gruppen wurden inzwischen beinahe vollständig enteignet. Atemberaubende Ökosysteme, insbesondere der *cerrado* (eine Savanne) Zentralbrasiliens und die Gran-Chaco-Wälder in Paraguay und Argentinien, in denen Mähnenwölfe, Riesenameisenbären, Jaguare, Tapire und Gürteltiere zu Hause sind, wurden in unvorstellbarem Ausmaß von der Erde radiert.[360] Die Farmen erinnern eher an ein Meer als an Landmasse: Bis zum Horizont erstrecken sich gigantische Felder ohne jegliche Charakteristika. Die wenigen Überreste an Leben wirken wie Inseln in einem Meer der Zerstörung. Dennoch werden sie weiterhin abgeholzt und verbrannt.[361] Ein wissenschaftlicher Artikel warnt, dass der *cerrado* auf eine kritische Schwelle zusteuert.[362] Wenn Bäume gefällt werden, ziehen ihre langen Wurzeln kein Wasser mehr aus den Aquiferen, um es dann an die Luft abzugeben. Da der Wasserdampf bei zugleich steigenden Temperaturen sinkt, bildet sich kein Tau mehr, der für das Überleben vieler wilder Pflanzen und Tiere jedoch unentbehrlich ist. Dadurch wird ein Kreislaufkollaps in Gang gesetzt, der Mitte des Jahrhunderts zum Kipppunkt und zur Hysterese des gesamten Ökosystems führen und es in eine Wüste verwandeln könnte.

In geringerem, jedoch ebenfalls großem Maße[363] wird auch der Regenwald im südlichen Amazonas dem Erdboden gleichgemacht, um Platz für Sojafelder zu schaffen. Doch der schlimmste Faktor für die Zerstörung des Regenwaldes funktioniert indirekt: Da die Rinderzucht im *cerrado* den Sojabauern weichen muss, verlagern sich die Rinderfarmen nach Norden in den Wald.[364] Unterdessen konsumieren wir weiterhin unbekümmert Hähnchen, Eier und Schweinefleisch, ohne zu ahnen, welche Verwüstung sie hinterlassen. Vielleicht klopfen wir uns dafür auf die Schulter, dass wir regionales Fleisch und Eier kaufen oder sogar unsere eigenen Hühner halten und vergessen dabei, dass ihr Futter wahrscheinlich auf Kosten der Umwelt Tausende Kilometer entfernt angebaut wurde.

Die Pestizide, die beim Anbau dieser und anderer Nutzpflanzen eingesetzt werden, bedrohen einen Großteil des Lebens auf der Erde. Eine Studie führt an, dass Agrarflächen in den USA in den vergangenen 25 Jahren 48-mal giftiger für Bienen geworden sind.[365] Die Hauptursache für diesen Wandel sind Neonicotinoide: Insektizide, die bereits in geringen Mengen tödlich sind. Üblicherweise werden sie verwendet, um das Saatgut vor der Aussaat zu ummanteln, sodass die Giftstoffe während des Wachstums von der Pflanze aufgenommen werden und die Insekten töten, die sie fressen. Doch in der Realität werden lediglich 5 Prozent der Neonicotinoide in den Saatmänteln von der Pflanze absorbiert.[366] Der Rest verteilt sich in der Umgebung. Er gelangt in den Boden und tötet oder lähmt die dort lebenden Tiere[367, 368] oder wird in die Flüsse gespült, wo er ähnliche Auswirkungen auf das Leben im Süßwassersystem hat.[369]

Die sich zum Teil weit über den Einsatzort hinaus verteilenden Pestizide[370] sind eine der Hauptursachen für das Insektensterben, den weltweiten Kollaps des Insektenlebens.[371]

Die bekannte Krefelder Studie stellte fest, dass die Biomasse von Insekten in deutschen Naturschutzgebieten in 27 Jahren um 76 Prozent gesunken ist, was so großes Aufsehen erregte, dass auch der bayerische Ministerpräsident Markus Söder sich gezwungen sah, etwas gegen das Bienensterben zu unternehmen.[372] In Dänemark zeigen Aufzeichnungen, in denen in einem Zeitraum von zwanzig Jahren festgehalten wurde, wie viele Insekten auf zwei Straßen quer durchs Land von Autos getroffen werden, einen Rückgang um 80 und 97 Prozent.[373] In den Niederlanden schwindet die Köcherfliege, deren Larve im Süßwasser lebt, jährlich um 9 Prozent.[374] Während Neonicotinoide in Europa inzwischen verboten sind, werden sie beinahe überall sonst weiterhin eingesetzt. Dafür haben die Pestizidhersteller gesorgt.[375]

Die dänische Studie hat gezeigt, dass man aus der Rate des Insektenschwunds Rückschlüsse darauf ziehen kann, welche Entwicklung die Schwalbenpopulation nehmen wird.[376] Obwohl Vögel, die sich ausschließlich von Insekten ernähren, vom Insektensterben am härtesten getroffen werden, benötigen jedoch auch viele der Arten, die wir Saatenfresser nennen, Insekten, um ihre Jungen zu füttern. Demzufolge ist auch unter ihnen ein schneller Rückgang zu beobachten.[377] Eine Studie am Shinji-See in Japan stellte einen Zusammenhang zwischen dem ersten Einsatz von Neonicotinoiden im umliegenden Ackerland und dem Fischsterben her.[378] In nur einem Jahr verringerte sich das Gewicht von Zooplankton im See um 83 Prozent. Dadurch brachen die Fischereierträge der Gemeinde um 90 Prozent ein. Schätzungen zufolge wird sich der weltweite Einsatz von Pestiziden in den ersten fünfzig Jahren dieses Jahrhunderts verdreifachen.[379]

Genau wie die Hühnermastbetriebe entlang des Flusses Algenblüten im Wye verursachen, scheint der Anbau ihres Futters ähnliche Effekte zu haben, wenn auch in viel größerem Ausmaß. Bis 2010 war die Golftange, auch *Sargassum* genannt, eine schwimmende Braunalge, vor allem in der Sargassosee, einem Meeresgebiet im Atlantik östlich von Florida, und in einigen kleinen Teppichen im tropischen Atlantik und in der Karibik zu finden. Doch ab 2011 konnte man etwas Erstaunliches beobachten: In den ersten sechs Monaten des Jahres verbinden sich die *Sargassum*-Teppiche nun zu einem lückenlosen Gürtel, der sich in manchen Jahren vom Golf von Mexiko entlang der südamerikanischen Küstenlinie und quer über den Atlantik bis zur Westküste Afrikas erstrecken kann. Ein schwimmender Pflanzenteppich von beinahe 9000 Kilometern Länge! Als Ursache benennen Wissenschaftler die »voranschreitende Waldrodung und den Einsatz von Düngemitteln in Brasilien«.[380]

Im Zuge von Brasiliens Aufstieg zum globalen Absatzmarkt für Viehfutter ist dort der Einsatz von Düngemitteln pro Jahr um 3 oder 4 Prozent gestiegen.[381] Wenn Dünger von den Feldern gespült und Mineralstoffe von ungeschützten Böden gewaschen werden, gelangen sie über große Flüsse wie den Tapajós, den Xingu und den Tocantins, die Millionen Hektar Anbaufläche bewässern, in den Ozean, wo sie eine Blüte verursachen, die beinahe ein Viertel der Erde umschlingt. Wenn die Braunalge in der zweiten Jahreshälfte abstirbt, zieht sie Sauerstoff aus der Wassersäule und trägt damit möglicherweise zur weltweiten Ausbreitung einiger toter Zonen bei.

Tote Zonen sind meist nahe an Flussmündungen oder küstennah gelegenen Meeresregionen, in denen der Sauerstoffgehalt so stark sinkt, dass kaum ein Lebewesen dort überleben kann. Auf der ganzen Welt gibt es inzwischen mehrere Hundert Tote Zonen,[382] die vom übermäßigen Einsatz reaktiver anorganischer Verbindungen hervorgerufen werden. Seit 1960 ist die weltweite Herstellung von Phosphatdüngern beinahe um das Fünffache[383] und von Nitratdünger beinahe um das Zehnfache[384] gestiegen. Während der Bariumbrei an Nährstoffen durch das landwirtschaftliche System fließt, werden seine Dysfunktionen in grässlichen Einzelheiten sichtbar.

Ein Grund für den übermäßigen Einsatz von Düngemitteln ist das Missverhältnis zwischen Material- und Arbeitskosten. Idealerweise müsste Dünger den Kulturpflanzen in kleinen Schritten zugegeben werden. Auf diese Weise würde man sichergehen, dass die Pflanzen nur so viel erhalten, wie sie in ihrem jeweiligen Wachstumsstadium brauchen und alle zugefügten Nährstoffe absorbieren, sodass keine ausgewaschen werden. Doch in dem Fall müssten die Bauern in der Wachstumsphase ihrer Kulturpflanzen Dutzende Male mit dem Traktor aufs Feld fahren, was jede Menge Diesel verbraucht und sicherstellen würde, dass die Arbeitskosten das Einkommen aus der Ernte übersteigen. Die meisten Bauern haben wenig Zeit und viele sind versucht, genau das Falsche zu tun: künstlichen Stickstoff – reaktiver Stickstoff, der industriell synthetisiert wurde, vor allem durch den Haber-Bosch-Prozess – in einem großen Schwall auf ihre Felder zu kippen, wodurch das meiste davon in die Flüsse oder ins Grundwasser gelangt oder aber als potenzielles Treibstoffgas Distickstoffmonoxid in die Luft entweicht.

Manchmal verteilen sie ihn im Herbst oder Winter, weil sie da genug Zeit haben und Rabatt von Düngemittelherstellern erhalten.[385] Der größte Teil davon geht verloren, weil es kaum noch lebende Pflanzen gibt, die den Dünger aufnehmen könnten. Er wird vom nackten Boden ausgewaschen. Insgesamt werden rund zwei Drittel des von Bauern zugeführten Stickstoffes[386] und zwischen 50 Prozent[387] und 80 Prozent[388] des Phosphors verloren.

Statt die Kulturpflanzen zu ernähren, verursachen die überschüssigen Mineralstoffe Algenblüten in Flüssen, tote Zonen im Meer, hohe Verbraucherpreise für Wasser (da die Schadstoffe aus dem Trinkwasser wieder herausgefiltert werden müssen) und beschleunigen die globale Erwärmung.[389] Je mehr Dünger die Bauern verteilen, desto geringer ist die Wirkung jeder neuen Steigerung. In einigen Fällen ernährt der künstliche Stickstoff das Unkraut auf einem Feld und lässt die Nutzpflanzen ersticken. Je höher die eingesetzte Dosis, desto geringer der Ertrag.[390]

Auch Herbizide und Pestizide werden in erstaunlicher Menge verschwendet. Ein wissenschaftlicher Artikel stellt fest, dass »es […] keinen Zusammenhang zwischen dem Einsatz von Agrarchemikalien und der Produktivität oder Profitabilität [gibt]«.[391] Das bedeutet nichts anderes, als dass Bauern, die zusätzliche Herbizide eingesetzt haben, in dieser Studie zu keinem besseren Ergebnis kamen. Warum also klatschen die Bauern weiterhin Unmengen Dünger und Giftstoffe auf ihr Land? Das liegt zum Teil daran, dass sie von »Consultants«, also Beratern von Chemieunternehmen, angeleitet werden,[392] die mitunter nicht viel mehr als Dealer sind. Bauern, die von Consultants privater Firmen beraten werden, nutzen generell mehr Pestizide als erstes Mittel der Verteidigung als diejenigen, die sich an staatliche Institutionen wenden.[393] Die

Bauernpresse wird von ähnlichen Interessen dominiert, ebenso wie die Bauernverbände und staatlichen Landwirtschaftsbehörden. Während sich in der Öffentlichkeit starke Gegenbewegungen formieren, muss ein einzelner Bauer neugierig, mutig und durchsetzungsstark sein, um sich dieser Industrie entgegenzustellen.

Die durch intensive Viehzucht hervorgerufenen globalen Schäden werden sogar durch gut gemeinte Politik verschlimmert. Die Zerstörung in Südamerika, ausgelöst insbesondere durch Hühnerfabriken, wird vom Waldsterben in Estland, Lettland, Polen und Rumänien gespiegelt. In mehreren europäischen Ländern erhalten Hühnermastbetriebe Subventionen für sogenannte »grüne Wärme«.[394] In Großbritannien nennt sich diese Zahlung »Prämie für erneuerbare Wärme«. Bauern, die in ihren Hühnermastanlagen nachhaltige Heizsysteme installieren, erhalten zwanzig Jahre lang garantierte und steuerfreie Zahlungen. Diese Zuwendungen sind so großzügig, dass sie ihre Investitionen im Schnitt nach fünf Jahre abbezahlt haben:[395] Der Rest ist geschenktes Geld. Das profitabelste System ist ein Brennofen für Holzpellets. Ein großer Hühnermaststall verbraucht um die 120 Tonnen getrockneter Pellets im Jahr.[396] Das bedeutet, dass jeder Stall pro Jahr etwas mehr als einen Hektar Wald verschlingt.[397] Angenommen, sie würden alle mit Holzpellets beheizt, dann würden die 590 bekannten Hühnermastanlagen im Wye Valley jährlich Holz, das 600 Hektar Wald entspricht, verbrennen.

Derartige Prämien haben in Osteuropa einen wahren Goldrausch ausgelöst. In Estland und Lettland werden sogar Naturschutzgebiete für Hackschnitzel gerodet.[398] In Rumänien werden die wunderbaren Wälder der Karpaten zerstört,[399] während die Forstwirtschaft in Polen versucht, sich an den uralten Białowieża-Wald heranzumachen.[400] Seit 2015 ist die Zahl der in Europa gefällten Wälder um alarmierende 49 Prozent gestiegen.[401]

Die Verbrennung von Holz zur Wärmeerzeugung oder Stromgewinnung produziert mehr Kohlenstoffdioxid als die Verbrennung von Kohle.[402] Zwar wird dieser Stoff irgendwann von den Bäumen wieder aufgenommen, doch das dauert Jahrzehnte. Um den Klimakollaps zu verhindern, ist eine Tonne weniger Kohlenstoffdioxid, die heute eingespart wird, wichtiger als eine Tonne, die in dreißig oder vierzig Jahren eingespart wird. Diese Zählungen erklären möglicherweise die Antragsflut auf Hühnermastanlagen im Wye Valley in den Jahren 2019 und 2020. Die Prämie wurde im März 2021 abgeschafft. Doch wer bis dahin funktionstüchtige Ställe gebaut hat, der hatte sich zwanzig Jahre Steuergeschenke gesichert.

Vielleicht sind Sie inzwischen zu dem Schluss gekommen, dass Sie nichts mehr mit der intensiven Landwirtschaft zu tun haben wollen: Von nun an wollen Sie nur noch Fleisch, Eier und Milch von Tieren essen, die draußen herumlaufen (Freilandhaltung) oder als biologische Erzeugnisse zertifiziert wurden (Tiere, die entsprechend festgesetzter Umweltrichtlinien gehalten wurden). Doch auch dieser Ausweg bietet keinen Trost.

Die biologische Landwirtschaft hat drei wichtige Vorteile. Biobetriebe sind tendenziell komplexer und diverser als konventionelle und lassen weiterhin eine etwas breitere Tier-und Pflanzenwelt zu.[403] Sie setzen weniger Antibiotika und Pestizide ein und wenn, dann sind die Pestizide meist sehr viel weniger giftig und umweltschädlich als die, die auf konventionellen Betrieben verteilt werden.[404] Indem sie außerdem Tiermist oder Pflanzenmaterial anstelle von künstlichen Düngemitteln verwenden, geben sie dem Boden Kohlenstoff zurück. Gemäß der sich formierenden Theorie des Bodens hilft das dabei, seine Struktur zu bewahren.[405]

Doch unter anderen Gesichtspunkten kann die biologische Landwirtschaft sogar noch mehr Schaden anrichten. Das liegt insbesondere an ihren im Schnitt niedrigeren Erträgen. Geringere Erträge bedeutet, dass man mehr Land benötigt, um die gleiche Menge Nahrungsmittel anzubauen. Einer Kalkulation zufolge würde unser Flächenfußabdruck, wenn England und Wales gänzlich auf biologische Landwirtschaft umsatteln würden, um 40 Prozent steigen.[406] Weltweit variiert die Ertragslücke zwischen biologischer und konventioneller Landwirtschaft je nach Schätzung durchschnittlich zwischen 20 Prozent[407] und 36 Prozent.[408] Die Treibhausgasemissionen biologischer Produkte sind pro Kilogramm Nahrung ähnlich oder sogar schlimmer als von konventionell hergestellten Lebensmitteln.[409] Da die Tiere langsamer aufwachsen und auch mehr Fläche benötigen, geben biologische Rinderbetriebe pro Kilo Fleisch doppelt so viel Stickstoff ab wie konventionelle Betriebe.[410] Auch wenn es für viele vielleicht ein Schock ist: Es gibt kaum ein umweltschädlicheres landwirtschaftliches Produkt als Biorindfleisch aus Weidelandhaltung.

Noch besorgniserregender: Die ökologische Landwirtschaft verursacht mindestens genauso viel Nährstoffüberlastung wie die konventionelle:[411] Ein Artikel schätzt 37 Prozent mehr Auswaschung.[412] Das liegt daran, dass der Viehmist, der als Dünger auf die Felder gestreut wird, noch mehr Nährstoffe verliert als künstlicher Dünger. Die Gründe dafür erläutere ich in Kapitel 4.

Bei Freilandhaltung in all ihren Formen stehen wir vor ähnlichen Problemen. Eine der ärgerlichsten und verwirrendsten Entdeckungen der Umweltgruppen, die versuchen, den Wye zu schützen, ist, dass Freilandhühner ähnlich schädlich oder sogar noch schädlicher für den Fluss sind als die großen Hähnchenmastanlagen oder Legehennenfabriken im Einzugsgebiet.[413] Warum? Aus dem gleichen Grund, aus dem die Menschen ihre Eier kaufen: Die Hühner dürfen nach draußen. Während es für die Tiere gesünder und artgerechter ist, bedeutet das zugleich, dass sich auf ihrem Auslauf ein sengender Teppich aus reaktivem Phosphat bildet, der oft konzentrierter ist als jedweder Mist, den ein Bauer ausbringen würde. Bei Regen werden ihre Hinterlassenschaften noch schneller vom Land in die Flüsse gespült als die Exkremente, die aus den Fabriken kommen und auf den Feldern verteilt werden. Da Freilandhühner einen höheren Energieverbrauch als Tiere in Legebatterien haben, brauchen sie zudem mehr Futter und üben damit noch mehr Druck auf die Ökosysteme Südamerikas aus.

Doch dies ist erst der Anfang des Problems. Die Hühnerfabriken im Wye Valley bezeugen das ökonomische Versagen der Freilandhaltung. Viele der Bauern, die diese Anlagen gebaut haben, haben einst Schafe oder Rinder auf Weiden (also im Freien) gehalten. In den Hochebenen des Wye gelegene Betriebe haben zumeist einige Flächen im Tal besessen oder gepachtet und größere Flächen in den Hügeln. Traditionellerweise wurden die Schafe im Winter in den Tiefebenen (der *hendre*) gehalten und im Sommer in die Berge getrieben (der *hafod*). Diese Art der Viehhaltung war über viele Jahre hinweg aus wirtschaftlicher Sicht nicht rentabel. In ganz Wales, wo die meisten Flächen als Schafweiden genutzt werden, hat sich das durchschnittliche Einkommen eines Betriebes auf null Pfund im Jahr eingependelt.[414] Das Geld, das die Bauern erhalten, kommt beinahe vollständig aus staatlichen Subventionsfonds. Dieses System hat zudem eine Reihe an Katastrophen losgetreten.

Die Schafzucht ist einerseits unökonomisch, weil das Land nur wenige Tiere ernähren kann. In einigen Regionen von Wales beträgt die maximale Tierdichte weniger als ein Schaf pro Hektar, zuweilen sogar nur ein Schaf auf zehn Hektar. In der zweiten Hälfte des 20. Jahrhunderts orientierten sich die Subventionen der Bauern jahrzehntelang an der Anzahl ihrer Tiere. Diese abwegigen Zahlungen verführten dazu, die Hügel mit mehr Schafen vollzustopfen als die Natur ertragen kann. Eine Praxis, die in Teilen des Wassereinzugsgebietes des Wye möglicherweise zu einer toten Zone an Land geführt hat: den südlichen Cambrian Mountains.[415]

Die tote Zone, die sich über rund 300 Quadratkilometer erstreckt, ist ein erstaunliches, um nicht zu sagen düsteres Phänomen. Sie wird von einer einzigen, groben und nicht als Futterpflanze geeigneten Gräserart namens *Molinia* dominiert, die den Großteil des Jahres eine braune Färbung hat. Ansonsten wachsen kaum andere Pflanzen. *Molinia* bildet starke, dichte Büschel, die den Boden vollständig bedecken und das Keimen andere Pflanzen verhindern. In dieser Region kann man einen ganzen Tag lang umherwandern, ohne auf einen einzigen Vogel oder ein Insekt zu treffen.

Mindestens 2000 Jahre lang war dieses Land ein *blanket mire* (auch Federbettmoor genannt, ein spezielles Sumpfgebiet) mit einer relativ großen Artenvielfalt. Doch der Wandel von Rinder- zu Schafweiden im 20. Jahrhundert, gefolgt von dem Anstieg der Tierdichte, haben das System offenbar in einen neuen, stabilen Zustand versetzt.[416] Obwohl in einigen Teilen der Zone aufgrund des Futtermangels seit dreißig oder vierzig Jahren keine Schafe mehr weiden, ist das System nicht in den alten Zustand zurückgekehrt. Mit anderen Worten, es ist eine Hysterese eingetreten.

Temperatur- und Niederschlagskarten deuten darauf hin, dass die natürliche Vegetation in großen Teilen der Wye-Region und des westlichen britischen Hochlandes wahrscheinlich der gemäßigte Regenwald ist.[417] Ein faszinierendes Ökosystem, dessen natürliche Architektur ökologische Nischen für eine breite Vielfalt an Lebensformen bietet. Doch Schafe und Rinder haben es beinahe vollkommen ausgelöscht. Da Baumkeimlinge äußerst nährstoffreich sind, werden sie selektiv von Schafen gefressen, auch wenn es nur wenige Tiere sind. Indem sie verhinderten, dass die alten Bäume durch junge ersetzt werden, haben die Schafe die Wälder im Laufe der Jahrhunderte in Weiden oder Heide-Moorland verwandelt, die beide eine geringere Artenvielfalt zulassen.[418]

In einigen Teilen der Londoner Innenstadt wachsen mehr Bäume pro Hektar als in den »wilden« britischen Hochebenen, wo Schafe grasen.[419] Einige der kahlsten Regionen unseres Landes wurden zu Nationalparks erklärt, sind jedoch in Wahrheit verherrlichte Schäfereibetriebe. Der Regenwald beschränkt sich nur noch auf einige kleine Flecken, insbesondere in Schluchten, die zu steil für Nutztiere sind.

Genau wie die Hühner in den Tälern den verschwenderischen Einsatz von Nährstoffen, Getreide und Holz erfordern, verbrauchen die Schafe in den Hügeln verschwenderisch viel Fläche. Meiner vorsichtigen Schätzung nach werden rund vier

Millionen Hektar Hügel- und Bergland in Großbritannien als Schafweiden genutzt,[420] also 22 Prozent der gesamten Agrarfläche.[421] Das ist ungefähr die gleiche Fläche wie das gesamte Ackerland, auf dem hierzulande Feldfrüchte angebaut werden.[422] Die Weiden belegen mehr als doppelt so viel Fläche, wie die bebaute Umwelt (alle Städte, Fabriken, Lagerhallen, Gärten, Parks, Straßen und Flughäfen zusammengenommen)[423] und 23-mal die Fläche, die wir für den Anbau von Gemüse und Obst verwenden.[424] In Kalorien ausgedrückt, versorgen uns Lämmer und Hammelfleisch sowohl im Hoch- als auch im Tiefland jedoch lediglich mit 1 Prozent unserer Nahrung.[425]

Mit anderen Worten: Die Schafzucht ist ein Beispiel für landwirtschaftlichen Flächenfraß. Umweltaktivisten wettern gern gegen den Flächenfraß der Städte: die verschwenderische Nutzung von Land für Häuser und Infrastruktur. Doch da die meisten von uns in Städten leben, sehen wir das große Ganze nicht. Der landwirtschaftliche Flächenfraß – viel landschaftliche Fläche für die Erzeugung kleiner Mengen Nahrungsmittel – hat viel mehr Land verändert. In Großbritannien, einer stark urbanisierten Nation, belegen Menschen lediglich 7 Prozent des Landes,[426] während Nutztiere, ihre Weiden und Grasflächen 51 Prozent des Landes besetzen.[427] Würden eines Tages hier Aliens landen, kämen sie wohl zu dem Schluss, dass das dominante Lebewesen hierzulande das Schaf ist.

Global betrachtet, ist dieses Verhältnis noch krasser. Lediglich 1 Prozent der weltweiten Landmasse ist von Gebäuden und Infrastruktur bedeckt.[428] Ackerflächen belegen lediglich 12 Prozent, während Weideland, die flächenmäßig intensivste Form der Landwirtschaft, 28 Prozent vereinnahmt.[429] Im Gegensatz dazu steht lediglich 15 Prozent der Landmasse unter

Naturschutz.[430] Der Rest der Erdoberfläche ist entweder unbewohnbar (Gletscher, Polarkappen, Wüsten, Felsen, Gipfel, Salzwüsten) oder von ungeschützten Wäldern bedeckt. Dennoch stellen Fleisch und Milch der ausschließlich durch Weiden ernährten Tiere lediglich 1 Prozent des weltweiten Proteinbedarfs zur Verfügung.[431]

Je mehr Fläche durch die Landwirtschaft eingenommen wird, desto weniger steht für Wälder und Feuchtgebiete, Savannen und natürliche Steppen zu Verfügung, und desto größer ist der Verlust von Flora und Fauna und das weltweite Artensterben. Jede Form der Landwirtschaft, egal, wie sorgfältig und komplex sie aufgebaut ist, bringt eine radikale Vereinfachung natürlicher Ökosysteme mit sich. Diese Vereinfachung ist nötig, um etwas hervorzubringen, das Menschen essen können. Mit anderen Worten: Die Landwirtschaft bringt ökologische Opportunitätskosten mit sich. Wenn wir unsere Einwirkung minimieren wollen, müssen wir unsere genutzte Landfläche minimieren.

Ich bin zu dem Schluss gekommen, dass Flächennutzung die wichtigste aller Umweltfragen ist. Inzwischen glaube ich, dass dieser kritische Faktor entscheidet, ob Ökosysteme zu Land oder Erdsysteme überleben oder sterben. Je mehr Land wir benötigen, desto weniger bleibt für andere Arten und ihre Lebensräume und für das Gleichgewicht des Planeten, von dem unser Leben abhängt. Dennoch ist es in der Öffentlichkeit eines der am meisten vernachlässigten Umweltthemen. Genau wie die Bodenökologie ist die Gesamtnutzung von Land ein Thema, bei dem eine große Mehrheit unbewusst übereingekommen ist, es zu ignorieren. Wie gebannt verfolgen wir bestimmte alarmierende Themen, und das oft aus gutem Grunde.

Doch ich glaube, die gefährlichsten Themen sind die, mit denen wir uns kaum befassen.

Dank einer Gruppe der Universität Oxford, die die Website Our World in Data unterhält, können wir die Flächenbilanz unserer Nahrungsmittel schnell und einfach vergleichen.[432] Aus den Tabellen wird ersichtlich, dass zur Erzeugung von hundert Gramm Tofu aus Soja lediglich zwei Quadratmeter Agrarfläche benötigt werden. Um hundert Gramm Eiprotein zu produzieren, benötigt man etwas weniger als sechs Quadratmeter, für Hähnchenprotein sieben und Schweinefleisch zehn Quadratmeter. Hühner und Schweine verbrauchen mehr Fläche als Tofu, weil sie nicht alles, was sie fressen, in Fleisch umwandeln können, schließlich müssen sie sich selbst erhalten und haben noch andere Körperteile.

Dieser Website der Oxford University zufolge braucht man zur Milcherzeugung durchschnittlich 27 Quadratmeter, für Rindfleisch 163 und für Lammfleisch 185. Mit anderen Worten, Lammprotein benötigt zum Wachsen 84-mal mehr Land als Sojaprotein.

Diese erstaunliche Verschwendung von Weidelandfleisch hat zwei Ursachen. Wiederkäuer mit vier Mägen wie Rinder, Ziegen und Schafe sind weniger effiziente Proteinumwandler als Hühner und Schweine.[433] Außerdem ist Gras schwerer verdaulich und enthält weniger Protein als Getreide und Soja.[434] Während Rinder und Schafe, egal, bei welcher Haltungsform, viel Fläche benötigen, frisst Fleisch aus einem intensiven Mastsystem, das auf Getreide basiert (sowohl was die Anbaufläche des Futters als auch die Haltungsfläche angeht) nur rund ein Zwanzigstel der Fläche von Fleisch, das ausschließlich auf Weiden gezogen wird.[435]

Aus diesem Grund ist Neuseeland das Land mit dem größten Flächenhunger.[436] Würde jeder Mensch sich wie der durchschnittliche Neuseeländer von einer ungewöhnlich hohen Menge an Lamm- und Rindfleisch aus Freilandhaltung ernähren, bräuchten wir einen weiteren Planeten beinahe von der Größe der Erde, um die Nahrung zu produzieren. Würden wir hingegen alle aufhören, Fleisch und Milchprodukte zu essen und stattdessen zu pflanzenbasierten Ernährungsformen wechseln, dann könnten wir die für die Landwirtschaft benötigten Flächen um 76 Prozent reduzieren.[437] Zwar müssten wir mehr Getreide und Hülsenfrüchte essen, um das Fleisch zu ersetzen, doch das wäre in der Summe weitaus weniger flächenintensiv als derzeit für Viehfutter gebraucht wird. Dadurch könnten wir nicht nur das weltweite Weideland an die Natur zurückgeben, sondern auch die Ackerflächen um 19 Prozent reduzieren.[438]

Selbst die jämmerlichen Produktionserträge der weltweiten Weiden richten große Schäden an. Rund ein Viertel werden so intensiv beweidet, dass ihre Böden zerstört sind.[439] Umgekehrt bedeutete das, dass sie immer weniger Tiere ernähren.[440] Während sich eine invasive Grasart namens Dach-Trespe auf überweideten Flächen in Nordamerika ausbreitet, scheinen einige Regionen kritische Schwellen zu überschreiten.[441] Auch sie drohen, zu toten Zonen zu werden.

Viehhalter behaupten oft, Weiden würde »die Natur imitieren«. Wenn dem so ist, dann ist diese Mimikry eine plumpe Karikatur. Die Natur kennt keine Zäune. Ihre Nahrungsnetze sind für gewöhnlich tiefer und breiter als die eines jeden von Menschen geschaffenen Systems. Eine Analyse von mehr als Hundert wissenschaftlichen Studien hat ergeben, dass die

Abundanz und die Diversität beinahe aller Wildtiergruppen steigen, nachdem Nutztiere vom Land genommen wurden.[442] Danach gibt es mehr Raubtiere, mehr wilde Pflanzenfresser und mehr Bestäuber. Die einzige breite Gruppe (oder Gilde) verschiedener Arten, deren Zahl abnimmt, wenn grasende Rinder und Schafe verschwinden, sind diejenigen, die Exkremente und andere Abfallstoffe verwerten. Wo Rinder grasen, gibt es weniger wilde Säugetiere, Vögel, Reptilien und Insekten zu Land und weniger Fische in den Flüssen.[443]

Nur wenn die Zahl der Nutztiere so niedrig ist, dass ihre Haltung kaum noch als Nahrungsmittelerzeugung durchgeht, ist die Viehwirtschaft mit einem reichen, funktionierenden Ökosystem kompatibel. So wird zum Beispiel das Knepp-Wildland-Projekt,[444] das von meinen Freunden Isabelle Tree und Charlie Burrell geleitet wird, oft als Paradebeispiel angeführt, wie sich Fleischproduktion und eine gesunde Flora und Fauna vertragen können. Doch während das Projekt, bei dem kleine Rinder- und Schweineherden frei auf einem riesigen Gebiet umherziehen, ein hervorragendes Beispiel für eine gelungene Rückverwilderung abgibt, ist es ein furchtbares Beispiel für die Nahrungsmittelerzeugung. Wenn ihr System auf 10 Prozent von Großbritanniens Ackerland angewendet werden würde und wir, wie seine Verfechter es wollen, auf diese Weise unser Fleisch bekommen, dann würde es jeden Menschen hierzulande mit 420 Gramm im Jahr versorgen, also etwa mit drei Mahlzeiten.[445] Bei unserem derzeitigen Fleischkonsum würde das einen Einschnitt von 99,5 Prozent bedeuten. Übrigens habe ich nicht von drei Steaks gesprochen, sondern von drei Mahlzeiten, die Fleisch aus allerlei Körperteilen enthalten, einschließlich dem billigsten. Ein erstklassiges

Steak könnten wir in diesem Szenario rund alle drei Jahre verzehren. Wenn alle landwirtschaftlichen Flächen in Großbritannien so betrieben werden würden, dann würden sie uns lediglich mit 75 kcal am Tag (ein Dreißigstel unseres Bedarfs) in Form von Fleisch versorgen.[446] Es muss wohl nicht gesagt werden, dass die tatsächliche Verteilung anders aussehen würde. Wenn wir lediglich Fleisch aus dieser und ähnlichen Quellen beziehen würden, dann würde sich die Knappheit im Preis niederschlagen und dafür sorgen, dass die Reichen es jede Woche und andere Menschen es nie essen würden. Diejenigen, die sagen, wir sollten unser Fleisch von Höfen wie diesem kaufen und oft den Slogan »weniger ist mehr« verwenden, glauben anscheinend, ein seltenes und exklusives Produkt wäre für jeden verfügbar. Das ist eine grausame Ignoranz mit gravierenden Folgen. Ich habe schon verschiedene Leute erlebt, die das Knepp-Wildland-Projekt zu ihrer Rechtfertigung anführen, warum sie Rindfleisch essen, auch wenn sie noch nie Fleisch von dort bezogen haben.

Ökologen sprechen oft von »Mensch-Wildtier-Konflikten«. Doch wenn man sich diese Konflikte genauer ansieht, entdeckt man schnell, dass sie eigentlich »Nutztier-Wildtier-Konflikte« heißen müssten. Fast ausnahmslos werden an allen Orten, wo Nutztiere gehalten werden, große Raubtiere getötet. Die Nutztierhaltung ist die Hauptursache für ihren Rückgang.[447] In einigen Gebieten wie Großbritannien wurden sie bereits vollständig ausgerottet. In anderen töten die Bauern Raubtiere entweder selbst oder betreiben Lobbyarbeit bei der Regierung, damit sie dies für sie erledigen.

In den USA führen sowohl die Regierungen auf Bundesebene als auch die Gouverneure der einzelnen Bundesstaaten oft mit unglaublicher Brutalität einen Krieg gegen die Wildtiere. Eine Bundesbehörde namens Wildlife Services legt vergiftete Köder, Fallen und Fangeisen aus und schießt aus Flugzeugen und Helikoptern auf Wölfe, Kojoten, Bären, Rotluchse und Füchse. Ihre Angestellten haben Jungtiere in ihren Bauten verbrannt oder sie herausgezogen und zu Tode geprügelt.[448] Selbst in staatlich eingerichteten Schutzgebieten für Wildtiere wie der Sawtooth National Recreation Area in Idaho sind sie aktiv.[449] Das Töten bleibt offenbar ungestraft. Die Agenten haben ihre Waffen angeblich an Hunden getestet, gefährdete Tiere abgeschlachtet und illegal Gift ausgestreut.[450]

Doch die umstrittenste Tötungsmethode sind wohl Cyanid-Fallen. Dabei handelt es sich um mit Sprengstoff geladene Kanister, die mit Natriumcyanid gefüllt im Boden vergraben werden und dem Zweck dienen, Gift in das Gesicht des Tieres sprühen, das auf sie tritt. Nicht nur eine Vielzahl gefährdeter Tiere wurden auf diese Weise getötet, sondern auch Dutzende Haushunde und mindestens ein Mensch (Dennis Slaugh aus Utah), während viele weitere verletzt oder vergiftet wurden.[451] Doch die Behörde ist so mächtig, dass sie selbst für Körperverletzungen selten zur Verantwortung gezogen wird.[452]

In einigen wenigen Regionen, hauptsächlich in Ost- und Südafrika, scheinen Viehzüchter in der Lage zu sein, neben großen Raubtieren zu leben. Anfang der 90er-Jahre arbeitete ich mehrere Monate mit einer Massaigemeinde und wurde Zeuge davon, wie ihr traditionelles, naturfreundliches Verwaltungssystem zu Ende ging und ihr Land auf Geheiß der kenianischen Regierung und der Weltbank privatisiert und eingezäunt wurde.[453] In den meisten offenen Graslandregionen Ostafrikas sind die alten Systeme inzwischen kollabiert.

Wir stehen vor einem Paradox, das auf den ersten Blick schwer zu verstehen ist. Im Zuge der Intensivierung der Landwirtschaft ist die Fläche, auf der Nutztiere grasen, langsam, aber stetig geschrumpft.[454] Dennoch bleibt die Ausbreitung von Weideflächen die weltweit größte Ursache für den Verlust natürlicher Lebensräume. Sie ist verantwortlich für 40 Prozent der durch die Nahrungsmittelindustrie vorangetriebenen Waldrodungen und ist damit beinahe dreimal so zerstörerisch wie die Ausbreitung von Palmölplantagen.[455] Wie kann Weideland zugleich schrumpfen und sich ausbreiten?

Die Antwort ist, dass es an einigen Orten schrumpft und sich an anderen ausbreitet. In Kontinentaleuropa ist die Viehhaltung beispielsweise in unfruchtbarem Bergland zurückgegangen und die Wälder kehren zurück. In Lateinamerika hingegen, insbesondere in Brasilien, breitet sie sich unaufhaltsam aus. Leider gehören einige Regionen, wo sich die Weideflächen ausbreiten, zu den artenreichsten Ökosystemen der Erde. Da 92 Prozent der natürlichen Graslandschaften weltweit bereits von Nutztieren oder Ackerpflanzen eingenommen wurden,[456] zerstört ein Großteil dieses Flächenfraßes inzwischen tropische Wälder, darunter die artenreichsten der Erde in Madagaskar, der Demokratischen Republik Kongo, Ecuador, Kolumbien, Brasilien, Mexiko, Australien und Myanmar.[457] Die Fleischerzeugung könnte in lediglich 35 Jahren drei Millionen Quadratkilometer der hinsichtlich ihrer Biodiversität wertvollsten Orte der Welt schlucken.[458] Das entspräche beinahe die Fläche Indiens.

Der Gesamthunger nach neuen landwirtschaftlichen Flächen – teils getrieben vom weltweiten Bevölkerungswachstum, teils durch Biokraftstoffe, vor allem aber durch die Ernährungsumstellung auf Fleisch und Milchprodukte – könnte im Jahr 2050 zehn Millionen Quadratkilometer vertilgt haben.[459] Das entspricht der Fläche Kanadas. Wenn sich nichts ändert, wird der größte Flächenfraß in Südamerika und der afrikanischen Subsahararegion vonstattengehen und nicht nur tropische Wälder ausradieren, sondern auch Feuchtgebiete, Savannen und saisonale Tropenwälder. Indem wir Nutztiere essen, maßen wir uns das Recht an, mehr Land zu nutzen, als der Planet sicher zur Verfügung stellen kann.

Jahrhundertelange Erfahrung hat gezeigt, dass vor dieser Industrie nichts sicher ist. Die Viehwirtschaft hat Millionen indigener Menschen vertrieben und Milliarden Hektar natürlicher Lebensräume zerstört. Ihre politische Macht ist weitaus größer als ihr wirtschaftliches Gewicht. Wenn sie an den Toren geschützter Flächen rüttelt, haben die Regierungen vieler Nationen sie geöffnet.

Im Jahr 2018 stieg Brasilien zum weltweit größten Rindfleischexporteur auf.[460] Seit die USA im Jahr 2020 das Einfuhrverbot für rohes Rindfleisch aus Brasilien aufgehoben haben (das übrigens nicht aus ökologischen Gesichtspunkten, sondern aus Gründen der Lebensmittelsicherheit eingeführt wurde),[461] haben sie höchstwahrscheinlich große Mengen aus Orten importiert, wo Rinderzüchter illegal den Regenwald gerodet haben, einschließlich ökologischer und indigener Reservate, die abgeholzt und verbrannt wurden.[462] Es gibt keine Auflage, dass Fleisch aus Brasilien, ganz zu schweigen aus dem Amazonas, gekennzeichnet werden muss: Die Verbraucher werden gezielt in Unkenntnis gelassen. Ein Teil dieses Fleisches wird sogar mit dem Label »aus Weidelandhaltung« beworben. Menschen, die glauben, dass dies ein gutes Zeichen ist, finden entweder nie heraus oder vergessen schnell, dass diese Weiden aus Wäldern und Savannen gerodet wurden.[463]

Forscher haben untersucht, was geschehen würde, wenn alle in den USA dem Rat von Gastronomen folgen und vollständig zu Rindfleisch aus Weideland wechseln würden.[464] Mit erschreckendem Ergebnis: Aufgrund des langsameren Wachstums auf Grasland würde die Zahl der Rinder um 30 Prozent und die Weideflächen, um sie zu ernähren, um 270 Prozent steigen. Selbst wenn die USA ihre gesamten Wälder roden, all ihre Feuchtgebiete trockenlegen, all ihre Wüsten bewässern und all ihre Nationalparks aufheben würden, müssten sie immer noch einen Großteil ihres Fleisches importieren.

Der Preis, den das Klima für die Landwirtschaft zahlt, spiegelt sich im Flächenaufwand wider. Die Aufzucht eines Kilogramms Rindfleisch produziert 113-mal mehr Treibhausgase als der Anbau eines Kilogramms Erbsenprotein und 190-mal mehr als ein Kilogramm Nussprotein.[465] Auch hier schneiden Rind- und Lammfleisch aus Weidehaltung wieder am schlechtesten ab:[466] Einer wissenschaftlichen Analyse zufolge ist ihre Umweltbilanz drei- oder viermal schlechter als Rindfleisch aus einer intensiven Getreidefutteraufzucht,[467] so schlimm diese auch sein mag. Das liegt an der geringeren Effizienz, Gras in Protein umzuwandeln und dem langsameren Wachstum von Weidetieren: Je länger sie leben, desto mehr Methan wird aus ihren Mägen abgegeben und desto mehr Distickstoffmonoxid von ihren Exkrementen. Beides sind mächtige Treibhausgase.[468] Erbsen und Nüsse tragen weniger zur Erderwärmung bei als Hähnchen, das wiederum weniger dazu beiträgt als Schweinefleisch, das wiederum weniger dazu beiträgt als Rind und Lamm.[469] Von einer fleischreichen Ernährung auf eine gänzlich pflanzenbasierte umzustellen, würde die Treibhausgasemissionen unserer Nahrung um 60 Prozent senken.[470]

Lediglich ein Drittel der weltweiten Treibhausgasemissionen werden vom Ernährungssystem verursacht.[471] Davon fallen rund 70 Prozent bei der Landwirtschaft und der Rest bei Verarbeitung, Transport, Verkauf und Zubereitung an. Eine Analyse von Our World in Data zeigt, dass die Nahrungsmittelerzeugung sogar im unwahrscheinlichen Fall einer Eliminierung aller Treibhausgasemissionen in anderen Wirtschaftszweigen bis 2100 das für eine globale Erwärmung um maximal 1,5 °C veranschlagte Kohlenstoffdioxidbudget zwei- oder dreimal sprengen würde.[472] Selbst wenn wir lediglich die weniger ambitionierte und sehr viel gefährlichere Grenze von 2 °C einhalten wollen, würde der Nahrungsmittelsektor, wie er heute funktioniert, fast allein dafür aufkommen.

Diese Zahlen betreffen lediglich die Gase, die durch die Landwirtschaft *ausgestoßen* werden. Doch genau wie sie ökologische Opportunitätskosten errichtet, errichtet die Landwirtschaft zudem CO_2-Opportunitätskosten. Dabei handelt es sich um die Mengen an Kohlenstoffdioxid, die das Land absorbieren könnte, würde es nicht der Nahrungsmittelproduktion dienen. Betrachtet man die von der Landwirtschaft direkt freigelassenen Gase als ihr Klimagirokonto, dann wäre der Kohlenstoff, den das Land andererseits aus der Atmosphäre entfernen würde, sein Kapitalkonto. Dieses Konto ist dauerhaft verschuldet, weil die Ökosysteme, die andernfalls das Land belegen würden – wie Wälder, Sümpfe, natürliche Grasländer und unter all diesen Systemen intakte Böden – tendenziell mehr Kohlenstoff speichern als die Felder und Weiden, die ihren Platz eingenommen haben. Ihre Schulden sind teilweise enorm.

Eine Studie zu CO_2-Opportunitätskosten, die in der Zeitschrift *Nature* veröffentlicht wurde, kam zu dem Ergebnis, dass sich die Durchschnittskosten von Soja weltweit auf 17 Kilogramm Kohlenstoffdioxid pro Kilo Protein belaufen, die von einem Kilogramm Rindfleischprotein jedoch auf unglaubliche 1250 Kilogramm.[473] Rindfleisch besteht zu rund einem Viertel aus Proteinen. Wenn man die Giro- und Kapitalkonten direkt vergleichen kann, sind die Auswirkungen von vier Kilogramm Rindfleisch mehr oder weniger äquivalent zu einem Passagier, der von London nach New York und zurück fliegt.

Ein weiterer Artikel spinnt das Szenario, dass plötzlich ein magischer Schalter umgelegt und die gesamte Welt auf eine pflanzenbasierte Ernährung umstellen würde. Das Land, das heute von Nutztieren besetzt ist, würde rückverwildert werden und das von den sich erholenden Ökosystemen aus der Atmosphäre abgebaute Kohlenstoffdioxid wäre äquivalent zu den weltweiten Emissionen fossiler Brennstoffe der vergangenen 16 Jahre.[474] Dieser Abbau könnte den entscheidenden Unterschied machen, wenn es darum geht, die 1,5 °C-Grenze globaler Erwärmung einzuhalten.

Wenn ich das Thema anspreche, wird mir oft gesagt, dass die globalen Zahlen an CO_2-Opportunitätskosten von den extremen Auswirkungen der lateinamerikanischen Rinderzucht aufgebläht würden. In anderen Teilen der Welt, so wird mir versichert, seien sie sehr viel schlimmer als hierzulande. Als ich diese Behauptung infrage stellte, wurde ich auf einen Bericht der Ernährungs- und Landwirtschaftsorganisation der Vereinten Nationen verwiesen.[475] Und tatsächlich führt dieser in Bezug auf in Lateinamerika produziertes Rindfleisch sehr viel größere Klimaschäden an als in den meisten anderen Regionen. Dahinter verbirgt sich jedoch eine seltsame Entscheidung der Autoren und Autorinnen dieses Berichts. Die klimatischen Auswirkungen von Rodungen, so schreiben sie, »werden mengenmäßig nur für Lateinamerika ausgedrückt«. Dies begründen sie damit, dass Lateinamerika im Zeitraum ihrer Untersuchung die einzige Region mit einer »signifikanten« Expansion an Weideflächen gewesen sei.

Ihre Entscheidung ist in zweierlei Hinsicht falsch. Erstens war die Ausdehnung von Rinderweiden im Jahr 2013, als ihr Bericht geschrieben wurde – und ist es bis heute –, auch in anderen Teilen der Welt ein mächtiger Treiber von Umweltzerstörung.[476] Und zweitens berechnen sie nur gegenwärtige Landrodung mit ein: Um ein ausgewogenes Bild zu erhalten, müssten die Zahlen jedoch auch die weiterhin anfallenden Opportunitätskosten von bereits gerodetem Land abbilden. Diese Kosten einfach so unter den Tisch fallen zu lassen, zeigt in meinen Augen genau die Art von Voreingenommenheit, die wissenschaftliche Beobachtungsmethoden tunlichst vermeiden sollten. Nur weil natürliche Ökosysteme in Regionen wie Europa und Nordamerika in Rinderweiden umgewandelt wurden, bevor Wissenschaftler Zeuge des Prozesses werden konnten, bedeutet das weder, dass der Wandel nicht stattgefunden hat, noch, dass die weiterhin anfallenden CO_2-Opportunitätskosten dieser Regionen ignoriert werden können.

Eine jüngere Studie, die 2021 veröffentlicht wurde, treibt diesen Fehlschluss auf die Spitze, indem sie die Behauptung aufstellt, dass die Landnutzung durch etablierte Viehweiden (solange sie nicht »erodiert« sind), als Nullkosten verbucht werden sollten. Diese erstaunliche Behauptung wird damit begründet, dass die in intensive Viehweiden umgewandelten Flächen »nicht zu anderen Zwecken der menschlichen Nahrungserzeugung eingesetzt werden könnten«.[477] Doch das Land könnte genutzt werden, um natürliche Lebensräume wiederherzustellen, die zugleich Kohlenstoff in der Atmosphäre abbauen.

Verständlicherweise sind Rinder- und Schafzüchter nicht gerade glücklich über den Vorwurf, dass ihre Tiere eine der Hauptursachen für die Klimakatastrophe sind. Darum haben sie mit einer weiteren wissenschaftlichen Beurteilung geantwortet. 2018 wiesen Wissenschaftler der Universität Oxford darauf hin, dass unsere Berechnungen der Auswirkungen von Methangas auf die Atmosphäre falsch sind. Methan ist ein starkes Treibhausgas. Die größte von Menschen zu verantwortende Methanquelle ist der Verdauungstrakt von domestizierten Rindern, Schafen und Ziegen.[478] (Andere größere Quellen sind die Öl- und Gasförderung, Kohleminen, Müllhalden, Reisfelder und das Auftauen der Permafrostböden.) Während sich Kohlenstoffdioxid über Jahrhunderte in der Atmosphäre anreichert, löst Methan sich schnell auf. Seine Auswirkungen auf die weltweiten Temperaturen sind schnell und heftig.

Die Wissenschaftler erklärten, dass Methan in den Klimaberechnungen fälschlicherweise als anreicherndes Gas behandelt worden wäre.[479] Will heißen, seine Langzeitfolgen seien überbewertet worden und fortwährende Methanemissionen auf einem konstanten Level trügen wenig zu den steigenden

Temperaturen bei. Viehwirte unterstützten diese Sichtweise und behaupteten, dass der Beitrag ihrer Tiere auf die Erderwärmung überbewertet worden sei.[480] Doch die Korrektur besagt auch, dass die Kurzzeitfolgen einer Methanreduktion *unterschätzt* worden sind. Beinahe im selben Moment, wenn man aufhört, das Gas in die Atmosphäre zu entlassen, trägt es nicht mehr zur globalen Erwärmung bei.[481] Da effektives Handeln gegen die Klimakatastrophe heutzutage schnell sein müssen, um zu verhindern, dass die Temperaturen und Systeme auf der Erde kritische Schwellen überschreiten, wird die Einsparung von Methan nicht weniger, sondern umso wichtiger.[482]

Ein weiterer Irrglaube ist, dass der beste Weg, um Treibhausgase einzusparen, darin besteht, regionale Erzeugnisse zu konsumieren. Es gibt gute soziale und kulturelle Begründungen, regionale Erzeugnisse zu kaufen. Regionale Märkte mögen die Modularität und Resilienz des Ernährungssystems verbessern. Doch aus klimafreundlicher Sicht gibt es kaum gute Begründungen. Das liegt daran, dass die Treibhausgase, die bei der Bewegung der Nahrungsmittel ausgestoßen werden, im Vergleich zu ihrem Herstellungsprozess gering sind.[483] Wenn man beispielsweise Rind- oder Lammfleisch aus reiner Weidehaltung kauft, beläuft sich der Transportbeitrag zu seinen Klimakosten je nach Herkunftsregion auf lediglich 0,5 bis 2 Prozent.[484] Die Fleischerzeugung ist hingegen für 95 Prozent seiner Emissionen verantwortlich (der Rest geht an Verarbeitung, Verpackung, Lagerung und Auslieferung). Man müsste ein Kilo getrockneter Erbsen wohl hundertmal rund um die Welt transportieren, bis seine Treibhausgase die Werte eines Kilos regional erzeugten Rindfleisches erreichen.

Luftfracht kommt für 0,16 Prozent der gesamten Nahrungsmitteltransporte auf: Nur schnell verderbliche und sehr teure Produkte wie Schalentiere, Buschbohnen, Zuckererbsen, Spargel und Blaubeeren werden mit Frachtflugzeugen verschickt.[485] Alle anderen Nahrungsmittel werden mit Lkws transportiert oder verschifft (wobei zu bedenken ist, wie schädlich Schiffdiesel für das Klima ist).

Für gewöhnlich ist der CO_2-Fußabdruck regionaler, nicht saisonaler Früchte und Gemüsesorten viel größer als der frischer, aus anderen Ländern importierter Produkte: Sie gekühlt zu lagern[486] oder in Gewächshäusern anzubauen[487] verbraucht mehr fossile Brennstoffe als der Transport aus fernen Regionen. Wenn man bewusst eine Rundfahrt von 6,7 Kilometern macht, um sein Gemüse direkt vom Erzeugerhof zu kaufen, wirkt man im Schnitt all den Emissionen entgegen, die man bei der Einsparung der Kohlenstoffkosten, der Verpackung und des Transports zu einem regionalen Lebensmittelmarkt und der Lieferung des Gemüses bis an die eigene Haustür eingespart hat.[488] Das liegt daran, dass individuelle Autofahrten sehr viel mehr fossile Brennstoffe verbrauchen als Großtransporte. Kein Ernährungswechsel kommt auch nur annähernd an die Auswirkungen heran, die es hat, unseren Konsum tierischer Produkte, insbesondere von Rindfleisch und Lamm, zu reduzieren.

Viehwirtschaft ist also, selbst wenn sie in gemischte Landwirtschaftssysteme integriert wird (die sowohl Tiere als auch Feldfrüchte produziert), ein mächtiger Treiber von Umweltzerstörung. Dagegen hat sich in den letzten Jahren eine neue Front in der Öffentlichkeit gebildet, die eine erstaunliche Position vertritt: Wenn Viehhaltung in einer bestimmten Form verwaltet wird, kann sie die verlorene Lebenswelt sogar wiederherstellen und die Klimakatastrophe umkehren.

Derlei Behauptungen kursieren bereits seit drei Jahrzehnten, doch sie blieben im Verborgenen, bis der Rancher und Umweltschützer aus Simbabwe, Allan Savory, im Jahr 2013 einen 20-minütigen TED-Talk hielt.[489] Darin beteuerte er, dass er durch die Erhöhung der in Trockengebieten grasenden Rinder, Schafe und Ziegen – in einem Fall sogar um 400 Prozent – und der Anwendung eines »Weideplans« in einem »holistischen Verwaltungssystem«, die Bodenerosion umkehren und die Ausbreitung der Wüste verhindern könne. Stattdessen würde man mit dieser Methode eine üppige Vegetation und die Wildtiere zurückbringen und könne sogar den Klimawandel ungeschehen machen. Er zeigte Vorher-nachher-Fotos, die auf spektakuläre Weise seine Behauptungen zu untermauern schienen. Inzwischen wurde sein Beitrag auf der TED-Seite und auf YouTube 11 Millionen Mal gesehen.[490] Außerdem wurde seine Geschichte in mehrere Dokumentationen aufgenommen, darunter dem Netflix-Film *Kiss the Ground*, erzählt von Woody Harrelson.[491]

Ich mag Allan. Als bei mir Krebs diagnostiziert wurde, schickte er mir eine freundliche Mail. Ich weiß, dass er ehrlich ist und wirklich an das glaubt, was er sagt. Doch noch während ich mir seinen Talk ansah, wusste ich, dass zumindest eine seiner Behauptungen nicht stimmen konnte. Er erklärte, dass wir, wenn wir seinen Anweisungen folgten, »genug Kohlenstoff aus der Atmosphäre aufnehmen können«, um »zu einem vorindustriellen Niveau zurückzukommen«.

Seit 1750 sind grob geschätzt 490 Milliarden Tonnen Kohlenstoff durch fossile Brennstoffe und rund 190 Milliarden Tonnen durch Waldrodungen, die Trockenlegung von Feuchtgebieten, Pflügen und andere Formen der Landnutzung an die Atmosphäre abgegeben worden.[492] Um den in der Atmosphäre angereicherten Kohlenstoff also auf ein vorindustrielles Niveau zurückzubringen, müssten die Böden von Graslandschaften 680 Milliarden Tonnen absorbieren.

Seit den Anfängen der Landwirtschaft sind schätzungsweise 133 Milliarden Tonnen Kohlenstoff aus den weltweiten Böden verloren gegangen.[493] Davon wurden zwischen siebzig und neunzig Milliarden Tonnen von Steppen, Savannen und Grasland abgegeben, also von den Ökosystemen, über die Allan spricht.[494] Wie der versierte Bodenökologe Rattan Lal anmerkt, ist der Kohlenstoffverlust der Lebenssysteme der Welt ähnlich wie die maximale Menge, die sie in einer perfekten Welt absorbieren könnten.[495] Das bedeutet, dass Graslandböden maximal 13 Prozent des im Industriezeitalter abgegebenen Kohlenstoffs aufnehmen könnten.

Das wäre nichtsdestotrotz ein bedeutender Beitrag, um eine Klimakatastrophe zu verhindern. Doch leider liegen Theorie und Praxis weit auseinander. Eine Studie zum globalen Potenzial, mehr Kohlenstoff durch Veränderungen in der Landwirtschaft aufzunehmen, gelangt zu dem Schluss, dass in diesem Jahrhundert maximal 64 Milliarden Tonnen von landwirtschaftlichen Böden aufgenommen werden können.[496] Nehmen wir an, dass zwei Drittel dieser Absorption durch Steppen, Savannen oder Graslandschaften geschieht. Dann kommen wir auf ein Potenzial von 43 Milliarden Tonnen, oder anders ausgedrückt: 6 Prozent von Allans erklärtem Ziel über 680 Milliarden Tonnen.

Leider ist das Thema damit nicht erledigt. Denn selbst wenn Allans System dazu führt, dass Kohlenstoff vom Boden aufgenommen wird, muss dieser Gewinn mit den Treibhausgasen, die Rinder, Schafe und Ziegen und ihr Dung freisetzen, gegengerechnet werden: Methan und Distickstoffmonoxid. Eine weltweite Auswertung von dreihundert wissenschaftlichen Artikeln kam zu dem Ergebnis, dass die Höhe des vom Grasland aufgenommenen Kohlenstoffs im Idealfall auf 60 Prozent der von den Tieren durch Aufstoßen und Ausscheiden freigesetzten Treibhausgase kommt.[497] Mit anderen Worten: Die Weidehaltung von Nutztieren kann sich selbst unter den großzügigsten Annahmen nicht von schädlichen Umwelteffekten reinwaschen, ganz zu schweigen davon, historische Emissionen rückgängig zu machen.

Schlimmer noch: Neuere wissenschaftliche Erkenntnisse lassen Zweifel aufkommen, ob Kohlenstoff überhaupt in Böden gespeichert werden kann.[498] Der alte Glaube, dass große, stabile Kohlenstoffmoleküle (im Verbund Humus genannt) für lange Zeit im Boden verbleiben, scheint widerlegt zu sein.[499] Die meisten dieser Moleküle können von Bodenbakterien zersetzt werden. Da die steigenden Temperaturen zudem dafür sorgen, dass diese Zersetzung immer schneller vonstattengeht,[500] wird wahrscheinlich mehr Kohlenstoff von den Böden freigesetzt werden, als in der Wissenschaft bisher angenommen wurde.[501] Man kann inzwischen nicht mehr davon ausgehen, dass Kohlenstoff sicher von der Atmosphäre entfernt worden ist, wenn es in Böden lagert, in denen Luft zirkuliert. (Kohlenstoff in wassergesättigten Böden wie Torf oder Schlamm in Sumpfgebieten ist stabiler.)

Ich rief Allan an und bat um Nachweise. Seine Antworten waren wenig überzeugend.[502] Er konnte mir keinen einzigen wissenschaftlichen Artikel nennen, der die Behauptungen in seinem Talk stützte. Doch ich wollte auf Nummer sicher gehen. Ich nahm mir einen Monat Zeit, wissenschaftliche Artikel über die »holistischen« Systeme zu lesen, für die Allan und andere Rancher warben.

Am Ende musste ich feststellen, dass ihre Hauptargumente allesamt ähnlich problematisch waren. Was die Bodenqualität und das Pflanzenwachstum betraf, wurden bei Betrieben, die seine Methode nutzten, hier und da einige wenige Verbesserungen im Vergleich zu normalen Weiden festgestellt.[503] Doch, wie ein Artikel feststellt, »die große Mehrheit der experimentellen Nachweise stützt die Behauptung verbesserter ökologischer Leistung im Vergleich zu anderen Weideformen nicht«, noch nicht einmal im Vergleich zu anderen Formen der Weidehaltung.[504] Selbst eine Auswertung der wenigen wissenschaftlichen Artikel, die von Allans Organisation, dem Savory Institute, anerkannt wurden, konnte in seiner Methode keine besseren Ergebnisse feststellen als im Falle konventionellen, aber gut durchdachten Weidens.[505] Eine weltweite Analyse der wissenschaftlichen Erkenntnisse zu Allans Methode des »holistisch geplanten Weidens« fand, was den Pflanzenwachstum betrifft, im Schnitt keine Unterschiede zwischen Bauernhöfen, die seiner Methode folgen, und konventionell geführten Betrieben.[506] Im Gegenteil, es häufen sich die Hinweise, dass seine Methode schwere Umweltschäden verursachen kann.

In seinem TED-Talk beschrieb Allan die »Algenkruste«, die oft auf Wüstenböden wächst, als »Krebs der Wüstenbildung«. Hinübertrampelnde Rinder würden diesen »Krebs« zerstören und dadurch die Bildung einer dichten Grasnarbe ermöglichen. In Wahrheit handelt es sich bei dieser Kruste jedoch um ein artenreiches Ökosystem aus Bakterien, Pilzen,

Algen, Moosen und Flechten, die zunehmender Bodenerosion vorbeugen und Kohlenstoff und Feuchtigkeit absorbieren.[507] Die Krusten sind meist extrem fragil und werden von Rindern schnell zerstört. Mit verheerenden und unwiderruflichen Folgen für die Ökosysteme, da sich nun invasive, exotische Pflanzen ausbreiten können und heimische Arten verdrängen.[508] Das Trampeln durch Nutztiere, was Allan zufolge angeblich die Bodenqualität verbessert und die Kohlenstoffspeicherung fördert, hat zumeist den gegenteiligen Effekt, nämlich seine zunehmende Verdichtung und Erosion.[509]

Intensives Weiden, wie Allan es in seinem Talk bewirbt, schadet der Vegetation an Flussufern, dem wichtigsten Lebensraum vieler Arten, die in Trockengebieten und Wüsten beheimatet sind.[510] Trockengebiete, in die nie ein Nutztier eingedrungen ist, weisen meist eine größere Vielfalt und Abundanz an heimischen Pflanzen auf als solche, auf denen – in welcher Form auch immer – Vieh weidet.[511] Generell lässt sich festhalten, dass die effektivste Form, Ökosysteme in Trockengebieten zu schützen, diejenige ist, Nutztiere davon zu entfernen.[512]

Was also zeigen die berühmten Fotos in seinem Talk? Vorgeblich nacktes, erodiertes Land, das mit seinem neuen Weideregime wie durch ein Wunder zurück zum Leben erwacht: Dichtes Gras und Büsche entspringen dem nackten Untergrund, und erodierte Löcher füllen sich wieder mit fruchtbarem Boden. Doch zeigen sie das wirklich? Da sie entweder gar nicht oder falsch beschriftet sind,[513] ist das schwer zu sagen. Doch zumindest einige von ihnen zeigen offenbar das Gegenteil von dem, was Allan behauptet: Das Überleben oder die Erholung des Ökosystem wurde nicht durch seine Beweidung, sondern dadurch verursacht, dass man die Nutztiere vom Land entfernt hat.[514]

Leider konnten die zahlreichen wissenschaftliche Erkenntnisse nicht verhindern, dass die weltweit größten Fleischerzeuger falsche Behauptungen über die angeblichen Vorteile von Weidehaltung zu Werbezwecken nutzen.[515] Noch viel schlimmer: Ein ganz neuer Markt wurde entwickelt,[516] auf dem Firmen wie Microsoft in dem Irrglauben, ihre Emissionen auf diese Weise auszugleichen,[517] Kohlenstoffkredite von Betrieben kaufen, die holistisches Weiden betreiben.[518] Indem sie die Viehzucht rentabler machen, wird dieses Geld den Klimawandel wohl eher beschleunigen. Land, das andernfalls rückverwildert werden könnte, wird weiterhin als Weide genutzt. Unternehmen, die in diese Schemata investieren, verschließen die Augen vor den Opportunitätskosten der Viehhaltung. Genauso gut könnte man Kohlenstoffkredite von einer Kohlemine kaufen.

Während landwirtschaftlicher Flächenfraß in den Tropen die größte Bedrohung für natürliche Lebensräume und die Tierwelt darstellt, ist er im hohen Norden die größte Bedrohung für das Klima. Torfböden in den borealen und arktischen Regionen speichern mehr Kohlenstoff als alle Wälder der Erde zusammen.[519] Große Teile dieser Gebiete waren wegen des kalten Klimas bisher zu unwirtlich für die Landwirtschaft. Doch im Zuge der Erwärmung des Nordens haben die Staaten begonnen, die Möglichkeit landwirtschaftlichen Neulands zu erforschen. Der für die Landwirtschaft geeignete Temperaturgürtel könnte sich bis 2100 um 900 Kilometer über Alberta und um 1200 Kilometer über Ostsibirien nach Norden verlagern.[520]

In einem Artikel wird das Land kartografisch dargestellt, das durch die globale Erwärmung im dritten Viertel dieses

Jahrhunderts landwirtschaftlich erschlossen werden könnte. Darin kam man zu dem Schluss, dass rund 15 Millionen Quadratkilometer, also die Fläche der USA und der EU zusammengenommen, warm genug werden würde.[521] Die meisten dieser Flächen befinden sich in Kanada, Alaska, Russland, Skandinavien und Nordchina. Erschreckenderweise erstreckt sich der neue landwirtschaftliche Gürtel über einigen Gebieten mit der weltweit höchsten Kohlenstoffkonzentration im Boden. In dem unwahrscheinlichen Fall, dass all diese Regionen landwirtschaftlich erschlossen werden, könnten 177 Milliarden Tonnen Kohlenstoff freigesetzt werden: Das entspricht 119 Jahren der derzeitigen CO_2-Emissionen der USA.

Dagegen argumentieren Wissenschaftler, dass das Klima in dieser Grenzregion zwar eines Tages für die Landwirtschaft geeignet sein könnte, die sauren oder steinigen Böden jedoch nicht.[522] Gut möglich. Doch vergessen wir nicht, dass man vor vierzig Jahren noch annahm, dass die meisten Gebiete des Amazonas nicht für Ackerpflanzen geeignet sind, und auch das Pflanzen ganzer Palmölplantagen im tiefen Torfboden Indonesiens hätte man noch vor fünfzig Jahren als lächerlich abgetan. Leider hat die Wissenschaft für diese Probleme Lösungen gefunden. Wie auch immer, die Regierungen Russlands,[523] Chinas,[524] der Northwest Territories[525] und von Neufundland und Labrador in Kanada[526] versuchen jedenfalls voller Begeisterung die Grenze nach Norden zu verschieben.

Umweltaktivistinnen, Köche und Kochbuchautoren wettern oft gegen die »intensive Landwirtschaft« und wie sehr sie uns und unserer Welt schadet. Doch das Problem ist nicht das Adjektiv, sondern das Substantiv.

Die Landwirtschaft ist der weltweit größte Faktor für die Zerstörung natürlicher Lebensräume,[527] die Hauptursache für die globalen Verluste in Flora und Fauna[528] und für die globale Krise des Artensterbens.[529] Außerdem ist sie für 80 Prozent der in diesem Jahrhundert erfolgten Entwaldung verantwortlich.[530] Die Nahrungsmittelerzeugung (einschließlich des kommerziellen Fischfangs) ist zudem der Hauptgrund, warum die weltweite Population wilder Wirbeltiere seit 1970 um 68 Prozent gefallen ist.[531] Von den 28 000 Arten, die derzeit als akut bedroht gelten, sind 24 000 durch die Landwirtschaft bedroht.[532] Lediglich 29 Prozent des weltweiten Gewichts von Vögeln bestehen aus Wildtieren: Bei dem Rest handelt es sich um Geflügel.[533] Hühner allein wiegen schon mehr als alle anderen Vögel zusammengenommen, einschließlich Hausenten und Truthähnen. Ihrem Gesamtgewicht nach leben lediglich 4 Prozent der weltweiten Säugetiere in freier Wildbahn. 36 Prozent sind Menschen und die restlichen 60 Prozent Nutztiere.[534] Das wird nicht durch intensive oder extensive Landwirtschaft verursacht, sondern durch eine verheerende Kombination aus beiden.

Jahrelang wurde eine hitzige Debatte geführt, ob es besser ist, Landwirtschaft intensiver zu betreiben, um die Flächennutzung zu reduzieren, oder weniger intensiv, damit auf den landwirtschaftlichen Flächen auch die natürliche Tier- und Pflanzenwelt Platz findet. Diese Debatte ist auch bekannt als »sparing versus sharing«: sparen versus teilen.

Die Probleme vom Teilen sind hinlänglich bekannt. Die große Mehrheit der weltweiten Arten kann in wie auch immer betriebenen landwirtschaftlichen Räumen nicht überleben.[535] Viele halten sich lediglich in großen, unberührten Gebieten.[536]

Je mehr Land ohne Störungen durch die Landwirtschaft oder andere extraktive Industriezweige für die Natur bleibt, desto weniger Arten sterben aus. Die »biologischen Hotspots« – die Orte mit dem größten Artenvorkommen – sind zehnmal mehr vom landwirtschaftlichen Flächenfraß bedroht als von Intensivierung.[537] Die fortschreitende Ausbreitung landwirtschaftlicher Flächen wird Prognosen zufolge im Jahr 2050 30 Prozent der weltweiten Arten gefährden, während die Intensivierung 7 Prozent gefährdet.[538]

Fall abgeschlossen? Nein. Ein Problem der Flächensparlösung ist, dass selbst große Schutzgebiete, wenn sie vollkommen isoliert sind, oft nicht ausreichen. Wenn die Tiere nicht zwischen ihnen hin und her wandern können, ist es weniger wahrscheinlich, dass sie Umweltveränderungen (wie der Erderwärmung) entkommen, und es kommt zu Inzucht und Aussterben. Die Tage von Populationen, die derzeit noch gesund aussehen, könnten bereits gezählt sein.[539] Ihr Überleben hängt womöglich von Korridoren und Trittsteinen ab: Lebensräume auf landwirtschaftlichen Betrieben, die erlauben, dass sie sich von einem Naturschutzgebiet zum nächsten bewegen.[540]

Teilen ist notwendig, um die grauenvolle Aussicht einer Verdreifachung des Pestizideinsatzes in der ersten Hälfte dieses Jahrhunderts zu verhindern. Eine Alternative ist der Einsatz biologischer Kontrollmechanismen, indem man Fressfeinde der Schädlinge, die unsere Kulturpflanzen attackieren, fördert. Fressfeinde können allerdings nur überleben, wenn die landwirtschaftliche Fläche von naturbelassenen Räumen durchzogen ist. Dazu gehören Gräser- und Wildblumenstreifen, Hecken, Wäldchen und Flussufer, wo sie Schutz suchen und ungestört brüten können.[541] Dasselbe gilt für wilde Bestäuber, die die Pflanzen oft effektiver befruchten als Honigbienen.[542] Honigbienen zählen zu den Nutztieren. Es sind domestizierte Tiere, die von den Menschen gezüchtet wurden. Genau wie Kühe und Hühner können sie große Schäden an Ökosystemen anrichten, indem sie wilde Arten verdrängen.[543] Ein Land voll Milch und Honig ist ein Land ökologischer Zerstörung. Die Entomologin Pat Willmer erzählte mir einst, dass die Einführung von Bienenstöcken dem »Umzug einer Stadt aufs Land« gleichkomme. Während Honigbienen in Wohnwagen leben, brauchen wilde Bestäuber naturbelassene Orte.[544]

Ein weiteres Problem der intensiven Landwirtschaft ist das bereits angeführte Effizienzparadox. Genau wie eine effizientere Bewässerung zu einem höheren Wasserverbrauch führt, kann effizientere Landwirtschaft zu einem größeren Flächenfraß führen.[545] Eine effiziente Landwirtschaft ist in der Regel profitabel und zieht Kapital an. Kapital will wachsen und greift daher nach mehr Land, um sich zu mehren.[546] Die Nachfrage nach Viehfutter und Biokraftstoff könnte dafür sorgen, dass sich die Landwirtschaft immer weiter ausdehnt, selbst wenn alle genug Nahrung haben. Eine düstere Vision der Welt: intensive Nahrungsmittelerzeugung auf einer ausgedehnten Fläche.[547] Die Intensivierung wird naturbelassene Orte nur dann vor der Landwirtschaft aussparen, wenn sie an strenges politisches Engagement gekoppelt ist, diese zu schützen.[548]

Das vierte Problem habe ich bereits in Kapitel 2 angerissen: Die intensive Landwirtschaft strebt in Richtung Uniformität und errichtet unwissentlich ein einziges, integriertes System, dessen Knoten immer größer, dessen Verbindungen immer stärker werden und dessen Verhalten sich immer weiter synchronisiert. Effizienz bedroht Resilienz.

Es scheint fast, als wären wir zwischen zwei gefährlichen Mächten gefangen: Effizienz und Flächenfraß. Die Landwirtschaft ist zugleich zu intensiv und zu extensiv. Sie setzt zu viele Pestizide und zu viel Dünger ein, verbraucht zu viel Wasser und zu viel Land.[549]

Für dieses Problem gibt es eine naheliegende Lösung: Wir könnten allesamt zu einer pflanzenbasierten Ernährung wechseln. Würden wir aufhören, tierische Produkte zu essen, dann könnten wir auf den verbleibenden Ackerflächen weniger intensiv wirtschaften, wieder mehr Redundanz, Modularität, Back-ups und Sicherungen in unser Landwirtschaftssystem einbauen und Korridore und Trittsteine für Wildtiere schaffen.

Zwar steigt die Zahl der vegan lebenden Menschen insbesondere in den reichen Nationen an, aber dieser Wandel ist sehr viel schwächer als der weltweite Anstieg des Fleischverzehrs. Ohne besseren Ersatz für tierische Produkte, die billiger und von dem, was sie ersetzen sollen, geschmacklich kaum zu unterscheiden sind, und ohne gezielte politische Maßnahmen, sie zu verbreiten, hat die derzeitige Abkehr vom Fleischverzehr, die sich in einigen kleinen Ecken der Welt abzeichnet, keine realistische Chance, die Viehhaltung in der ersten Hälfte dieses Jahrhunderts zu verringern. Wie ich in späteren Kapiteln erläutern werde, könnte dieser Wandel durch ein neues Lebensmitteldesign eingeläutet werden. Er wird ganz sicher nicht durch Zufall erfolgen. Doch selbst wenn dieser Wandel herbeigeführt wird, müssen wir unsere Anbauformen von Pflanzen radikal verändern.

Wie können wir sicherstellen, dass kein Mensch Hunger leidet, und zugleich dafür sorgen, dass die Landwirtschaft weniger intensiv und weniger extensiv wird? Wie können wir die Nachfrage nach Nahrungsmitteln befriedigen, wenn die

Bedingungen in einigen Teilen der Welt zu widrig für die Landwirtschaft werden? Und wie stellen wir all das an, ohne einen Systemkollaps auszulösen?

In den folgenden Kapiteln werde ich auch meine Begegnungen mit einigen außergewöhnlichen Menschen schildern, die versuchen, Antworten auf diese Fragen zu finden. Ich habe den Pionier eines revolutionären neuen Anbausystems für Obst und Gemüse getroffen, dem es gelingt, das Land mit natürlichen Lebensräumen zu teilen und den Boden zu schützen, ohne an Ertrag einzubüßen: kurz gesagt, ohne landwirtschaftlichen Flächenfraß zu verursachen. Außerdem habe ich Bauern und Forscher kennengelernt, die mit unterschiedlichem Erfolg versuchen, Getreidesorten anzubauen, die uns alle ernähren, ohne unsere lebenserhaltenden Systeme zu zerstören. Und ich habe mich mit Wissenschaftlern ausgetauscht, die neue, radikale Formen der Protein- und Fettproduktion mit minimalen Auswirkungen auf die Umwelt entwickeln und damit neue Gerichte kreieren, die unsere Beziehung zur Lebenswelt verändern könnten. Einige Aspekte ihrer Arbeit wirbeln ebenso viele Probleme auf, wie sie zu lösen versuchen. Doch ihre Experimente ermöglichen uns, neue Grundlagen zu entwickeln, die helfen könnten, uns aus den Fängen der Falle zu befreien. Zudem offenbaren sie einige große Löcher in Forschung und Praxis, die dringend beleuchtet werden müssen.

In einer nicht perfekten Welt gibt es keine perfekten Lösungen. Während immer mehr Zeit verstreicht, schrumpfen unsere Handlungsmöglichkeiten, und die möglichen Antworten bergen mehr Konfliktpotenzial. Dennoch glaube ich, dass es Auswege gibt. So unwahrscheinlich es klingen mag, wir können mehr Nahrung mit weniger Landwirtschaft erzeugen.

4 FRUCHTBAR

»Mit diesem Boden kannst du Musik machen«, sagte Tolly.

Er tippt die Flintsteine mit dem Spaten an und helle Töne klingen durch das Tal. »Wenn man auf ihm arbeitet, singt er. Wenn du das Feld mit dem Pflug bearbeitest, wird es immer lauter.«

Vorsichtig fahre ich mit den Fingern über die unheimlichen, tierähnlichen Flintsteine, die wie Knochen und Geweihe aussehen, aber auch an gekrümmte Finger und geballte Fäuste erinnern. Würde ich sie achtlos aufheben, dann könnte ich mich schneiden, so scharf sind sie. Auf dem Wall der alten Festung, die auf dem Hügel über uns thront, neben dem Wehr des Flusses unter uns und auf dem weitläufigen Gelände, auf dem das Herrenhaus stand, waren bearbeitete Feuersteine gefunden worden, die vom Altpaläolithikum bis in die Jungsteinzeit datierten.[550] Sie waren zu Messern, Pfeilspitzen, Schabern und Speerspitzen geschlagen worden. Dieses Land hat Menschen seit Hunderttausenden von Jahren ernährt. Zwischen den Feuersteinen liegen auch braune Quarzitklumpen, die verschrumpelten Kartoffeln gleichen. Sie wurden von Gletscherzungen hergeschoben, die nördlich von hier endeten: Die letzten verwitterten und oxidierten Kerne der harten, weißen Venen, die einst durch die Felsen des Nordens verliefen. Hier in der Gegend nutzt man sie als Pflastersteine.

In der Hecke über unseren Köpfen trällert eine Mönchsgrasmücke (ein Singvogel) aus voller Kehle sein hübsches Lied und taumelt beim Luftholen leicht zurück.

»Kein konventioneller Bauer würde sich diesen Boden auch nur ansehen. Der besteht zu 40 Prozent aus Steinen. Die nennen so etwas Bauschutt. Während des Krieges wurde er gepflügt, und man hat hier Kartoffeln gepflanzt. Als ich herkam, war er so ziemlich am Ende. Da wurde fast alles rausgeholt und nichts zurückgegeben. Deshalb habe ich ihn ja auch nur bekommen. Wäre der Boden besser gewesen, hätte ihn sich jemand anders unter den Nagel gerissen.«

Ein Schatten fiel über uns. Als ich den Kopf hob, starrte mich ein Milan an, nur ein paar Meter über meinem Kopf.

»An Tagen, wenn ich pflüge, kommen manchmal vierzig von denen, um die Würmer zu fressen. Sie stürzen runter und picken, ohne zu landen, die Würmer auf. Kaum sind die Milane unterwegs, kommen auch die Habichte aus den Bäumen und machen mit. Daneben flattern Bachstelzen völlig unbeirrt zwischen all den Raubvögeln herum und picken Drahtwürmer.

Dieses Land ist rau zu Maschinen und rau zu deinen Händen. Es ist noch nicht einmal als Ackerland klassifiziert: Ein Landwirt würde sagen, es taugt nur für Gras oder Bäume und wurde mit dem Grad 3b klassifiziert. Doch im Laufe der letzten zwölf Monate haben wir hier 120 Tonnen Gemüse und Obst geerntet.«

33 Jahre lang hat Iain Tolhurst – Tolly – sieben Hektar dieses Schutthaufens ohne Pestizide, Unkrautvernichter, Mineral-

dünger, Tiermist oder irgendeine andere Art von Dünger bewirtschaftet. Er ist Vorreiter einer Anbauform für Gemüse und Obst, die er »stockfree organic« nennt und die in Deutschland als bio-vegane oder biologisch-viehlose Landwirtschaft bezeichnet wird. Das bedeutet, dass er an keinem Punkt seines landwirtschaftlichen Kreislaufs Tiere oder tierische Produkte und auch keine künstlichen Zusätze verwendet. Bis sein Modell auf den Prüfstand kam, galt dies als die beste Formel, um dem Land die Fruchtbarkeit auszusaugen und seine Produktivität zu zerstören. Insbesondere Gemüsepflanzen stehen als hungrige Feldfrüchte unter dem Verdacht, viele zusätzliche Nährstoffe zum Wachsen zu brauchen. Dennoch hat Tolly ohne jegliche Düngezugaben die untere Ertragsgrenze von dem erreicht, was intensive Anbaumethoden mit künstlichen Düngemitteln auf gutem Land erzielen: Eine Leistung, die nicht nur als beachtlich, sondern als unmöglich eingestuft wurde. Und während er das tat, geschah sogar etwas noch Erstaunlicheres: die Fruchtbarkeit seines Bodens verbesserte sich stetig.

Zugleich kehrte eine artenreiche Tierwelt in großer Zahl auf seinen Hof zurück. Über viele Jahre entwickelte er nach einem Trial-und-Error-Prinzip beinahe im Alleingang ein neues und revolutionäres Modell des Gemüseanbaus.

Ich glaube nicht an Zauberei. Also musste ich die Tricks des Zauberers lernen.

Tolly ist ein großer, zäh wirkender Mann Ende sechzig mit wettergegerbter Haut, einem breiten, schweren Kinn, langen, blonden Haaren, einem goldenen Ohrring und Händen voller Erde und Öl. Zur Landwirtschaft kam er ohne jegliche Ausbildung oder Hilfe und ohne Land oder – da er aus bescheidenen Verhältnissen stammt – das nötige Geld, um welches zu kaufen. Aufgewachsen in Bristol ist er genau wie sein Vater von Berufs wegen Schreiner und spricht mit den für die Stadt typischen langgezogenen Vokalen und weichen Konsonanten.

»Es war ein kleines Haus, aber wir hatten einen Garten. Meine Mutter pflanzte Blumen. Sie dachte, dass nur sehr arme Leute Gemüse anbauen und sehnte sich nach einem besseren Lebensstil. Ein Nachbar gab mir ein paar Erdbeerpflanzen, und ich war fasziniert, wie sie sich vermehrten. Mein Großvater hat dann mein Interesse am Gärtnern gefördert.

In der Schule habe ich mich zu Tode gelangweilt. Ich wollte einfach nur draußen sein. Das einzige, was mir gefiel, war die Arbeit mit Holz. Um ehrlich zu sein, war ich wohl ein ziemlicher Störenfried, und ich glaube, als ich mit fünfzehn die Schule verließ, weinte keiner mir eine Träne nach.

Ich haute für ein Jahr ab, trampte nach Schottland und trieb mich rum. Dann ging ich nach Falmouth aufs College und begann eine Lehre als Schiffsbauer. Aber ich wollte mein Leben schon immer lieber draußen verbringen.«

Nach einem Jahr am College traf Tolly mit siebzehn Lin, die genau wie er abenteuerlustig und voller Energie war, bereit, sich allem zu stellen, was das Leben ihr vor die Füße warf. Sie kam von den Scilly-Inseln und war auf einem offenen Boot auf dem Weg zum Inselkrankenhaus geboren worden.

»Ich schmiss das College und ging mit ihr zurück nach Tresco. Das ist eine kleine Insel, auf der 180 Leute wohnen. Ich lernte zu fahren und habe da auf einem Hof gearbeitet. Narzissen pflücken und sowas. Aber am Ende bin ich doch wieder beim Holz gelandet. Das war viel besser bezahlt. Ich habe mit Lins Vater gearbeitet, der als Maurer die alte Abtei auf der Insel renoviert hat.«

Tolly und Lin heirateten mit neunzehn und zogen zurück nach Bristol, wo Tolly etwa ein Jahr lang mit seinem Vater auf dem Bau arbeitete. Mit zwanzig kam ihr erstes Kind, doch kurz darauf ging Tollys Arbeitgeber pleite, und er verlor seinen Job. »Finanziell wurde es eng bei uns, und wir haben dann irgendwann ein Bauernhaus in Somerset besetzt, wurden rausgeschmissen, haben ein anderes besetzt und wurden wieder rausgeschmissen.«

In der Not nahm er einen Job auf einem Milchviehbetrieb in der Nähe von Milton Keynes an.

»Es hat nicht lange gedauert, bis ich mich gefragt habe, was ich da eigentlich tue. Die Gesundheit der Kühe und der Zustand des Bodens gefielen mir gar nicht. Als ich hörte, dass es so etwas wie ökologische Landwirtschaft gibt, ging mir auf, dass es nicht so laufen muss. In unserem großen Garten haben wir Erdbeeren angebaut und an eine Gesundheitsfarm in der Gegend verkauft. Dadurch konnten wir ein bisschen Geld sparen und ein Stück schlechtes Land in Cornwall kaufen, wo wir einen Biogemüsehof gründeten: Zwei Hektar für 6500 Pfund. Das klingt heutzutage nach nicht viel, aber damals, 1975, war das mehr als ein Jahreslohn. Das Land lag in einem ziemlich unwirtlichen Teil von Cornwall, über St. Austell, in der China-Clay-Region.

Wir waren total naiv. Wir hatten kein Haus, keine Infrastruktur und keinen Plan. Nur ein bisschen Land mit einer Quelle und einem Wohnwagen. Sieben Jahre lang haben wir darin mit zwei Kindern und ohne Strom gelebt.

Am Ende blieben wir zehn Jahre auf dem Hof. Wir haben ein Haus aus Granit und Holz gebaut, einen Hofladen eingerichtet und hauptsächlich Erdbeeren verkauft. Für Gemüse war das Land völliger Müll. Ich habe mit komischen Schreinerjobs was dazuverdient. Irgendwann haben wir dann das Haus und den Hof, der gut lief, für gutes Geld verkauft.

1987 haben wir uns dann ein viel besseres Stück Land gekauft und einen Kredit aufgenommen, um dort ein Haus zu bauen. Wir haben einen guten Gärtnereibetrieb aufgebaut und Erdbeerpflanzen nach ganz Europa verkauft. Aber als das Haus halb fertig war, ist die Wirtschaft zusammengebrochen und wir rutschten ins Minus. Wir mussten alles der Bank zurückgeben.«

Also landeten wir hier mit nur ein paar Hundert Pfund und mussten nochmal ganz von vorne anfangen. Aber wir waren jung und gesund. Am Ende ist es schließlich nur Geld.

Tolly lebt und arbeitet auf dem Hardwick Estate, einem alten Anwesen, das am Fuße des Chiltern-Steilhangs die Themse überblickt. Das Land gehört Sir Julian Rose, einem Schauspieler, der mit seinem sorgsam gestutzten Bart an Errol Flynn erinnert. Sein Urgroßvater Sir Charles Rose, seines Zeichens Pferdezüchter, Segler, Autofan, Abenteurer und Schürzenjäger, der angeblich als Inspiration für die Figur des Kröterichs in *Der Wind in den Weiden* diente, hatte das Anwesen gekauft. Der Schriftsteller Kenneth Grahame war hin und wieder zu Gast auf einer von Sir Charles' Hauspartys gewesen.[551] Das Erbe fiel Sir Julian unerwartet zu, nachdem sein älterer Bruder bei einem Unfall in einem Motorradrennen starb. Als er den Hardwick Estate 1966 übernahm, war er vollkommen heruntergewirtschaftet. Doch er entschied, es zu nutzen, um eine blühende, ländliche Gemeinschaft aufzubauen. Darum verpachtete er das Land nur an Menschen, die auch selbst dort leben und arbeiten wollten, und wurde ein mächtiger Befürworter für die ökologische Landwirtschaft. Bekannt wurde er unter anderem dadurch, dass er mit einer Kuh durch die Londoner Innenstadt zog, um gegen die Pläne der Regierung zu demonstrieren, nicht pasteurisierte Milch zu verbieten.[552]

Tolly und Lin pachteten zwei Felder, den von einer Mauer umgebenen Küchengarten und eines der Torhäuser. Doch Tolly erzählte mir: »Zwischen mir und Lin lief es nicht gut. Ich hatte eine Freundin. Ich lebte ein Doppelleben. Aber selbst nachdem wir geschieden waren, arbeiteten wir weiterhin zusammen. Sie und die Kinder blieben im Torhaus, und ich zog in die Werkstatt dahinter. Wir waren uns weiterhin sehr nah und arbeiteten die ganze Zeit zusammen. Nachdem ich Tamara geheiratet hatte, sagten die Leute zum Spaß, ich hätte zwei Frauen. Tamara habe ich an diesem Feldeingang getroffen.« Er deutet auf eine Lücke zwischen struppigen Hecken. »Sie ist mit fünfzehn Bauern aus Moldawien angereist. Ich hatte noch nie von diesem Land gehört. Sie war Biologielehrerin, aber als die Sowjetunion zusammenbrach und Moldawien über Nacht unabhängig wurde, gab es ihren Job nicht mehr. Sie hat sich über Wasser gehalten, indem sie Staubsauger nach Rumänien geschmuggelt hat. Dann hat sie einen Job bei einer britischen Wohltätigkeitsorganisation bekommen, die Bauern zusammenführt, um neue Anbaumethoden zu entwickeln.

Ich habe sie herumgeführt. Tamara lief ganz vorn und hat am Ende die Übersetzung übernommen, weil der offizielle Übersetzer die landwirtschaftlichen Begriffe nicht kannte.

Später erhielt ich einen Anruf: Ihnen gefiel, was sie gesehen hatten, und sie würden mich als Berater engagieren. Ob ich nach Moldawien kommen und ihnen erzählen könnte, was ich tat?

Tamara war toll. Sie sorgte dafür, dass ich alle Minister und jede Menge andere einflussreiche Leute traf. Wir sind gute Freunde geworden, aber ich habe mein Glück nicht herausgefordert. Jedenfalls habe ich drei Monate später wieder eine Einladung erhalten, diesmal um landesweite Biostandards für Moldawien aufzusetzen. Gegen Ende der Woche hat sie mich gefragt, ob ich nicht länger bleiben wolle: Wir könnten mit dem Zug nach Rumänien fahren. Ich wusste, was diese Einladung zu bedeuten hatte. Ich habe sofort umgebucht. Es war das Romantischste, was ich je getan habe. Wir haben geheiratet, und sie ist hierher gezogen.«

Lin hat sie willkommen geheißen und dafür gesorgt, dass sie sich zu Hause fühlt. Wir wurden ein super Team. Haben zu dritt den Hof geschmissen. Lin war ein Genie in der Pflanzenvermehrung. Tamara, die als erste Person aus Moldawien ein US-amerikanisches Stipendium für ein MBA-Fernstudium [Master of Business Administration] gewann, hat sich um das Geschäftliche gekümmert und aus dem überschüssigen Gemüse Konserven gemacht. Meine Tochter Gena betreibt den Hofladen. Ich habe unglaubliches Glück mit allen. Vor achtzehn Monaten ist Lin im Garten umgefallen. Ich war dabei, als das Leben aus ihren Augen wich. Es war für uns alle ein schlimmer Einschnitt.«

Nachdenklich blickte Tolly über das Tal, wo der Fluss in der Ferne glitzerte.

»Ich muss noch eine Leitung reparieren und lass dich mal eine Weile allein. Wir treffen uns in ein paar Stunden im Garten.«

Entlang der gesamten Breite des gepflügten Ackers, an dem Tolly mich hatte stehen lassen, verlief ein Wildblumenstreifen. Darüber tanzten Hunderte Schachbrett-Schmetterlinge mit ihren charakteristischen schwarz-weiß gezeichneten Flügeln im Wind und versuchten sich auf der Blüte der Gemeinen Wegwarte, der lila Flockenblume und den gelben Spitzen der Odermennige niederzulassen. Als ich näherkam, sprangen Grashüpfer von ihren Stielen. Neugierig, wer alles auf Tollys Land lebte, faltete ich mein Fangnetz auseinander und arbeitete mich langsam durch den Wildblumenstreifen.

Mit dem ersten Schwung des Netzes fing ich einen Schwarm kleiner Weichwanzen, deren Rücken wunderschön in Braun- und Grüntönen gemasert waren. Außerdem gab es eine Distelbohrfliege mit roten Augen und Zebrastreifen auf den Flügeln und eine Große Wollbiene, deren leuchtende Zeichnung der einer Wespe glich. Mit dem nächsten Schwung fing ich eine kleine Sägefliege, eine rote Frühe Adonislibelle und eine kleine bronzene Furchenbiene, was mich in Aufregung versetzte, da ich noch nie zuvor eine gesehen hatte. (Ja, ich weiß.) Ich entdeckte eine Wolfsspinne, die einen Käfer fraß, den sie gerade auf einer Margerite gefangen hatte. Ich beobachtete eine blasse, skelettartige Raubtierfliege, wie sie langsam wie ein Geisterhubschrauber durch die Pflanzen schwebte und dabei Blattläuse fing und mit sich trug. Eine riesige Schlupfwespe mit gelb gestreiften Beinen und ständig zuckenden Antennen jagte auf der Suche nach Raupen, in die sie ihre Eier legen konnte, über die Blätter. Rotschwänzige Hummeln brummten zwischen den Blüten des Borretsches umher.

Da erhob sich plötzlich ein orangefarbener Blitz aus den Flockenblumen. Ich verfolgte ihn den ganzen Blumenstreifen hinunter, bis ich ihn als einen dunkelgrünen Fleckenfalter identifizieren konnte, eine Schmetterlingsart, die ich schon seit Jahren nicht mehr in dieser Gegend gesehen hatte.

Überall erhoben sich Nachtfalter aus dem Gras. Ich zählte – glaube ich – zwölf verschiedene Bienenarten. Es gab Schwebfliegen, Wiesenschnaken, Wespen und Weichkäfer, Netzflügler und Baumwanzen. Selten habe ich in Großbritannien eine derartige Bandbreite oder Vielzahl an Insekten angetroffen.

Wildblumenstreifen wie dieser verlaufen alle 25 Meter durch Tollys Felder. Darin blühen Spitzwegerich, Hornklee, Hopfenklee, Blutroter Storchschnabel, Labkräuter, Saat-Wucherblumen, Kleine Braunellen, Gemeine Schafgarbe, Fingerkräuter, Wilde Karotte, Leimkräuter und die seltsamen kirschroten Blüten der Kornrade, deren weiche Blütenblätter sich aus einem Ring aus Dolchen entfalten. Die Wissenschaftler, die Tollys Felder untersucht haben, konnten 75 Wildblumenarten identifizieren, von denen einige er und andere sich selbst ausgesät hatten.[553]

In den gepflügten Blöcken zwischen den Wildblumenstreifen wuchs eine beeindruckende Bandbreite an Feldpflanzen. Auf einer Parzelle wiegte sich ein blauer Schleier aus Zwiebelpflanzen, auf einer anderen ein grünes Patchwork-Meer aus jungen Blumenkohlpflanzen, Kohlsorten und verschiedenen Staudenkohlpflanzen. Über mehrere Reihen schillerten die goldenen, grünen, weißen und purpurroten Stängel des Regenbogen-Mangolds. Junge Karotten streckten ihre fedrigen Blätter aus, überreifer Spargel welkte. Puffbohnenschoten sprossen aus dichten Blumenkissen. Zuckermais wuchs abwechselnd mit Buschbohnen in einer Reihe, die Kartoffeln standen in voller Blüte und erfüllten die Luft mit ihrem Honigduft, unheimlicher Nachtschatten und gelbe Staubgefäße, die wie Stacheln hochragten. Ganze Reihen von Kürbispflanzen trugen die Namensschilder der Saatgutunternehmen: Autumn Crown, Jack O'Lantern, Butternut Hunter, Blue Ballet.

Die Erdbeerernte war vorüber: Die meisten der übrigen Früchte waren weich geworden und von Vögeln angepickt. Doch ich fand ein paar, die noch immer unvergleichlich süß schmeckten, so verschieden von denen im Supermarkt wie ein Pfirsich von einer Kartoffel.

Eine Gruppe Milane stritt und schrie hoch über dem kleinen Wäldchen am Ende des Feldes. Schwarz zeichneten sie sich vom Himmel ab und gelblich-braun und grau von den Bäumen, wenn sie hinabstießen. Während ich sie beobachtete, flog eine Taube vorbei. Ein Falke scherte aus, verfehlte sie knapp und stieß wieder zurück zwischen die Bäume.

Diese Felder, so schien es mir, waren das beste Beispiel für eine ertragreiche, aber der Natur freundlich gesinnte Landschaft, die das Sparen-Teilen-Dilemma löste. Ihre hohen Hecken und Wäldchen, Wildblumenbeete und Baumreihen verbinden die Feuchtgebiete, aus denen sie sich erheben, mit den Buchenwäldern und Kreidefelsen, die über ihnen ragen. Die Schleiereulen, Habichte, Nachtigallen, Eisvögel, Iltisse, Schermäuse, Orchideen und unerwartete Wildblumen, die auf das Land zurückgekehrt sind, seit Tolly es bewirtschaftet, bezeugen, wie wichtig Korridore und Trittsteine sind, um wilden Arten die Möglichkeit zu geben, hindurchzuziehen und sich niederzulassen. Doch der Artenreichtum tut der Produktivität des Landes keinen Abbruch. Im Gegenteil, wie Tolly mir später erklären wird, spielen die wilden Tiere und Pflanzen für seine Erträge eine entscheidende Rolle.

Ich spazierte an Sir Charles' Gestüt vorbei, auf dem er im späten 19. und frühen 20. Jahrhundert eine Reihe berühmter Rennpferde gezüchtet hatte. Auch heute noch grasten eingedeckte Vollblüter auf gepflegten Paddocks. Als ich die lange Zufahrt entlanglief, tauchte hinter einer Kurve das durcheinandergewürfelte Tudordach und die vielen Schornsteine von Hardwick House auf. Kenneth Grahame schrieb über das Gut Kröten, es handle sich um ein »schönes, stilvolles alte[s] Haus aus verwittertem roten [sic] Backstein mit gepflegten Rasenflächen, die bis zum Wasser hinunterreichten«. Im ersten Kapitel von *Porträt einer jungen Dame* beschreibt Henry James, ein weiterer Besucher, seine »lange gegiebelte Vorderfassade aus rotem Ziegelstein, mit dessen Farbton Zeit und Witterung allerlei malerischen Schabernack getrieben hatten, wodurch er jedoch nur umso besser und raffinierter zur Geltung kam«.

Der alte Küchengarten war von hohen Mauern aus Flint und bröckeligen Klinkersteinen umgeben, die nur mit Mühe von gewaltigen Streben gestützt wurden. An sie gelehnt wuchsen Feigen- und Aprikosenbäume, ein knorriger alter Birnenbaum, Weinreben, Taybeeren und Loganbeeren, Stockrosen und Rhabarber. Im Garten wuchsen die Pflanzen noch dichter als auf den Feldern. Tolly erklärte mir später, dass der Garten von Hand bewirtschaftet wurde, während er auf den Feldern mit seinem uralten Traktor arbeitete. Der Einsatz von Maschinen erfordert mehr Platz zwischen den einzelnen Pflanzenreihen; einer der Gründe, warum die Arbeit von Hand hier produktiver ist. Aber körperliche Arbeit ist auch teurer. In jedem Obst- und Gemüseanbausystem sind Ertrag und Profit sehr fein austariert.

In den offenen Beeten wanden sich Feuerbohnen an Bambusstäben hoch, Zucchini streckten sich unverschämt hinter ihren trompetenförmigen Blüten hervor und Frühlingskohlsorten wuchsen in ihrer typisch wirtelständigen Fächerform. Es gab Zwiebelbunde, Kohlrabi und Calabrese-Brokkoli, Karotten und Grünkohl. Die Salate wuchsen so dicht ineinander, dass ich zwischen ihnen keine Erde mehr erkennen konnte. In den Folientunneln reiften Tomaten an ihren Gerüsten. Kaum zu glauben, dass sie alle derselben Gattung angehörten: Da gab es flache Dickerchen, kleine Beeren, Birnenförmige und Bomben, Kugeln und Zylinder. Daneben wuchsen Petersilie, grünes und violettes Basilikum, junger Knollensellerie und Frühlingszwiebeln und unterschiedliche Paprikasorten. Die zarten Ranken von Gurken wanden sich kielbogen- und spiralförmig ihre Schnüre hinauf. Genau wie Tollys Feldpflanzen zeigte keine dieser Gemüsepflanzen Anzeichen von Schädlingsbefall: Ihre großen, dunklen Blätter wiesen kaum ein Loch oder eine Verfärbung auf. Vor dem Hintergrund, dass Tolly keinerlei Pestizide verwendet und es auf seinem Land vor Insekten nur so wimmelte, fand ich das äußerst erstaunlich.

Im Anzuchthäuschen warteten die letzten Jungpflanzen darauf, ausgepflanzt zu werden. Ganze Anzuchtkästen mit Brokkoli, neuseeländischem Spinat, Romanasalat und rotblättrigem Gartensalat. Nicht ein Zentimeter Beet wurde verschenkt. Die Pfade waren von wildem Steinklee, Ringelblumen, Schafgarbe, Mohn und Kornblumen gesäumt und rings um die Folientunnel sprossen Brennnesseln. Wie Tolly mir später erklärte, waren sie für ihn ebenso wertvoll wie das Gemüse.

Ich kam gerade rechtzeitig zum »Crib«. Beim Crib handelt es sich um das alltägliche Vormittagstreffen, das am unteren

Ende des Gartens unter einem Leinwand-Pavillon stattfand. Lin hatte den Namen aus Cornwall mitgebracht, wo die Zinnbergleute früher ihre Frühstückspause so genannt hatten. Beim Crib war sie umgefallen und gestorben.

Während Tolly redete, wurde mir klar, wie komplex seine Arbeit war. Um den Tisch waren sechs Leute versammelt, doch in der Hochsaison beschäftigte er insgesamt zwölf. An einem Sommertag kann es passieren, dass zwanzig bis dreißig Pflanzensorten ihre Aufmerksamkeit benötigen: Anzucht, Auspflanzen auf die Beete, gießen, Unkraut jäten, ernten. Da die meisten Gemüsesorten nur drei Wochen lang geerntet werden können, muss Tollys Team jedes Jahr 350-mal säen. Mehrere, über einige Wochen verteilte Aussaaten verlängern die Erntesaison. Ein Getreidebauer hingegen sät womöglich nur dreimal im Jahr aus. Tolly pflanzt hundert Gemüsesorten an und verkauft sie in seinem Hofladen und an die Abonnenten einer wöchentlichen Gemüsekiste in den umliegenden Städten. »Wir haben grüne Bohnen, gelbe Bohnen, violette Bohnen, runde Bohnen, flache Bohnen – die Leute haben selten zweimal das Gleiche in ihrer Kiste.« Aber Vielfalt heißt auch Arbeit.

Tolly trägt im Kopf stets eine Karte von seinem Land mit sich herum, die, wenn Gemüse gepflanzt oder entfernt wird oder das Wetter für Überraschungen sorgt, konstant angepasst werden muss. In Windeseile ratterte er durch das Tagesgeschäft.

»Eigentlich wollten wir heute den Brokkoli, Bohnen und Salat auspflanzen, aber der Boden ist zu nass. Wir müssen was mit den Bohnen machen, damit sie sich nicht ineinander verwickeln.«

Tolly erklärte, dass das Problem darin bestehe, ein Loch zu graben. Das Gerät, das sie normalerweise verwendeten – ein Zwiebelpflanzer – verklumpe bei Nässe den Boden und schaffe eine Barriere, durch die die Wurzeln der Bohnenpflanzen nicht durchkämen.

Die Gruppe diskutierte das Problem für einen Moment und entschied dann, die Löcher stattdessen mit einem Handspaten auszuheben. »Das dauert zwar länger, aber es sind nur hundertfünfzig Pflanzen. Das ist nicht so schlimm. Die Salatköpfe können bis Montag warten. Sie sind zwar schon groß, aber sie werden sich noch halten. Außerdem steht da unten ein Kasten Knollensellerie herum, der beinahe als Petersilie eingepflanzt worden wäre.«

»Ich werde ihn auspflanzen.«

Tolly fertigte auf seinem Clipboard eine schnelle Zeichnung an, wo er hinsollte.

»Gibt's noch Grünkohl?«

»Ein bisschen ist noch da.«

»Dann ernte so viel du kannst, Chris, im Laden war der in letzter Zeit dauernd aus. Das Beste ist in den Kisten gelandet. Was ist mit den Frühlingszwiebeln?«

»Ein paar habe ich geerntet.«

»Salat verkauft sich derzeit nicht, bei dem Regen. Kohl und Steckrüben wären momentan besser. Bist du immer noch beim Rhabarber?«

»Bin schon fast fertig. Ich muss nur noch dreihundert aussäen.«

Und so ging es mit Dutzenden Aufgaben weiter. Sie redeten über die Pflanzen, als handle es sich um Kunden, deren jeweiligen Launen man berücksichtigen musste.

Ich beobachtete, wie Tollys Angestellte sich wieder im Garten verteilten. Eine Frau eggte ein Beet für das bevorstehende Auspflanzen der Jungpflanzen, eine andere siebte Kompost für die Töpfe durch ein rundes Gartensieb, ein Mann zog Frühlingszwiebeln aus dem Boden, die im ganzen Garten einen scharfen, öligen Geruch verströmten, und ein anderer sammelte Erdbeerausläufer zur Vermehrung. Zwei Arbeiter stellten ein Gerüst auf, an dem neue Bohnenpflanzen hochklettern konnten.

Ich hatte Dutzende Fragen, sah aber, dass Tolly beschäftigt war und schlug vor, zu einem weniger arbeitsreichen Zeitpunkt wiederzukommen.

»Eine ruhigere Zeit gibt's nicht. Steig in den Wagen, und wir fahren zurück zu den Feldern.«

Als wir neben seinen Feuerbohnen standen, fragte ich ihn, warum sie nicht von Schwarzen Bohnenläusen – einer Blattlausart – übersät waren. Als ich einmal versucht hatte, Feuerbohnen zu ziehen, waren sie allesamt von diesem Schädling niedergemacht worden.

»Nun, das Wichtige ist, die Schädlinge den Winter über am Leben zu halten.«

»Du meinst, ihre Fressfeinde?«

»Nein, ich meine die Schädlinge.«

»Sorry, aber willst du damit ernsthaft sagen, dass du die *Schädlinge* bewusst am Leben hältst?«

Langsam machte sich ein Lächeln auf Tollys Gesicht breit.

»Naja, wenn du die Schädlinge nicht am Leben hältst, wie sollen dann die Fressfeinde überleben?«

Was er danach sagte, überraschte mich noch mehr.

»Aber ich will nicht nur die Fressfeinde am Leben halten. Die Schädlinge brauchen wir auch. Wenn sie da sind, dann weiß ich, irgendwas läuft schief. Wenn deine Pflanzen angegriffen werden, muss es da ein Problem geben. Wenn ich ein Problem mit Schädlingen habe, dann will ich nicht wissen, was die Natur mir angetan hat. Ich will wissen, was ich getan habe. Wenn du alles richtig machst, können deine Pflanzen sich selbst wehren.«

Ich dachte daran, wie Pflanzen die Bakterien in ihrem externen Darm nutzen, um ihr Immunsystem zu aktivieren und wie sie Signale an die unterirdischen Fressfeinde senden.

»Im konventionellen Gemüseanbau gibt es große Probleme mit Blattläusen, da die Böden oft krank sind«, fuhr Tolly fort. »Wenn du Stickstoff zugibst – egal, ob organischen oder chemischen –, machst du alles nur noch schlimmer. Blattläuse lieben Stickstoff. Aber wenn dein Boden gesund ist, solltest du keine Probleme haben, schließlich gibt es jede Menge Tiere, die solche Schädlinge fressen. Schwebfliegen, Florfliegen, Marienkäfer, Blattlausgallmücken – wäre ich eine Blattlaus, dann würde ich echt paranoid werden, weil da draußen so viele auf mich Jagd machen.«

»Insektenbefall ist für uns überhaupt kein Problem. Alle paar Jahre taucht eine neue Art auf und versetzt die gesamte Industrie in Panik. Vor acht oder neun Jahren sind die Lauchmotten hier angekommen, die sich im Zuge der Erderwärmung immer weiter nach Norden ausbreiten. Im ersten Jahr haben sie bei uns einige Schäden angerichtet, im zweiten Jahr weniger und im vierten Jahr waren sie schließlich ganz verschwunden. Einer unserer Fressfeinde muss sich angepasst und sich ihrer angenommen haben. Vielleicht eine parasitoide

Wespe. Aber konventionelle Gemüsebauern sind sie nie losgeworden. Jetzt wurde uns gesagt, dass die Lauchminierfliege auf dem Weg hierher ist und alle rasten aus. Ich denke dann nur: ›Ach ja?‹ Da passiert ohnehin nichts. Nicht in einem ausbalancierten System.«

»Mit Nacktschnecken haben wir keine Probleme, weil wir jede Menge Laufkäfer haben. Die essen die Eier und die Nachkommen der Schnecken. Man kann Schädlinge nicht eliminieren – unmöglich. Also musst du mit statt gegen sie arbeiten. Die einzigen, die uns Probleme bereiten, sind Tauben und Dachse. Ich muss noch ein Insekt finden, das sie unter Kontrolle hält.«

Eine Erklärung für Tollys Erfolg bei der Schädlingskontrolle könnten die vielen Blumenarten in den Beeten zwischen seinen Feldpflanzen sein. Mehrere Studien zeigen einen Zusammenhang auf: Je größer die Diversität der Wildblumen, desto größer auch die Diversität und Abundanz nützlicher Insekten, denen sie Unterschlupf bieten.[554] Und je größer die Vielfalt und Abundanz der Fressfeinde, desto größer ist auch die Bandbreite an Schädlingen, die sie angreifen.

Wenn Tolly ein Feld bestellt, verwandelt er es in eine Wüste. Doch da jede Parzelle, die er pflügt, von Blumenbeeten umgeben ist, können die Insekten dort Zuflucht suchen und die Feldpflanzen wieder kolonisieren, sobald sie zu wachsen anfangen.

»Andere Bauern fragen mich: ›Wie kannst du es dir leisten, auf so viel Anbaufläche zu verzichten?‹ Dann antworte ich: ›Wie kann ich es mir leisten, das nicht zu tun?‹ In ihren Augen sind die Wildblumenstreifen ein Produktivitätsverlust. Aber das stimmt nicht. Sie sorgen für Gewinn. Sie steigern den

Gesamtertrag. Biodiversität muss wesentlich für die ganze Angelegenheit sein. Das ist nicht irgendein Zusatz. Biodiversität ist die Antriebskraft des gesamten Betriebs. Wenn ich gefragt werde, was ich anbaue, dann sage ich ›Biodiversität‹. Das Gemüse ist nur ein Nebenprodukt. Die Leute sehen die Brennnesseln neben den Folientunneln und denken: ›Was für ein Chaos!‹ Aber die Brennnesseln halten die Blattläuse am Leben und die Blattläuse wiederum die Marienkäfer. Sobald wir sie brauchen, wandern sie auf unsere Gemüsepflanzen. Wenn du jetzt einen Blick in die Folientunnel wirfst, findest du auf jedem Blatt einen Marienkäfer.«

Später lernte ich, dass Tollys Entscheidung, auf seinen Blumenstreifen hauptsächlich einheimische Wildpflanzen auszusäen, aus Gärtnerperspektive sehr sinnvoll war. Einheimische Pflanzen beherbergen eine ganze Bandbreite aus Fressfeinden und nur einige wenige Schädlinge für Nutzpflanzen, während es sich bei fremden Pflanzen genau andersherum verhält.[555] Damit Tollys System funktioniert, muss es das komplette Gegenteil der globalen Standardfarm sein: Es muss an die regionale Ökologie angepasst sein.

Nun verstand ich auch, wie es Tolly gelungen war, Pestizide zu umgehen. Doch was ich noch nicht begriffen hatte, war, wie er ohne Düngemittel auskam. Das schien allem zu widersprechen, was ich bisher über Landwirtschaft und Gemüseanbau gelernt hatte. Der Bedarf nach Dünger – sei es in Form von hergestellten Produkten oder als Tiermist – ist die Ursache für viele der Umweltkatastrophen, die ich in Kapitel 3 erläutert habe. Doch keiner, mit dem ich bisher gesprochen hatte, glaubte daran, dass wir vollkommen ohne auskämen. Wie jeder Bauer beförderte Tolly Nährstoffe aus dem Boden in das Gemüse und die Früchte, die er erntete und verkaufte. Dann musste der Boden mit der Zeit doch nährstoffärmer werden?

»Ja, das sollte man meinen, nicht wahr? Ich habe das auch selbst viele Jahre lang geglaubt. Aber mit der Zeit habe ich erkannt, dass die Menge an Mineralstoffen, die wir in unsere Nahrungsmittel geben, in Wahrheit ziemlich gering ist. Am Ende brauchen wir gar nicht so viele Nährstoffe, um eine Pflanze anzubauen – du brauchst sie nur zur rechten Zeit am rechten Ort. Und damit das funktioniert, brauchst du eine funktionierende Bodenökologie. Die größten Verluste in jedem landwirtschaftlichen System rühren von Wasserverlusten. Nicht nur durch Bodenerosion, sondern auch durch Wasser, das seitlich oder nach unten abfließt und die Nährstoffe auswäscht. Ein Boden ist undicht, wenn Wasser senkrecht durch ihn abfließt. Wenn man ihn ungeschützt lässt, wird er im folgenden Frühjahr nichts produzieren. Also musst du dein System wasserdicht machen – im wahrsten Sinne des Wortes. Das bedeutet, man muss Pflanzen aussäen, die die Nährstoffe den Winter über im Boden speichern. Den Boden immer bedeckt zu halten ist das Grundprinzip einer guten Bodenverwaltung. Man baut immer irgendwas an: entweder Nutzpflanzen oder Gründünger.«

Gründünger ist ein ziemlich verwirrender Ausdruck, weil wir uns sofort etwas vorstellen, das wir dem Land von außen zugeben. Doch so werden Pflanzen bezeichnet, die nach der Ernte der Feldfrüchte angebaut werden. Nicht, um gegessen zu werden, sondern um die Fruchtbarkeit des Bodens zu erhalten oder zu verbessern. Tollys zwei Felder sind jeweils in sieben Parzellen unterteilt, die durch Blumenstreifen getrennt sind.

Jede Parzelle misst zwei Acre (etwas weniger als einen Hektar) und repräsentiert ein Siebtel seiner rotierenden Fruchtfolge.

Als er mich herumführte, fiel mir auf, dass die erste Parzelle aussah wie seine Blumenbeete. Es war ein Dickicht aus Farben: blau blühende Wegwarten, roter Inkarnat-Klee, gelber Steinklee und Hornklee, violette Bienenweiden und Luzerne und rosafarbene Esparsetten. Das war der Gründünger, die Pflanzen, die den Boden in den ersten beiden Jahren der Fruchtfolge bedeckten. Tolly erklärte, dass die langen Wurzeln der Pflanzen, insbesondere die der Wegwarte, die bis zu anderthalb Meter tief in den Boden vordringen können, Nährstoffe aus dem Unterboden ziehen.[556] Die Mitglieder der Familie der Hülsenfrüchtler – Klee, Steinklee, Inkarnat-Klee, Luzerne und Esparsetten – haben Wurzelknöllchen, die Knöllchenbakterien enthalten. Sie verwandeln Stickstoff aus der Luft in eine reaktive Form, die die Pflanzen aufnehmen können. Hin und wieder geht Tolly mit dem Rasenmäher über die Blumen in dieser Parzelle und schneidet die Pflanzen in eine grobe Matte, die er auf dem Boden liegen lässt. Regenwürmer ziehen die Pflanzenreste nach unten und verleiben sie so wieder dem Boden ein. »Die Idee dahinter ist, dass die Pflanzen zumindest so viel Kohlenstoff und Minerale zurückgeben, wie wir dem Boden entzogen haben. Einige Gründünger verbessern die Fruchtbarkeit, andere – die, die über Winter dort wachsen – sind dazu da, sie zu erhalten, indem sie die Nährstoffe speichern. Unter dem Gründünger wächst noch mehr Gründünger. Momentan siehst du wenig davon, aber unter all dem wächst Weißklee. Kaum mähen wir die höheren Pflanzen ab, fängt der an zu blühen und die Bienen kommen in Scharen. Wenn andere Gemüsebauern sehen, was ich tue, bricht ihnen der kalte Schweiß aus. Ich mähe diese Pflanzen erst, wenn sie verblüht sind und sich ausgesät haben. Einige fressen die Vögel, der Rest fällt zu Boden. Die Leute kriegen Alpträume von dem Saatgut in ihrer Erde. Sie denken, dass Unkraut schlecht ist und wollen es beseitigen. Doch an den meisten Punkten im Leben einer Nutzpflanze ist die Konkurrenz mit Unkräutern, wenn der Boden fruchtbar und gesund ist, überhaupt kein Problem. Die Unkräuter bilden den Untersatz der Nutzpflanzen. Sie bedecken den Boden. Sie zu beseitigen ist weder möglich noch wünschenswert. Der Gründünger ist der Schlüssel zum gesamten System. Er bindet Nährstoffe und Stickstoff, fügt Kohlenstoff hinzu und sorgt für eine höhere Diversität des Bodens. Je mehr Pflanzenarten wir säen, desto mehr Bakterien und Pilze werden gefördert. Jede Pflanze geht einen Verbund mit anderen Lebewesen ein. Du willst nicht nur die Biodiversität über der Erdoberfläche kultivieren, sondern auch die im Boden. Wurzeln sind der Kleber, der die Bodenbiologie zusammenhält und weiter aufbaut. Nach dem Gründünger werden wir hier Kartoffeln anpflanzen. Wenn die geerntet wurden, säen wir wieder Gründünger aus, damit der Boden den Winter über bedeckt ist. Dann kommen Kohl, Brokkoli, Grünkohl, Blumenkohl und Rosenkohl. An diesem Punkt der Fruchtfolge ist der Boden in einem sehr guten Zustand und die gesamte Kohlfamilie liebt einen fruchtbaren Boden. Unter ihnen pflanzen wir übrigens auch Gründünger an: Roggen oder Weißklee und Hornklee. Im fünften Jahr sind Zwiebeln und Lauch dran, mit Roggen, Hafer und Wicke als Gründünger dazwischen, um den Boden zu bedecken. Während die Gemüsepflanzen ihm Nährstoffe entziehen, wird auf diesem Feld zugleich Fruchtbarkeit aufgebaut. Im sechsten Jahr geht es mit der Fruchtbarkeit wieder bergab, dann pflanzen wir Karotten, Rote Beete, Pastinake und Knollensellerie an. Wurzelgemüse braucht nicht viele Nährstoffe. Dazwischen lassen wir Gräser wachsen. Und das ist Jahr sieben.«

Wir waren am Kürbisfeld angekommen.

»Siehst du, dort unter den Kürbispflanzen keimt der Gründünger. Wir warten immer ein paar Wochen, bis sich die Kürbispflanzen etabliert haben, dann säen wir den Gründünger aus. Ich war der erste, der diese Technik angewandt hat und wurde mal wieder von allen für verrückt erklärt, weil ich Unkraut zwischen meine Gemüsepflanzen ließ. Aber wenn du das richtige Timing einhältst, spenden die Blätter der Kürbispflanzen dem Unkraut Schatten und halten es dadurch klein. Ende August, wenn die Kürbisse verblühen, hat sich der Gründünger gut ausgebreitet und fängt an, die gesamte Parzelle zu bedecken, bevor der Winter kommt. Damit wären wir dann wieder bei Jahr eins.«

Wie immer hat Tolly alles durchgerechnet. Von insgesamt 364 Wochen (sieben Jahre) ist der Boden 234 von Gründünger bedeckt, der oft zwischen oder unter den Nutzpflanzen wächst. In der gesamten Fruchtfolge ist der Boden nur für wenige Tage ungeschützt.

Die große Pflanzenvielfalt auf Tollys Feldern schützt außerdem vor Schädlingen, da sich kein Insekt, das sich auf eine Gemüsepflanze spezialisiert hat, lange ernähren oder weit verbreiten kann. Außerdem hemmt seine Methode die Ausbreitung invasiver Unkräuter: Eine wissenschaftliche Analyse gelangte zu dem Ergebnis, dass Unkrautbefall in komplexen Fruchtfolgesystemen wie diesem um 49 Prozent reduziert wird.[557]

Da verschiedene Kulturpflanzen zu unterschiedlichen Zeitpunkten ausgesät und geerntet werden, und unterschiedliche Konkurrenzbeziehungen zu den Wildpflanzen eingehen, können sich Unkrautarten kaum von einem Punkt der Fruchtfolge zum nächsten halten.[558]

»Aus der Sicht des Bodens ist unsere Anbaumethode nicht ideal. Wenn wir ihn pflügen, zerstören wir die Bodenstruktur und schaden seiner Diversität. Der Gemüseanbau fordert dem Boden sehr viel mehr ab als der Ackerbau. Wir fahren vielleicht zehn- oder fünfzehnmal im Jahr mit dem Traktor darüber und richten damit jedes Mal ein bisschen Schaden an. Es ist ein Kreislauf der Ausbeutung und Regeneration: Aufbrechen, Reparieren, Aufbrechen, Reparieren. Wir gehen mit dem Pflug nicht tief, graben den Boden nicht um und machen das auch nur in drei von sieben Jahren. Aber wenn ich ohne Pflügen auskommen könnte, würde ich das sofort tun.«

Tolly führte mich zum Kartoffelfeld und schob eine Forke unter eine der Pflanzen. Als er sie anhob, kam ein Bündel gelber Eier zum Vorschein.

»Sieh dir das an. Zwölf schöne von nur einer Pflanze. Dieses Jahr haben wir eine unglaubliche Ernte. Hohe Temperaturen und viel Sonne. Ich glaube, so viel Sonne hatten wir noch nie. Der Boden ist für Kartoffeln vollkommen ungeeignet: steinig, sauer und trocken. Aber wir sorgen dafür, dass es geht. Ich meine, sieh dir das doch an.«

Er hielt mir eine Handvoll brauner Erde entgegen, die so reichhaltig aussah wie ein Schokoladenkuchen. Der kleine Klumpen Boden war von so vielen Wurzeln durchzogen, dass kaum zu erkennen war, wo seine Hand aufhörte und wo die Erde begann.

»Vor gerade einmal zwölf Wochen haben wir den Gründünger gewendet. Jetzt ist überhaupt nichts mehr davon zu sehen. Er ist komplett zu Humus geworden. Das bedeutet, wir haben es hier mit einer hohen biologischen Aktivität zu tun.«

Tolly entwickelte diese Anbauform noch bevor er überhaupt wusste, was er tat. Er erklärt mir, dass er zunächst gar nicht vorhatte, das landwirtschaftliche System zu ändern, sondern lediglich aus praktischen Beweggründen heraus handelte.

»Als ich herkam, habe ich mich nach Düngequellen umgesehen. Aber nichts in der Nähe kam in Frage. Bloß Tierfabriken. Die einzige Möglichkeit wäre der Pferdemist vom Gestüt gewesen, aber mir gefiel nicht, wie viele Medikamente durch die Pferde gehen. Ich hörte, dass die Chinesen ihr Land über Jahrhunderte mit Gründüngerpflanzen versorgt haben. Also habe ich mangels Alternativen etwas Ähnliches angefangen. Es schien zu funktionieren. Unsere Erträge sind nicht eingebrochen, und die Fruchtbarkeit des Bodens hat auch nicht abgenommen. Tatsächlich verbesserte sie sich sogar ein bisschen, wenn auch nur sehr langsam. Vor zwölf Jahren habe ich dann etwas anderes angefangen und das hat alles verändert.«

Tolly führte mich an seinem Hofladen mit der offenen Front vorbei, die er aus seinem eigenen Holz gebaut hatte. Die Leute zahlten für seine Erzeugnisse in eine Vertrauenskasse. Vor zwei übereinander gestapelten Reihen mit einem duftenden braunkörnigem Inhalt blieb er stehen. Die Boxen waren rund drei Meter lang und etwa so hoch wie ich.

»Kompost?«, fragte ich.

»Nein. Hackschnitzel.«

Vorn an einer der Reihen, die der schmalen Straße, die zwischen den Feldern verlief, am nächsten war, waren die Schnitzel frisch und blass. Die Luft war erfüllt von ihrem würzigen Geruch. Ich grub meine Finger hinein.

»An deiner Stelle würde ich meine Hand da nicht zu tief reinstecken. Wir haben schon erlebt, dass die sich bis zu dreiundachtzig Grad aufheizen. Manchmal schiebe ich sogar Kartoffeln rein und lasse sie über vierundzwanzig Stunden garen.«

Am anderen Ende der Reihe waren die Schnitzel dunkler und kühler: Tolly erklärte mir, dass die Temperatur hier durch die Bakterien, die das Holz zersetzten, bei 55 °C lag. Ich schob meine Hand hinein. Es erinnerte mich an die Wärme, die man spürt, wenn man einer brütenden Henne die Eier wegnimmt.

»Das hier ist so gut wie fertig. Wir wollen nicht, dass es sich ganz zersetzt.«

Tolly erzählte, dass das Holz von einem Baumpfleger aus der Gegend kam, der auf dem Fluss hinter seinen Feldern auf einem Boot lebte. Alles kommt aus Gärten innerhalb von einem Fünf-Meilen-Radius, in denen der Baumpfleger arbeitet. Würde er es nicht Tolly geben, müsste er wahrscheinlich für die Entsorgung zahlen. So haben beide etwas von dem Arrangement. Tolly wendet es hin und wieder mit einem Bagger, damit es weiter vor sich hin gart. Wenn es den dunklen, etwas kühleren Zustand der Schnitzel am Ende der Reihe erreicht hat, streut er es alle sieben Jahre zweimal über seinen Gründünger und überlässt es den Regenwürmern, die Holzpartikel in den Boden zu ziehen. Abgesehen vom Saatgut ist das die einzige den Feldern zugefügte Substanz, die nicht vom Hof kommt. Insgesamt bedeckt er seine Felder in der gesamten Fruchtfolge mit lediglich sieben Millimeter Hackschnitzel. Das macht durchschnittlich einen Millimeter im Jahr.

Mit anderen Worten, es handelt sich um ein sehr leichtes Dressing, bestehend aus einem Material, das kaum Nährstoffe enthält. Kaum zu glauben, dass dieser dünne Brei so wirksam ist. Aber es war ein revolutionärer Wandel, der seinen gesamten Betrieb verändert hat. Während seiner 33 Jahre auf dem Hof hat Tolly akribisch Buch geführt. Seine Aufzeichnungen zeigen, dass der Boden kurz nach der Zugabe der Hackschnitzel fruchtbarer wurde. In den vergangenen fünf Jahren haben sich seine Erträge ungefähr verdoppelt. Wie kam es dazu?

Die Antwort weiß niemand so genau. Ein Team von Wissenschaftlern untersucht sein System, doch ihre Ergebnisse sind bislang unzureichend.[559] Was sie aber zeigen, ist eine erstaunliche Menge an Regenwürmern. Im Eingangsbericht halten sie fest, dass ein bepflanzter Ackerboden für gewöhnlich zwischen 150 und 350 Regenwürmer pro Quadratmeter enthält. Wenn es 400 oder mehr sind, ist das ein sehr gutes Zeichen. Diese Böden gelten als gesund und ertragreich. Doch die Probe von Tollys Boden enthielt »knapp unter 800 Regenwürmer pro Quadratmeter«.

Während es schwer ist, die Diversität und Abundanz von Mikroorganismen und kleinen Bodentierchen zu messen[560] und herauszufinden, in welchem Maße sie an einem beliebigen Zeitpunkt im Erntejahr Mineralstoffe binden oder an den Boden abgeben, kann man durch die Menge der Regenwürmer ziemlich gut Rückschlüsse ziehen: Sie sind ein Indikator für die Gesundheit des Bodensystems.

Da die Bodenbiologie so unglaublich komplex ist, könnte es noch Jahre dauern, bis wir herausfinden, wie genau Tollys Methode funktioniert. Doch er glaubt, dass er genug Kohlenstoff hinzufügt, um die Aktivität von Pilzen und Bakterien zu stimulieren, jedoch nicht so viel, dass sie den Stickstoff im Boden verschließen. Das tritt ein, wenn man den Mikroben mehr Kohlenstoff zuführt, als sie brauchen.[561]

»Hackschnitzel sind kein Dünger. Sie sind ein Inokulat, das die Mikroben stimuliert. Der Kohlenstoff im Holz fördert Bakterien und Pilze, die den Boden wieder zum Leben erwecken.

Wir füttern nicht die Pflanzen, wir füttern den Boden. Die meisten Bauern haben einen Tick, was Nährstoffe angeht, vor allem Stickstoff. Den kippen sie tonnenweise auf ihr Land, wovon die Hälfte ausgewaschen wird und in den Flüssen landet. Wenn man die Biologie richtig versteht, braucht man viel weniger Nährstoffe, als die Leute glauben. Ich erhalte die Fruchtbarkeit, indem ich den Kohlenstoffgehalt anpasse. Wenn du erst einmal das richtige Kohlenstoffgleichgewicht gefunden hast, dann werden die Bakterien und Pilze die Nährstoffe zur rechten Zeit im Jahr bereitstellen und dafür sorgen, dass die Pflanzen bekommen, was sie brauchen. Hast du den Boden gerochen, als ich die Kartoffeln ausgegraben habe?«

»Er hat ziemlich intensiv gerochen.«

»Ja, ein ganz besonderer Geruch, oder? So riecht Waldboden. Ich versuche hier den Wald zu imitieren. In der Natur wird Holzstreu vom Regen nach und nach von den Bäumen gewaschen, nicht in einer riesigen Müllabfuhr. Genau so machen wir es auch. Wir fügen die Schnitzel nur in sehr kleinen Mengen hinzu, wenn die Pflanzen sie am besten gebrauchen können.«

Während er sprach, fiel mir ein, dass hier einmal Wald gewesen war, bevor er in der Jungsteinzeit für die Landwirtschaft gerodet wurde. Bei diesen »Ackerböden« handelte es sich also eigentlich um Waldböden, die nur durch Zufall der Landwirtschaft in die Hände gefallen waren. Vielleicht müssen wir, wie es Tolly vorschlägt, die Waldbodenökologie wiederherstellen, um ihn zum Arbeiten zu bringen. Wir müssen die Landwirtschaft nach dem ursprünglichen Ökosystem ausrichten.

»Dass man in der Landwirtschaft inzwischen alte Bäume aus der Landschaft beseitigt, richtet großen Schaden an. Bäume sind gut für den Boden. Sie bringen ihm zurück, was er braucht. Ich habe eine Verbindung zwischen meinen beiden größten Interessen hergestellt: Bäume und Boden. Ich habe Holz schon immer geliebt. Jetzt kann ich es mit dem Land verbinden. Müsste ich für mein Auskommen nicht Gemüse anbauen, dann würde ich Bäume pflanzen.«

Tolly hatte damit begonnen, Bäume in seinen Wildblumenstreifen zu pflanzen – ein paar Obstbäume und ein paar Waldbäume –, um seinen Boden dem der Wälder der Umgebung noch näherzubringen. In einem sumpfigen Teil seines untersten Feldes hatte er Weiden gepflanzt, aus denen er sein eigenes Holz gewinnen wollte. Irgendwann hoffte er, aus den Bäumen in seinem Wäldchen, seinen Hecken und zwischen seinen Gemüsepflanzen einen Großteil seiner Hackschnitzel herstellen zu können.

Forscher aus Kanada haben herausgefunden, dass Hackschnitzel aus den dünnsten Zweigen nicht kompostiert werden müssen, bevor sie auf dem Boden verteilt werden, da sie ein höheres Verhältnis von Stickstoff zu Kohlenstoff aufweisen als Hackschnitzel, die aus dicken Ästen und Stämmen hergestellt werden. Dadurch veranlassen sie Bakterien nicht, Stickstoff einzuschließen.[562] Wenn man Hackschnitzel von Zweigen verwendet, braucht man nur halb so viel Material, da das Holz bei der Kompostierung schrumpft und Nährstoffe verliert. Auf Grundlage dieser Forschungsergebnisse hat Tolly sein System erneut angepasst: Seine Experimente sind nie abgeschlossen.

Als ich ihm dabei zuhörte, wie er das Funktionieren seiner Methode erklärte, hatte ich den Eindruck, dass er die aufkommende Theorie des Bodens durch geduldige Beobachtung, Intuition und Erfahrung beinahe vorhergesehen hatte: Wie Bakterien Kohlenstoff in Strukturen verwandeln, die ihn stabilisieren und Luft, Wasser und Nährstoffe für die Pflanzenwurzeln zugänglich machen.

Tollys Betrieb war, so erkannte ich, ein sich tatsächlich regenerierendes, organisches System. Es steht in einem starken Kontrast zu anderen Formen der ökologischen Landwirtschaft, wo offenbar einiges schiefgelaufen ist.

Im vorigen Kapitel habe ich angeführt, wie Stickstoff von ökologischen Betrieben, die Tiermist verwenden, ausgewaschen wird. Einer Studie zufolge ist es sogar um 37 Prozent schlimmer als die Menge an Stickstoff, die von konventionellen Betrieben ausgeht und im Boden versickert.[563] Nachdem ich über diese Information gestolpert war, ließ mich das Thema nicht mehr los. Obwohl es wichtig und verstörend ist, wird es selten diskutiert. Dabei sollte es all jenen, die biologische Erzeugnisse anbauen und essen, zu denken geben. Das Grundprinzip der ökologischen Landwirtschaft lautet, dass der Nährstoffkreislauf geschlossen ist. Mit anderen Worten: Statt Mineralstoffe zu verlieren, werden sie für gewöhnlich zwischen Tieren und Pflanzen recycelt. Wenn das System jedoch in Wahrheit sogar mehr Stickstoff abgibt als die konventionelle Landwirtschaft, wie kann es sich dann halten?

Ein Teil des Stickstoffs wird durch den Anbau von Klee, Bohnen und anderen Pflanzen der Familie der Leguminosen ersetzt. Sie sind eine erstaunliche Beziehung mit Bakterienarten eingegangen, die Stickstoff aus der Atmosphäre in Nitrate verwandeln, die die Pflanzen und Tiere brauchen. Die Pflanzen bilden Wurzelknöllchen, in denen die Bakterien leben und sich entwickeln, und tauschen die von den Bakterien produzierten Nitrate gegen Kohlenhydrate aus, die die Pflanze selbst herstellt. Doch Leguminosen wie Klee und Bohnen können einen Stickstoffverlust dieser Größenordnung nicht ausgleichen. Müssten ökologisch bewirtschaftete Böden in einem System, das von sich behauptet, zu recyceln, in Wahrheit jedoch eine Menge Nährstoffe verliert, nicht mit der Zeit nährstoffarm werden und an Ertrag einbüßen? Ich stand vor einem Rätsel, bis ich die Richtlinien der Institutionen, die ökologische Betriebe genehmigen, herunterlud. Je weiter ich las, desto mehr wuchs meine Ungläubigkeit.

Es stellte sich heraus, dass der von ökologischen Betrieben verwendete Dünger nicht biologisch erzeugt sein muss. Nehmen wir beispielsweise die in Großbritannien geltenden ökologischen Anforderungen, die von der Soil Association veröffentlicht wurden.[564] Demnach dürfen ökologische Betriebe jährlich Tierexkremente in einer Menge von 170 Kilogramm pro Hektar ausstreuen. Die Richtlinien drängen die Bauern zwar »den Bedarf an externen Nährstoffen zu minimieren« und weisen an, dass die Nährstoffe »vorzugsweise« aus ökologischen Quellen kommen sollen, doch es gibt kein Gesetz, das diese »Vorlieben« festlegt: Im Grunde können die Bauern ihren gesamten Tierdünger von nicht ökologischen Betrieben zukaufen und dennoch als ökologisch durchgehen.

Kuhmist enthält rund sechs Kilogramm Stickstoff pro Tonne, was bedeutet, dass Biobauern jährlich pro Hektar bis zu 28 000 Kilogramm Mist von konventionellen Betrieben ausstreuen dürfen. Das ist eine Menge. Anders gesagt: Ökolandwirte dürfen ihre Feldpflanzen mit Hilfe künstlichen Stickstoffes anbauen, sofern er zuvor die Mägen der Tiere von jemand anderem durchlaufen hat.

Die einzige Einschränkung bei diesem Versorgungssystem besagt, dass die Gülle fermentiert oder verdünnt sein muss und keine genetisch veränderten Inhaltsstoffe enthalten oder aus einer »Massentierhaltung« kommen darf. Wobei die Soil Association ihre Definition für Massentierhaltung in meinen Augen allerdings recht breit gefasst hat. Der Mist darf von Hühnern kommen, die drinnen gehalten werden, solange ihr Gesamtgewicht nicht 30 Kilogramm pro Quadratmeter überschreitet. Für mich klingt das verdächtig nach Massentierhaltung, zumal die maximale Haltungsmenge, wenn der Bauer nicht weitere gesonderte Richtlinien erfüllt, bei 33 Kilogramm pro Quadratmeter liegt.[565] Solange sie mit Stroh eingestreut sind, darf der zugekaufte Mist auch aus Schweinemastanlagen ohne Freilauf kommen. Oder von Rindern, »die zumindest einen Teil des Jahres Weidezugang haben«.

Während die Richtlinien eine Schwermetallgrenze für den Hausmüll der ökologischen Betriebe festlegen, ist die Konzentration der Schwermetalle in dem zugekauften Tiermist theoretisch unbegrenzt. Kaum zu fassen. Es werden weder langlebige organische Schadstoffe noch – und das ist umso erstaunlicher – Antibiotikarückstände oder antibiotikaresistente Bakterien erwähnt. Das ist insbesondere vor dem Hintergrund skandalös, da es von einer Organisation kommt, die verlangt, dass ökologische Landwirte ihre eigenen Nutztiere vorzugsweise mit »homöopathischen Mitteln« statt mit Antibiotika behandeln.[566] Während die Standards generelle Anforderungen stellen, um »nicht autorisierte oder verbotene Substanzen zu identifizieren«, setzen sie keinerlei Grenzwerte für Rückstände jeglicher Art, die ökologische Landwirte in Form von Mist von anderen Betrieben kaufen können.

Als ich die Soil Association zu diesem unglaublichen Sachverhalt befragte, wiesen sie darauf hin, dass nicht ökologischer Tierdünger nur genutzt wird, wenn »ein ganz klarer Bedarf nachgewiesen werden kann«, und dass ökologische Landwirte »dazu verpflichtet sind, die Speicherung und Wiederverwertung von Nährstoffen innerhalb ihres landwirtschaftlichen Systems zu maximieren«. Dennoch erlauben die Richtlinien ihnen, die konventionelle Landwirtschaft zu nutzen, um ihre Nährstofflöcher zu stopfen. Das ist in meinen Augen der blanke Hohn und macht die ökologische Landwirtschaft unglaubwürdig. Da den Rückständen keine Grenzen auferlegt sind, könnte sie ihre Kunden genau den Gefahren aussetzen, die sie durch die Mehrkosten, die sie für ökologische Erzeugnisse zahlen, zu vermeiden versuchen. Die herkömmliche ökologische Landwirtschaft wird oft als »bloß Mist und Magie« verspottet. Manchmal gewinne ich jedoch den Eindruck, sie ist nur Mist ohne jegliche Magie.

Das Problem ist nicht, dass ökologische Landwirte böse Menschen wären, die versuchen, uns abzuzocken. Vielmehr erweist sich Tierdünger, wenngleich er Kohlenstoff an den Boden zurückgeben mag, in anderen Aspekten ganz im Widerspruch zu den Behauptungen vieler Anwender als ein für den Boden höchst problematischer Zusatzstoff. Das Problem liegt beim Timing.[567] Pflanzen nehmen den meisten Stickstoff und andere Nährstoffe in ihrem kurzen Wachstumsspurt auf. Bevor sie ausgesät werden, brauchen sie aus selbsterklärenden Gründen keine Mineralstoffe, nach ihrem Wachstumsschub sehr viel weniger und nach der Ernte überhaupt keine mehr.

Doch während künstlicher Dünger die Nährstoffe oft zu schnell abgibt, ist Tierdünger oft zu langsam. Wenn die Pflanzen nicht hungern sollen, muss der Mist lange vor ihrem stärksten Wachstumsschub auf die Felder gebracht werden. Doch selbst in diesem Fall ist es unwahrscheinlich, dass die Pflanzen all die Nährstoffe erhalten, die sie brauchen, um ihr volles Potenzial auszuschöpfen. Das gilt insbesondere für moderne, ertragreiche Nutzpflanzen, deren Wachstumsphase sehr kurz ist. Tierdünger gibt noch lange nachdem die Pflanze ausgewachsen ist und geerntet wurde, Mineralstoffe an den Boden ab. Werden Mineralstoffe zur Verfügung gestellt, wenn keine Pflanzen wachsen, dann landen sie im Grundwasser oder in den Flüssen.

Ein Teil des Stickstoffs und anderer Nährstoffe können von sogenannten »Zwischenfrüchten« aufgefangen werden, die später wieder in den Boden gepflügt werden. Doch solange Tierdünger hinzugefügt wird, wird es immer Lücken und Disparitäten zwischen dem Bedarf und der Bereitstellung von Mineralstoffen geben. Auch wenn ältere Nutzpflanzensorten, die langsamer wachsen, etwas besser an die Nährstoffabgabe von Tierdünger angepasst sein mögen, würde es auch dort noch zu signifikanten Abgaben an beiden Enden der Wachstumsphase kommen. Und ihre Erträge sind geringer.

Wenn ein konventioneller Betrieb auf eine ökologische Landwirtschaftsform mit Tierdünger umstellt, wird die Ernte zunächst schlechter ausfallen, da nur wenig freier Stickstoff verfügbar ist. Mit dem stetigen Einsatz von Tierdünger werden die Erträge in den nächsten Jahren steigen, doch auch die Menge an Stickstoff, die verloren geht. Eine Studie, die diese Beziehung nachbildet, hat aufgezeigt, dass es selbst bei einem massiven Einsatz von Rindermist (jährlich 600 Kilogramm Stickstoff pro Hektar – mehr als dreimal so viel, wie laut Soil Association zulässig ist) 25 Jahre dauern würde, bis der auf dem Land angebaute Mais sein Ertragsmaximum erreicht hätte.[568] Würde weniger Mist zum Einsatz kommen, dann würden die Pflanzen nie ihr volles Potenzial ausschöpfen, da der Boden nicht genug Stickstoff angesammelt hat. Doch da ein Großteil dieses Stickstoffs freigegeben wird, wenn die Pflanzen ihn nicht aufnehmen können, steigen zugleich die Nährstoffverluste.

Es gibt ein Grundprinzip, das für jegliche Formen der Landwirtschaft gelten sollte: Gib Nährstoffe frei, wenn sie gebraucht werden und verschließe sie, wenn sie nicht gebraucht werden.

Die Landwirte, die Tierdünger verwenden, argumentieren, dass ihr Betrieb die Natur nachbildet: Tierexkremente fallen auf den Boden, die Pflanzen nehmen sie auf und das ganze System erhält sich bis ins Unendliche aufrecht. Doch es gibt wenige natürliche Systeme, die auch nur im Entferntesten wie landwirtschaftliche aussehen. Die großen Herden von Pflanzenfressern, die die Europäer bei ihrer Ankunft in Afrika und den Amerikas vorfanden, sind wahrscheinlich ein Artefakt der Unterdrückung der Raubtiere durch die Menschen, die bereits dort lebten. Paläontologisches Material weist darauf hin, dass große Fleischfresser, bevor die Menschen mit ihnen in Konkurrenz traten und sie töteten, in viel größerer Zahl in den Ökosystemen vorkamen als heutzutage.[569] Wenn überhaupt, dann würde Tiermist nur sehr selten in den in der Landwirtschaft üblichen Mengen abgegeben werden.

In Ländern wie Großbritannien oder Deutschland waren die landwirtschaftlichen Flächen von heute vor langer Zeit entweder Wälder oder Waldweiden (eine Mischung aus Bäumen, Sträuchern, Gräsern und Blumen), deren Mineralstoffe langsamer zirkulieren und besser konserviert werden als die von Nutzpflanzen. Ihr Stickstoff wird von Bakterien und Blitzeinschlägen aufgefüllt, andere Mineralstoffe von verwitternden Felsen.

Im Gegensatz zu konventionellen oder herkömmlichen Biogemüsebauern gibt Tolly weder Nährstoffe hinzu noch verliert er welche. Er muss den Nährstoffkreislauf nicht schließen, weil er ihn gar nicht erst öffnet. Im Einklang mit unserem erklärten Grundprinzip hat er die Mikroorganismen im Boden offenbar dazu gebracht, Mineralstoffe freizugeben, wenn sie gebraucht werden, und sie zurückzuhalten, wenn sie nicht gebraucht werden – die wissenschaftlichen Termini für Freigeben und Zurückhalten sind Mineralisierung und Immobilisierung. Indem er die richtige Balance zwischen Kohlenstoff und Stickstoff im Boden gefunden hat, die für das Verhalten von Bakterien und Pilzen eine große Rolle spielt, hat er offenbar ein sich selbst regulierendes System geschaffen.

Wie er mir erklärt, lässt seine Methode »die Pflanze selbst entscheiden, was sie braucht, um ihre Bedürfnisse zu befriedigen«. Was das auf mikroskopischer Ebene bedeutet: ka In einem gesunden Boden können die Nutzpflanzen ihre Beziehung mit den Bakterien in der Rhizosphäre (dem externen Darm der Pflanze) regulieren, indem sie die Mikroben mittels chemischer Signale nach Belieben ein- und ausschalten und dadurch genau die Menge an Nährstoffen freischalten, die sie in ihren unterschiedlichen Wachstumsphasen brauchen.

Tollys Erfolg zwingt uns dazu, noch einmal zu überdenken, was Fruchtbarkeit genau bedeutet. Es geht nicht um die rein quantitative Menge an Nährstoffen im Boden. Sondern auch um die Funktionsweise, ob sie zum richtigen Zeitpunkt für die Pflanzen verfügbar und wieder immobilisiert sind, wenn die Pflanzen sie nicht benötigen. Mit anderen Worten, Fruchtbarkeit ist eine immanente Eigenschaft eines funktionierenden Ökosystems.

Tolly, so habe ich herausgefunden, wird von anderen ökologischen Gemüsebauern sehr bewundert und gern als Berater hinzugezogen. Wenn er sich andere landwirtschaftliche Systeme ansieht, ist eine seiner ersten Fragen, wie viel »Geisterfläche« sie verbrauchen. Seitdem er mich darauf gestoßen hat, verfolgt mich dieses – ursprünglich von Georg Borgstrom formulierte – Konzept. Bei Geisterflächen handelt es sich um fremdes Agrarland, von dem der Betrieb abhängig ist. Die Hühnerbauern im Wye Valley ernten beispielsweise Geisterflächen in Brasilien und Argentinien: Die Länder, aus denen ihr Viehfutter kommt. Bauern, die Tierdünger zukaufen, importieren ebenfalls den Dünger ausgelagerter Agrarflächen. Tolly hat ausgerechnet, dass er als gewöhnlicher ökologischer Landwirt, der mit Tiermist düngt, wohl Geisterflächen nutzen würde, die zwei- oder dreimal so groß wie seine Farm wären.

Zudem prüft er kritisch die Menge an Pflanzenmaterial, das die Bauern in ihr Land importieren. Unter einigen kleinen Gemüsebauern sind sogenannte »No-dig«-Systeme beliebt geworden, bei denen große Mengen Tierdünger, kompostierter grüner Abfall oder Hackschnitzel gesammelt und ohne vorheriges Pflügen auf die Böden geschichtet werden. Dadurch werden Unkräuter unterdrückt, und die Methode sorgt ein paar Jahre lang für reiche Erträge. Doch mehrere dieser Bauern haben sich inzwischen schon verzweifelt an Tolly gewandt, weil sie einen plötzlichen Ertragseinbruch hatten, den sie sich nicht erklären konnten.

»Man baut dabei Phosphat und Kalium in absurden Mengen auf, und das bringt eine Menge Probleme mit sich. Ich nenne es Bodenfettleibigkeit: Durch die Überfütterung des Bodens geht zumindest in einigen Bodentypen die Aktivität von Pilzen und Bakterien zurück. Zudem kann Kohlenstoff nicht ewig weiter aufgebaut werden. Von einem bestimmten Punkt an musst du ihn nutzen, ansonsten hast du am Ende ein Torfmoor, wo keine Nutzpflanze wächst. Diese ›No-dig‹-Gärtner müssen am Ende also doch ein bisschen graben.«

Das andere Problem an der Sache sei: Wo kommen all die Nährstoffe her? Das sei letztlich eine ethische Frage: Wie groß ist der Anteil, den du dir nimmst? Viele bezeichnen dieses Pflanzenmaterial als ›Abfall‹, aber es sei dennoch Fruchtbarkeit, die man jemand anderem wegnehme. »Wenn man seinem Boden Dünger hinzugibt, sollte man sich fragen: Wird er gebraucht? Ist es tragbar? Ist es ethisch vertretbar? Indem ich auf dieses Problem aufmerksam gemacht habe, habe ich in ein Wespennest gestochen. Ich habe einige Leute wirklich vor den Kopf gestoßen. Aber wenn man niemanden vor den

Kopf stößt, ändert sich auch nichts. Das weißt du ja sicher am besten.«

Es ist Tolly noch nicht gelungen, all seine Geisterflächen loszuwerden. Obwohl er sie nach und nach ersetzt, kommen einige seiner Hackschnitzel nach wie vor aus den Gärten anderer Leute. Auch sein Saatgut ist zum größten Teil zugekauft und beansprucht in der Erzeugung etwas mehr als einen halben Hektar. Doch in anderen Punkten ist er bereits autark, ohne in der Geisterstunde von fremdem Land heimgesucht zu werden.

Im Laufe des folgenden Jahres kehrte ich mehrmals auf die Farm zurück. Ich folgte Tolly über die Felder und in den Garten oder saß mit ihm über Tabellen gebeugt in seinem Häuschen. Um die Behörden an der Nase herumzuführen, hatte er es in seine alte Werkstatt hineingebaut. »Vierzehn Jahre sind wir damit durchgekommen, und dann ist der beschissene Bezirksrat uns auf die Schliche gekommen.«

Paradoxerweise hätte er als Landwirt eine massive Stahlscheune ohne jegliche Umweltgenehmigung bauen dürfen, solange sie Nutztiere und nicht Menschen beheimatet und 400 Meter von menschlichen Behausungen entfernt steht. Den kleinen Raum seines Häuschens hatte Tolly schön genutzt. Unter der Treppe befand sich ein winziges Bad, und die Küche steckte in einem Winkel daneben. Er heizte vollständig mit Holz, das er auf seinem Hof produzierte und sägte. Seltsamerweise erschien es mir nicht beengt. Eher wie eine alte Schiffskabine. Da wunderte es nicht weiter, als ich in seinem Hinterhof ein atemberaubendes Segelboot aus Holz entdeckte. Er hatte die *Naida* komplett selbst gebaut, angefangen mit den Eichen, die bei einem großen Sturm umgefallen waren: Eine Meisterleistung, an die ein gefeiertes Fotoessay erinnert.[570] Doch viel Zeit zum Segeln blieb ihm nicht: In dem Jahr, in dem ich ihn begleitete, hatte er ganze zwei Tage frei.

Während wir uns unterhielten, drückte er auf den Tasten seines Taschenrechners herum. »In der Schule war ich grottenschlecht in Mathe. Sie haben mich in die Idiotenklasse gesteckt. Wir mussten Pappmodelle bauen, um Trigonometrie zu verstehen. Aber jetzt liebe ich es. Einen Hof zu führen hat viel mit Mathematik zu tun.«

Eine von Tollys Errungenschaften ist seine Transparenz. Er hat nicht nur das Problem der Geisterflächen ans Licht gebracht, sondern auch als einer der ersten britischen Bauern seinen CO_2-Fußabdruck berechnet.

Tollys Berechnungen zeigen, wie schwer es ist, das Kohlenstoffbudget einer Farm auszubalancieren. Während Kohlenstoff in Feuchtböden (zum Beispiel in Salzmarschen, Torfmooren, unter Mangroven und im Seegrasgrund) stabil ist, solange der Lebensraum nicht zerstört oder trockengelegt wird, und von Bäumen relativ zuverlässig gespeichert wird, ist der Kohlenstoff in Ackerböden instabiler und schwerer zu messen.[571] Ein scheinbarer Gewinn in einem Jahr kann an einem anderen Punkt im Kreislauf bereits wieder verloren sein. Kleinere Schwankungen sind schwer einzuschätzen:[572] Der geringste messbare Wandel liegt bei 5 Prozent.[573] Demnach müssen in den meisten Fällen mindestens zehn Jahre vergehen, bevor man Gewinne oder Verluste bemessen kann.[574] Wie Kohlenstoff gespeichert wird, kann von Boden zu Boden variieren.[575] Und ein landwirtschaftlicher Betrieb produziert schon fast qua definitionem Treibhausgase.

»Wir versuchen, unseren CO_2-Fußabdruck so gering wie möglich zu halten. Darin liegt meine Leidenschaft. All die Materialien rund um den Hofladen sind recycelt: Sie kommen von abgerissenen Gebäuden oder Straßenarbeiten. Der Laden selbst besteht hauptsächlich aus zurückgewonnenem Holz. Die Schreinerei und die Kisten stammen von zwei alten Bäumen hier auf dem Hof, die gefällt werden mussten. Durch die Hecken und die organischen Materialien, die wir in den Boden einarbeiten, haben wir eine ziemlich gute Kohlenstoffsequestrierung. Die größten Auswirkungen haben neue Anschaffungen. Wenn wir ein neues Werkzeug kaufen, übersteigt das unser Kohlenstoffbudget um ein Vielfaches. In einigen Jahren sparen wir dafür mehr Kohlenstoff ein. Aber wenn du anfängst, Beton auszulegen oder Maschinen zu kaufen, geht dein Abdruck durch die Decke. Letztes Jahr habe ich eine angetriebene Egge gekauft. Bis ich die CO_2-Schulden abgebaut habe, dauert es Jahre.«

Viele angebliche CO_2-Einsparungen auf landwirtschaftlichen Betrieben sind das Ergebnis falscher Berechnungen. Wenn organisches Material vom Boden aufgenommen wird, steigt sein Kohlenstoffgehalt. Doch wenn dieses Material von Geisterflächen importiert wurde – in Form von Tierdünger, Viehfutter oder Bioabfall – raubt der Betrieb Peter aus, um Paul zu bezahlen: Es wird lediglich Kohlenstoff von einem Ort zum anderen geschafft.[576]

Wie alle komplexen Systeme sucht der Boden nach einem Gleichgewicht. Am stabilsten ist er bei einem Kohlenstoff-Stickstoff-Verhältnis von etwa 12:1.[577] Gibt man zu viel Kohlenstoff hinein, kann wegen der komplizierten Interaktionen zwischen Mikroben und Mineralstoffen weniger Stickstoff für die Pflanzen zur Verfügung stehen.[578] Wenn man versucht, den zusätzlichen Kohlenstoff mit mehr Stickstoff auszugleichen, läuft man Gefahr Distickstoffmonoxid freizusetzen und damit jegliche Verbesserungen hinsichtlich der Klimabilanz des Betriebs zunichtezumachen.[579]

Manche Ökologen behaupten, wir könnten den engen Spielräumen dieses Gleichgewichts entgehen, indem wir den Böden Biokohle zuführen. Biokohle ist eine sehr feine Kohleform, die aus forstwirtschaftlichen Abfällen, Biomüll, Klärschlamm und Gülle hergestellt werden kann. Einmal vergraben scheint sie relativ stabil zu sein und sie kann die Textur und die Fruchtbarkeit des Bodens verbessern.[580]

Bedenkt man, welche Begeisterung dieses magische Pulver vor ein paar Jahren hervorrief, dann fragen Sie sich vielleicht, warum Biokohle den Planeten noch nicht gerettet hat. Doch der Haken ist nicht schwer zu finden. Als dieses Buch entstand, verlangte die billigste Quelle, die ich in meinem Land finden konnte, 1300 Pfund pro Tonne Biokohle.[581] Vergleichen wir das mit landwirtschaftlichem Kalkdünger, der unter Landwirten als verboten teuer gilt und für gewöhnlich sparsamer auf die Felder gebracht wird als die empfohlene Menge an Biokohle. Meine Nachforschungen besagen, dass sich die Durchschnittskosten für eine volle Kalkladung, die auf 80 Kilometern verteilt werden kann, auf rund 50 Pfund pro Tonne belaufen.

Biokohle ist nicht nur als Bodenzusatz lächerlich teuer, sondern auch ein extrem kostspieliges Mittel, um Kohlenstoff zu sparen – verglichen mit dem Schutz von Wäldern und Torfmooren zum Beispiel. Mag sein, dass es einen kleinen Spielraum gibt, den Preis zu mindern, aber die erforderlichen

Technologien und die Menge an benötigten Rohstoffen lassen sich nicht an die Kostenentwicklung anpassen, die in Industrienationen herrschen. Der einzige billige Weg, an Biokohle zu kommen, ist, sie selbst in einem besseren Mülleimer herzustellen.[582] Aber wenn man nicht genau die richtige Brenntemperatur hinbekommt, macht man alle möglichen Einsparungen zunichte, indem Methan, Distickstoffmonoxid und Ruß in die Atmosphäre gelangen und der giftige Rauch einem viele Lebensjahre raubt.[583]

Das sicherste und wirksamste Mittel, CO_2 aus der Atmosphäre zu entfernen, besteht darin, die landwirtschaftlichen Flächen auf ein unbedingt notwendiges Maß zu reduzieren und das eingesparte Land wieder zu Feuchtgebieten[584] und Wäldern[585] umzuwandeln. Dies ist einer der Gründe, warum es wichtig ist, dass landwirtschaftliche Betriebe so sind wie Tollys: In höchstem Maße produktiv, doch zugleich bieten sie Korridore und Lebensräume für wilde Tiere.

»Ich hab noch nie in meinem Leben gewettet«, erzählt Tolly mir. »Und doch setze ich jedes Jahr Hunderttausende Pfund auf diesen Betrieb. Ich spekuliere auf das Wetter und muss mit den Karten leben, die es mir zuspielt. Da kann eine ganze Menge schiefgehen. Aber indem ich viele unterschiedliche Pflanzen anbaue, mindere ich das Risiko. Ich stehe jeden Tag um fünf Uhr auf, um meine Berechnungen anzustellen. Ich muss andauernd Entscheidungen über Dinge treffen, über die ich nicht nachdenken will. Allein, um am selben Ort bleiben zu können, müssen wir fortwährend in den Betrieb investieren. Ich mach das nicht wegen des Geldes. Aber irgendwie müssen wir uns ja über Wasser halten.

Tolly erzählt, dass er, da er nicht voll eingezahlt hat, Anrecht auf die Hälfte der staatlichen Rente hat, »und damit habe ich de facto das doppelte Einkommen«. Sein Einkommen aus dem landwirtschaftlichen Betrieb beläuft sich auf rund 70 Pfund die Woche: ein Hungerlohn, auch wenn er zusätzlich Geld für seine Beratertätigkeit bekommt. »Ich habe fast keine Ausgaben. Ich lebe außerhalb des Systems. Zwar verdiene ich viel weniger als meine Angestellten, aber ich habe viel mehr Vorteile. Wir zahlen hier sehr humane Mieten, weil Julian [Sir Julian Rose] findet, dass es Menschen geben sollte, die das Land bestellen. Kommerzielle Mieten könnte ich mir gar nicht leisten. Das kann man mit einem Einkommen aus der Landwirtschaft nicht bezahlen.«

Da die Agrarsubventionen pro Hektar gezahlt werden und Tolly lediglich sieben bewirtschaftet, kommen sie nur für 0,3 Prozent des gesamten betrieblichen Einkommens auf: Damit steht er im starken Kontrast zu den großen Ackerbau- und Viehzuchtbetrieben, von denen einige hauptsächlich durch Steuergelder am Laufen gehalten werden. 60 Prozent seiner Erzeugnisse verkauft Tolly über die wöchentlichen Gemüse- und Obstboxen, die nach Pangbourne, Reading und Oxford ausgeliefert werden. Der Rest wird im Hofladen verkauft. »Am liebsten würde ich ausschließlich Leute in einem Zwei-Meilen-Radius ernähren. Es gibt tausend Häuser in Pangbourne und Whitchurch. Für die Hälfte von ihnen könnten wir die Grundversorgung mit Gemüse sicherstellen.«

An Restaurants verkauft er keine seiner Erzeugnisse. »Um dich direkt mit ihnen auseinanderzusetzen, musst du schon Masochist sein. Hitzige Chefköche, hoher Personaldurchlauf. Die wollen alles am liebsten gestern schon haben, und zwar gewaschen und schön klein. Ich hab nicht die Nerven, mich mit ihren Launen rumzuschlagen. Außerdem schmeißen sie jede Menge Essen weg: Restaurantküchen produzieren viel mehr Abfall als normale. Und ich bau ja schließlich nicht Gemüse an, damit es im Mülleimer landet.«

In den meisten Jahren geraten Nachfrage und Versorgung auf tragische Weise aus dem Rhythmus. Genau dann, wenn seine Ernte Mitte Juli ihren Höhepunkt erreicht, fährt die Hälfte seiner Kunden in den Urlaub. Das Beste, was seinem Betrieb je passiert sei, war, so zynisch das klinge, der Ausbruch der Covid-19-Pandemie: Als sich die Regale zu Beginn der Pandemie leerten, stieg die Nachfrage nach seinen Erzeugnissen enorm. Die Zahl der Gemüsebox-Abonnenten verdoppelte sich, und er musste die Menge, die jeder Kunden im Laden kaufen konnte, rationieren, damit alle etwas bekamen. »Das hat uns auf einen Schlag in die Einkommenssteuergruppe befördert.«

Die Agrarwissenschaften haben der Chemie des Bodens große Aufmerksamkeit geschenkt. Doch je mehr wir verstehen, desto wichtiger scheint seine Biologie zu sein. Eine zukunftsweisende Disziplin der Bodenwissenschaften zu entwickeln, ist in meinen Augen ein Lösungsbeitrag zu dem Dilemma, vor dem wir derzeit stehen: Die Notwendigkeit mehr Essen mit weniger Landwirtschaft zu produzieren. Diese neue Agronomie würde – aufbauend auf dem sich stetig weiterentwickelnden Wissen über die Rhizosphäre und der sich herausbildenden Theorie des Bodens – spezifische organische Behandlungsmethoden entwickeln, die an die jeweiligen Bedürfnisse der vielen weltweit unterschiedlichen Bodenökologien angepasst sind.

Wenn wir herausfinden können, wie wir in einer ganzen Bandbreite aus Böden und Klimazonen die Beziehungen zwischen Nutzpflanzen, Bakterien und Pilzen vermitteln und fördern können, wie Tolly es getan hat, dann könnte womöglich sowohl der Einsatz von künstlichem als auch von Tierdünger reduziert und die Erträge zugleich gesteigert werden. Die neue Wissenschaft würde eine wirklich grüne Revolution einläuten. Mit ihrer präzisen Methodik könnte die Ausbreitung der globalen Standardfarm umgekehrt werden, da sowohl Techniken als auch Materialien allerorts an die regionale Ökologie angepasst werden müssten.

Kleinbauern auf der ganzen Welt suchen nach Lösungen und haben sich versammelt, um eine globale agrarökologische Bewegung zu bilden.[586] Doch ihnen fehlt die staatliche Unterstützung und Finanzierung, die die Großbauern so lange genossen haben.[587] Ein Artikel hält fest, dass Großbritannien über sieben Jahre hinweg sechs Milliarden Pfund Entwicklungshilfe in konventionelle Landwirtschaftsprojekte steckte, für Projekte hingegen, deren Hauptfokus auf der Entwicklung oder Verbreitung von Agrarökologie lag, jedoch keinerlei Unterstützung bereithielt.[588] Tatsächlich wurde hierzulande nicht ein einziger Penny in die Förderung der ökologischen Landwirtschaft gesteckt. Stattdessen floss alles in die Landwirtschaftsform, die die Privatwirtschaft ohnehin schon vorantreibt. Die Forscher stellten fest, dass das typisch für die Hilfezahlungen reicher Nationen war.

In die umfassende Entwicklung einer neuen Agronomie müssten viele Milliarden Dollar investiert werden. Doch sie würde zweifellos weniger kosten, als die Oberfläche des Mars zu erforschen, ein Projekt, das teilweise von dem absurden

Ehrgeiz getrieben wird, diesen Planeten in eine zweite Erde zu verwandeln und für Menschen bewohnbar zu machen. Sicherzustellen, dass die Erde – deren Bewohner sich angesichts des Luxus von Sauerstoff, Strahlenschutz, Luftdruck und mit einem g Schwerkraft glücklich schätzen können – bewohnbar bleibt, erscheint da ein wesentlich dringlicheres und nachvollziehbareres Ziel.

Mit anderen Worten, wir brauchen ein Erd-Rover-Programm,* das sorgfältig die Oberfläche unseres eigenen Planeten erforscht, deren Geheimnisse ebenso unbekannt sind wie die Oberfläche des Mars. Die Wissenschaftler, die in diesem Programm arbeiten, würden danach streben, eine Karte der weltweiten Agrarböden zu erstellen, die eine viel feinere Auflösung hat als die bereits erstellten.[589] Sie würden versuchen, ihre verschiedenen Ökologien zu verstehen[590] und Methoden ausarbeiten, mit denen große Mengen Nahrung mit möglichst wenig Supplementen und der bestmöglichen Klimabilanz produziert werden kann. Diese Wissenschaft ist wahrscheinlich für agrarchemische Unternehmen von geringem Interesse, was erklären könnte, warum sie bisher so wenig Aufmerksamkeit und Geld erhalten hat.[591] Staatliche Förderungen für Forschungsprojekte folgen oft kommerziellen Agenden. Ich finde aber, Fördergelder sollten die Erforschung von Techniken ermöglichen, die nicht von Großunternehmen monopolisiert und von ihnen genutzt werden können, um das globale Ernährungssystem zu beherrschen.

* Nicht zu verwechseln mit einer Marke landwirtschaftlicher Roboter, die von einem Unternehmen namens Earth Rover vertrieben werden.

Dabei ist natürlich keine Technologie vollkommen vor der Tendenz des Kapitals gefeit, sich zu konzentrieren und zu zentralisieren. Selbst eine Methode wie Tollys könnte schiefgehen. Zum Beispiel könnte ein Bauer es billiger oder bequemer finden, Hackschnitzel zu importieren, statt seine eigenen anzubauen oder lokale Abfallquellen zu nutzen. Tolly verwendet in sieben Jahren weniger Hackschnitzel als ein einziger Hühnermaststall – zum Heizen – in einem Jahr. Doch würde es auf einmal zu einem beliebten Inokulat avancieren, könnte die Nachfrage nach zerhackten Bäumen zu dem unerträglichen Druck beitragen, der schon jetzt auf den weltweiten Wäldern lastet. Ich habe den Eindruck, dass die Standards für »bio-vegane Landwirtschaft«, die Tolly mit entwickelt hat, strenge Restriktionen auf die Menge an Pflanzenmaterialien, die ein Betrieb importieren darf, enthalten sollte, was derzeit nicht der Fall ist.[592]

Unter wohlmeinenden Unternehmen und ihren Kunden ist es weit verbreitet, biologische Materialien als unendlich zu behandeln. Ja, es stimmt, Bioethanol und Biodiesel können die Brennstoffe ersetzen, mit deren Hilfe wir uns derzeit fortbewegen. Biokerosin kann es uns ermöglichen, wieder ohne Schuldgefühle zu fliegen. Heizöl und Kohle kann durch Holz ersetzt werden. Einmalbecher können aus Maisstärke und Plastiktüten aus Kartoffeln hergestellt werden. Aber all diese Rohstoffe sind begrenzt. Alles, was wir verwenden, nehmen wir von jemand oder etwas anderem.

All diese Substitute haben sich als katastrophal herausgestellt. Bioethanol und Biodiesel haben einen tödlichen Wettbewerb zwischen Autos und Menschen in Gang gesetzt, der Nahrungsmittelpreise steigen lässt und Hunger verbreitet.[593]

Zugleich beschleunigen sie die Zerstörung der Regenwälder, da sie in Palmölplantagen und Anbauflächen anderer Industriepflanzen verwandelt werden.[594] Sollte Biokerosin einmal breit zum Einsatz kommen, werden diese Katastrophen noch verheerender. Berechnet man den Einsatz von Pestiziden, Düngemitteln, Bewässerungswasser und Diesel mit ein, ebenso wie die Bodenerosion, für die Mais und Kartoffeln bekannt sind, so erweist sich die aus diesen Pflanzen gewonnene Stärke wohl als umweltschädlicher als fossiles Plastik.[595] Wenn wir die Zerstörung der weltweiten Wälder und anderer natürlicher Lebensräume nicht endgültig beschließen wollen, dann müssen wir unseren Verbrauch von Pflanzenmaterialien auf ein Minimum reduzieren. Kurz gesagt, wir dürfen sie nicht länger als willkommene Alternative zu unserem exzessiven Verbrauch von Hydrogencarbonaten behandeln, die man guten Gewissens benutzen kann.

Selbst in einem System wie Tollys sollten wir pflanzliche Materialien so sparsam wie möglich einsetzen. Wenn auf 20 Prozent des derzeit als landwirtschaftliche Fläche genutzten Landes Bäume gepflanzt würden, könnte das Tollys Schätzungen zufolge genug Material liefern, um den landwirtschaftlichen Kohlenstoffkreislauf aufrechtzuerhalten und die Fruchtbarkeit der Böden zu verbessern. Das klingt nach sehr viel. Aber wenn 20 Prozent dabei helfen, den Austritt aus der Viehwirtschaft zu beschließen, dann wird damit viel mehr Land gewonnen als verbraucht. Und die neuen Bäume könnten, insbesondere, wenn eine Vielfalt heimischer Arten zum Einsatz käme, wichtige Korridore und Lebensräume für Wildtiere schaffen.

Bei jedem meiner Besuche kaufte ich ein wenig Gemüse in Tollys Hofladen. Es war immer frisch und knackig. Selbst im Winter gab es genug Variation, um Hunderte verschiedene Mahlzeiten zu kreieren. Im Frühsommer kaufte ich Puffbohnen, Frühkartoffeln und Frühlingszwiebeln. Die Bohnenhülsen waren noch weiß umrandet. Die kleinen Samen heraus zu pulen kam mir fast grausam vor. Ich ließ sie für weniger als eine Minute kochen, bis ihre Haut sich aufplusterte, und besprenkelte sie dann mit etwas Zitronensaft. Sie waren süß und fleischig. Ich kochte die Kartoffeln, bis sie so weich waren, dass sie von einem Messer fielen, und tauchte sie in vegane Butter.

Als ich Tollys Produkte aß, war ich begeistert von ihrem intensiven Geschmack. Er produzierte sowohl Qualität als auch Quantität. Im Spätsommer kaufte ich drei verschiedene Tomatensorten, die ich grob geschnitten und mit ein bisschen Salz, Olivenöl und Basilikum aß, der auf meiner Fensterbank wächst. Die drei Sorten waren geschmacklich in ihrer Würze und Süße so verschieden, dass ich sie blind hätte auseinanderhalten können.

Im Herbst kaufte ich einen Hokkaidokürbis: Eine hellorangene japanische Sorte, die mit ihrem zarten Hals und den perfekten Kurven aussieht wie getöpfert. Ich röstete ihn samt Haut, bis er Blasen warf und braun wurde und gab nach der Hälfte der Zeit ein paar Knoblauchzehen hinzu. Als er ein wenig abgekühlt war, mixte ich ihn und die geschälten Knoblauchzehen mit Tahin, Zitronensaft und Pfeffer im Blender. Heraus kam eine weiche, süße Paste, die mit toffeebraunen Kürbishautstückchen und karamellisiertem Knoblauch gesprenkelt war.

Im Winter kaufte ich Karotten, Grünkohl, Lauch und Zwiebeln und kochte eine Ribollita nach einem Rezept von Hugh Fearnley-Wittingstall. Eine Ribollita ist ein italienischer Eintopf mit Bohnen und Gemüse. Klingt einfach, aber tatsächlich handelt es sich um ein Gericht, dessen Zubereitung schnell daneben gehen kann. Während es köchelte, war die Küche erfüllt vom scharfen Aroma der Pflanzenöle. Ich schrubbte die großen, knubbeligen Karotten und zog den ledrigen Grünkohl von seinen Stängeln. Schließlich servierte ich die Ribollita in Schüsseln, mit Toaststückchen und Olivenöl beträufelt. Der Eintopf war dick und glänzend, schmeckte jedoch leicht, duftend und buttrig. Selbst in diesem sämigen Eintopf trat der Geschmack jedes einzelnen Gemüses hervor.

An einem sonnigen Tag Ende Januar besuchte ich Tolly zum letzten Mal. Die tief stehende Sonne erhellte die vielen Papierstapel, die auf seinem Küchentisch verstreut lagen. Die überflutete Pferdeweide unter seinem Haus war von einer dünnen Eisschicht bedeckt und darüber flogen schreiend schwarzköpfige Möwen.

Wir sprachen gerade darüber, ob sein System die Chance hätte, von einer breiten Masse übernommen zu werden.

»Ich hatte hier drei Landwirtschaftsminister von verschiedenen Ländern zu Besuch.«

»Auch aus England?«

»Nein, natürlich nicht. Warum sollten sie?«

Tollys Handy klingelte. Er redete für einen Moment, dann stand er auf.

»Der Anhänger hat einen Platten. Wir können das Gemüse nicht ausfahren.«

»So läuft das immer hier. Da hast du eine Konferenz und kommst mit einer Menge tollen Ideen wieder. Und dann verbringst du einen halben Tag damit, einen Reifen zu flicken.«

Ich folgte ihm zum unteren Feld, wo der kaputte Anhänger parkte. Von der frühen Sonne getäuscht, zwitscherte ein Rotkehlchen in einer alten Esche.

»So ein schöner Tag. Ich frag mich nur, was wir tun müssen, um ihn zu bezahlen.«

Mit einer geübten Handbewegung klemmte er den Wagenheber unter den Anhänger, legte den Schraubenschlüssel an die Muttern, verlängerte den Griff mit einem Stück Gerüstrohr und löste jede einzelne mit einem Kling, das auf den Feldern widerhallte und die Heckenbraunellen aufschreckte.

»Ich habe diesen Anhänger seit fünfundzwanzig Jahren. Ich habe schon die Seitenteile und den Boden erneuert, einen neuen Kippzylinder eingepasst und die Räder ausgetauscht. Von dem ursprünglichen Anhänger ist nicht mehr viel übrig. Ich hole aus allem die maximale Lebensdauer heraus. Meinen Traktor habe ich seit dreiunddreißig Jahren und als ich ihn gekauft habe, hatte er schon siebzehn auf dem Buckel. Jetzt wächst eine ganze Generation heran, die keine Ahnung von Maschinen hat. Das macht mir Sorge.«

Er drehte die Muttern heraus und bockte den Anhänger auf.

»Sowas kann dir komplett den Tag versauen. Der ganze Anhänger ist voller Gemüse, das im Laden ankommen muss.«

Er warf das Rad in seinen Lieferwagen, und wir fuhren zu einem kleinen Industriegelände, das irgendwie in der Zeit stehen geblieben zu sein schien, während sich alles andere in seiner Umgebung nach und nach verändert hatte. Vor der

Werkstatt saß ein großer Mann mit einem sanftmütigen, rosigen Gesicht auf einem Stuhl in der Sonne. Er trug einen Overall und eine alte Veloursledermütze, die an eine Haifischnase erinnerte. Ihr Rand war glänzend und abgegriffen. Aus der Werkstatt erklang Radio 2.

»Nicht viel los heute, wie?«, bemerkte Tolly, als wir aus seinem Wagen stiegen.

»Tja, hier draußen sitzt man schöner als da drinnen.«

Wir redeten eine Weile über Pferd und Kutsche des Mechanikers, die er für Hochzeiten vermietete.

»Du solltest lieber Bestattungen machen. Da machst du mehr Geschäfte.«

»Man sagt, das ist eine aussterbende Branche. Ich müsste an Wochentagen arbeiten, weil keiner sagen kann, wann die Leute sterben. Hochzeiten sind immer am Wochenende.«

Der Mechaniker schob sich die Mütze in den Nacken, sodass ihm die Sonne ins Gesicht fiel.

»Gut, dass du kommst. Ich wollte dich eh wegen diesen riesigen schwarzen Nacktschnecken fragen. Normalerweise gibt es die doch nicht im Winter, oder?«

»Nee«, sagte Tolly. »Das liegt an dem ungewöhnlichen Wetter.«

»Ein paar von denen sind so lang. Was ich wissen wollte, wofür sind die gut?«

»Wofür die gut sind? Oh, die sind sehr nützlich. Die räumen alles auf.«

Noch während Tolly antwortete, schien der Mechaniker bereits beim nächsten Punkt zu sein.

»Ich hab mich auch gefragt, was all diese orange-schwarzen Raupen im Jakobskreuzkraut machen. Wie kommen die dahin?«

Tolly nickte mir zu. »Das kann der dir sagen.«

»Das sind die Larven des Jakobskrautbär. Ein Nachtfalter.« Neben diesen praktisch veranlagten Männern kam ich mir vor wie ein übereifriger, nerviger Streber, der sich meldete, während der Rest der Klasse mit den Augen rollte.

»Nachtfalter also? Willst du damit sagen, da kommen die her?«

»Ja.«

»Diese Falter sind also auch gestreift?«

»Sowas in der Art, ja.«

»Orange und schwarz?«

»Nein, pink und grau.«

»Ah. Die Falter bringen also die Raupen?«

»Ja.«

»Und was ist mit Wespen? Wofür sind die da?«

Auf dem Rückweg sagte Tolly. »Ich hatte mit dem Gedanken gespielt, die ganze Farm mit Pferden zu bestellen. Also habe ich mich reingearbeitet und alles durchgerechnet. Dabei kam raus, dass wir derzeit 4,5 Liter Diesel pro Familie verbrauchen, an die wir das Gemüse verkaufen. Das deckt die Traktorfahrten, die Auslieferungen und alles andere ab. Landwirtschaft verbraucht eine Menge Energie. Was also, wenn wir stattdessen Pferde nehmen würden? Wir bräuchten zwei Pferde, was bedeuten würde, dass wir vier von unseren siebzehn Acre [sechs Hektar] verwenden müssten, um sie mit Hafer, Gras und Heu zu füttern. Einen Acre zu pflügen würde einen ganzen Tag dauern. Du würdest rund fünfundzwanzig Kilometer laufen. Für zehn Acre [vier Hektar] bräuchtest du zehn Tage. Mit dem Traktor ist es nur einer. Wenn es regnet, müsstest du aufhören. Das Gemüse auszuliefern würde zwei

Tage statt vier Stunden dauern. Auf der anderen Seite sind die Pferde viel besser für den Boden. Sie verdichten ihn nicht so stark wie der Traktor.«

»Zwei Pferde, das bedeutet mehr Angestellte, die sich um sie kümmern, und dann ist da noch die Weide. Wir müssten dreieinhalbmal mehr für das Gemüse verlangen, als wir es jetzt tun.«

»Ähnlich sieht es bei Tiermist aus, würden wir den als Dünger verwenden. Ich könnte hier entweder anderthalb Kühe oder drei Schafe halten. Das ist die Sache mit Nutztieren. Sie verbrauchen verdammt viel Fläche.«

Das war eines der vielen Dinge, die ich an Tolly zu schätzen gelernt hatte: Seine unermüdlichen Nachforschungen und Spekulationen. Im Grunde ist er der geborene Wissenschaftler. Neugierig stellt er alles in Frage, prüft kritisch seine eigenen Ideen und zeichnet alles auf. »Was wir tun, wirkt nachhaltig«, sagte er mir einmal. »Aber mit Gewissheit können wir das erst sagen, wenn wir es hundert Jahre gemacht haben.«

Ich bezweifle, dass ich der einzige in diesem Bereich bin, der sich über Menschen ärgert, die behaupten, ihre Form der Landwirtschaft sei das beste aller möglichen Systeme in der besten aller möglichen Welten. Ich habe Bauern erlebt, die mit hohen Idealen loslegen, aber dann langsam aber sicher zu Werbefritzen werden. Blind für die Schattenseiten ihrer Praxis überhöhen sie deren Vorteile und ordnen ihren Verstand ihren Interessen unter. Menschen, die ich zu schätzen weiß, sind hingegen diejenigen, die wie Tolly die Fähigkeit besitzen, sich selbst zu korrigieren. Sie erkennen ihre eigenen Fehler und tun alles dafür, sie anzugehen. Eines der schwierigsten Dinge im Leben ist, genug Selbstvertrauen zu sammeln, um weiterzumachen, egal, wie oft du zurückgeworfen wirst, und zugleich jedoch offen für Kritik zu bleiben und deinen Kurs, wenn nötig, zu ändern.

Tollys Methode ist, wie er selbst bereitwillig zugibt, nicht perfekt. Wie die meisten Gemüsebauern muss er relativ viel wässern. Er verwendet Plastikfolie für seine Folientunnel und Tüten und Körbe, um sein Obst und Gemüse auszuliefern.[596] Liebend gern würde er seinen Strom selbst generieren und seine dieselbetriebenen Maschinen durch elektrisch betriebene ersetzen, doch das kann er sich nicht leisten.

Er hat hart daran gearbeitet, um sein System so leicht imitierbar wie möglich zu machen. Zum Beispiel gibt er anhand von simplen Maßstäben wie der Anzahl der Regenwürmer an, wie erfolgreich ein Betrieb ist. Andere Gemüsebauern haben begonnen, seine Techniken zu übernehmen. Doch während seine Methoden replizierbar sein mögen, ist er es nicht. »Es ist nicht nur ein Fulltime-Job, es ist ein Fulltime-Leben.« Wie viele Leute sind bereit, es so zu führen?

Während er den Anhänger höher aufbockte und das Rad wieder einsetzte, fragte ich ihn, ob er schon einmal darüber nachgedacht hat, ob seine Techniken auch auf den Getreideanbau angewendet werden könnten. Schließlich können wir nicht nur von Gemüse und Obst leben.

»In der Theorie, ja. Das ginge schon. Du müsstest eine Fruchtfolge aus drei oder vier Pflanzen machen und dazwischen Bohnen und Hanf anbauen, vielleicht zwischendurch zu einem gewissen Maß auch Gemüse pflanzen. Man könnte ein Agroforstsystem, das Alley Cropping, einrichten und die Feldpflanzen neben Bäumen anbauen. Die Erträge wären wahrscheinlich geringer als die konventioneller Getreidebauern, aber da du keine Nutztiere hast, hättest du weniger Flächenverlust. Es gibt schon ein paar Leute, die damit experimentieren. Das könnte die Landwirtschaft von Grund auf verändern.«

Er zog die letzte Mutter fest.

»Das Problem an der ganzen Sache sind die Finanzen. Kann man damit Geld machen? Die Gewinnspanne von Getreide ist extrem schmal, was erklärt, warum die Bauern ihr Land 100 Prozent der Zeit bestellen. Dieses System auf sie zu übertragen, würde bedeuten, dass ein Drittel ihres Betriebes nichts erwirtschaftet. Wenn ein Getreidebauer ein Drittel seines Landes aus der Produktion nimmt, geht er pleite. Da liegt das Problem. Der Getreidepreis ist zu niedrig.«

»Okay, fertig. Los, suchen wir uns was zu essen.«

5 GENUSS IN ZAHLEN

Am Tag, nachdem der Dokumentarfilm *Rivercide* live von den Ufern des Wye übertragen worden war,[597] ging ich durch Hay, eine der kleinen Marktstädte im Flusstal. Da wurde ich von einer schick gekleideten Frau um die siebzig angesprochen.

»Ich habe Ihren Film gestern Abend gesehen«, verkündete sie mit einer Stimme, die man auch jenseits der Grenze noch hätte hören können. »Mit dem meisten bin ich einverstanden. Aber *warum* haben Sie nicht die echte Lösung genannt?«

»Die echte Lösung?«

»Ja. Dass jeder 30 Prozent seines Einkommens für Essen ausgeben sollte.«

»Aber ...«

»Da liegt doch das Problem, oder nicht? Essen ist heutzutage einfach zu billig. Deshalb geht alles den Bach hinunter. Aber das haben Sie mit keinem Wort erwähnt.«

»Nun ...«

»Darum war es Zeitverschwendung. Gut gemeint, aber die reinste Zeitverschwendung.«

Bevor ich zu einer Antwort kam, war sie bereits davonmarschiert.

Das habe ich oft zu hören bekommen: Essen ist zu billig. In gewisser Weise stimmt das auch. Essen ist zu billig, um Kleinbauern, von denen viele zu den hungrigsten Menschen der Welt zählen, ein ausreichendes Einkommen zu gewährleisten. Wie Tolly angeführt hat, ist es zu billig, um Großbauern die Möglichkeit zu geben, landwirtschaftlich gut zu arbeiten. Und es ist zu billig, um den Schaden, den es der Lebenswelt zufügt, zu reflektieren – die unbeglichenen Kosten, die Wirtschaftswissenschaftler »externe Effekte« nennen. Aber für die Armen ist das Problem keineswegs, dass Essen zu billig, sondern dass es zu teuer ist. An 30 Prozent ist da gar nicht zu denken: Drei Milliarden Menschen weltweit wären nicht in der Lage, sich gesünder zu ernähren, selbst wenn sie 63 Prozent ihres Einkommens für Essen ausgeben würden.[598]

Bevor wir zu der entscheidenden Frage kommen, wie wir unsere Hauptkulturen – vor allem Getreide, Ölsaaten und andere Kornpflanzen – anbauen könnten, ist es in meinen Augen wichtig, zu klären, welche Anforderungen sie erfüllen müssen. Manchmal habe ich den Eindruck, dass die wirtschaftlichen Aspekte unserer Nahrungsmittelerzeugung und unseres Konsums ebenso im Dunkeln liegen wie ihre Biologie. Da die landwirtschaftliche Krise sowohl eine gesundheitliche und soziale als auch eine Umweltkrise ist, sollten wir uns immer wieder die Gefahr vor Augen führen, mit der vermeintlichen Lösung eines Problems ein anderes zu verschlimmern.

Manchmal gehen Umweltschutz und Nahrungsmittelgerechtigkeit Hand in Hand, manchmal stehen sie im Widerspruch zueinander. Um das grundlegende Dilemma, das in diesem Buch untersucht wird, anzugehen – wie können wir jeden ernähren, ohne unsere lebenserhaltenden Systeme zu zerstören –, müssen wir diese Probleme, so gut es geht, lösen. Nahrung muss nicht nur innerhalb gewisser Umweltbeschränkungen erzeugt werden, sondern zugleich gesund und bezahlbar sein. Das stellt eine enorme Herausforderung dar. Während es durchaus zutreffen kann, dass reiche Menschen mehr Geld für Essen ausgeben sollten, scheint die Behauptung, dass jeder es tun sollte, ignorant und hartherzig.

Ich wohne in einer durchschnittlichen Straße, die an einen großen Wohnblock grenzt. Einst gebaut, um die Arbeiter eines inzwischen überwiegend automatisierten Autobauers unterzubringen, weist das Viertel inzwischen, obwohl am Rande einer der reichsten Städte Großbritanniens gelegen, eine der höchsten Kinderarmutsraten des Landes auf. Achthundert Meter von unserem Haus entfernt umgibt der Block ein altes Dorf, das vor langer Zeit von der Stadt verschlungen wurde. Einst bewohnt von Professoren, bevölkern inzwischen Banker, Tech-Unternehmer und andere geheimnisvolle Millionäre die hübschen Kalk- und Backsteinvillen.

Wenn man an einem Freitagnachmittag am Rande des Dorfes steht und über das Freizeitgelände blickt, das es von dem Sozialbau trennt, dann kann man mehrere Menschen sehen, die an der Glastür des Gemeindezentrums Schlange stehen. Jeder von ihnen verbringt dort ein paar Minuten, füllt seine Tüten und geht wieder weg. Es ist die Tafel. Hat man das Freizeitgelände einmal überquert, kommt es einem vor, als würde man ein Portal zwischen zwei Welten passieren. Während einem meiner Besuche fragte ich die Kunden, was sie von der Behauptung hielten, dass Lebensmittel zu billig seien. Ihre Antworten reichten von leiser Verwunderung – als hätten sie nicht recht gehört – bis hin zu blanker Fassungslosigkeit. Einige antworteten kurz und knapp.

»Wenn Essen zu billig wäre, würde ich nicht hier stehen.«

»An dem Punkt, wo ich gerade bin, kann ich es mir nur leisten, wenn es umsonst ist.«

»Billig gibt's heutzutage doch gar nicht mehr.«

»Die wollen uns wohl verarschen.«

Andere seufzten oder schüttelten nur die Köpfe. Während ich im Gemeindezentrum mit ihnen redete, ließ ich hin und wieder den Blick über ihre Schultern auf die andere Seite schweifen, wo jenseits des Freizeitgeländes die Drei-Millionen-Pfund-Villen standen.

Meine Reise zur Tafel begann auf Tollys Farm. Eines Tages erzählte er mir, dass er das Gemüse, das er nicht verkaufen kann – für gewöhnlich Kartoffeln und Zwiebeln am Ende der Saison – an einen Wohltätigkeitsverein spendet, der überschüssige Lebensmittel sammelt und verteilt. Ich beschloss, ihnen nachzuspüren und herauszufinden, warum in einer derart reichen Nation so viele hungern und was sich ändern muss. Zunächst verfolgte ich Tollys Gemüse bis zu einem Lagerhaus im Umland von Didcot, eine fade Pendlerstadt in Oxfordshire. Es wird von Schulabgängern, die bei einem lokalen Wohltätigkeitsverein (Sofea)[599] angestellt sind, geleitet und lagert Güter, die von dem größten britischen Essensverteiler gesammelt werden, einer Organisation namens FareShare.[600]

Obgleich ein kleines Lagerhaus steht es vor großen logistischen Herausforderungen. Tägliches Essen, das andernfalls weggeschmissen würde, trifft aus Dutzenden Branchen ein. Manches kommt in ganzen Paletten, anderes lediglich in Tragetaschen. Beim Eintreffen wird es ins Inventar aufgenommen, dann gestapelt und verzeichnet, damit man es schnell wiederfinden kann. Die aktualisierte Inventarliste wird an mehr als hundert Wohltätigkeitsorganisationen verschickt, die ihre Bestellungen aufgeben. Da bei einigen Lebensmittel das Haltbarkeitsdatum abläuft, muss es beinahe unmittelbar bestellt, zur Lieferung bereitgemacht, abgeholt und geliefert werden.

Die »lagerstabilen Lebensmittel« thronen hingegen auf hohen Stahlregalen, die bis unter die Decke reichen. Es handelt sich um Produkte, die lange haltbar sind und nicht gekühlt werden müssen. Überschüssige Dosen und Packungen sind oft schwer zu bekommen, da die Läden und Hersteller sie nicht so schnell loswerden müssen. Als ich dort war, waren die Regale voll, wenn auch mit der typischen Bandbreite an haltbaren Lebensmitteln: Pilze aus der Dose, Brühwürfel, Nudeln, Thunfisch, Chilisoße, fertiger Dosenlatte, Donut-Fertigmischungen und Frühstückscerealien. Doch zu Beginn der Pandemie, als sich die Supermärkte leerten, waren lagerstabile Lebensmittel kaum zu finden, sodass FareShare Druck auf die Regierung ausüben musste, um welche zukaufen zu können. Nun waren die letzten dieser Vorräte – Dosentomaten, Baked Beans, Kichererbsen und Zuckermais – beinahe aufgebraucht und es herrschte eine leise Panik, wie man sie ersetzen sollte.

Am meisten Geschäftigkeit herrschte bei den frischen Lebensmitteln, da sie schnell weitergegeben werden müssen. Die Ladungen treffen meist in kleineren Mengen ein und variieren stark voneinander. Es gab säckeweise knorrige Pastinaken, die über die Supermarktnormen hinausgewachsen waren, zu krumme Karotten und rote Kartoffeln, deren barocke Formen es nicht durch die Qualitätskontrolle geschafft hatten. Außerdem waren große Netzsäcke voller Zwiebeln eingetroffen: »Das sind die, die vom Förderband gefallen sind«, erklärte mir Adèle von FareShare. »Sie fegen sie extra für uns zusammen und packen sie in Säcke.«

In einer Bauschutttasche lagerten Birnen, Boxen voller Gurken, Äpfel, Paprika, Wassermelonen, Zitronen, Süßkartoffeln, Kiwis, Kohlrabi, eine Kiste mit polnischem Brot und ein paar hundert Eier. Zudem war eine halbe Palette Blumen in Zellophanbuketts eingetroffen. »Die schicken wir mit dem Essen raus. Warum auch nicht?«

Ein junger Mann packte gerade eine ganze Wagenladung Kokosmilchpulver aus.

»Keine Ahnung, wie das hier gelandet ist«, bemerkte Adèle. »Unendlich viel können wir davon auch nicht ausliefern.«

In den gähnenden Industriekühlvitrinen lagerten kistenweise Radieschen, Kohl, Brokkoli, Pilze, Blumenkohl und Buschbohnen.

»Diese Bohnen waren wahrscheinlich zu lang fürs Fließband. Abpackmaschinen sind sehr streng, wenn es darum geht, was sie verwenden können. Wenn das Gemüse zu groß ist, kann es die Verpackung kaputt machen. Der Brokkoli hier ist ein bisschen zu groß geraten. Hervorragend zum Essen, aber entspricht nicht der Norm.«

Eine fahrbare Kühltruhe war gefüllt mit Würstchen, Fleischstücken, Fischen mit trüben Augen, Quorn-Burger, Tiefkühl-Pasta, Torten und Pies.

»Obst und Fleisch kriegen wir nie genug.«

Das ist ein großes und sehr verbreitetes Problem der Tafel.

Für Menschen mit geringem Einkommen sind vor allem die frischen Produkte kaum bezahlbar. Aber die frischen Produkte sind es auch, an die die Tafeln am schwersten herankommen. Das liegt zum einen an ihrer kurzen Haltbarkeit im Regal und zum anderen, wie ich bald herausfinden sollte, an der Herausforderung, sie aus der Nahrungsmittelkette zu lösen.

Die Aufsichtsleitung über die gesamte Bestellungssammlung und -auslieferung war eine kleine, zierliche Frau von 21 Jahren, deren Gesicht beinahe vollständig hinter einer Maske verschwand. Sie hatte die Schule verlassen, ohne ein einziges Examen zu bestehen. Jetzt leitete Soph ein sechsköpfiges Team.

»Bevor ich hier angefangen habe, habe ich eigentlich gar nichts gemacht, weil ich wegen meinen schlechten Schulnoten keine Lehrstelle oder so bekommen habe. Ich war sozial schräg drauf. Wenn man mich in eine Gruppe setzte, saß ich als einzige stumm da und habe alle anderen reden lassen. Das wurde anders, als ich die Möglichkeit bekam, wirklich zu arbeiten. Ich habe gelernt, dass man von Leuten akzeptiert wird, von denen man es nicht gedacht hätte, und dass ich eine Chance habe.«

Im Verpackungsbereich hat Soph dann einen jungen Mann kennengelernt, der ihr Partner wurde und mit dem sie vor kurzem einen Kredit für ein Haus aufgenommen hatte.

Die Zahlen von FareShare zeigen, dass eine Tonne Lebensmittel, die einen Querschnitt durch die Produktpalette bildet, den normalen Konsumenten auf dem Markt rund 1500 Pfund kosten würde. Die Organisation kann ein Äquivalent an überschüssigen Lebensmitteln für 210 Pfund finden und verteilen.[601] Diese Arbeit ist sehr wichtig. Doch die Organisation weiß selbst, dass die Reduktion von Lebensmittelabfällen zwar wichtig, aber nur einer von vielen Lösungsansätzen für die Krise der Landwirtschaft ist, und dessen Potenzial oft übersteigert dargestellt wird.

Während die Lebensmittelindustrie in Großbritannien jährlich rund zwei Millionen Tonnen wegwirft, können davon lediglich rund 250 000 Tonnen gerettet werden,[602] erklärte mir die Wohltätigkeitsorganisation. FareShare will diese Quote verbessern: Sie glauben, dass mit etwas Kreativität bis dato unzugängliche Teile der Nahrungsmittelkette überzeugt werden können, ihre überschüssigen Lebensmittel abzugeben. Doch einige Branchenzweige lassen eher mit sich reden als andere.

Den Supermärkten die Pistole auf die Brust zu setzen ist vergleichsweise leicht, da sie um ihr öffentliches Image besorgt sind. Die von ihnen gehandelten Lebensmittel können direkt an Lagerhallen wie Sofea's weitergeliefert werden, da sie bereits für den Endverbraucher abgepackt sind. Meistens geben die Supermärkte ohnehin nicht ihre eigenen Produkte weg, sondern die von jemand anderem. Sie führen derart ausbeuterische Geschäftsbeziehungen zu ihren Lieferanten, dass sie ihnen bestellte, aber nicht verkaufte Produkte oft nicht bezahlen. Aus dieser bequemen Position heraus tendieren sie zu Überbestellungen[603, 604] und stellen sich am Ende als Helden dar, wenn sie die Güter anderer Menschen an Wohltätigkeitsorganisationen spenden.

Doch die Verarbeitungs- und Verpackungsunternehmen weiter oben in der Lieferkette haben keine direkte Beziehung zu den Verbrauchern und hinsichtlich ihrer Reputation wenig zu verlieren, wenn sie das meiste Essen, dass durch ihr Werk geht, wegschmeißen. Manchmal gewinnt Arbeits- über Materialeffizienz: Es kann ein Unternehmen mehr kosten, die Lebensmittel vor dem Abfall zu bewahren, als es durch ihre Rettung einsparen würde. Viele Nahrungsmittel gehen lange verloren, bevor sie eine Form annehmen, die leicht verpackt oder konsumiert werden kann.

FareShare hat bei einigen auf clevere Art interveniert. Sie fanden zum Beispiel heraus, dass Wurstfabriken, wenn ihre Maschinen von einer Wurstsorte zur nächsten wechseln (zum Beispiel die Lincolnshire zur Cumberland), das Wurstfleisch, dass sich noch in den Fabrikrohren befindet, auspumpen und wergwerfen. FareShare ist es gelungen, eine Fabrik davon zu überzeugen, dieses Fleisch zu gewöhnlichen Würstchen zu pressen und sie an die Organisation zu spenden. Außerdem fanden sie heraus, dass sie mit der Zahlung extra anfallender Kosten für Gemüse- und Obstbauern Anreize schaffen können, Nahrung zu ernten, zu verpacken und auszuliefern, die andernfalls unter den Boden gepflügt würde.

Doch meistens führt kein Weg in diese Zwischenstationen hinein. Obst und Gemüse zählen zu den Ausnahmen, da es sich bereits zum Zeitpunkt, wo sie den Hof verlassen, mehr oder weniger um Endprodukte handelt. Anders ist die Sache bei Getreide oder Nutztieren: Die Wohltätigkeitsorganisation ist nicht dafür ausgelegt, eine Herde überflüssiger Schweine aufzunehmen.

In der reichen Welt findet die meiste Lebensmittelverschwendung am anderen Ende der Nahrungsmittelkette statt:[605] Halb oder gar nicht gegessene Speisen werden weggeworfen, weil die Augen größer waren als der Magen.[606] Es kann nicht weiterverteilt und der Verlust lediglich durch Moralappelle verringert werden, was bekanntermaßen keine leichte Aufgabe ist.

Glauben Sie also Leuten nicht, die behaupten, dass durch die Verwertung der rund zu einem Drittel in den Abfall wandernden Lebensmittel[607] die Hungernden ernährt werden und große Teile der landwirtschaftlichen Flächen sowie jede Menge Düngemittel, Pestizide und Wasser gespart werden könnten. Der Großteil dieser Nahrungsmittel kann nicht gerettet werden.[608]

In diesem Zusammenhang unterläuft selbst Wissenschaftlern oft ein und derselbe Fehler. Einige Berechnungen lassen Vermutungen zu, dass jegliche Minderung von Umweltschäden durch die Reduktion von Essensabfällen ein Nettoersparnis darstellt.[609] Doch in ärmeren Ländern, wo ein Großteil der Nahrungsmittelabfälle das Ergebnis langsamer und unzuverlässiger Transporte sowie der hohen Temperaturen, Fäulnis, Schädlinge und Quetschungen ist, können augenscheinliche Lösungen wie der Ausbau des Straßennetzes, mehr Kühlmöglichkeiten[610] und mehr Verpackung all die umweltschonenden Einsparungen ins Gegenteil verkehren.

Während beispielsweise verbesserte Straßen in bereits bestehenden landwirtschaftlichen Regionen die Produktion an diesen Orten verdichten könnte, ist der Ausbau des Straßennetzwerks oft eine treibende Kraft bei der Zerstörung von Lebensräumen. Neue oder bessere Straßen können einen Goldrausch auslösen, da Menschen Agrarland in Regionen suchen, die zuvor schwer zu erreichen waren. Im Amazonas und im Kongobecken reißt ein Prozess, der höflich als »verbesserte Infrastruktur« bezeichnet wird, den gesamten Regenwald in Stücke.[611] Wissenschaftler beschreiben Abholzungen als »räumlich hochansteckend«: Jede neuerliche Verschiebung der Agrargrenze löst weitere Expansionen aus, insbesondere durch

Straßenbau.[612] Es besteht ein enger Zusammenhang zwischen einer nahen Straße und der Zahl der Waldbrände[613] und ein ganz ähnlicher zwischen Straßen und der Jagd auf Wildtiere.[614] Die Annahme, dass eine bessere Infrastruktur in verringerte Umweltzerstörung übersetzt werden kann, ist gefährlich.

Was wir durch die Verringerung von Lebensmittelabfällen einsparen können, ist wenig im Gegensatz zu dem, was wir durch einen Ernährungswandel erreichen können. In einem wissenschaftlichen Artikel wird verglichen, welche Auswirkungen die Halbierung von Lebensmittelabfällen im Vergleich zur Umstellung auf eine pflanzenbasierte Ernährung für die Treibhausgase hätte.[615] Der Unterschied ist riesig: 5 Prozent Reduktion im ersten und 80 Prozent im zweiten Fall. Dennoch scheint bisher mehr Energie hineingesteckt worden zu sein, die Leute zu überreden, alles zu essen, was sie kaufen, anstatt sie davon zu überzeugen, anders, weniger fleischlastig zu essen. Beide Überredungsformen sind schwache Instrumente. Doch vor dem Hintergrund, dass die Bereitschaft der Menschen, auf Appelle zu hören, begrenzt ist, sollten wir uns vielleicht auf die wirkmächtigeren konzentrieren.

Keines dieser Argumente soll die Arbeit von FareShare und seinen Partnern diskreditieren. Die Wohltätigkeitsorganisation betrachtet die Neuverteilung von Lebensmitteln nicht nur als wichtige Aufgabe an sich, sondern als Mittel zum Zweck: Um Menschen zusammenzubringen, eine Gemeinschaft aufzubauen und auf diese Weise dabei zu helfen, eine ganze Bandbreite an Bedürfnissen zu erfüllen. Als ich sie nach guten Beispielen für ihre Partnerprojekte fragte, nannte FareShare mir die Tafel und ein Jugendzentrum, das nur 800 Meter von meinem Haus entfernt lag. Wie sich herausstellte, wurden beide

Zentren von einer Bekannten geleitet, die mit meiner Partnerin zusammengearbeitet hatte, als sie für die kommunale Entwicklung des Wohnblocks zuständig gewesen war. Eine fast 100 km lange Reise über Tollys Betrieb und das Lagerhaus in Didcot hatte mich beinahe wieder an meine Türschwelle geführt.

Fran Gardner ist eine sehr junggebliebene und fit wirkende Frau von 69 Jahren. Sie hat braune Haut, kurze, graue Haare, große, traurige Augen, ein feines, adlerähnliches Profil und kräftige, knotige Hände. Auch sie war über viele Umwege hier gelandet, nach einem außergewöhnlichen Leben, das sie neben vielen anderen Dingen gelehrt hatte, welch beispiellose soziale Macht Nahrung hat.

»Ich habe jung geheiratet und ein paar Jahre später die Scheidung eingereicht. Danach wollte ich bloß weg. Ich flog nach New York und habe mich einer Kleinbustour quer durch die USA angeschlossen. Da ich als einzige kochen konnte, habe ich sie sechs Wochen lang mit vier Gasplatten alle ernährt. Als wir in Los Angeles ankamen, hat mir der Fahrer einen Job angeboten. Von da an habe ich in einem Trailway Bus für 39 Leute gekocht. Als ich zurück nach England kam, habe ich als Köchin auf einer 30-Meter-Jacht angeheuert, die nach Miami segeln sollte.«

Da sie noch nie zuvor gesegelt war, fing sie an, sich zu übergeben, kaum dass sie den Ärmelkanal erreicht hatten. Von da an begann eine ganze Reihe ungewöhnlicher Abenteuer. Aufgrund eines furchtbaren Irrtums des Kapitäns ging der Besatzung kurz vor den Kapverden das Süßwasser an Bord aus. Mitten auf dem Atlantik stellte sich heraus, dass sie blinde Passagiere an Bord hatten, was zu einem Riesenstreit führte, da die halbe Besatzung sie über Bord schmeißen wollte. Ein schrecklicher Orkan traf das Schiff und zwang die Besatzung, in Kuba an Land zu gehen. Soldaten kamen an Bord und hielten sie für zehn Tage fest, während die Regierung ein Lösegeld forderte.

Doch Fran ist eine mutige und entschiedene Frau. Sie blieb auf dem Segler und arbeitete für einen Großteil des Jahres auf der Miami-Bahamas-Route. Zurück in England mietete sie sich ein Cottage in den Sussex Downs. Ihr wurde klar, dass sie nur noch draußen arbeiten wollte, und es gelang ihr mit viel Beharrlichkeit und harter Arbeit zunächst im örtlichen Fasanenrevier eine Lehre zu machen und dann als voll anerkannte Wildhüterin zu arbeiten. Zu der Zeit war sie die einzige weibliche Wildhüterin in ganz Großbritannien. Ihre Beschreibung, was dieser Beruf alles beinhaltet, zeugt einmal mehr davon, wie viele Aspekte des Landlebens wir in unseren bukolischen Tagträumen oft übersehen.

»Ein gnadenloses Töten. Jeden Tag musste ich Tiere umbringen: Füchse, Hermeline, Wiesel, Kaninchen, Tauben, einfach alles. Und es nahm überhaupt kein Ende. Ich musste mich auf die Lauer legen und warten, um zu sehen, wo Fuchsjungen geboren wurden. Dann musste ich Zyanid auslegen. Ich habe Dinge gesehen, die ich bis zum heutigen Tag nicht mehr loswerde. Der Wildhüter, mit dem ich gearbeitet habe, war vom alten Schlag. Er hat rund um das Fasanengehege auf den Posten Tellereisen aufgestellt, um die Eulen zu töten, die die Jungen fressen wollten. Ihre Beine wurden gefangen und dort hingen und flatterten sie die ganze Nacht lang, bis er morgens kam, um sie umzubringen. Als ich ihn darauf angesprochen habe, hat er nur gesagt: ›Sie sind grausam zu meinen Vögeln, also bin ich grausam zu ihnen.‹«

Das viele Töten machte sie ganz krank und außerdem wurde sie von den Männern nie ganz akzeptiert, egal wie hart sie arbeitete. Als die Jagdsaison vorüber war, hatte sie genug. Ein Freund führte sie in die Welt der Computer ein und sie fing an, sich leidenschaftlich für IT zu interessieren. »So war das schon immer bei mir. Irgendwas fesselt mich und dann stürze ich mich voll rein.« Sie lehrte IT an einem College und wurde danach von einer kleinen Wohltätigkeitsorganisation beschäftigt. Der Vorstandsvorsitzende zeigte ihr, wie man Spenden sammelte. »Das wurde dann meine nächste Mission: Geld auftreiben. Und darin wurde ich ziemlich gut.«

Nach ein paar weiteren Karrierewechseln wurde ihr ein Job in der Rose-Hill-Siedlung in Oxford angeboten, wo sie vor allem als Fundraiser für eine Wohnungsbaugesellschaft arbeitete. Einmal wies einer der Stadträte darauf hin, dass die Vorschulkinder nach der Schule keinen Ort in der Siedlung hatten, wo sie hingehen konnten. »Also habe ich Geld gesammelt und 2010 ein Jugendzentrum gegründet.«

»Es war sehr beliebt: Nach fünf Jahren hatten wir dort 150 Kinder und Jugendliche. Die Nachfrage war unglaublich. Viele von ihnen hatten Hunger und man merkte richtig, wie das ihr Verhalten beeinflusste. Wenn sie nichts gegessen hatten, fühlten sie sich mies und zettelten jede Menge Streit an. Also haben wir nicht nur Sport, Spiele, Musik und Kunst angeboten, sondern ihnen auch eine heiße Mahlzeit, vielleicht Pasta mit selbstgemachter Soße oder Pizza und Gemüse und Obst serviert. Für manche von ihnen war es die einzige ordentliche Mahlzeit am ganzen Tag.«

»Inzwischen ist das das Erste, was wir mit jeder Gruppe machen: ihnen Essen anbieten. Essen ist der Schlüssel. Ein paar von den älteren Jungs kommen bloß für die Mahlzeit her. Sie essen und gehen dann wieder. Aber in der kurzen Zeit kannst du mit ihnen reden und ein bisschen hören, was bei ihnen so los ist. Das ist die Macht des Essens. Es schafft Beziehungen, wo sonst keine wären.«

Ich dachte an die Etymologie des Wortes »Kompagnon«. Es kommt vom lateinischen *com panis*: mit Brot.

»Wenn wir ihr Vertrauen gewonnen haben, lernen wir mehr aus ihrem Leben. Wir merken, wenn Kinder ganz offensichtlich Hunger leiden und geben ihnen Essen mit nach Hause. Wir halten Ausschau nach blauen Flecken, Anzeichen für Vernachlässigung, nach Kindern, deren Klamotten immer die gleichen und immer schmutzig sind, die nie gewaschene und gekämmte Haare haben. Uns kann auffallen, wenn ein Kind von einem ›Onkel‹ abgeholt wird, vor dem es Angst hat. Einmal hat ein Mädchen uns erzählt, dass eine Freundin von ihr mit einem Mann mittleren Alters nach London durchbrennen will. Wären da nicht unsere Mahlzeiten, hätte nie jemand davon erfahren. Junge Menschen in Schwierigkeiten reden eher mit uns als mit der Polizei. Zu uns haben sie mehr Vertrauen.«

Im Jugendzentrum lernen die Kinder und Jugendlichen kochen und neue Ernährungsweisen kennen. Inzwischen pachten sie in einer lokalen Gemeinschaftsgartensiedlung einen Garten, wo die Kinder ihr eigenes Gemüse anbauen. »Die lieben es. Ihr eigenes Essen anzubauen, auch wenn's nur wenig ist, gibt ihnen das Gefühl, etwas erreicht zu haben.«

»Als ich eines Tages das Essen aus Didcot ausgeladen habe, haben mich zwei Frauen, die in der Grundschulküche arbeiten, in ein Gespräch verwickelt. Sie haben mich gefragt, was das für Essen ist. Nachdem ich es ihr aufgezählt hatte, meinte eine von ihnen: ›Ich wünschte, ich könnte mir so ein Essen leisten.‹ Am Ende kam raus, dass beide Vollzeitjobs hatten und ihre Partner auch, aber dass sie trotzdem jeden Monat ins Straucheln kamen. Sie erhielten lediglich den Mindestlohn und konnten es sich nicht leisten, ihre Kinder gesund zu ernähren. Sie haben mir erzählt, dass es vielen anderen ähnlich ging. Die Mieten hier in der Gegend sind astronomisch. Oft 60 Prozent vom gesamten Einkommen.«

»Diese beiden Frauen haben dann die Tafel gegründet und sie in den ersten fünf Jahren für uns geleitet. Sie ist immer größer geworden.

Inzwischen wird sie pro Woche von siebzig Menschen genutzt. Wir können die strukturellen Probleme hier nicht lösen. Wir tun einfach, was wir können, mit den Mitteln, die uns zur Verfügung stehen. Wir stecken einen Daumen in den Damm, aber wir sehen, wie er bröckelt.«

Sie erzählte mir, dass einer der Hauptgründe, warum Menschen keine andere Möglichkeit haben, als zur Tafel zu gehen, die grausame und unnötige Regel ist, dass man, wenn man in Schwierigkeiten steckt, erst nach fünf Wochen staatliche Unterstützung erhält.[616]

»Leute haben wirklich gehungert. Eine Frau mit einem sechs Wochen alten Baby ohne Essen in den Regalen musste trotzdem fünf Wochen warten, bis sie Hilfe erhielt. Eine andere hatte drei Tage lang kein Gas und kein Strom. Es gibt Menschen mit schwerwiegenden Lernschwierigkeiten oder geistigen Einschränkungen, die ohne einen einzigen Penny vollkommen sich selbst überlassen werden.

Wenn ich da zu lange drüber nachdenke, würde ich zusammenbrechen. Aber was ich tun kann, ist, den Spendenantrag mit all meinen Fähigkeiten und all der Leidenschaft auszufüllen, die ich in mir trage. Wenn du Geld kriegen willst, musst du voller Leidenschaft hinterher sein.«

Während sie redete, trafen die ersten Kunden ein. Die meisten von ihnen waren bereit, mit mir zu reden, auch wenn nur wenige von ihnen mit vollem Namen genannt werden wollten oder länger als unbedingt nötig bei der Tafel blieben. Doch was ich an diesem Tag und bei vielen meiner weiteren Besuche hörte, war eine oft sehr ähnlich verlaufende Geschichte. Egal, an welcher Stelle du am Unglücksrad landest: Nicht lange, und der Kreis ist vollständig. Vielleicht gerätst du in die Armut, weil du deinen Job verlierst oder weil deine Beziehung in die Brüche geht oder weil du zu Hause rausgeschmissen wirst oder weil du eine psychische oder gesundheitliche Krise durchmachst oder dir deine Schulden über den Kopf wachsen.[617] Doch wenn man einmal hineinschlittert, kann man jede einzelne dieser Katastrophen erleben. Und, was sich die meisten Menschen in wohlhabenden Ländern nicht vorstellen können, der Hunger schleicht sich langsam ein.

Eine Frau erzählte mir, wie ihr Leben zerbrochen war.

»Ich war Leiterin einer Modeabteilung. Ich habe mein ganzes Leben lang hart gearbeitet. Doch dann habe ich meinen Job verloren und alles ging den Bach runter. Jetzt habe ich eine Angststörung, Depressionen und ich habe ein Drogenproblem. Freunde oder Familie habe ich nicht mehr. Diesen Punkt im Leben zu erreichen und das Gefühl zu haben, du bist in der Gosse gelandet, das ist echt hart.«

»Warum ich herkomme? Weil alles andere Priorität hat. Du musst ja schließlich die Rechnungen zahlen, oder, sonst rücken sie dir auf die Pelle. Du musst ein Dach über dem Kopf haben. Wenn du dir also nicht alles leisten kannst, fängst du an, beim Essen zu sparen. Hierherzukommen bedeutet, eine Sache weniger, mit der ich mich herumschlagen muss. Dann kannst du deine Rechnungen bezahlen.«

»Das ist meine Rettung. Ein Ort, an dem nicht alle auf mich herabsehen. Ich muss mich nicht schämen, herzukommen, hier sind wir alle gleich. Überall sonst fühl ich mich wie ein Stück Dreck.«

Ein Mann fing an zu weinen, als er mir erzählte, wie seine Krise angefangen hatte.

»Ich pflege meine behinderte Tochter Vollzeit. Mit meiner Partnerin habe ich Schluss gemacht und musste zu Hause raus. Also bin ich in der Notunterkunft gelandet. Seitdem ging's mir echt beschissen. Der letzte Monat war furchtbar, ich musste Zahlungsrückstände begleichen. Überlebt habe ich wirklich nur durch das Essen, das sie mir hier geben. Alles hat sich verändert. Es ist wirklich schwer geworden.«

Er erzählte mir, er litte unter ungenügend eingestellter Diabetes Typ 1. Eigentlich muss er alle zwei Stunden essen, sonst ist er unterzuckert und erleidet schwere hypoglykämische Anfälle. »In den letzten 18 Monaten bin ich wegen Unterzuckerung dreimal im Krankenhaus gelandet. Das Essen hier hilft mir, die Lücken zu schließen, wenn ich sonst nichts habe. Ganz ehrlich: Ich habe keine Ahnung, wie ich es ohne machen würde. Ohne das hier wäre alles viel schlimmer. Ich versuche, wieder auf die Beine zu kommen und das hilft mir sehr. Ich kann den Leuten nicht genug danken.«

Eine Frau in ihren Vierzigern erzählte mir, sie sei »immer über die Runden gekommen, egal wie schwer es wurde. Aber ohne das hier würde ich es nicht schaffen.«

Sie fährt fort: »Ich wurde überfallen und die haben ein Auge verletzt. Ich hatte ein paar Operationen, in denen man versucht hat, es zu retten, aber es hat nicht geklappt. Also haben sie mir eins aus Glas gegeben. Mir ging's echt dreckig. Hatte Mühe, alles beisammen zu halten. Ich habe wieder bei null angefangen. Mich aufgerappelt.«

Ein Mann erzählte mir, dass er über verschiedene Agenturen jede Arbeit annimmt, die er kriegen kann, doch als alleinerziehender Vater verdient er nicht genug, um für den Lebensunterhalt von sich und seiner Tochter zu sorgen.

»Als ich zum ersten Mal zur Tafel gekommen bin, war es demütigend, weil dem so ein Stigma anhaftet. Die Leute in meinem Bekanntenkreis können ziemlich hart urteilen. Sie haben so getan, als würden wir betteln gehen. Anfangs hat mich das verletzt, aber inzwischen nicht mehr so sehr. Ich habe mich daran gewöhnt. Was muss, das muss, nicht wahr?

Ob wir ohne die Tafel hungern müssten, ist es das, was Sie wissen wollen? Meine Tochter nicht, aber ich schon. Ja, für uns ist das wirklich die Rettung gewesen.«

Alle hatten eine andere Geschichte, aber jede Geschichte nahm eine ähnliche Wendung. Eine Frau hatte während der Panikkäufe zu Beginn der Covid-19-Pandemie hungern müssen, weil sich die Leute an ihrem Elektromobil vorbeigedrängt und die Regale geleert hatten, bevor sie an die Lebensmittel herankam. Danach war alles Weitere in die Brüche gegangen.

Eine andere war für ihre Mutter gekommen, die als Blinde registriert war und darum kämpfte, mit der jämmerlichen

Sozialhilfe zu überleben. Eine weitere unterstützt ihre Familie und ihren ans Haus gefesselten Nachbarn, der andernfalls wohl ebenfalls hungern müsste. Ohne die Tafel würden sie es nicht schaffen.

Zwei der Menschen, die ich traf, waren sehr übergewichtig. Das ist ein Thema, das viele Journalisten verwirrend finden. Wenn jemand fettleibig ist, so die Annahme, dann muss jemand zu viel essen. Wie kommt es dann also, dass sie gratis Lebensmittel benötigen?

Darin spiegelt sich eine grundlegende Verkennung der Ursachen von Fettleibigkeit, auch Adipositas genannt, wider. Fettleibigkeit ist am weitesten unter den ärmsten Menschen verbreitet,[618] weil die billigsten Lebensmittel adipogen, also gewichtsfördernd, sind.[619] Wie Fran zu bedenken gab: »Menschen, die in Armut leben, kaufen für gewöhnlich das mit dem höchsten Kaloriengehalt, was meistens sehr schlechte Lebensmittel sind – verarbeitete Kohlenhydrate und ein hoher Fettgehalt. Dabei ist es nicht so, dass die Menschen kein gutes Essen wollen: Sie können es sich einfach nicht leisten.«

Der Ernährungs- und Landwirtschaftsorganisation der UN zufolge kostet eine gute Ernährung fünfmal so viel wie eine, die in Bezug auf die Kalorien nur ausreichend ist.[620] Paradoxerweise geht Fettleibigkeit oft mit Mangelernährung einher.[621] Einige Menschen, die zu viele Kalorien zu sich nehmen, leiden unter Vitamin- oder Mineralstoffmangel und essen zu wenig Ballaststoffe.

Die Kombination aus Armut, Stress, Angst und Depressionen, die mit einem niedrigen sozialen Status einhergehen, scheint Menschen besonders anfällig für eine schlechte Ernährung zu machen.[622, 623] Dennoch hat eine in der Zeitschrift

The Lancet veröffentlichte Befragung ergeben, dass über 90 Prozent der politischen Entscheidungsträger die »persönliche Motivation« für »einen starken oder sehr starken Faktor für den Anstieg von Fettleibigkeit« halten.[624] Erschreckend. Ich habe schon eine Menge Experten erlebt, die missbilligend darauf pochen, das Problem sei die »Willenskraft«: Den Menschen gelänge es nicht, »Verantwortung« für ihre Ernährung zu übernehmen. Bisher ist mir jedoch noch niemand begegnet, der eine überzeugende Erklärung geliefert hätte, warum in einem Land wie England fast zwei Drittel der Bevölkerung auf einmal zeitgleich ihre Willenskraft verloren haben sollten.[625]

Ihre Erklärung übersieht die steigende Armut und Prekarität und sie ignoriert den Faktor Zeitmangel: Fran erklärte mir, dass manche Menschen aus dem Wohnblock zwei oder drei Jobs haben und zwölf Stunden am Tag arbeiten. Sie verbringen so viel Zeit damit, überhaupt Essen auf den Tisch zu stellen, dass ihnen keine Zeit bleibt, es zuzubereiten. Darum greifen sie auf die Imbisse zurück, die die Einkaufsstraße der Siedlung dominieren. In vielen armen Vierteln wird wenig mehr geboten.

Die Erklärung missachtet zudem, dass Fastfood von Wissenschaftlern und Lebensmitteltechnikern durch eine genau abgestimmte Kombination aus Zucker, Salz, Fett und Geschmacksverstärker daraufhin geschneidert wird, unsere natürlichen Mechanismen der Appetitkontrolle außer Kraft zu setzen.[626, 627] Sie missachtet, dass in der Werbebranche Psychologen und Neurologen beschäftigt werden, um unsere Schwächen auszunutzen und neue kreative Wege zu finden, mit denen sie uns überzeugen, ungesundes Essen zu kaufen.[628] Dieselben Unternehmen beschäftigen auch abhängige

Wissenschaftler[629] und Thinktanks,[630] die argumentieren, dass Gewicht eine Frage der »persönlichen Verantwortung« sei. Mit anderen Worten: Nachdem sie Milliarden dafür ausgegeben haben, unsere Selbstkontrolle zu brechen, geben sie uns die Schuld daran, dass wir sie verlieren. Fettleibigkeit ist eine übertragbare Krankheit und ihre Überträger sind die Lebensmittelkonzerne.

In Wahrheit haben wir es tatsächlich mit mangelnder Willenskraft zu tun: Willenskraft auf Seiten der Politiker, die Verteilung von Wohlstand zu verbessern, sicherzustellen, dass niemand durch das Raster fällt, und die Willenskraft, Unternehmen darin einzuschränken, Jagd auf unsere Mägen und Köpfe zu machen. Und vielleicht auch die Willenskraft, Lebensmittel erschwinglicher zu machen.

Fran bemerkte mir gegenüber: »Ich habe nie ganz verstanden, warum die Regierung nicht Obst und Gemüse subventioniert. Das würde Fettleibigkeit drastisch reduzieren. Wenn du jetzt in den Supermarkt gehst, zahlst du zwei Pfund für vier Äpfel. Wenn du nur den Mindestlohn bekommst und zu Hause zwei oder drei Kinder hast, wie sollst du dir das leisten? Wir würden jedem Kind liebend gern jede Woche einen Beutel Obst mit nach Hause geben. Aber das kostet drei Pfund pro Beutel – 450 Pfund die Woche – und das Geld haben wir einfach nicht.«

Fast jede Person, mit der ich sprach, erzählte mir, wie gerne sie kochte. In den aufgereihten Kisten im Gemeindezentrum gab es ein paar fertige oder halbfertige Mahlzeiten – Würstcheneintopf in Tüten, Hoisinente mit Nudeln, Dosen mit Fleischbolognese und Gemüsesuppen, Pastasoßen und Baked Beans – aber auch sehr viele unverarbeitete Nahrungsmittel.

Es gab Pakete mit Reis und Nudeln und Boxen voller Eier (allerdings kein Kokosmilchpulver, bemerkte ich). Außerdem große Beutel mit Gemüse: Zwiebeln und Kartoffeln – die von Tolly stammen könnten – Maiskolben, Zucchini, Auberginen und Chinakohl. Daneben standen Kisten mit violetten Brokkoli, Steckrüben und Lauch für die Menschen, die eine Extraportion mitnahmen.

Als ich nachfragte, was die Kunden damit kochen wollten, erklärten die meisten, sie würden entweder im Internet nach Rezepten suchen oder sich selbst etwas ausdenken. Während sie die Nahrungsmittel in Augenschein nahmen, die sie in ihre Tüten packten, gaben sie an, sie würden ein Curry oder einen Eintopf, ein Wokgericht oder eine Suppe daraus kochen. Diejenigen, die einen Ofen hatten, wollten sich vielleicht an Ofengemüse versuchen. Keiner schien entmutigt angesichts der Aussicht, mit frischen Zutaten zu kochen.

»Ich bin keine sonderlich gute Köchin«, vertraute mir eine Frau an. »Aber diese Boxen zu bekommen ist wie bei *Ready Steady Cook*. Du hast diese Zutaten und musst dir damit was ausdenken. Manchmal klappt es. Aus dem Gemüse von letzter Woche habe ich ein Curry mit Kichererbsen und Kartoffeln gemacht, das war gut.«

»Aus dem, was man hier bekommt, kannst du immer irgendwas zaubern«, bemerkte ein anderer Kunde. »Ich lasse nichts verkommen. Irgendwie finde ich immer einen Weg, es zu verwenden.«

»Alles, was die Kinder nicht mögen, schnipple ich ganz klein und mische es unter eine Soße oder einen Eintopf, sodass sie es nicht merken«, vertraute mir eine Frau an. »›Sind da Pilze drin, Mum?‹ – ›Nein, natürlich nicht, Schätzchen.‹«

Fast alle sind sich einig, dass man, um es mit den Worten einer Kampagnengruppe zu sagen, »das Hungerproblem nicht durch Tafeln lösen kann«.[631] In einem wohlhabenden Land sind Tafeln die letzte verzweifelte Instanz, ein Symptom breit gefächerter politischer und wirtschaftlicher Dysfunktion[632] und einer beschämend schlechten Wohlstandsverteilung. Wohltätigkeitsorganisationen schreiten ein, wo die Politik scheitert. Dennoch sind sie in aller Welt, einschließlich einiger der reichsten Nationen, unentbehrlich geworden.[633] In Großbritannien sind nach offiziellen Zahlen etwas weniger als 2 Prozent aller Erwachsenen auf sie angewiesen.[634] Viele würden ansonsten hungern.

Die Verteilung überschüssiger Lebensmittel wird kontrovers diskutiert. Die gefeierte Köchin und Gemeindeveranstalterin Dee Woods merkt an: »Übrig gebliebene Menschen bekommen übrig gebliebenes Essen«.[635] Sie bringt ein wichtiges Argument vor: Es wäre grauenvoll, hungrige Menschen wie eine Art Müllhalde zu behandeln und dadurch unser schlechtes Gewissen wegen unserer Lebensmittelverschwendung zu beschwichtigen. Doch da Wohltätigkeitsorganisationen nur über begrenzte Mittel verfügen und überschüssige Lebensmittel sehr viel günstiger sind als gekaufte, gibt es starke pragmatische Argumente, sie zu benutzen. Niemand, dem Armut und Hunger am Herzen liegen, will, dass die Dinge so sind, wie sie sind. Doch es handelt sich um strukturelle Probleme, die strukturelle Lösungen erfordern.

Ebenso wie Tafeln das Hungerproblem nicht lösen können, können wir die Dilemmata, vor denen Bauern stehen, nicht einfach durch höhere Preise lösen. Es sei denn, wir wollen, dass noch mehr Menschen hungern. Einer Analyse zufolge[636] waren die weltweiten Lebensmittelpreise im Jahr 2021 in Realwerten bereits höher als zu irgendeinem anderen Zeitpunkt der vergangenen sechzig Jahre, bis auf die Jahre 1974 und 1975. Umweltaktivisten rufen oft zur »Internalisierung externer Faktoren« auf (nur einer unserer vielen begeisterten und mitreißenden Slogans). Das bedeutet, dass die Preise von Waren und Dienstleistungen die Kosten enthalten sollen, die sie an Menschen, Orten und Lebenssystemen verursachen. Die berühmte *EAT-Lancet*-Studie hält fest: »Wir glauben daran, dass Lebensmittelpreise den echten Preis von Lebensmitteln widerspiegeln sollten.«[637]

Doch selbst, wenn es möglich wäre, den Schaden an natürlichen Lebensräumen, Boden, Wasser und Atmosphäre zu beziffern und diese Zahlen in einer Währung auszudrücken, die sich in den Lebensmittelpreisen niederschlägt (ein Unterfangen, das ich für vollkommen unglaubwürdig halte)[638] – wollen wir das wirklich? Würden wir durch die magische Transsubstantiation unserer lebenserhaltenden Systeme in Dollar und Pfund herausfinden, dass Weizen nicht zweihundert, sondern fünfhundert Pfund pro Tonne kosten müsste, wollen wir wirklich, dass die Menschen das zahlen? Dann würden viele hungern müssen.

Eine große und stetig wachsende Bewegung besteht darauf, dass die Antwort auf all diese Probleme »Ernährungssouveränität« sei. Diese wird von ihren Vordenkern als das Menschenrecht »auf gesunde und kulturell angepasste Nahrung« definiert, die »ökologisch gesund« angebaut wird und der Lokalbevölkerung die Fähigkeit zugesteht, »ihr eigenes Essen und ihre landwirtschaftlichen Systeme« zu verwalten.[639] Die Bewegung will die

Nahrungsmittelkette aus dem Klammergriff von Unternehmen befreien, die Frauenrechte in der Lebensmittelerzeugung hochhalten, die Landverteilung und Arbeitsbedingungen von Landarbeitern verbessern, faire Gehälter garantieren und Zwangshandelsabkommen und die Privatisierung der Natur stoppen. Alles wichtige Schritte zu einer gerechteren Welt. Doch ich sehe zwei Probleme.

Das erste ist, dass in den Zielen der Bewegung nicht von einer teilweisen Abkehr von der Landwirtschaft die Rede ist. In ihrem Gründungsmanifest wird nicht erwähnt,[640] dass man die landwirtschaftlichen Flächen limitieren, also kurz gesagt den landwirtschaftlichen Flächenfraß eindämmen will. Als ich dieses Thema gegenüber einigen Aktivisten der Ernährungssouveränität angesprochen habe, haben sie vehement verneint, dass Land, auch wenn es noch so verschwenderisch genutzt wird – riesige Flächen produzieren geringe Fleischmengen –, aus der Produktionskette genommen und der Natur zurückgegeben werden sollte.[641] Doch ohne diese Einschränkungen sehe ich nicht, wie wir den immer schneller ablaufenden Zusammenbruch der Diversität und Abundanz von Tier- und Pflanzenwelt verhindern können, die überwiegend vom Überleben ungestörter natürlicher Systeme abhängig sind. Hier treffen die Perspektiven grundlegend aufeinander: Im Manifest heißt es, dass »die … Biodiversität vollständig« durch eine »ökologisch nachhaltige Verwaltung« erhalten werden soll. Doch der extraktive Charakter einer jeden landwirtschaftlichen Verwaltung von Land scheint derzeit für die meisten Arten die größte Bedrohung darzustellen.[642]

Das Recht auf Landwirtschaft ist manchmal unvereinbar mit dem Recht auf einen gesunden Planeten. Indem man vorgibt, dass dieser Konflikt nicht besteht, stellt man sicher, dass er nicht gelöst wird.

Das zweite Problem besteht darin, dass die Vision der Bewegung darin besteht, den Handel über lange Distanzen durch lokale Nahrungsmittelerzeugung zu ersetzen.[643] Sehen wir uns das einmal genauer an.

Ein wichtiges und nachvollziehbares Ziel. Lokale Netzwerke ermöglichen Kleinbauern, eine direkte Verbindung zu den Menschen herzustellen, die ihre Erzeugnisse essen, und so die Zwischenhändler zu überspringen, die andernfalls einen Großteil des Geldes einstreichen. Dadurch werden Vertrauen und Verantwortlichkeit hergestellt, was in internationalen Nahrungsmittelketten oft fehlt. Eine lokale Lebensmittelwirtschaft lässt Menschen eher ihr Land, favorisiert eine kleine und diverse Produktion und generiert mehr Arbeitsplätze als eine transnationale.

Dennoch sollten wir dem Drang widerstehen, die lokale Lebensmittelproduktion zu romantisieren. Das Leben von Kleinbauern reicht von der reichen Autonomiegesellschaft, wie sie in Chinua Achebes *Alles zerfällt* und John Bergers *SauErde* dargestellt wird, bis hin zu der verwahrlosten Hölle, wie man sie in Anton Tschechows *Die Bauern* und Jung Changs *Wilde Schwäne* vorfindet. Nicht jeder Aspekt traditioneller ländlicher Kultur verdient es, gefeiert zu werden. Vergessen wir nicht die Behandlung von Frauen und die Macht von Großgrundbesitzern in ländlichen Regionen Pakistans und Nordindiens, den *caciquismo* (die tyrannische Herrschaft durch lokale Führer) in Teilen Mexikos oder den Rassismus, der in einigen ländlichen Gemeinschaften im Süden der USA herrscht.

Die Bewegung für Ernährungssouveränität leistet wichtige Arbeit, indem sie traditionelles Unrecht und neue Formen der Unterdrückung bekämpft. Sie ficht gegen autoritäre Kontrolle, Rassismus sowie kulturelle und religiöse Unterdrückung an.[644] Sie setzt sich für Feminismus[645] und die Umverteilung von Land, Vermögen und Macht ein.[646] Ihre Gewichtung lokaler Märkte ist im Grunde mit diesen Zielen vereinbar. In einer lokalen Nahrungsmittelkette dürfte ein größerer Spielraum für Gerechtigkeit und Wohlstandsverteilung bestehen als in globalen.

Warum also haben wir noch nicht vollständig auf eine lokale Produktion umgestellt? Dafür gibt es eine ganze Reihe von Erklärungen: Die Konzentration von Landbesitz, die Marktstrukturen, die politische Macht großer Unternehmenskörperschaften, unfaire Subventionen und die Überschwemmung des Weltmarktes mit in reichen Nationen produzierten Dumpingerzeugnissen, gegen die sich Bauern in ärmeren Ländern nicht behaupten können. Dieses Unrecht anzuprangern ist richtig. Doch es gibt noch ein weiteres tiefgreifendes Problem, dass weitaus weniger erkannt und kaum diskutiert wird: Mathe. In den meisten Fällen gibt es in der Nähe von urbanen Zentren mit einer hohen Populationsdichte schlicht nicht genug Agrarflächen.

Ein Artikel in der Zeitschrift *Nature Food* berechnete, wie viele Menschen weltweit von den Hauptkulturen, die im Umkreis von hundert Kilometern von ihrem Wohnort produziert werden, überleben können.[647] Es stellte sich heraus, dass Weizen, Reis, Gerste, Roggen, Bohnen, Hirse und Sorghum innerhalb dieses Radius lediglich ein Viertel der Weltbevölkerung ernähren würde. Mais und Maniok könnten maximal

16 Prozent derjenigen, die es brauchen, innerhalb von hundert Kilometern ernähren. Die Durchschnittsentfernung, innerhalb der die Weltbevölkerung ernährt werden kann, beträgt 2200 Kilometer. Für diejenigen, die von Weizen und anderen Getreidesorten abhängig sind, sind es 3800 Kilometer. Ein Viertel der Weltbevölkerung, die diese Feldfrüchte konsumiert, ist auf Erzeugnisse angewiesen, die mindestens 5200 Kilometer entfernt angebaut werden.

Warum? Weil ein Großteil der Weltbevölkerung in großen Städten oder dicht bevölkerten Tälern lebt, deren Hinterland zu klein (und oft auch zu trocken, zu heiß oder zu kalt) ist, um sie zu ernähren. Die meisten der weltweiten Nahrungsmittelerzeugnisse werden in dünn besiedelten Gegenden angebaut – in der kanadischen Prärie, den US-amerikanischen Plains, den russischen und ukrainischen Steppen, dem Landesinneren von Brasilien – und in dichtbevölkerte Regionen verschifft. Es gibt einen gewissen Spielraum, diese Entfernungen durch Ertragssteigerungen zu verringern, doch die sind meist begrenzt und bringen, wie bereits in Kapitel 2 angeführt, weitere Probleme mit sich. Tatsächlich werden der Klimawandel und andere Katastrophen wahrscheinlich eher dazu führen, dass immer mehr Regionen unbrauchbar für die Landwirtschaft werden und die Handelsentfernungen sich weiter vergrößern.

Man kann mit der Politik und der Wirtschaft, mit Marktstrukturen und der Macht von Unternehmen verhandeln. Aber nicht mit Mathematik. Vor dem Hintergrund der Verteilung der Weltbevölkerung und der für die Landwirtschaft geeigneten Regionen wäre der Verzicht auf lange Handelswege ein Rezept für eine Hungersnot.

Doch wie so oft in diesem Bereich finden leidenschaftliche Debatten, wie wir unsere Nahrungsmittel anbauen sollten, in einem numerischen Vakuum statt. Diese Blindheit für Zahlen wird nirgendwo deutlicher als in unseren Fantasien über die extremste Form des Regionalismus: die urbane Landwirtschaft.

In Städten Gemüse anzubauen ist meiner Meinung nach sehr gut für die mentale Gesundheit. Ich wüsste nicht, wie ich ohne unseren Obstgarten die wiederholten Lockdowns in England durchgestanden hätte. Stadtfarmen, Gemeinschaftsgärten und Guerillagärten[648] helfen uns, eine Verbindung zum Land zu spüren und unseren Geist und unsere Hände durch eine befriedigende Arbeit zu beschäftigen. Doch mit einer oder zwei Ausnahmen (vor allem Kuba während der Blockade) ist es höchst unwahrscheinlich, dass die dort erzeugten Nahrungsmittel mehr als nur einen winzigen Teil unseres Bedarfs decken. Der Grund sollte für alle klar ersichtlich sein: In der Stadt ist Land rar und teuer.

Das hält einige Leute offenbar nicht davon ab, gewagte Behauptungen über ihr angebliches Potenzial aufzustellen. Ein Bericht beteuert zum Beispiel, dass »rund 25 Prozent kleiner Nutztiere sowie des Obst- und Gemüseanbaus weltweit durch urbane Farmen und Haushalte bereitgestellt werden könnten«.[649] Selbst, wenn wir die Tatsache ignorieren, dass in der Stadt gehaltene Nutztiere mit Getreide gefüttert werden müssen, das anderswo angebaut wird, und ein hohes Risiko mit sich bringen, Zoonosen zu übertragen, bleibt bei den meisten Städten völlig unklar, wo diese Flächen aufgetan werden sollen. Städte belegen 1 Prozent der gesamten Planetenoberfläche und das Land dient größtenteils einem anderen Zweck. Als ich bei einem der Autoren des Artikels nachhakte, der zufällig ein alter Freund war, antwortete er freundlich, konnte jedoch nicht die nötigen Nachweise vorbringen, um seine Behauptung zu stützen.

Einige scheinen diese Grenzen zu überwinden, indem sie für eine Indoor- und Vertikallandwirtschaft werben: Nahrungsmittel sollen in Gebäuden mit mehreren Stockwerken oder Ebenen angebaut werden. Der einzige finanzielle Rat, den ich in diesem Fall anzubieten hätte, wäre: »Frag mich bloß nicht um finanziellen Rat!« Doch schon als die Idee 2010 zum ersten Mal populär wurde, konnte ich sehen, dass die Rechnung nicht aufgeht. Ich warnte in einem Artikel, dass die großen damit verbundenen Kosten (in Flächen und Gebäuden) und die Notwendigkeit, Pflanzen unter künstlichem Licht anzubauen, dieses Modell finanziell untragbar machten.[650] Vertikalfarmen in der Stadt müssten mit horizontalen auf dem Land konkurrieren, deren Flächen und Infrastruktur günstiger sind und die gratis Sonnenlicht erhalten. Selbst wenn Indoorfarmen Pflanzen anbauen, die besser unter Glas wachsen, würden ihre tragenden Strukturen mit kostengünstigeren Gewächshäusern konkurrieren.

Ich sage nicht, dass es unmöglich ist. Es gibt einige blühende Bauernhöfe in meiner Stadt, die sich sorgfältig in die Häuser von Menschen einfügen und teuer mit Licht, Pumpen und Temperaturkontrollen ausgestattet sind, um Pflanzen anzubauen, die einem ganz bestimmten Zweck dienen. Hin und wieder fliegen diese Höfe auf und ihre Bauern werden in Handschellen abgeführt.

Marihuana kann auf diese Weise angebaut werden, da es eines der wenigen landwirtschaftlichen Produkte ist, dessen Preis die Investitionen legitimiert – in den meisten Gesetzgebungen sind sie allesamt illegal. Aber 30-stöckige Türme mit Marihuana-Hydrokulturen sind ziemlich schwer zu verbergen.

Es muss wohl nicht erwähnt werden, dass mein Artikel der Begeisterung keinen Abbruch tat. Ungläubig verfolgte ich, wie ein Start-up nach dem anderen seine Pläne für unmögliche Vorhaben veröffentlichte, Millionen bei wagemutigen Investoren sammelte und pleite ging.[651] Wann immer es dazu kam, erklärten die gescheiterten Entrepreneure, ihr Projekt sei »seiner Zeit voraus« gewesen.[652] Doch sie waren ihrer Zeit nicht voraus gewesen. Sie waren den Gesetzen der Physik voraus gewesen. Nichtsdestotrotz hielten diese Misserfolge weitere Investoren – neben denen ich geradezu als Finanzgenie dastehe – nicht davon ab, eine nächste Welle loszutreten.

In den meisten Branchen bedeutet der Niedergang eines kommerziellen Models sein Ende: Kapital versucht zu vermeiden, den gleichen Fehler zweimal zu begehen. Doch dieser Wirtschaftszweig scheint – und damit steht er fast allein da – völlig blind für Abschreckung zu sein. Auf den ersten Blick scheint es sich um eines der großen Mysterien im Leben zu handeln, vergleichbar mit den TARDIS-artigen Eigenschaften von Tupperware® oder dem derzeitigen Aufenthaltsort meines Handys. Doch ich glaube, diese Entwicklung spiegelt zwei Dinge wider: Wie wenig die meisten Tech-Entrepreneure von Landwirtschaft verstehen, und dass rund um die Nahrungsmittelerzeugung ein unbeirrter Glaube an Magie kursiert.

Da verwundert es vielleicht nicht weiter, dass sich so viele biblische Wunder um die übernatürliche Gabe von Essen und Trinken ranken: Manna vom Himmel, Elija wird von Raben gefüttert, das Mehl und Öl der Witwe füllen sich immer wieder von selbst auf, Wasser wird zu Wein und ernährt fünftausend Menschen. Säkulare Volksmärchen wie der Zauberporridgetopf oder der magische Pudding haben ähnliche Themen. Wir hegen einen tief verwurzelten und sehr alten Hunger nach unmöglichen Lösungen für das Problem, wovon wir uns ernähren sollen. Doch in Wahrheit gibt es keine Wunder, nur gute und schlechte Ideen und die Kompromisse, die wir eingehen müssen, wenn sie mit der materiellen Realität kollidieren.

Innerhalb des großen übergeordneten Dilemmas, um das sich dieses Buch dreht, finden wir ein paar untergeordnete aber ebenso schwierige Dilemmata. Die meisten unserer Nahrungsmittel müssen aus simplen mathematischen Gründen weit weg von unserem Wohnort angebaut und in großem Umfang zu uns transportiert werden. Der Handel über große Distanzen und die Massenproduktion favorisieren transnationale Kooperationen und beschleunigen die Homogenisierung der globalen Standardfarm. Doch diese Konsolidierung verringert die Resilienz des Nahrungssystems, zerstört die Existenzgrundlage von Kleinbauern und untergräbt die Ernährungssouveränität. Lebensmittel müssen günstig genug sein, um Menschen in Armut zu ernähren, doch zugleich teuer genug, um denen, die sie anbauen, ein ausreichendes Auskommen zu garantieren. Sie müssen mit minimalem Kostenaufwand, jedoch ohne die Abkürzungen, die die Lebenswelt zerstören, angebaut werden.

Wenn Sie auf der Suche nach einfachen Antworten sind, dann muss ich Sie enttäuschen. Es gibt andere Bücher, die Wunder versprechen. Doch auch wenn die Probleme verzwickt[653] und paradox sind, glaube ich, dass es einige überraschende Lösungsansätze gibt.

6 WURZELN SCHLAGEN

Ausgerechnet in diesem ruhigen Eckchen von Shropshire sah es aus, als hätte eine Panzerschlacht stattgefunden. Während wir vom Bahnhof zu seinem Haus fuhren, erklärte mir Tim Ashton, was geschehen war. Drei furchtbare Stürme im Februar und Anfang März sowie die daraus resultierenden Überschwemmungen, die alle Rekorde gebrochen hatten, hatten die im vorigen März ausgesäten Feldpflanzen vollkommen zerstört. Als wir nun im März an den Feldern entlangfuhren, wurden sie bereits wieder wie wild gepflügt und neue Saat ausgesät, in der Hoffnung, dass man noch rechtzeitig eine Frühjahrssorte für diese Vegetationsperiode hinbekam. Doch der Boden war so feucht, dass die schweren Maschinen ihn vollkommen aufgerissen hatten.

»Der Typ da«, Tim zeigte auf ein Maisfeld, das von breiten Traktorspuren zerfurcht war. »Er hat sich so geschämt, bei diesen Bodenbedingungen zu pflügen, dass er es nachts getan hat.«

Ein paar Minuten später parkte er in der schmalen Straße, die zu seinem Haus führte, und wir traten auf das Feld seines Nachbarn.

»Er lässt das Land von Pächtern bestellen und es ist eine Katastrophe. Seit ich erwachsen bin, bauen sie hier ohne Pause Mais an. Ich kann mich nicht erinnern, auf diesem Feld jemals eine andere Pflanze gesehen zu haben.«

Es war ein erschreckender Anblick. Obwohl das Feld noch nicht gepflügt worden war (Mais wird in Großbritannien spät angebaut), hatten die Stürme den nackten Boden vom Land gerissen und ihn dann in seine einzelnen Mineralbestandteile gesiebt und getrennt. Verwehungen aus rotem Sand füllten die Traktorspuren. Am unteren Ende des Feldes hatte sich schwarzer Schlamm gesammelt. An einigen Stellen – vor allem dort, wo die Maschinen gewendet hatten – war der tiefe Mutterboden vollkommen verschwunden und nur noch der bloße Gletscherkies war zu sehen. In verdichteten Mulden hatten sich stinkende Tümpel gebildet, die sich wegen der Cyanobakterien kobaltgrün färbten.

Im Gegensatz zu vielen anderen Teilen der Welt sind britische Böden ziemlich robust. Doch den Pächtern war es mit Hilfe des extremen Wetters gelungen, einen fruchtbaren Acker in ein Schlachtfeld zu verwandeln.

Während ich herauszufinden versuche, wie wir mehr Essen mit weniger Landwirtschaft erzeugen könnten, habe ich unsere Nahrungsmittel in drei Kategorien unterteilt: Gemüse und Obst, Getreide und zuletzt Proteine und Fette. Durch Tolly erhielt ich einige Antworten auf die Frage, wie wir unsere Umweltbilanz beim Anbau von Gemüse und Obst verbessern und zugleich hohe Erträge erwirtschaften können. Tim habe ich in der Hoffnung besucht, Antworten für eine noch größere Herausforderung zu finden: Wie können wir den

Ackerbau sicherstellen und verbessern, der Getreide und andere Körnerfrüchte produziert. Derzeit wird mehr als 50 Prozent der weltweiten Ernährung direkt von Getreidekulturen wie Weizen, Reis und Mais bereitgestellt (mit »direkt« meine ich, dass sie nicht erst ein Tier durchlaufen). Der Getreideanbau hat durch Pflügen, Pestizide, Unkrautvernichter und Dünger nicht nur massive Auswirkungen auf den lebenden Planeten, sondern er könnte zudem anfällig für Umweltveränderungen und Systemversagen sein. Angesichts des Klimachaos' und des zunehmenden Resilienzverlustes sollte eine der wichtigsten Missionen der Menschheit derzeit darin bestehen, etwas am Anbau unserer Hauptkulturen zu ändern.

Natürlich könnte man an dieser Stelle diskutieren, ob es gesund ist, so viele Kalorien durch Getreide sicherzustellen. Was die Nährstoffe betrifft, gibt es gute Gründe, unsere Ernährung anders zu gewichten. Doch ganz egal, welche Form der Landwirtschaft wir umsetzen, sie muss Nahrungsmittel erzeugen, die die Menschen essen und sich leisten können. Würde die Minimierung der ökologischen Kosten unserer Ernährung nicht nur bedeuten, dass wir ihre Produktionsweise, sondern auch noch ihre Grundstruktur verändern müssen, dann wäre die Aufgabe noch schwerer. Ich könnte Ihnen hervorragende Argumente, sowohl hinsichtlich der menschlichen als auch der Gesundheit unseres Planeten präsentieren, unsere Ernährung auf eine Basis aus Bohnen, Linsen und Nüssen umzustellen. Aber außerhalb eines kleinen sozialen Kreises würde man damit wohl wenig erreichen. Mit einem wachsenden Bewusstsein für die Auswirkungen der globalen Standardernährung auf Gesundheit und Umwelt könnte sich das wandeln, auch, wenn Regierungen ihr Subventionssystem, Steuern und generell die Richtlinien, die die Vermarktung unserer Lebensmittel bestimmen, verändern. Doch je weniger wir auf moralische Überzeugungsarbeit bauen müssen, desto Erfolg versprechender der Wandel.

Man kann einen recht hilfreichen Vergleich zwischen unterschiedlichen staatlichen Bemühungen anstellen, die Treibhausgase zu reduzieren. Die erfolgreichsten Einsparungen waren bisher diejenigen, die den geringsten Aufwand seitens des Konsumenten erfordern. Wenn wir den Schalter drücken, geht nach wie vor das Licht an, ob der Strom nun durch Windturbinen und Solarpaneele oder durch Kohle und Gas bereitgestellt wird. Die schwerer durchzusetzenden Veränderungen, vor denen viele Politiker sich scheuen,[654] erfordern eine Abkehr von alltäglich gewordenen Gewohnheiten: Weniger Auto fahren und mehr laufen, das Fahrrad oder öffentliche Verkehrsmittel nutzen, weniger fliegen, unsere Heizsysteme ändern und unsere Häuser renovieren, um sie energieeffizienter zu gestalten. All diese Dinge müssen ebenfalls passieren, um eine Klimakatastrophe zu verhindern, doch sie sind wesentlich schwerer umzusetzen als das ferne und kaum wahrnehmbare Austauschen unserer Energiequellen.

Der Wandel muss also zu einem Großteil in einem der schwierigsten Bereiche überhaupt stattfinden: Auf den weiten Feldern, auf denen unsere Hauptkulturpflanzen wachsen, wo die Preise niedrig sind und – da Getreide leicht zu lagern und zu transportieren ist – ein globaler Wettkampf herrscht. Und um die Sache noch komplizierter zu machen, muss sich dieser Wandel vollziehen, während die Umweltbedingungen, unter denen diese Feldpflanzen angebaut werden, immer widriger werden.

Tims Mund umspielt ständig ein kleines Lächeln und seine Augen glitzern, als läge ihm ein Witz auf der Zunge, den er unbedingt loswerden möchte. Er ist blond mit braunen Augen, 33 Jahre alt und nicht sehr groß. Er geht mit schnellen, ruckartigen Schritten und spricht im gleichen Stil. Ausgelassen und intelligent wie er ist, ist es unmöglich, ihn nicht mögen.

Sein Zuhause Soulton Hall ist eines der seltsamsten Gutshäuser, die ich hierzulande je gesehen habe. Es ist ein hoher Backsteinquader aus dem 17. Jahrhundert, mit einem Flachdach, Kalksteinecken, Stabwerkfenstern und einer von Säulen flankierten Eingangstür, über der ein massiver Giebel mit einem alten Wappen hängt. An allen vier Ecken ragen riesige, quadratische Schornsteine mit Architraven und Kranzsimsleisten in den Himmel.

»Meine Freunde machen sich einen Spaß draus, es mit der Battersea Power Station zu vergleichen«, bemerkte Tim.

Das Haus wurde um einen mittelalterlichen Kern herum gebaut, der auf einem sächsischen Herrenhaus stand, dessen Eigentümer im Jahr 1017 von Knut dem Großen ermordet wurde. Das Herrenhaus wiederum wurde vermutlich auf den Resten eines Dorfes aus der Bronzezeit errichtet. Im Boden finden sich die Überreste einer Burg aus dem 12. Jahrhundert, die ohne die Erlaubnis des Königs gebaut wurde.

Tim stellte mir seinen Vater vor: ein kräftiger, leicht gebeugter alter Mann mit kräftigen Unterarmen. Für den Lord eines Herrenhauses in Shropshire hat er einen bemerkenswert breiten Lancashire-Akzent. Tim erzählte mir, dass sein Ur-Urgroßvater »einer dieser legendären viktorianischen Männer [war], dem es gelang, seine Verhältnisse radikal zu verändern«. Er begann sein Arbeitsleben als Botenjunge und endete als

Eigentümer mehrerer Baumwollspinnereien. In der Mitte seines Lebens hätte ihn sein fieberhaftes Arbeiten beinahe umgebracht. Er kam aus Lancashire nach Soulton Hall, im sich zu erholen, und verliebte sich in die Tochter des Hauses. Bis in die späten 1940er-Jahre, als die Baumwollspinnereien, deren Überleben von den Zwangshandelsbeziehungen des Empire abhingen, schließen mussten, lebte die Familie zwischen Lancashire und Soulton Hall.

Das zugehörige Land ist beinahe ebenso seltsam wie das Haus. Die Ashtons besitzen 500 Acre (ungefähr 200 Hektar) – laut Tim »ein großer kleiner Hof« –, die von einer solchen Vielzahl unterschiedlicher Böden bedeckt sind, wie man sie sonst über mehrere tausend Quadratkilometer verteilt findet. Zwischen den Sandsteinrücken, die sich dort in der Trias-Zeit abgelagert haben, finden sich in einigen Feldern Lehmstreifen, die von Gletschern dorthin geschoben wurden, in anderen wiederum sandige, schlammige oder torfige Böden, die sich zum Teil in den Sümpfen gebildet haben, die auf die eiszeitlichen Gletscher folgten. Eine Nutzpflanze, die in einem dieser Felder blüht und gedeiht, kann im nächsten in sich zusammenfallen und eingehen. An dem Steilhang, der über dem Anwesen aufragt, fand der junge Charles Darwin seine ersten Fossilien.

Tim ist eine Version des wissenschaftlich aufgeklärten Bauern aus dem 21. Jahrhundert, der sich auf neueste Forschungsergebnisse stützt, aber auch selbst Experimente durchführt, um seine Arbeit zu verbessern. In der großen Halle warteten seine Mitstreiter auf uns: Der Bodenökologe Simon Jeffery, der Tims Masterarbeit betreut hat, und der Landwirt Paul Cawood. In Charakter und Erscheinung könnten sie unterschiedlicher kaum sein. Paul ist laut, selbstbewusst, mit breiter Brust, dunklem kurz geschnittenem Haar und dem stolzierenden Gang eines Lebemannes. Simon hingegen ist zurückhaltend, schlank, mit blonden Dreadlocks und einer entschuldigenden Art. Doch was sie und Tim gemein haben, ist ein Verständnis vom Land und seinem Nutzen, das in meinen Augen geradezu genial ist.

Tim schnappte sich einen Spaten, und wir folgten ihm zu seinem ersten Feld. Wäre ich nicht vor meiner Ankunft bereits Zeuge der umliegenden Verwüstung geworden, dann hätte es wie jedes andere Getreidefeld ausgesehen. Doch heute erschien es mir fast, als wäre ich in ein anderes Land gereist. Das Unwetter, das über die benachbarten Felder getobt war, schien seines verschont zu haben: Da waren überhaupt keine Schäden zu sehen. Tim hatte seine Frühjahrssaat noch nicht ausgebracht. Der Boden war mit den Stoppeln der letzten Ernte aus dem vergangenen Jahr, Moos und Wurmausscheidungen bedeckt. Dazwischen wuchsen ein paar vereinzelte Rapspflanzen, die sich selbst ausgesät hatten. Doch am feinsten konnten meine Füße, Schuhgröße 45,5, den Unterschied messen. Der Boden war fest und federnd wie eine Gummimatte. Größer hätte der Unterschied zu dem zerfurchten Maisfeld des Nachbarn und den anderen Miseren, die wir auf dem Weg gesehen hatten, nicht sein können.

Wie kam es zu diesem Unterschied? Tim pflügt sein Land nicht. Er ist einer aus einer ziemlich kleinen Anzahl an Landwirten in Europa, die Kornpflanzen mit der Direktsaatmethode anbauen. Tim versucht das Problem zu lösen, das Tolly in seinem eigenen System benannt hat: Die Notwendigkeit, den Boden durch Pflügen immer wieder aufzubrechen. Die

Direktsaat ist übringes nicht zu verwechseln mit der bereits erwähnten »No-dig«-Methode, die für den Gemüseanbau weit verbreitet ist, und bei der organisches Material auf die Oberfläche gehäuft wird. Die Nachteile dieser Methode habe ich kurz in Kapitel 4 angerissen.

Um einen Vergleich anstellen zu können, hatte Tim einen Streifen seines Feldes gepflügt. Ich hätte es ohne Probleme blind finden können: Der Boden war an dieser Stelle weich wie Schlagsahne und ich sank beim Laufen bis zu den Knöcheln ein. Bei genauerem Hinsehen konnte ich auf der Oberfläche helle Sandstreifen erkennen, die der Regen vom Schlick getrennt hatte. In einem sehr viel kleineren Maßstab war auch hier ein Filtereffekt wie auf dem benachbarten Maisfeld zu sehen.

Tim stieß seinen Spaten in den Boden und hob einen Klumpen Erde aus dem gepflügten Streifen und dann einen aus dem ungepflügten Rest des Feldes. Er häufte sie nebeneinander auf. Der gepflügte Boden fiel sofort auseinander, während die ungepflügte Erde zusammenklumpte. Außerdem entdeckte ich einen weiteren Unterschied: In dem unbearbeiteten Erdklumpen wimmelte es nur so vor Würmern. Außer, wenn ich einen Komposthaufen umgrub, konnte ich mich nicht erinnern, jemals so viele in einem Spatenstich gesehen zu haben. Die Exemplare reichten von kleinen violetten über gelbe bis hin zu riesigen rosafarbenen Regenwürmern. Im gepflügten Boden konnte ich hingegen keine entdecken.

Simon erklärte, dass der ungepflügte Klumpen nicht so sehr von den Wurzeln der Rapspflanzen zusammengehalten wird, sondern von den Polymeren, die Bakterien, Würmer und winzige Arthropoden ausgeschieden hatten, und von den Glomalinmolekülen, die von Pilzen abgegeben werden. Diese bilden die Bodenaggregate, die vielen Lebewesen als Lebensraum dienen.

»Pflügen zerreißt die Hyphen der Pilze und bricht die Aggregate auf. Daraufhin mineralisieren die Bakterien Kohlenstoff, verwandeln ihn in CO_2 und geben ihn an die Luft ab. Dann kollabiert die Zellstruktur des Bodens, die Poren füllen sich mit Partikeln und sind weniger luft- und wasserdurchlässig. Ein ziemlich lebensfeindlicher Ort.«

Seit Tim aufgehört hat zu pflügen, so erzählte mir Simon, war die Zahl der Regenwürmer um das Sechsfache gestiegen: Ihre Populationsdichte war sogar noch höher als bei Tolly.

»Dadurch erreichen wir eine bessere Wasserinfiltration, eine bessere Belüftung und ein besseres Wurzelwachstum. Ein großer Regenwurm kann bis zu zwei Meter tief graben und die Wurzeln können seinem Gang folgen. Dadurch wird ein positiver Kreislauf in Gang gesetzt. Die Würmer schaffen Lebensraum für andere Organismen, die die Bodenstruktur noch mehr verbessern, was wiederum gut für die Würmer ist. Und so geht es immer weiter.«

Ohne Würmer und andere Lebewesen, die den Boden durchlässig halten, kann kaum Wasser versickern. Bei einigen Feldern ist das Problem so gravierend geworden, dass selbst beständige Regenfälle einfach an der Oberfläche ablaufen: Die obersten fünf Zentimeter Boden werden durchnässt, die darunter liegenden Schichten bleiben jedoch knochentrocken. Wie der Agrarwissenschaftler und Landwirtausbilder Niels Corfield betont, vergrößern die von Lebewesen geschaffenen Bodenaggregate – auch Krümelstruktur genannt – die interne

Oberfläche des Bodens um ein Vielfaches.[655] Sie sind hoch hygroskopisch, was bedeutet, dass ihr spezieller Aufbau Wasser anzieht und bindet.

Ein gesunder Boden behält, selbst wenn man ihn lufttrocknet, in den Aggregaten eine durchschnittliche Feuchtigkeit von 98 Prozent.[656] Mit anderen Worten, die Aggregate sind mehr oder weniger immun gegen Austrocknung. Eine Eigenschaft, die auf den ersten Blick wirkt wie Zauberei. Aber es ist weder Zauberei noch Zufall. Die ausgedehnte innere Oberfläche, die das möglich macht, ist eine besondere biologische Konstruktion, geschaffen durch das Leben im Boden. Sie schaffen eine Umgebung, die auf ihre Bedürfnisse angepasst ist: In diesem Fall eine gesättigte Atmosphäre. Genau wie Kohlenstoff in Form von biologischem Zement im Boden gespeichert wird, wird Wasser in Form von biologischen Filmen und eingefangenem Wasserdampf gebunden. Wo Wasser ist, ist auch Leben. Andersherum ist ohne Wasser kein Leben möglich.

»Am Tag, nachdem wir diesen Streifen gepflügt haben, ist im Boden die Diversität von Springschwanzarten um 30 Prozent und ihre Abundanz um 70 Prozent gefallen«, sagte Tim. »Würde ich diese Schäden einem Regenwald zufügen, dann gäbe es einen Aufstand. Wir hingegen singen jeden Herbst Lieder darüber.«

Paul zeigte mir etwas, das mir nicht aufgefallen wäre: Ein horizontaler Riss, der den Boden etwa zwölf Zentimeter unter der obersten Schicht des ungepflügten Bodens teilte. Eine Wurzel hatte sich im rechten Winkel gebogen und verlief entlang des Risses.

»Bis vor fünf Jahren wurde dieses Feld gepflügt. Diese Linie repräsentiert den tiefsten Punkt, den der Pflug erreicht.

Pflügen schafft aus zwei Gründen einen Bodenhorizont. Zum einen werden die feinsten Partikel beim Pflügen durch den Boden geschüttelt und enden schließlich am untersten Anbaulevel. Das ist, als würdest du ein Glas Bohnen oder Reis durchschütteln: Die kleinen Körner fallen zu Boden. Wenn du das regelmäßig wiederholst, bilden die feinen Partikel irgendwann eine harte Schicht. Da durchzukommen, kostet die Pflanzen jede Menge Energie. Wenn eine Wurzel es versucht, wird sie aufgeschürft und anfällig für Infektionen. Deshalb gehen sie oft den einfachen Weg und knicken stattdessen seitlich ab. Aber wenn sie lediglich in den obersten paar Zentimetern Boden bleiben, finden sie weniger Nährstoffe und sind anfälliger für Dürren.

Der andere Punkt ist, dass Pflügen den Boden um neunzig Grad wendet und die Halme, die an der Oberfläche waren, entlang der Risslinie in den Boden gräbt. Dabei entsteht eine anoxische, also sauerstofffreie Schicht. Wenn die Halme verrotten, bilden sie Säure. Das hassen Pflanzenwurzeln. Es ist, als würden sie eine Batterie lecken.«

Noch ein paar pflugfreie Jahre und die Würmer und Wurzeln in Tims Feldern werden in der Lage sein, die harte, saure Schicht zu durchstoßen. Dann löst sich die Frakturzone auf. Aber das dauert lange. Den Boden zu brechen ist einfach, ihn wiederherzustellen jedoch schwieriger.

»Pflügen bringt nicht nur den Kohlenstoffzyklus durcheinander«, erklärte Paul. »Man setzt damit auch Stickstoff frei, und zwar eine aus biologischer Sicht völlig absurde Menge zum falschen Wachstumsstadium der Pflanze. Dadurch schießen Pflanzen direkt nach dem Keimen im Herbst in die Höhe und sehen dann stark und gesund aus. Aber im Frühjahr, wenn sie ihr maximales Wachstum erreichen sollten, geht alles schief. Die Pflanzen haben zu früh alles gegeben und werden gestresst. Dann schlagen die Blattläuse zu.«

Paul bestätigte etwas, das Tolly mir bereits erklärt hatte: Blattläuse lieben gestresste Pflanzen. »Wenn du Blattläuse hast, bedeutet das, deine Pflanzen sind schlecht versorgt und kämpfen ums Überleben. Sie brauchen Protein und nicht Kohlenhydrate, das ist auch der Grund, warum sie Honigtau ausscheiden. Gestresste Pflanzen haben einen höheren Gehalt an Aminosäuren: Sie sind ein Himmel für Blattläuse. Du kannst so viel spritzen, wie du willst, aber wenn die Pflanzen nicht gesund sind, bringt das gar nichts.«

»Insektizide haben eine kurze Halbwertszeit. Aber Schädlingsbefall kommt in Wellen. Was machst du dann? Jeden Tag wieder alles spritzen, wenn neue auftauchen? Wenn du einmal angefangen hast, kannst du nicht mehr aufhören, weil du alle Fressfeinde mit umbringst. Und je mehr du spritzt, desto stärker wird der Selektionsdruck für resistente Schädlinge. Lass dich bloß nicht auf einen Kampf gegen Blattläuse ein. Den kannst du nur verlieren.«

»Aber bei einer gutgenährten, gesunden Pflanze musst du nicht spritzen. Sie produzieren zum Schutz Silikate auf ihren Blättern. Dann lassen die Blattläuse sie in Ruhe.«

»Wenn du nicht pflügst, sehen deine Nutzpflanzen im Herbst nicht aus wie im Bilderbuch«, fuhr er fort. »Sie wachsen nicht gerade, sondern liegen auf dem Boden. Um ehrlich zu sein, sehen sie ziemlich jämmerlich aus. Wenn andere Bauern das sehen, schnalzen sie mit der Zunge, und du hast das Gefühl, versagt zu haben. Aber wenn du im Frühling wiederkommst, schnellen sie in die Höhe und das Blatt hat sich gewendet.«

Seit er das Pflügen aufgegeben hat, konnte Tim nicht nur den Einsatz von Pestiziden beinahe vollkommen eliminieren (er hat seit vier Jahren keine mehr auf seine Kulturen ausgebracht), sondern auch den Einsatz von Düngemitteln um 15 Prozent reduzieren, weil der Boden gesünder ist und weniger Nährstoffe durch Bodenerosion verloren gehen. Da sich immer mehr organisches Material im Boden sammelt, hofft er, in Zukunft noch weniger zu brauchen.

»Außerdem ist mein Dieselverbrauch vollkommen eingebrochen. Nachdem ich zur Direktsaat gewechselt bin, hat mich der Mann, der uns mit Diesel versorgt, angerufen, um zu fragen, ob wir einen anderen Lieferanten haben.«

Wie immer hat Paul die Zahlen im Kopf. Das übliche Feldpflanzenpaket, erklärt er mir – Pflug, Egge und eine Kombination aus Drill und Walze – verbraucht jährlich zwischen 29 und 31 Liter Diesel pro Hektar. Im Direktsaatsystem muss man den Boden hingegen nur zweimal bearbeiten. Zunächst wird das Saatgut mit einer genialen Maschine in den Boden gedrillt, die von einem Traktor gezogen wird und ein bisschen aussieht wie eine riesige Nähmaschine mit Dutzenden Nadeln. Beim zweiten Arbeitsschritt wird der Boden gewalzt, um das Unkraut zum Keimen zu bringen (darüber sollte ich später mehr lernen). Alles zusammengenommen verbraucht man damit lediglich 4,5 Liter Diesel pro Hektar.

Außerdem gibt es noch mehr Einsparungen, deren Effekt womöglich noch größer ist. Tim erklärte: »Wenn Bauern viele verschiedene Maschinen nutzen, um ihre Felder zu bestellen, werden 40 bis 50 Prozent der Anbaukosten bereits im Vorfeld ausgegeben. Wenn die Ernte schlecht ausfällt, trifft es die Bauern hart. Aber wenn ich eine Missernte habe, kostet mich das kaum etwas. Alles, was ich verliere, ist Saatgut, das wir aus unseren eigenen Pflanzen gewinnen, ein bisschen Zeit und den Diesel vom Drillen. Man hat mehr Zeit, die Dinge sorgfältig zu machen und viel weniger Druck. Wenn die Bedingungen im Herbst schlecht sind, kannst du einfach im Frühjahr aussäen. Man erschöpft das Land nicht so sehr und sich selbst auch nicht. Ein Bauer, der ständig in seinem Traktor sitzt, steht unter viel Stress. Wenn sie viele Arbeitsschritte absolvieren müssen, müssen sie jedes Zeitfenster ausschöpfen. Darum fangen viele Bauern zu früh an und schaden dem Boden. Oder sie lassen ihn zu spät in Ruhe. Im Standardsystem geht es nur um Gewinnmaximierung, nicht darum, die Bedingungen für die Pflanzen zu optimieren. Das bringt die Leute dazu, schlechte Landwirtschaft zu betreiben.«

»Ich könnte meine Felder diese Woche drillen, ohne ihnen zu schaden«, fügte Tim hinzu. »Ein gepflügtes Feld müsste noch zwei Wochen in Ruhe gelassen werden. Ansonsten richtest du bei diesen nassen Oberflächen ein totales Chaos an.«

Tims System ist gleich doppelt resistent gegen den Klimawandel. Der feste und gut strukturierte Boden ist weniger anfällig für Sturmschäden und widerstandsfähiger bei Trockenheit. Und wenn doch eine Extremwetterlage seine Ernte zerstört, sind seine finanziellen Verluste kleiner und sein Überleben wahrscheinlicher.

Während ihrer Unterhaltung ließen Tim und Paul immer wieder einen Begriff fallen, den ich noch nie gehört hatte: »Soil Armour« – was im Deutschen so viel wie Bodenrüstung bedeutet. Ich hakte nach, was sie damit meinten.

»Oh, tut mir leid«, sagte Tim. »Das ist ein etwas romantischer Begriff für die Pflanzenreste, die wir auf dem Feld hinterlassen. Ohne Pflügen bleiben all die abgemähten Stoppeln und anderes Pflanzenmaterial an der Oberfläche. Wenn du das in den Boden pflügst, ist das wie eine Zwangsernährung für alles Leben im Boden. Aber wenn du es einfach dalässt, werden die Mikroorganismen es nach und nach verdauen und die Würmer können es in ihrem eigenen Tempo in ihre Gänge ziehen. In der Zwischenzeit schützt die Schicht den Boden vor Regen und Sonne.«

»Der nackte Boden sollte niemals die Sonne sehen«, warf Simon ein.

So sinnvoll diese Veränderungen auch sein mögen, die Umstellung war nicht einfach. Tim musste neue Ausrüstung kaufen und lernen, wie man sie benutzt. »Es gab einige leidvolle Erfahrungen und wir mussten ein paar Vermögenswerte verkaufen. Zum Glück hat der Filialleiter der Bank verständnisvoll reagiert. Es hat vier Jahre gedauert, bis wir die Gewinnmarge wieder da hatten, wo wir sie haben wollen. Das verrückte Wetter, das in dieser ganzen Zeit geherrscht hat, hat auch nicht geholfen.«

Dank der verbesserten Bodengesundheit erwirtschaftet Tim inzwischen etwas bessere Erträge als zu den Zeiten, wo er noch gepflügt hat: Zusätzliche 0,2 Tonnen Weizen, was bedeutet, dass er rund 7 Tonnen pro Hektar erntet. Ein ansehnliches Gewicht für das Klima in Shropshire. (Das ist allerdings eher ungewöhnlich. In den meisten Fällen fallen die Erträge der Direktsaat in gemäßigten Regionen tendenziell etwas niedriger aus als in Pflügesystemen.) Da seine Ausgaben geringer sind, so erklärte mir Tim, könne er weniger als vorher produzieren und dennoch mehr Gewinn machen. Nach einem holprigen Start beginnt sich die Umstellung langsam auszuzahlen.

Einen Großteil seines Erfolgs verdankt Tim wohl seinen Regenwürmern. In Systemen wie diesem übernehmen offenbar Regenwürmer die Arbeit des Pfluges ohne die damit einhergehende Zerstörung. Durch ihre Gänge belüften sie den Boden und durch die Verdauung des Pflanzenmaterials stellen sie Nährstoffe für die Pflanze bereit. Auf Feldern mit Regenwürmern sind die Erträge im Schnitt um 25 Prozent höher als auf Feldern ohne.[657] Mit anderen Worten: Würden alle von Bauern angebauten Feldfrüchte genutzt werden, um Menschen zu ernähren, würde rund ein Viertel von uns das Überleben den Würmern verdanken.

Wir schritten über ein paar Felder, die in normalen Zeiten nicht weiter auffällig gewesen wären, nach diesen außergewöhnlichen Wetterlagen jedoch bemerkenswert intakt dalagen. Tim zeigte mir das kleine zudem natürlich belassene Habitat, das er rund um einen Bach auf seinem Land wachsen ließ: Schilf, Weiden und raue Gräser. Zwei Brautenten stoben schnatternd auf und flogen davon. In den kleinen Bäumen flatterten ein paar Blaumeisen umher. Es ist sinnvoll, das Land rund um Flüsse in seinem natürlichen Zustand zu belassen. Dichte Vegetationsstreifen können Düngemittel und landwirtschaftliche Chemikalien, die von den Feldern ausgewaschen werden, auffangen, bevor sie das Wasser erreichen.[658, 659] Rund um Flüsse funktionieren natürliche Korridore am besten, da der Übergangsraum zwischen Wasser und Land tendenziell der artenreichste Teil eines Ökosystems ist.[660]

Schließlich landeten wir wieder auf der schmalen Zufahrtsstraße zum Herrenhaus und passierten das Maisfeld des Nachbarn, das Tim mir bereits zuvor gezeigt hatte. Nun erschien der Kontrast umso stärker.

»Wenn du mich nach meiner professionellen Meinung fragst: Das Feld ist am Ende«, kommentierte Paul.

Ist die Direktsaatmethode also das Allheilmittel gegen alle Probleme, die durch den Ackerbau hervorgerufen werden? Nein. Da Tim nicht pflügt, ist er in noch höherem Maße als andere konventionelle Landwirte abhängig von Herbiziden (Unkrautvernichtern). Das bedeutet allerdings nicht, dass er mehr davon verwendet als andere Bauern: Insgesamt ist es sogar weniger. Es bedeutet nur, dass er derzeit keine andere Möglichkeit hat, als sie einzusetzen. Da er nicht wie Tolly das Unkraut zerstören und die Nutzpflanzen durch Pflügen bedecken kann, muss er es mit chemischen Mitteln entfernen.

Das Herbizid, das er benutzt, wird in der großflächigen Landwirtschaft beinahe universal eingesetzt: Glyphosat, das meist unter der Rezeptur Roundup verkauft wird. Viele Jahre lang wurde diese Chemikalie als harmlos für alles, außer für die Pflanzen, auf die es gesprüht wird, vermarktet. Tatsächlich ist es weniger schädlich für andere Lebewesen als die Herbizide, mit denen es konkurriert. Doch nachdem Roundup zum weltweit beliebtesten Unkrautvernichtungsmittel avanciert war, wurden kritische Stimmen laut. Wissenschaftler berichteten von Schäden, die es vielen Lebewesen zufügt. Zum Beispiel lässt ein Experiment darauf schließen, dass Glyphosat sich negativ auf die Navigationsfähigkeiten von Honigbienen auswirkt: Bienen, die mit Zucker gefüttert wurden, der das Herbizid enthielt, brauchten länger, um nach Hause zu finden.[661] Ein weiteres Experiment hatte zum Ergebnis, dass Glyphosat die Bakterien im Verdauungssystem der Bienen schädigt und die Anzahl der Larven verringert, die im Bienenstock überleben.[662]

Glyphosat soll Berichten zufolge ebenfalls giftig für viele Süßwassertiere sein – einschließlich Fröschen,[663] Fischen[664] und Flusskrebsen[665] – und auch für maritime Arten wie Muscheln[666] und das Pflanzenplankton[667]. Doch in einigen dieser Studien wurde eine viel höhere Konzentration verwendet als bei den Bauern zum Einsatz kommt, sodass die Ergebnisse kaum die realen Bedingungen widerspiegeln. Die schädlichen Auswirkungen des Herbizids auf das Süßwasserleben könnte durch Phosphatverunreinigungen verstärkt werden, da sie offenbar verhindern, dass es schnell abgebaut wird.[668] Im Meerwasser erweist sich Glyphosat als extrem langlebig,[669] da das Salz seinen Zerfall offenbar verlangsamt. Wie es sich kumulativ auswirkt, wenn das Glyphosat vom Land in die Ozeane gespült wird, wissen wir noch nicht.[670]

Das Herbizid wirkt, indem es ein von Pflanzen produziertes Enzym namens EPSPS hemmt, ohne dass sie eine Reihe grundlegender chemischer Stoffe gar nicht herstellen können.[671] Was beunruhigt: Viele Bakterien und Pilze stellen dieselbe Form von EPSPS her, und Glyphosat scheint auch für sie negative Auswirkungen zu haben.[672]

Darunter finden sich viele wichtige Bakterien, die die Rhizosphäre (den externen Darm der Pflanzen) und den Darm von Tieren bevölkern. Weitere Studien weisen darauf hin, dass sie Mikroorganismen schaden, die wichtig für das Pflanzenwachstum sind,[673] wobei andere wiederum festgestellt haben, dass die Mikrobenkulturen sich nach dem Spritzen offenbar ziemlich schnell erholen.[674] Es gibt Hinweise, dass die Chemikalie das Gleichgewicht zwischen nützlichen Mikroben und solchen, die in Pflanzen Krankheiten hervorrufen, durcheinanderbringt. Das könnte erklären, warum zumindest eine tödliche Pflanzenkrankheit vor allem in Böden verbreitet ist, wo das Herbizid zum Einsatz kam.[675] In den meisten Fällen wird Glyphosat im Boden schnell von den Pilzen abgebaut, doch an einigen Orten kann es, je nach Bodentyp, bis zu einem Jahr bestehen bleiben und sich akkumulieren.[676]

In Kapitel 3 war die Rede von der »intrinsischen Resistenz« der Bodenbakterien,[677] ihrer Bereitschaft sich gegen widrige Chemikalien zu verteidigen. Eine der eigenartigen Wechselwirkungen dieser Resistenzen: Setzt man sie einem Toxin aus, kann es die Bakterien weniger anfällig für andere machen.[678] Einige Forschungen lassen vermuten, dass ihre Selbstverteidigung gegen Glyphosat die Bakterien auch widerstandsfähiger gegen Antibiotika werden lässt.[679] Das könnte die Krise der Antibiotikaresistenzen weiter verschärfen. Gut möglich, dass wir ähnliches bei unseren Darmbakterien beobachten werden, die sich auf die gleiche Art verteidigen.

Eine aktuelle Studie zeigt, dass einige geringfügige Auswirkungen von Glyphosat auf Mikroben im menschlichen Darm womöglich unser Immunsystem beeinträchtigen.[680] Eine andere Untersuchung wies bei einem Drittel der in Deutschland getesteten Menschen Spuren von Glyphosat oder eines der chemischen Stoffe, in die es zersetzt wird, im Urin nach, auch wenn die geringe Menge wohl kaum eine Gefahr für die Gesundheit darstellt.[681] Die Forscher konnten diese Überreste mit bestimmten Nahrungsmitteln in Verbindung bringen, die die Menschen gegessen hatten.

Glyphosat könnte an einigen Orten ohnehin bald nutzlos werden, da viele Unkrautpflanzen inzwischen Resistenzen entwickelt haben. Schon jetzt geben einige Sojabauern in Teilen der USA das Direktsaatsystem auf, da herbizidresistente Unkräuter, sogenannte »Superweeds«, lediglich durch Pflügen in Schach gehalten werden können und diese Anbaumethode unmöglich machen.[682]

Die Entwicklung und der Verkauf von Agrarchemikalien scheint einer standardisierten Logik zu folgen. Sie werden als vollkommen sicher gegenüber allem, außer der Spezies, der sie schaden sollen, vermarktet. Erst wenn sie breit zum Einsatz kommen, müssen wir feststellen, dass ihre Hersteller sie nicht ausreichend getestet haben.

Während die Standardgetreidefarm Glyphosat zwei- bis dreimal pro Vegetationsperiode einsetzt, ist es bei Tim lediglich einmal. Da er nicht pflügt, verbleiben die von den Unkräutern verteilten Samen auf der Feldoberfläche. Viele davon werden von Vögeln gefressen. Den Rest wird er los, indem er direkt nach der Drillsaat seiner Nutzpflanzen mit einer schweren Walze über das Feld fährt. So werden die Unkrautsamen in den Boden gedrückt und aufgeweckt (bei Bodenkontakt beginnen sie zu keimen). Drei oder vier Tage, bevor die Nutzpflanzen ihre Köpfe hinausstrecken, sprießen die Unkräuter in die Höhe. Dies ist der Moment, den Tim nutzen muss, um sie zu besprühen, ohne den von ihm gesäten Pflanzen zu schaden.

Diese Methode stellt sicher, dass möglichst wenig von der Chemikalie in der menschlichen Nahrungskette landet. Sein Prozess, so sagt er, macht sein Land weniger anfällig für ein Unkraut, dass die Bauern in Europa derzeit vor massive Probleme stellt: Acker-Fuchsschwanzgras. Es bevorzugt geschädigte Böden und breitet sich daher vor allem auf gepflügten Feldern in Windeseile aus.

Simon argumentiert, dass die Schäden für den Boden durch Glyphosat viel geringer sind als durch den Pflug. Das könnten wir an dem beachtlichen Unterschied in der Anzahl der Regenwürmer zwischen dem Direktsaatfeld und dem gepflügten Streifen sehen. Der erstaunliche Anstieg der Regenwurmpopulation auf Tims Feldern wird von weltweiten Studien bestätigt: Obwohl eine Studie zu dem Schluss kommt, dass Glyphosat Regenwürmern schadet,[683] scheinen die Folgen des Pflügens schwerwiegender zu sein.[684] Es zerteilt sie, setzt sie Fressfeinden aus und zerstört die Gänge, die in stabilen Böden von einer Generation zur nächsten weitergegeben werden.[685] Ein zerteilter Wurm vergibt dem Pflug nicht.

Durch das Pflügen wird die Tierwelt massiv verkleinert: Es gibt weniger Verbindungen im Nahrungsnetz, eine geringere Artenvielfalt von Regenwürmern, Springschwänzen und Milben und die überlebenden Tiere sind für gewöhnlich die kleineren und sich schneller vermehrenden Arten.[686] Einige Gruppen sind bereits vollständig verschwunden. Auch Bakterien sind vom Pflügen betroffen: In Direktsaatfeldern gibt es mehr von ihnen als in gepflügten.[687]

Doch wie immer ist es schwer, unterschiedliche Formen der Umweltzerstörung zu vergleichen. Wie gewichten wir den Schutz des Bodens auf Betrieben wie dem von Tim gegen die Schäden, die Glyphosat möglicherweise in maritimen Ökosystemen anrichtet? Wie vergleichen wir den Wert von Regenwürmern mit dem Wert von Antibiotika? Während einige Leute versucht haben, eine metrische Skala zu finden, die oft in Pfund oder Dollar ausgedrückt wird,[688] halte ich diese Einflüsse für unmessbar: Man kann sie nicht gegeneinander abwägen.

Können diese Probleme gelöst werden? In einigen Teilen der Welt kann eine Maschine namens Roller Crimper verwendet werden, um Unkraut zu vernichten oder Pflanzen zu bedecken, ohne zu pflügen oder Herbizide einzusetzen.[689] Eine derbe, aber effektive Methode: Der Roller Crimper walzt die winterharte Begrünung im Frühjahr, zerquetscht Pflanzenstängel, franst sie aus, um sie auf diese Weise Frost und Krankheiten auszusetzen, und in die entstehende Mulchschicht wird direkt gesät (oder auch gepflanzt). In Kanada und anderen kontinentalen Landwirtschaftszonen funktioniert diese Methode. Doch Großbritannien ist dafür inzwischen schon zu warm geworden. Eine derart schwere Maschine wie den Roller Crimper kann man im Winter nur über seine Felder ziehen, wenn der Boden vollkommen gefroren ist. Sonst kreiert man eine Schlammwüste genau wie Tims Nachbar, als er andere schwere Maschinen auf weichem Boden verwendet hat. Der Boden braucht Jahre, um sich von einem solchen Schaden zu erholen. Außerdem könnten die in die Mangel genommenen Pflanzen ohne starken Frost überleben.

Ein Apparat, der hingegen in jedem Klima zum Einsatz kommen könnte und langsam Fuß fasst, ist der Unkrautroboter. Es handelt sich um eine vollautomatisierte Maschine, die Tag und Nacht auf den Feldern herumfahren kann, spezielle Unkrautsorten eigens identifiziert und individuell vernichtet. Die vielversprechendsten Modelle sind meiner Meinung nach diejenigen, die mit gezielten Stromstößen arbeiten,[690] statt mit Flammen oder kleinen Mengen Unkrautvernichter, da dies die geringsten Auswirkungen auf die Umwelt hat. Wie üblich hat diese Methode jedoch eine Kehrseite: Die Technologie ist teuer. Zwar müssen Bauern nicht ihre eigenen Maschinen kaufen, sondern es sind inzwischen Unternehmen entstanden, die diese Leistung anbieten und pro Hektar Unkrautjäten bezahlt werden.[691] Dennoch übertrumpft hier einmal mehr Geld die Arbeit und verschafft Großkapitalbetrieben noch mehr Vorteile über kleine, vermögensarme Bauern. Jede Antwort hat ihre Schattenseiten.

Doch wenn Tim sich solch ein Gerät leisten kann, so hofft er nach eigener Aussage »eines Tages Direktsaat, bessere Maschinen und neue Techniken zusammenzuführen. Dann könnte ich auf ökologische Landwirtschaft umsteigen. Da liegt die Zukunft.«

Tims Resultate sind besser als die der meisten Bauern. Im Schnitt fallen die individuellen Erträge durch eine Umstellung auf Direktsaat nur leicht.[692] Doch an einigen Orten kann die Ernte im Allgemeinen sogar deutlich gesteigert werden.

Denn bei der Direktsaatmethode kann die Fruchtfolge von einer Pflanze auf die nächste viel schneller als sonst erfolgen. Das bedeutet, dass in Zentralbrasilien und anderen heißen Regionen der Welt jedes Jahr nun zwei Hauptkulturen angebaut werden könnten, wo vorher nur eine möglich war.[693] In Indien, Pakistan und Bangladesch ermöglicht die Direktsaatmethode es den Bauern, zwischen Reis (in den Monsunmonaten) und Weizen (in den trockeneren Jahreszeiten) zu wechseln, ohne die schweren Umweltschäden auszulösen, die das traditionelle System mit sich bringt.[694] Teils, um das Unkraut zu unterdrücken, das ihn andernfalls überwuchern würde, wird Reis in dauerfeuchten Böden angebaut. Um diese Felder zurück in den leichten Acker zu verwandeln, den der Weizenanbau bevorzugt, sind Wochen wiederholten Pflügens vonnöten,[695] was oft eine massive Schädigung und Erosion des Bodens verursacht. Die Stoppeln und Unkräuter zwischen den beiden Ernten werden traditionellerweise verbrannt. Das ist zwar die schnellste Methode, sie loszuwerden, doch der Rauch zieht in die nahegelegenen Städte und verkürzt das Leben von Millionen Menschen.[696] Die Direktsaatmethode ermöglicht den Bauern hingegen, ohne Überfluten, Zerwühlen oder Verbrennen eine Kulturpflanze auf die nächste folgen zu lassen.

Direktsaat hält offenbar die Feuchtigkeit besser im Boden[697] und reduziert Erosion[698] und Verdichtung.[699] Doch aus komplizierten Gründen ist die Methode nicht per se besser darin, Kohlenstoff im Boden zu speichern[700] oder zu verhindern, dass Dünger[701]und Pestizide[702] von den Feldern entweichen. Grob gesagt funktioniert es gut, wenn man so vorgeht wie Tim: eine wechselnde Fruchtfolge einhalten, den Boden im Winter mit Zwischenfrüchten bedecken und Pflanzenreste und tote Unkräuter (den Soil Armour) liegen lassen.[703] Doch es ist ein schlechtes System, wenn die Bauern lediglich – wie Paul es ausdrückt – »spritzen und beten«: Wenn sie ihr Land mit Unkrautvernichtungsmittel überschütten und das Saatgut hineindrillen, ansonsten jedoch weitermachen wie gehabt.[704] Keine Technologie ist idiotensicher.

Ist die Direktsaatmethode nur ein weiterer Kostenfaktor, der das Ungleichgewicht zwischen Groß- und Kleinbauern weiter verstärkt? Drillmaschinen, wie Tim sie nutzt, sind unvorstellbar teuer. Jedes System, das Kapital gegenüber Arbeit favorisiert, führt zu mehr Kapitalkonzentration. Doch in Bolivien kostet eine Drillmaschine, die von einem Tier gezogen werden kann, weniger als 400 Dollar.[705] Das ist in einer Nation, in der ein durchschnittlicher Kleinbauer 4,30 Dollar am

Tag verdient,[706] zwar teuer, jedoch immer noch viel billiger als die Standardmaschinen. Außerdem könnte eine Drillmaschine von mehreren Kleinbetrieben genutzt werden. Damit würde sich die Aussaat pro Hektar von zwölf Tagen auf zehn Stunden reduzieren.

Ein paar Wochen vor der Ernte, an einem seltsam kalten Tag mitten im Juli, besuchte ich Tims Betrieb erneut. Während wir über sein Land liefen, tauchten und kreisten Kiebitze über den Feldern und stießen dabei seltsame Schreie aus, die an Hundespielzeug aus Gummi erinnerten, das quietscht, wenn man es drückt. Sie mussten zwischen den Kulturen ihre Nester haben.

Auf Frühjahrsstürme und -überschwemmungen war kurz nach meinem letzten Besuch eine sengende Trockenheit gefolgt, die quer durchs Land die keimenden Ackerpflanzen vernichtet hatte. Wenn ich die Resilienz eines Systems gegenüber Klimachaos beurteilen wollte, hätte ich mir kein besseres Jahr aussuchen können.

Dank des unbarmherzigen Wetters war Tims Fruchtfolge durcheinandergeraten. Früher hatte er Weizen angebaut, gefolgt von einer Zwischenfrucht, dann Puffbohnen, die er nach Nordafrika verkauft, dann Weizen und schließlich Raps. Doch in den Anfangsjahren dieses Jahrhunderts hatte ein Rohstoff-Superzyklus – ein anhaltender Preisanstieg von Grunderzeugnissen – viele Bauern dazu verführt, nichts außer Weizen und Raps anzubauen, um die enorme Nachfrage zu befriedigen. Schädlinge lieben eine andauernde Kultivierung von lediglich ein oder zwei Kulturpflanzen. So können sie sich ohne Unterbrechung fortpflanzen. Durch den wiederholten Rapsanbau haben diese Bauern unbeabsichtigt eine Flohkäferplage herbeigeführt, deren Larven sich in die Pflanzenstängel bohren und die Pflanzen töten. Etwa zur gleichen Zeit verbannte die Europäische Union den Gebrauch von neonicotinoiden Pestiziden wegen ihrer furchtbaren Auswirkungen auf die Umwelt – zu Recht, wie ich finde. Da der exzessive Rapsanbau jedoch stark von diesen Chemikalien abhing, die die Käfer töteten, kollabierte das System beinahe über Nacht. Inzwischen ist es in einigen Landesteilen fast unmöglich geworden, diese Pflanze anzubauen.[707] Schlechte Bauern schaden guten.

Daher hat Tim den Raps in seiner Fruchtfolge durch Leinsamen ersetzt. Ein paar seiner Felder waren wegen der silbrigen Kugeln der Samenköpfe, die in der Luft zu schweben scheinen, von einem seltsamen Schimmer überzogen. Als einer der ersten Bauern des Landes baut er zudem Quinoa an. Tim erzählte mir, sobald neue Sorten von Kichererbsen, Linsen, Sojabohnen und anderen Hülsenfrüchten gezüchtet würden, die in unserem kalten Klima gedeihen, wollte er sie anbauen. Wie viele gute Bauern sucht er stets nach neuen Pflanzen, um sie in seine Fruchtfolge einzugliedern: Je größer die Vielfalt deines Ackerbaus, desto gesünder der Boden und desto weniger Probleme mit Schädlingen.[708, 709]

Doch in diesem Jahr hatte es so viele Unwetter gegeben, dass er ein Feld fünfmal hatte drillen müssen, bevor eine Pflanze keimte. Auf einigen Feldern hatte er Weizen auf Weizen und Bohnen auf Bohnen folgen lassen müssen. Der Unterschied war deutlich zu sehen: Wo zwei Jahre in Folge Puffbohnen gepflanzt worden waren, waren ihr Stängel und Blätter mit rostbraunen Flecken übersät (eine Pilzart). Die Bohnen hingegen, die auf eine Zwischenfrucht gefolgt waren, waren kaum betroffen. Doch der größte Unterschied seines Bohnenanbaus bestand zwischen dem Experimentierstreifen, den er gepflügt hatte, und dem restlichen Feld. Die Bohnen auf dem gepflügten Streifen waren von Unkraut überwuchert: Floh-Knöterich, Greiskraut, Kamille und, hoch über den Kulturpflanzen aufragend, Weißer Gänsefuß. Da dichtes Unkraut das Pflanzenwachstum unterdrückt, trugen die Bohnenpflanzen auf dem gepflügten Streifen weniger Blüten. Der gepflügte Boden war durch die anhaltende Trockenheit ausgehärtet, während der ungebrochene Boden unverändert geblieben war: federnd wie ein Tanzboden.

Tims Weizen sah ziemlich gut aus. Es handelte sich um eine stark ummantelte Sorte namens Skyfall, mit einer schweren, eckigen Ähre und scharfen Grannen, die aus jedem Korn herauswachsen. Die Pflanzen hatten ihre volle Wuchshöhe erreicht (etwas höher als mein Knie), waren jedoch noch grün: Die Körner waren so weich, dass ich sie mühelos zwischen Daumen und Zeigefinger zerdrücken konnte. Bevor Tim sie ernten konnte, mussten sie nur noch anschwellen, aushärten und trocknen. Wenigstens ein Feld versprach eine gute Ernte zu liefern.

Tim erklärte mir, in welch eng gefasstem Rahmen er wirtschaften musste. Den Weizen verkaufte er an eine Mehlmühle, die nach »vollkommener Einheitlichkeit [strebt]. Jedes Laib Brot muss einheitlich aussehen, also muss auch jede Getreidelieferung der Norm entsprechen. Sie wollen einen Eiweißgehalt von über 12 Prozent, eine Fallzahl (nach Hagberg)* von über 300 und einen Wassergehalt von 15 Prozent. Wenn wir das

* Diese misst ein Enzym namens Alpha-Amylase.

verfehlen, wird es als Mahlweizen disqualifiziert und gilt stattdessen als Viehfutter. Dafür kriegen wir weniger. Die machen keine Zugeständnisse und nehmen keine Vorschläge an. Wir wollen Vielfalt, die wollen Konformität. Für natürliche Lebensräume, die Bodenqualität oder ein komplexes Rotationsprinzip bekommen wir keine Punkte. Es muss einfach billig sein. Das ist die Welt, in der wir arbeiten.«

Mit Tims Weizen wird in dem Chorleywood-Verfahren Brot gebacken. Dabei handelt es sich um eine seltsame britische Erfindung, die sich auf der ganzen Welt verbreitet hat.

Bis zur Mitte des 20. Jahrhunderts war Backen eine Arbeit regionaler Betriebe. In einigen Städten gab es an fast jeder Ecke eine Bäckerei. Dort kauften die Menschen nicht nur ihr Brot, sondern – wie der Bäcker am Ende meiner Straße, dessen Familie dort 170 Jahre lang gearbeitet hatte, mir erklärte, bevor er sein Geschäft schließen musste – nutzten die Öfen auch, um dort ihre Sonntagsbraten zu garen.

Im Jahr 1932 begann ein kanadischer Unternehmer namens Garfield Weston, Weizen aus seinem Heimatland nach Großbritannien zu importieren. Da kanadischer Weizen dank des günstigeren Klimas einen höheren Eiweißgehalt aufweist als britischer, konnte er damit seine lokalen Konkurrenten ausstechen. Mehr Eiweiß bedeutet, dass das Brot besser aufgeht, was wiederum bedeutet, dass man aus der gleichen Menge Mehl mehr Brotlaibe erhält. Das von ihm gegründete Unternehmen Allied Bakeries drohte die kleineren Bäckereien auszustechen.

In den 1950ern beschwerte sich eine Gesandtschaft von kleineren britischen Bäckern bei der British Baking Industrial Association, die ihren Sitz in der Stadt Chorleywood hatte.

Es handelte sich um eine klassische Institution dieser Ära: ein staatliches Organ, das es sich zum Ziel gemacht hatte, nationale Industrien wettbewerbsfähiger zu machen. Könnten sie nicht ein Backverfahren entwickeln, das britischen Weizen sparsam genug einsetzte, um Mr. Weston zu schlagen?[710] Im Jahr 1961 hatte die Institution die Aufgabe geknackt: Sie hatten eine schnelle und ökonomische Technik entwickelt, die auch mit Mehl mit einem geringen Eiweißgehalt funktionierte. Schon bald aßen wir wieder britisches Brot, das mit britischem Weizen gebacken wurde. Aber Stolz ist alles, was uns das beschert hat.

Wie Felicity Lawrence in ihrem Buch *Not on the Label* darlegt, handelt es sich bei dem Chorleywood-Brotverfahren um ein brutales Geschäft.[711] Statt den Teig sanft zu kneten und ihn für drei Stunden gehen zu lassen, wie traditionelle Bäcker es machen, wird der Teig bei diesem maschinellen Verfahren mit Hochgeschwindigkeitsmixern auseinandergezerrt und seine Aminosäureketten in lediglich drei Minuten in die Länge gezogen. Danach setzt er sich für genau 55 Minuten und wird 21 Minuten lang gebacken. Damit das funktioniert, benötigt man die doppelte Menge an Hefe und an chemischen Oxidationsmitteln, gehärtetes Fett, mehr Salz, Enzyme und Emulgatoren, die für gewöhnlich aus petrochemischen Produkten gewonnen werden. Diese Kreation stellt inzwischen die große Mehrheit der Brote dar, die wir heute essen. Die auf diese Weise hergestellten Brotlaibe wirken beinahe unzerstörbar. Sie sind kaum von Schimmel oder Fäulnis betroffen, brauchen Ewigkeiten, um auszutrocknen und sind sozusagen die Untoten unter den Broten. Noch lange, nachdem die Zivilisation zusammengebrochen ist, werden die wilden, zwischen den

Ruinen umherstreunenden Hunde Tüten voller Chorleywood-Brot erschnüffeln, die noch Jahre bis zum Mindesthaltbarkeitsdatum vor sich haben.

Es war unvermeidlich, dass ein hochautomatisierter, kapitalintensiver Prozess wie dieser großen Unternehmen gegenüber kleinen Bäckereien einen Vorteil verschafft. Binnen weniger Jahrzehnte waren die meisten der verbliebenen kleinen Bäckereien verschwunden und Brot war zu einem industriellen Produkt von Großunternehmen geworden.[712]

Die Tatsache, dass Brot inzwischen allem Anschein nach zu einem ungesunden Produkt avanciert ist, kann nicht allein auf diese Erfindung zurückgeführt werden. Ähnliche Prozesse, die eiweißreicheres Korn verwenden, haben dieses Grundnahrungsmittel in Nordamerika ebenso effektiv ruiniert. Außerdem wird einiges an Schaden bereits vor dem brutalen Mixen, Dehnen und Zusammenpanschen angerichtet, da Mehl heutzutage meist so gemahlen und verfeinert wird, dass der Großteil der unverdaulichen Elemente – die Ballaststoffe –, die besonders gesund sind, und viele Mineralstoffe, Vitamine, natürliche Öle und andere Komponenten enthalten, verschwindet.[713, 714] Doch zumindest in der Theorie wäre es einfacher, eine billige, aber gesunde Massenproduktion an Brotlaiben aus kanadischem Weizen herzustellen als aus britischem Weizen, der aufgrund unseres Klimas für die meisten Brotsorten ungeeignet ist. Wirtschaftliche Unabhängigkeit geht nicht immer Hand in Hand mit Ernährungssicherheit.

Selbst ein kommerzieller Betrieb wie Tims muss darum kämpfen, seine Rechnungen zu bezahlen. Wie so viele Bauern müssen er und sein Vater sich breiter aufstellen, um zu überleben. Daher haben sie ihr großes Haus und die Nebengebäude in ein Hotel samt Konferenzzentrum und einen Veranstaltungsort für Hochzeiten umgewandelt. So weit, so konventionell. Doch nachdem wir uns seine Pflanzen angesehen hatten, führte Tim mich zu der verrücktesten und cleversten Diversifizierung, die ich je auf einem landwirtschaftlichen Betrieb angetroffen habe. Es war etwas, dass jeder moderne Bauer braucht: ein langgestrecktes Hügelgrab.

Tim hatte ein maßstabsgetreues Monument aus dem Neolithikum errichtet, das zwar brandneu, dessen Design aber 5500 Jahre alt war. Das Neolithikum, oder auch Jungsteinzeit, bezeichnet jene zeitliche Epoche, in der die Landwirtschaft erfunden wurde. Tims Rekonstruktion schloss auf faszinierende Weise den Kreis. Dabei handelt es sich nicht um einen Scherz, sondern um einen essenziellen Teil seiner Betriebswirtschaft. Von außen betrachtet wirkt das Hügelgrab wie ein kegelförmiger Erdhaufen, auf dem Gras wächst. Doch wenn man sich durch die Tür duckt, erkennt man, dass es um drei riesige gelbe Steine herum errichtet wurde, von denen zwei den Eingang bilden und der dritte den Türsturz und einen Teil des Dachs. Man tritt in eine hohe, dunkle Kammer, die aus kleinen Steinblöcken gebaut wurde. Darin ist es kalt, alles ist gedämpft und es herrscht eine andächtige Atmosphäre. Hinter der Kammer erstreckt sich eine lange Galerie, die nach demselben Prinzip gebaut wurde. Die Eingangstür ist nach der aufgehenden Sonne der Sommersonnenwende ausgerichtet und die Hintertür nach der aufgehenden Sonne der Wintersonnenwende.

»Ich war ziemlich nervös, ob wir auch alles richtig gemacht hatten. Die erste Sonnenwende war ein aufregender Moment.

Doch die Sonne ging genau da auf, wo sie sollte, und schien direkt durch die Tür.«

In die Wände der Kammer sind Hunderte Loculi eingelassen: Nischen, in denen Bestattungsurnen stehen. Um hier ihren Frieden zu finden, zahlen Tims Kunden teilweise mehrere tausend Pfund. Noch vor dem Ende der Bauarbeiten füllte sich der Saal zusehends. »Wir haben hier Heiden, Katholiken und evangelikale Atheisten. Scheint ein Ort zu sein, an dem die Leute ihre Differenzen beilegen.«

Tim nennt sein Hügelgrab »neo-neolithisch« und beschreibt seine Landwirtschaftsmethode genauso.

»Im Neolithikum konnte man nicht pflügen, weil es keine Zugtiere gab. Sie müssen ihr Saatgut direkt in die Erde gedrillt haben, vielleicht mit einem Werkzeug, das aus einem Geweih hergestellt wurde. Es hat fünfeinhalbtausend Jahre gedauert, bis wir unseren Fehler realisiert haben und ihr Wissen neu lernen mussten.«

Kurz nach meinem Besuch kam es im ganzen Land zu schweren Gewitterstürmen, welche die erntereifen Felder dem Erdboden gleichmachten, leider ein passender Abschluss dieses schlimmen Erntejahres. Wie alle anderen erlitt auch Tim schwere Verluste. Es gibt Wege, die Resilienz der Landwirtschaft gegen Klimakatastrophen zu verbessern, aber keine, sie vollkommen immun zu machen.

Tim beliefert den kommerziellen Getreidemarkt und versucht innerhalb der eng gesteckten Rahmenbedingungen seine Umweltbilanz zu verbessern. Der nächste Bauer, dessen Arbeit ich mir ansah, geht das Problem von der anderen Seite an: Ian Wilkinson versucht, den Markt zu verändern. Er praktiziert eine Art Agrarökologie, also eine schonendere Landwirtschaft mit weniger Chemikalien, weniger Maschineneinsatz und einem größeren Vertrauen in natürliche Systeme. Agrarökologie bedeutet auch, unabhängige und selbst organisierte Nahrungsnetzwerke aufzubauen, die nicht von Saatgut- und Chemiekonzernen, Getreidebaronen und Supermärkten dominiert werden.[715] Mit anderen Worten, seine Agrarökonomie strebt nach Ernährungssouveränität. Bauern nutzen ihr Detailwissen über das Land, um bessere Wege der Nahrungsmittelerzeugung zu finden[716] und ihr Detailwissen über den Markt, um bessere Wege zu finden, ihre Erzeugnisse zu verkaufen.

Die meisten Ackerflächen in Großbritannien wurden vor mindestens tausend Jahren aus Urwäldern gerodet.[717] Doch in dem Teil des Cotswold-Plateaus im Herzen Englands, wo Ians Land liegt, wurden die großen Bäume des Wychwood Forest – das Jagdgebiet der Sachsenkönige – erst in den 1860er-Jahren gefällt. Obwohl das Land erst seit sechs Generationen bewirtschaftet wird, blutet es bereits.

Der Mutterboden macht lediglich eine dünne Schicht aus und ist ähnlich steinig wie Tollys, doch wie der Name dieses spaltbaren Juragesteins bereits besagt – Cornbrash –, ist das Land hinreichend für den Getreideanbau geeignet. Die härtesten Teile sind die darin liegenden Fossilien: In den Feldern sind sie oft alles, was zurückbleibt. Während ich also Ian Wilkinsons Fruchtfolge ablief, entdeckte ich überall Fragmente von Austern, Jakobsmuscheln und Brachiopoden. Es fühlte sich an, als würde ich über einen Dinosaurierstrand laufen.

Ian ist ein schlanker Mann Ende fünfzig mit einem fein gezeichneten Gesicht und einer freundlichen, aber entschiedenen Art. Er hat dreißig Jahre bei einem Privatunternehmen namens Cotswold Seeds gearbeitet. Kurz nachdem er und seine Frau Celene den Saatgutbetrieb aufgekauft hatten, begann das Geschäft zu florieren.

»Während wir immer mehr Gewinne machten, konnten Celene und ich uns nichts Schöneres vorstellen, als das Geld in eine Sache wie diese zu investieren.«

Auch wenn Ian von »einer Sache wie diese« spricht, gibt es keine wie diese. Sein Projekt FarmED[718] ist ein landwirtschaftlicher Betrieb, der keinen Gewinn zu machen versucht: Tatsächlich zweigt Ian rund 100 000 Pfund pro Jahr von Cotswold Seeds ab, um seine laufenden Kosten zu decken. Es handelt sich um ein kontrolliertes Experiment, das konventionellen Getreideanbau mit agrarökologischen Methoden vergleicht. Zugleich ist FarmED ein Gemeinschaftsprojekt, ein Bildungszentrum und eine Nahrungsmittelwirtschaft in einem Mikrokosmos, und all das auf nur 43 Hektar Das Projekt kostete Ian ein Vermögen.

»Es war fast unmöglich, einen Hof zu kaufen. Und Land kostet inzwischen fast überall 10 000 Pfund pro Acre [0,4 Hektar]. Wir mussten einen Riesenkredit aufnehmen.«

Die hohen Schulden bereiten ihm schlaflose Nächte. Doch sein Experiment gestattet einen direkten Vergleich zwischen verschiedenen Anbaumethoden von Getreide.

Obwohl sie sehr unterschiedliche Charaktere haben, verfügt Ian über eine Eigenschaft, die ich auch an Tolly, Fran und Tim schätze: Er ist sich selbst gegenüber ehrlich. Das ist in meinen Augen die Definition von Reife und hat nichts mit dem Alter zu tun: Ich habe reife Dreizehnjährige und unreife Achtzigjährige getroffen. Ich glaube diesen vier Menschen, was sie mir erzählen, weil sie auch die Kehrseiten ihrer nützlichen

Anstrengungen nicht verschweigen. Sie sind stets offen und bereit, Lehren aus ihren Fehlern zu ziehen.

Als Ian den Betrieb gekauft hat, wurde hier lediglich eine Pflanze angebaut: Gerste für die Brauerei Heineken. »Keiner außer dem Bauern hatte Arbeit, und man konnte nichts, was das Land hergab, essen. Außerdem rentierte sich der Betrieb nicht. Was auch immer wir vorhatten, es konnte nur besser werden.« Im ersten Jahr führte er das alte Geschäftsmodell fort, um zu verstehen, wie es funktionierte. Die Gerste kostete ihn im Anbau 11 020 Pfund und brachte ihm im Verkauf an Heineken 10 960 Pfund ein. Ein jämmerliches Ergebnis.

Dann begann er ein eigenes System aufzubauen. Genau wie Tolly und Tim fing Ian beim Boden an. Als er den Hof übernahm, wurde der Boden wie eine tote Materie behandelt, die dafür da war, dass Pflanzen aus ihr aufragten. Es war keinerlei Aufwand betrieben worden, um den Boden fruchtbarer zu machen: Dies wurde durch regelmäßige Ladungen chemischer Düngemittel erreicht. Sein Volumen an organischem Material, ein guter Indikator für die Bodengesundheit, lag lediglich bei 3 Prozent. Ians setzte sich zu Ziel, das Volumen auf neun oder zehn Prozent zu erhöhen.

Einen Hektar hat er im alten System belassen, und baut dort mit kommerziellem Saatgut und Agrarchemie Getreide an. Es dient ihm als Kontrollfeld, mit dem er seine neuen, experimentellen Methoden vergleichen kann. 18 Hektar Lehmboden belässt er als Weide, auf der drei Kühe grasen. Auf einem Feld hat er alte Obstbaumsorten gepflanzt. Zwei Hektar hat er für ein Solidarisches Landwirtschaftsprojekt bereitgestellt, das dort Gemüse anbaut. Der Rest seiner landwirtschaftlichen Flächen – 24 Hektar – dient zunächst der Bodenregeneration und wird dann genutzt, um Getreide in einer Form anzubauen, die unterschiedlicher vom Gerstenanbau für schlechtes Bier nicht sein könnte.

An einem nassen, kalten Tag mitten im Mai, an dem das Tal des Flusses Evenlode und die normalerweise darüber aufragenden Ebenen vom Regen verschluckt wurden, führte Ian mich durch sein System. Die Kontrollkultur, eine moderne Mahlweizensorte, wuchs kräftig: Ein dichter, hellgrüner Teppich, der aus dem ingwerfarbenen Boden hervorragte. Doch er erklärte, dass dieser Zustand fünf Traktorbearbeitungen erfordert hatte: Drei, um Stickstoff zu verteilen, eine, um ein Herbizid zu spritzen, das dem nach der Aussaat erblühten Acker-Fuchsschwanzgras den Garaus machen sollte, und eine mit Fungiziden (um den Rostpilz abzutöten, der den Pflanzen ansonsten womöglich geschadet hätte). Genau wie Tim hatte er einen Spaten für Proben dabei, doch ihn hier in den Boden zu treiben, war wesentlich schwerer. Unangenehm knirschte er über die Steine. Der Boden, den er aus dieser Chemiewüste aushob, fiel sofort auseinander. Die Wurzeln der darauf wachsenden Pflanze waren kurz und schwach.

Obwohl es an einem Tag wie diesem nur schwer vorstellbar war, erklärte mir Ian, dass der wichtigste limitierende Faktor für die Pflanzen auf dem Plateau die Bodenfeuchte ist. Wenn der Kohlenstoff in leichten Böden wie hier erschöpft ist, speichern sie nur wenig Wasser. Kohlenstoff baut in Form von Polymergerüsten, die von Mikroben und Bodentieren ausgestoßen werden, einen gesunden Boden auf. Ein gesunder Boden speichert Wasser. Also braucht Wasser Kohlenstoff.

In den sieben Jahren, die Ian den Hof inzwischen bewirtschaftet, ist die Kontrollkultur bisher zweimal eingegangen:

Einmal infolge einer Dürre und einmal wegen der Stürme, die auch Tims Ernte in Shropshire zerstört haben.

Auf dem nächsten Feld war im vergangenen Oktober ebenfalls Weizen ausgesät worden, aber man erkannte es kaum als dieselbe Gattung. Obwohl die Pflanzen etwas spärlich standen, waren sie mehr als zweimal so hoch wie die Pflanzen auf dem Kontrollfeld. Es handelte sich um eine alte Sorte, die von meinem alten Freund, dem Paleobotaniker und Pflanzenzüchter John Letts, gerettet und vermehrt worden war. Moderner Weizen ist auf maximale Korn- und minimale Stängelgröße gezüchtet worden: Er erreicht eine maximale Wuchshöhe von etwa fünfzig Zentimetern. Die alten Sorten hingegen werden mindestens einen Meter hoch.

Zunächst hatte Ian eine Mischung aus vierzig alten Sorten angebaut, was eine erstaunliche Anzahl für ein einziges Feld ist. Das, so erklärte er mir, würde die Resilienz der Kulturen verbessern. Verschiedene Sorten nutzen leicht voneinander abweichende Ressourcen, wodurch die Konkurrenz zwischen den Pflanzen verringert wird.[719] Als er das Saatgut in den folgenden Jahren vermehrte und wieder aussäte, setzten sich in dem Mischfeld langsam die Züchtungen durch, die am besten zu seinem Land passten.

Wieder stieß er den Spaten in den Boden und Metall schrapte auf Stein. Der Klumpen, den dieser Spatenstich zutage förderte, hielt etwas besser zusammen als der erste, da die Wurzeln der Weizenpflanzen länger waren.[720] Außerdem roch ich einen Unterschied. Im Kontrollfeld hatte der Boden kaum gerochen. Hier hatte er einen intensiven, karottenartigen Geruch. Obwohl die Testergebnisse inkonsistent waren (die Kohlenstoffmenge variiert innerhalb eines Feldes immens, wodurch die Ergebnisse meist unzuverlässig sind),[721] schätzte Ian, dass sich der Kohlenstoff in den letzten sieben Jahren etwa verdoppelt hatte. Er erzählte mir, dass die alten Sorten in den beiden Jahren, in denen die Kontrollkultur eingegangen war, überlebt hatte. Obwohl die Pflanzen höher wuchsen, waren sie durch die schweren Unwetter nicht umgeknickt – man nennt das Lagerneigung –, da die Wurzeln und Stängel robuster und ihre Ähren leichter sind. Dieser Weizen wurde ohne Pestizide oder Düngemittel angebaut. Im Gegensatz zu den kurzen, modernen Varianten können die alten Sorten zudem ohne den Einsatz von Herbiziden gedeihen, da die höheren Pflanzen meistens über die Unkräuter hinaus wachsen und ihnen die Sonne nehmen.[722]

Genau wie Tolly bewirtschaftet Ian sein Land in einem komplizierten Rotationsprinzip, um die Fruchtbarkeit seines Bodens zu verbessern. Die 24 Hektar leichten Bodens auf dem Plateau hat er in acht Felder unterteilt, auf der seine Fruchtfolge rotiert. In den ersten vier Jahren pflanzt er »Herbal Ley«, eine Wiesenmischung aus Gräsern und Wildblumen, von denen einige stickstoffbindende Bakterien in den Wurzelknöllchen beherbergen. Ian erklärt, dass diese Pflanzenteppiche einst ein wichtiger Teil gemischter Ackerbausysteme waren. Doch dank des weit verbreiteten Gebrauchs von künstlichem Stickstoff verschwanden sie für ein ganzes Jahrhundert. Als jedoch progressive Bauern nach Möglichkeiten suchten, ihre Böden zu verbessern, kamen sie wieder in Mode. Inzwischen kaufen 2000 Kunden die Herbal-Ley-Mischung von Cotswold Seeds.

Auf die Wiesenmischung folgt im nächsten Jahr Weizen mit Klee als Untersaat, dann ein Jahr Hafer und dann eine

Wildvogel-Futterwiese, für die ihm der Staat eine hübsche Subvention zahlt. Im achten Jahr sät er wieder die Wiesenmischung aus.

Im Gegensatz zu Tolly enthält sein System Nutztiere. Ein benachbarter Bauer bringt einen Teil seiner Schafherde als sogenannten »Flying Flock« auf Ians Hof. Ein Flying Flock ist weitaus weniger aufregend, als er sich anhört. Es bedeutet nur, dass die Schafe je nach Weideangebot von Hof zu Hof wandern. Ian bewegt sie sehr schnell durch seine Felder. Er zäunt ein Quadrat Wiesenmischung mit einem Elektrozaun ein und lässt die Schafe dort lediglich für 24 Stunden weiden. Auf diese Art stellt er sicher, dass die Tiere lediglich die besten Gräser und Wildblumen fressen und die Pflanzen sich danach schnell erholen können. Dann bewegt er sie zum nächsten Block.

Er erklärt, dass der Bodenwuchs durch das Abfressen der Köpfe dichter und zahlreicher wird. Während ihres Blitzbesuchs fressen die Schafe rund ein Drittel der Vegetation eines jeden Paddocks, zertrampeln ein Drittel und lassen ein Drittel unbehelligt. Das scheint dabei zu helfen, Kohlenstoff an den Boden zurückzugeben.

Genau wie Tolly hat Ian vor, Baumreihen zwischen seinen Feldern zu pflanzen. Teils, um Holzspäne für Kompost und als Einstreu für seine Tiere zu produzieren, teils als Schutz für die Schafe. Doch da gibt es einen Haken. In den Tropen schützt Schatten einige Nutzpflanzen vor der brennenden Sonne. In Ländern wie England hingegen, die selten von übermäßiger Sonneneinstrahlung betroffen sind, behindern die Bäume eher ihr Wachstum. Ein Experiment zeigt, dass kleine Bäume, die für Hackschnitzel angebaut werden, den Ertrag der Nutzpflanzen, die in ihrer unmittelbaren Umgebung wachsen, etwa halbieren.[723] Ian erzählte mir, er wolle versuchen, die Bäume als Niederwald zu halten (sie immer wieder bis zum Boden kappen, ohne sie vollständig zu fällen) und ihre Äste direkt vor der Weizenaussaat zu Hackschnitzeln zu verarbeiten. Doch angesichts der Komplexität seiner Fruchtfolge und der unterschiedlichen Länge von Nutzpflanzen- und Baumkreislauf, fällt es schwer zu sehen, wie er sie synchron stimmen will.

Nach vier Jahren pflügt Ian die Wiesenmischung. Den Prozess, aus einem Boden voller Kräuter- und Graswurzeln ein Saatbett herzustellen, beschreibt er als »ziemlich brutal«: Zunächst geht er mit dem Pflug drüber, dann mit einer Federzinkenegge, dann mit einer Kreiselegge, dann mit einer Drillmaschine und schließlich mit einer Walze. Doch da der Boden vier Jahre lang nicht gepflügt wurde, ist durch die grobe Behandlung nicht alle Arbeit dahin. Wenigstens etwas von dem Kohlenstoff und ein Teil der verbesserten Bodenqualität, die in den Brachperioden angesammelt wurde, bleibt bestehen.

Ich folgte Ian über den Rest des Betriebsgeländes. Seine Pächter arbeiteten gerade in dem Gemüsefeld. Sie unterhielten eine Solidarische Landwirtschaftsgemeinschaft, auch CSA (Community Supported Agriculture) genannt. Die Mitglieder, die in den umliegenden Dörfern wohnen, zahlen pro Monat 35 Pfund für Gemüse und ein bisschen Obst. Einige von ihnen helfen den Bauern. Das war sein eigentliches Ziel, erzählte mir Ian: Eine regionale Nahrungsmittelwirtschaft zu entwickeln, in der das Land Arbeitsplätze schafft und durch die Arbeit ein Vertrauensnetzwerk entsteht. Die Menschen sehen, was sie kaufen, und benötigen weder eine Marke noch Marketing, um von der Qualität der Produkte überzeugt zu werden.

»Jede Gemeinde sollte eine CSA haben.«

»Für sie funktioniert es ebenso wie für uns. Wir bekommen ein bisschen Pacht, aber vor allem Publikum. Die CSA sorgt dafür, dass mehr Leute auf unseren Hof kommen und sich auch mit den anderen Dingen beschäftigen, die wir hier tun.«

Er zeigte mir die drei Kühe mit ihren Kälbern, die ein anderes Mikrounternehmen – ein Milchviehbetrieb – auf seinem Land hielt. Die 18 Hektar Weide waren mit ihnen, gelinde gesagt, dünn beweidet. Ian plante, sie zu bestimmten Jahreszeiten den Schafen in seinem Rotationsprinzip folgen zu lassen und ihr Gebiet somit noch zu vergrößern. Er hatte zudem mit dem Gedanken gespielt, Hühner und Schweine auf seinen Feldern nach Futter suchen zu lassen, sich letztendlich jedoch dagegen entschieden. Zwar würden ihr Kratzen, Wühlen und ihr Kot eventuell die Bodenqualität verbessern, aber es wäre ein Bruch mit seiner Regel, außer für das Kontrollfeld keine zusätzlichen Mittel auf seinen Hof zu bringen. Das Viehfutter für die Hühner und Schweine würde jedoch hauptsächlich auf Geisterflächen wachsen. Über Hühner und Schweine ist eine Menge UNSINN geschrieben worden, was ihre Subsistenz durch eigenständige Futtersuche betrifft. Denn in Wahrheit sind sie größtenteils von Futtergaben abhängig.

Ian hatte seine Hecken wild wuchern lassen und damit ein Paradies für Vögel geschaffen. Als ich im Winter auf seinen Hof zurückkam, flatterten Diestelfinken, Bluthänflinge und Goldammern hoch oben in den lang herausstehenden Sträuchern. Sie wurden von den Vogelkörnern angelockt, die er anbaute. Bei meinem nächsten Besuch im folgenden September waren sie voller zwitschernder Stare und ein Sperber schoss durch die größer werdenden Bäume.

Die alten Nebengebäude hatte Ian abreißen lassen und stattdessen zwei langgestreckte, bemerkenswerte Gebäude errichtet. Obwohl luftig und modern, schienen sie in Umfang und Form an die großen Zehntscheunen angelehnt, die einst in dieser Gegend gestanden hatten. In einem von ihnen waren Büros und ein großes Auditorium untergebracht, im anderen eine Küche und ein großer Bankettsaal. In der Mitte des Saals stand ein kuppelförmiger Brotbackofen aus Back-und Sandsteinen. Darin glühten Holzscheite. Wir setzten uns an die kreisrunde Bar, die ihn umgab und aßen ein köstliches Mittagessen. Einen Fava-Dip aus Puffbohnen, einen Kräuterkartoffelsalat und einen Salat mit eingelegtem Kürbis und einem Kürbiskerndressing. Matt, der Bäcker, der hier arbeitet, kam mit einem Sack Mehl über der Schulter herein und begann, einen Teig zu mischen.

Er erklärte, dass er mit seinem eigenen Getreide zu einer regionalen Mühle fahre, es mahlen lasse und das Mehl wieder abhole. Da Ians Ernte noch nicht ausreicht, muss Matt Getreide aus alten Sorten von anderen Bauern zukaufen. Momentan backt er hier nur einmal pro Woche. Dabei bleibt er die ganze Nacht wach und schiebt Brote in den Ofen. Genau wie die Gemüsebäuerinnen der CSA liefert er wöchentlich an seine Abonnenten aus. Obwohl er mit Leichtigkeit fünf Pfund für seine Sauerteigbrote nehmen könnte, hält er den Preis niedrig, damit sie für so viele Menschen wie möglich erschwinglich sind. Natürlich ist es trotzdem viel teurer als das Chorleywood-Brot, dessen Bäcker Tim Ashton beliefert, aber durch den einfachen, langsamen Prozess und die wenigen Zutaten ist es auch gesünder.

Über die Unterschiede zwischen alten und modernen Weizensorten ist einiges geschrieben worden, aber nicht alles trifft zu. In Wahrheit gibt es weder hinsichtlich der wichtigen

Komponenten – wie Ballaststoffe, B-Vitamine und pflanzlich-chemische Stoffe wie Phenole oder Terpene – noch hinsichtlich des Glutengehalts, ihrer Stärkezusammensetzung oder der glykämischen Last nennenswerte Unterschiede.[724] In einem Punkt (dem Gehalt einer Aminosäure namens Asparagin, die beim Backen Acrylamid bildet, das heißt Neurotoxine, die möglicherweise krebserregend sind) scheinen moderne Weizensorten gesünder als die alten Sorten zu sein.[725] Auf der anderen Seite enthalten sie tendenziell weniger Mikronährstoffe, insbesondere Eisen und Zink. Dennoch liegt das größere Problem bei der Verarbeitung von Getreide und wie das Brot hergestellt wird: Moderne industrielle Methoden löschen oder zerstören meist seine gesunden Inhaltsstoffe.[726]

Mit Matts Bäckerei beläuft sich die Anzahl der Kleinunternehmen, die auf dem Hof angesiedelt sind, auf fünf: Milchkühe, Schafe, Honig, Gemüse und Brot. Ian versucht etwas aufzubauen, was er als »bioregionale Handwerkswirtschaft« bezeichnet. Die Idee dahinter ist, die Handelskette zu verkürzen, sicherzustellen, dass die Bauern und Kleinunternehmen, die sie beliefern, mit ihren Produkten genug Geld verdienen und eine Verbindung zwischen den Menschen in der Region und dem Land herzustellen.

»Hätte man eine Handelsregion von der Größe eines County, dann gäbe es genug Konsum, damit gemischte Agrarsysteme wie unseres Fuß fassen können«, sagt Ian.

Sein System ist um einiges profitabler als das, was er ersetzt hat.

»Wir nutzen weder Düngemittel noch Pestizide und müssen demzufolge auch kein Geld dafür ausgeben. Die Bestellung der Felder kostet zwölf oder fünfzehn Pfund pro Acre und das Drillen etwa nochmal so viel. Das Saatgut kostet so gut wie gar nichts, weil es inzwischen zum größten Teil aus eigener Produktion stammt. Die Gesamtkosten liegen vielleicht bei sechzig Pfund pro Acre. Einige Bäckereien zahlen sechshundert Pfund pro Tonne Mehl aus alten Weizensorten. Für konventionelles Weizenmehl bekommt man hingegen nur hundertundfünfzig Pfund. Diese Form der Landwirtschaft sollte also ziemlich profitabel sein.«

Seine Vision hat Tausende Bauern inspiriert. Fast jeden Tag kommen ganze Busladungen auf die Farm, um Ians Methoden zu erlernen, mehr über den Boden zu erfahren, dem Morgenkonzert der Vögel zu lauschen, an Workshops über das Gründen von Unternehmen im Nahrungsmittelbereich teilzunehmen, um zu kochen und zu essen und um über die Zukunft der Landwirtschaft zu diskutieren.

Als ich dort in seinem wunderschönen Saal saß und ihm lauschte, staunte ich, welch unterschiedliche Strategien er und Tim Ashton entwickelt hatten, um den Einschränkungen, die ihnen durch Billigbrot auferlegt werden, zu begegnen. Tim passt seine Produktion an den Markt an, während er zugleich innerhalb der Marktgrenzen so gute Landwirtschaft wie möglich zu betreiben versucht. Ian hingegen versucht den Markt an seine Produktion anzupassen, was es ihm ermöglicht, seine Landwirtschaft so gut zu gestalten, wie er es für richtig hält.

Ians System ist sauber und reizvoll. Doch es gibt ein Problem. Ihm zufolge produziert er mit seinen alten Sorten pro Hektar etwa die Hälfte des Ertrags von seinem konventionellen Kontrollfeld. Das allein ist schon besorgniserregend. Noch viel schlimmer ist jedoch, dass seine Felder in sechs von acht Jahren überhaupt keine Nahrung produzieren, es sei denn, man zählt die kleine Anzahl an Lämmern dazu, die mitunter auf seinen, mitunter auf den Feldern anderer Höfe grasen. Im Gegensatz dazu erntet Tolly seine Felder in fünf von sieben Jahren.

Selbst in Zeiten des Klimawandels waren die beiden Jahre, in denen der Weizen auf Ians Kontrollfeld vernichtet wurde, eine Ausnahme. Aber seien wir mal großzügig mit den Zahlen und nehmen an, dass es bei konventionellem Weizen in acht Jahren im Schnitt zweimal zu Missernten kommt. Wenn der von ihm intensiv angebaute Weizen seinen eigenen Angaben zufolge etwas mehr als sieben Tonnen Saat pro Hektar erzeugt, bedeutet das, dass sein Kontrollfeld in acht Jahren rund 44 Tonnen hergibt, wenn auch mit hohen Kosten für die Umwelt. Im Gegensatz dazu würden seine alten Weizensorten im gleichen Zeitraum lediglich etwas über sieben Tonnen produzieren. Ich denke, eine kleine Differenz können wir durchgehen lassen – 10 oder sogar 20 Prozent –, wenn dafür umweltbelastende Probleme gelöst werden. Aber ein sechsfacher Unterschied ist ein sicheres k.o-Kriterium. Was die Flächennutzung betrifft, die ich als wichtigsten ökologischen Maßstab in der Landwirtschaft erachte, sieht sein Weizen nicht mehr nach Getreide, sondern eher nach Fleisch aus. Ein Kilogramm seiner alten Weizensorten hat einen Flächenfußabdruck, der beinahe an ein Kilogramm Hühnchen heranreicht.[727]

Ian hofft, dass er mit steigender Fruchtbarkeit seines Bodens in der Lage sein wird, eine weitere Marktfrucht in seine Fruchtfolge einzuführen. Nichtsdestotrotz wären da immer noch fünf von acht Jahren, in denen seine Felder keine Nahrungsmittel liefern (außer ein paar Lammkoteletts). Würde er seine Fruchtfolge verkürzen und mehr Nahrung produzieren, würde das jedoch, so erklärte er mir, sein System im Kern zunichtemachen, da er nicht länger Kohlenstoff und die Fruchtbarkeit des Bodens aufbauen könnte.

Betrachtet man seinen Betrieb isoliert, dann macht alles, was er tut, Sinn. Er hat eine profitable Kreislaufwirtschaft geschaffen, die gutes Essen produziert, wenn auch zu Preisen, die sich nicht alle leisten können. Doch da seine Erträge so niedrig sind, würde die Produktion, die erforderlich ist, um uns zu ernähren, an andere Orte wandern, wo langjährige, natürliche Lebensräume womöglich zerstört würden, um Platz für Nutzpflanzen zu schaffen. Oder aber Land, das andernfalls rückverwildert werden könnte, wird weiterhin bewirtschaftet. Was schön ist, ist nicht immer richtig. Und was richtig ist, ist nicht immer schön.

Nichts davon sollte als generelle Kritik an der Agrarökologie verstanden werden. Sie kann transformativ wirken. Im südindischen Karnataka hat eine Strategie namens Zero Budget Natural Farming die Kleinbauern aus dem Würgegriff von Geldverleihern und Banken befreit: Indem sie zugekaufte Chemikalien und Saatgut durch natürliche Prozesse und selbst produziertes Saatgut ersetzten, haben sie ihre Ausgaben beinahe auf null verringert.[728] Im Bezirk Mzimba in Malawi haben von Bauern geleitete Forschungsteams den Bedarf nach Düngemitteln reduziert, zugleich die Erträge erhöht, den Boden geschützt, die Stellung der Frauen gestärkt und die Kindesernährung verbessert.[729]

Damit das funktioniert, brauchen Bauern klare und gesicherte Rechte an ihrem Land. Andernfalls fehlt der Anreiz, die Böden zu schützen, Bäume zu pflanzen und eine Landwirtschaft mit Blick auf die Zukunft zu betreiben.[730] Diese Rechte sind zwar eine notwendige Bedingung für eine gute Landwirtschaft, doch sie sind auch keine Garantie, wie an Beispielen in diesem Buch hinreichend deutlich wird. Ich bin der Ansicht, dass Bauern in einigen Ländern zu viele Rechte und Freiheiten genießen: das Recht, eine riesige Hühnermastanlage ohne Umweltgenehmigungen zu bauen oder ausgedehnte Flächen zu nutzen, um geringe Mengen Nahrung zu produzieren; die Freiheit, den Boden zu zerstören, Flüsse zu verunreinigen und Nachbarn einzuschüchtern, die Einspruch erheben. Doch in anderen Ländern haben sie zu wenig Rechte und können leicht von Landräubern enteignet werden. Während die Rechte großer Konzerne durch internationale Handelsabkommen gesichert werden, genießt die lokale Bevölkerung keinen Schutz. Im Gegenteil, ihre Regierungen kooperieren oft mit den Großunternehmen und vertreiben die Bauern von ihrem Land.[731]

Eines der Grundprinzipien der Agrarökologie ist die Gleichberechtigung. Doch das ist schwer zu erreichen, wenn landwirtschaftliche Flächen 25 000 Pfund pro Hektar kosten. Es muss angemerkt werden, dass alle Bauern, die ich bisher begleitet habe, ihren Betrieb auf so etwas wie historischen Fördermitteln aufgebaut haben. Tolly konnte sein System nur durch die Großzügigkeit von Sir Julian Rose aufbauen, der eine Pacht verlangt, die weit unter dem Marktdurchschnitt liegt. Tim kann überleben, weil er und sein Vater genau wie Julian ihren Besitz geerbt haben und ihn somit ohne eine Hypothek auf dem Land bewirtschaften können. Menschen mit Geld besitzen das Land und Leute, die Land besitzen, haben Macht. Einige nutzen sie weise und arbeiten im Hinblick auf das Wohlergehen anderer Menschen oder getreu ihrer eigenen hohen Ideale. Das ist jedoch die Ausnahme. Die meisten tun es nicht.

Manchmal sind agrarökologische Erträge höher als die von konventionellen Betrieben,[732] insbesondere, wenn alle Erzeugnisse, die Kleinbauern von ihrem Land gewinnen, mit einberechnet werden:[733] Das Blattgemüse, das unter den Getreidepflanzen wachsen kann, die Bohnen, die womöglich dazwischen gedeihen,[734] die Nüsse und Obstbäume an den Feldrändern und die Fische, Krabben und Schnecken, die möglicherweise Reisfelder und Bewässerungskanäle bevölkern.[735] In manchen Fällen produziert eine Mischung aus Nutzpflanzen – zum Beispiel Getreide, Nüsse und Gemüse – mehr Nahrung als der Getreideanbau allein.[736]

Doch viel zu oft sind diejenigen, die für Agrarökologie werben, blind für Erträge. In einem Artikel begeisterte sich ein Autor, der sonst umsichtiger schreibt, dass ein ökologischer Betrieb in Kalifornien auf 130 Acres rund 50000 Pfund Nahrungsmittel erzeugt (vor allem alte Getreidesorten).[737] Das bedeutet jedoch einen Ertrag von weniger als einer halben Tonne pro Acre und damit ein Fünftel der US-amerikanischen Durchschnittserträge (wo Weizenerträge im Vergleich zum internationalen Standard eher gering sind)[738] und ein Sechzehntel von dem, was man in Großbritannien erwarten würde. Genau wie es unmöglich ist, die Welt mit Weidelandfleisch zu ernähren, ist es unmöglich, sie auf Basis einer ertragsarmen Agrarökologie zu ernähren. In jedem landwirtschaftlichen System sollten wir nach zwei Eigenschaften streben: hohe Erträge und geringe Umweltbelastungen.

Sowohl Tims als auch Ians System haben große Vorteile und schwerwiegende Nachteile. Beide, finde ich, helfen uns zu verstehen, wonach wir suchen sollten. Wir brauchen gesunde Nahrungsmittel, die billig genug sind, um allen die Möglichkeit zu geben, gut zu essen. Wir brauchen hohe Erträge, um sicherzustellen, dass Landwirtschaft die Welt ernährt, ohne sich auf dem gesamten Planeten auszubreiten. Wir brauchen gesunde Böden, deren Fruchtbarkeit gesteigert werden kann, ohne das Land mit Düngemitteln zu überschwemmen oder es für lange Zeit aus der Produktionskette zu nehmen. Wir müssen, so weit es geht, auf Herbizide und Pestizide verzichten und den Wasserverbrauch verringern. Wir brauchen landwirtschaftliche Flächen, die zugleich natürliche Lebensräume und Korridore für wilde Tiere und Pflanzen bieten. Die Technologien, die wir nutzen, sollten einfach und günstig genug sein, damit auch Kleinbauern die Möglichkeit haben, so zu wirtschaften, und damit Kapital nicht Arbeit übertrifft. Wir müssen genug Variation aufrechterhalten, um der gefährlichen Homogenisierung zur globalen Standardfarm entgegenzuwirken.

Das klingt nach einer großen Aufgabe. Doch ich glaube, wir können sie bewältigen.

Während meiner Recherchen zu diesem Kapitel klingelte es an der Tür. Paketlieferungen stellen für gewöhnlich eine lästige Unterbrechung dar. Doch als ich sah, was der Bote in den Händen hielt, sprang ich die Treppe hinunter und riss überschwänglich die Tür auf. Dann nahm ich einen großen Pappkarton entgegen, der eine mögliche Zukunft enthielt. Ich bat meine jüngste Tochter, ihn zu öffnen, da sie hauptsächlich ihr gehörte.

Bestimmt hätte sie lieber ein Smartphone in den Händen gehalten. Der Inhalt war nicht gerade das aufregendste Geschenk für eine Neunjährige. In dem Karton lagen fünf Tüten. Vier davon enthielten Mehl, die fünfte Reis. Doch als ich ihr das erstaunliche Foto zeigte, das dabei lag, und ihr erklärte, was es bedeutete, teilte sie ein wenig von meiner Aufregung.

Das Foto war auf einem langen, dünnen Streifen Papier abgedruckt und in drei Teile gefaltet worden. Als ich die Seiten aufschlug, zeigte es zwei Pflanzen Seite an Seite, die mit intakten Wurzeln aus der Erde ausgegraben und vor einem schwarzen Hintergrund fotografiert worden waren. Beide waren Mitglieder der Familie der Süßgräser. Die linke konnte ich identifizieren. Es war eine moderne, kurzhalmige Weizensorte. Die blassen Wurzeln formten einen schütteren Spitzbart, der etwas länger als die Pflanze hoch war.

Bei der rechten Pflanze handelte es sich um eine Süßgrasart, die ich noch nie gesehen hatte. Sie war höher und buschiger als die Weizenpflanze. Die Ähren waren lang und dünn. Doch die spannendste Eigenschaft lag unter der Erde: Ein gelblichbrauner Wurzelbart, den ZZ Top mit Stolz getragen hätte. Dicht und wollig verdeckten die Wurzeln den Hintergrund und wanden sich bis auf den Boden der dritten Seite.[739] Gemessen an der Weizenpflanze schätzte ich, dass sie mehr als drei Meter lang sein mussten.

Es handelte sich um ein Exemplar des Intermediären Weizengrases – *Thinopyrum intermedium*. Der Name ist etwas irreführend, da die Pflanze nicht eng mit Weizen verwandt ist. Vielmehr handelt es sich um eine Wildpflanze, doch das Exemplar auf dem Foto hatte bereits mehrere Generationen selektiver Auslese durch eine gemeinnützige Organisation namens Land Institute[740] durchlaufen. Sie hatten mir das Paket aus ihrem Standort in Salina, Kansas, geschickt. Da Intermediäres Weizengras nicht gerade im Gedächtnis haften bleibt, hat das Institut der Pflanze einen neuen Namen gegeben: Kernza.

Vier von fünf Tüten enthielten Mehl, das aus seinen Körnern gemahlen worden war.

An sich ist nichts weiter Besonderes an Mehl, das aus Grassamen gewonnen wird. Schließlich stammen die meisten Getreidesorten, die wir essen, aus dieser Familie: Weizen, Reis, Mais, Hafer, Sorghum, Hirse, Roggen und Gerste sind allesamt Gräser. Verschiedene Unternehmen haben neue (oder alte) Grassamen auf den Markt gebracht, wie die alten Weizensorten, die John Letts und andere wiederbelebt haben, oder Dinkel und Einkorn. Doch was mich an diesem Mehl begeistert, ist, dass es von einem Gras abstammt, das sich grundlegend von all jenen, die in diesem Absatz erwähnt werden, unterscheidet. Während es sich bei jenen um einjährige Nutzpflanzen handelt, die jedes Jahr neu ausgesät werden müssen, ist Kernza eine mehrjährige Getreidepflanze. Da sie über mehrere Jahre bestehen bleibt, muss der Boden nicht jedes Jahr aufs Neue für die Aussaat bearbeitet werden. Von all den möglichen landwirtschaftlichen Methoden, mit denen ich mich bei den Recherchen für dieses Buch beschäftigt habe, finde ich diese am aufregendsten.

In der Natur kommen weite Flächen, auf denen hauptsächlich einjährige Pflanzen wachsen, nur sehr selten vor.[741] Vor allem nach Katastrophenereignissen kolonisieren sie den Boden: Nach einem Feuer, einer Überschwemmung, einem Erdrutsch oder einem Vulkanausbruch, wenn der blanke Fels oder der Boden ungeschützt daliegen. Unter diesen Bedingungen gedeihen sie lediglich bis mehrjährige Pflanzen zurückkehren und beginnen, das zerrüttete Land wieder zusammenzuflicken. Für gewöhnlich werden sie von ihnen verdrängt.

Doch es ist durchaus nachvollziehbar, warum unsere Vorfahren sie ausgewählt haben. Pflanzen, die nackten Boden kolonisieren, haben ein schnelles Wachstum entwickelt und stecken viel Energie in ihr Saatgut, statt tiefe Wurzeln oder ein dichtes Blätterwerk zu entwickeln.[742] Dadurch können sie sich so weit wie möglich ausbreiten, bevor sich wieder neue Vegetation zusammenschließt. Ihre Samen sind vergleichsweise groß und keimen frei.[743]

Das Problem ist jedoch, dass wir das Land zum Anbau einjähriger Pflanzen in den katastrophalen Zustand zurückversetzen müssen, bei dem sie am besten gedeihen. Jedes Jahr müssen wir den Boden von konkurrierenden Pflanzen säubern, ihn durchstechen oder umgraben und ihn mit den Nährstoffen überschütten, die nötig sind, um eine Nutzpflanze innerhalb weniger Monate vom Korn zur vollen Reife zu bringen. Egal, wie behutsam wir dabei vorgehen, der Erfolg einjähriger Getreideproduktion fußt darauf, ein ökologisches Desaster aufrechtzuerhalten.[744] Würden wir jedoch stattdessen mehrjährige Getreidepflanzen anbauen, wären wir nicht mehr davon abhängig, für unsere Nahrungsmittelerzeugung lebende Systeme zu zerstören.

In den vergangenen vierzig Jahren hat das Land Institute die Welt nach mehrjährigen Arten abgesucht, die unsere einjährigen Nutzpflanzen ersetzen könnten. Gemeinsam mit anderen Forschungsgruppen hat es Tausende beurteilt und dabei nach bestimmten Eigenschaften gesucht:[745] Hohe Erträge, synchrone Entwicklung (damit alles Getreide zur gleichen Zeit geerntet werden kann), »Seed Retention« (was bedeutet, dass die Körner bis zur Ernte in der Ähre bleiben)* sowie einfacher Anbau und Ernte (insbesondere durch Kleinbauern).

---

* Diese wünschenswerte Eigenschaft ist als *shatter resistance* bekannt.

Als sie geeignete Arten gefunden hatten, begannen die Forscher sie selektiv zu züchten, um ihre Erträge zu erhöhen und ihre Nahrungsmittel- und Erntequalitäten zu verbessern. Zunächst selektierten, kreuzten und vervielfachten sie einfach die einzelnen Pflanzen mit den höchsten Erträgen. Inzwischen nutzen sie jedoch neue Technologien – wie zum Beispiel Gensequenzierung, Genombestimmung und markergestützte Selektion –, um den Prozess zu beschleunigen.[746, 747] Züchtungen, die einst Jahrhunderte in Anspruch genommen haben, können nun auf wenige Jahrzehnte beschränkt werden.

Manchmal führt eine Erfolg versprechende Pflanze nirgendwohin und manchmal hat eine unscheinbare großen Erfolg. Zum Beispiel hat das Land Institute kaum einen Gedanken an eine mehrjährige Sonnenblume namens *Silphilium* verschwendet, da sie in der Natur lediglich fünfzehn oder zwanzig Kerne pro Blütenstand produziert. Doch durch sorgfältige Selektion der Pflanzen mit durchschnittlich etwas mehr Samen ernteten die Forscher binnen acht Jahren Blütenstände mit 150 Samen.[748]

Obwohl Kernza – Intermediäres Weizengras – noch immer in der Entwicklung begriffen ist, handelt es sich um eine der ersten Nutzpflanzen, die das Institut versuchsweise auf den Markt gebracht hat.[749] Bisher wurde die Pflanze so weit gezüchtet, dass sie ebenso viele Körner wie Weizen enthält, doch jedes einzelne wiegt lediglich ein Viertel von einem Weizenkorn. Das Institut hofft, innerhalb der kommenden dreißig Jahre mit ihrer Züchtung die Weizenerträge erreicht zu haben.

Da der Boden jahrelang von Pflanzen bedeckt ist, von ihren gewaltigen Wurzeln zusammengehalten wird und sich die Streu auf ihm ablegt, werden mehrjährige Getreidepflanzen wie Kernza die Erosion wahrscheinlich verringern[750] und den Kohlenstoffgehalt im Boden erhöhen.[751] Einer Schätzung zufolge würden landwirtschaftliche Flächen, angenommen der Wandel ginge weltweit vonstatten, zwischen einem Viertel und zwei Drittel ihres seit dem ersten Pflügen verlorenen Kohlenstoffs zurückgewinnen.[752] Zudem weisen Ökosysteme, die von mehrjährigen Pflanzen dominiert werden – wie Wälder oder natürliche Graslandschaften –, ein reicheres und üppigeres Bodenleben auf als Felder, auf denen einjährige Pflanzen wachsen.[753, 754, 755]

Da ihre langen Wurzeln Nährstoffe aus den tiefen Bodenschichten ziehen, werden mehrjährige Nutzpflanzen zu ihrem eigenen Gründünger, ihrer eigenen Wiesenmischung. Darum muss das Land nicht aus der Produktion genommen und zeitweise brach gelassen werden. Je länger die Pflanzen im Boden bleiben, desto stärker wird ihre Beziehung zu Bakterien, die Stickstoff binden, und zu Mikroorganismen und Pilzen, die nach anderen Nährstoffen suchen. Das bedeutet, dass sie grundsätzlich weniger Dünger brauchen.[756] Eine Studie schätzt, dass mehrjährige Systeme fünfmal so viel von dem Wasser, das auf den Boden fällt, speichern wie einjährige Nutzpflanzen.[757]

Beim Anbauwechsel von einjährigen zu mehrjährigen Pflanzen ist damit zu rechnen, dass Unkraut in den ersten Jahren ein größeres Problem darstellt,[758] da das Land nicht gepflügt wird und herkömmliche Herbizide die Nutzpflanze ebenfalls treffen würden. Doch hat sich die mehrjährige Pflanze einmal durchgesetzt, unterdrücken ihr Schatten und ihre Streu das Unkraut. Experimente mit mehrjährigen Pflanzen lassen darauf schließen, dass keine weitere Unkrautkontrolle mehr benötigt wird.[759] Einigen Bauern zufolge, die mit Kernza experimentiert haben, »unterdrückt es Unkraut in einem hohen Maße«.[760] Wenn man bedenkt, welch dicke, faserigen Klumpen es in der Bodenoberfläche formt, fällt es nicht weiter schwer zu verstehen, warum.

Da Unkrautjäten wahrscheinlich nur am Anfang vonnöten sein wird, könnte es wirtschaftlich Sinn machen, es mechanisch zu tun: Zwischen den Reihen mit Maschinen (oder auf sehr kleinen Betrieben per Hand) zu harken oder zu mähen oder, wenn die Technologie zugänglicher wird, für kurze Zeit einen Roboter zu leihen. Je weniger der Boden gestört wird, desto weniger Gelegenheit haben Unkrautpflanzen, Wurzeln zu schlagen: Wenn alles andere gleich bleibt, sollten sie in einem mehrjährigen System leichter zu kontrollieren sein.[761] Natürlich könnten diese tief verwurzelten mehrjährigen Pflanzen sich auf anderen Felder ausbreiten und selbst zu Unkraut werden, oder sich hartnäckig halten, wenn der Bauer die Feldfrucht ändern möchte.[762] Dies ist eines von vielen Themen, die bei jeder mehrjährigen Pflanze weiter erforscht werden müssen.

Einige Forscher argumentieren, dass Pflanzenkrankheiten im mehrjährigen Getreideanbau ein Problem werden könnten, da sie sich von einem Jahr zum nächsten weiter ausbreiten.[763] Andere sehen darin jedoch ein geringeres Problem, da die stärkeren Beziehungen zu den Bodenbakterien es der Pflanze ermöglichen, eine schnelle Immunabwehr in Gang zu setzen.[764] Was Hoffnung weckt: Die wilden Pflanzen, aus denen Kernza und andere Getreidepflanzen gezüchtet werden, sind offenbar im hohen Maße widerstandsfähig gegenüber Viren, die einjährige Nutzpflanzen befallen.[765]

Mit ihren tiefreichenden Wurzeln und ihrem robusten Aufbau sind mehrjährige Pflanzen aller Wahrscheinlichkeit nach besser für die unvorhersehbaren Wetterlagen des Klimawandels gerüstet. Die zuvor erwähnte mehrjährige Sonnenblumensorte überstand zwei schlimme Dürren, von denen eine die einjährigen Sonnenblumen im Nachbarfeld vollständig zerstört hat.[766] Zudem können die Bauern ihre Ausgaben deutlich senken: Haben sich diese Pflanzen erst einmal etabliert, sollten sie nur wenig Düngemittel und Bewässerung, möglicherweise keine (wie ich im Folgenden darlege) Pestizide und weniger Maschinen benötigen. Da die ärmsten Bauern generell auf die nährstoffärmsten Flächen gedrängt wurden, könnten diese tendenziell anspruchsloseren Ackerpflanzen besser zu ihnen passen.[767]

Als ich die erste Packung Mehl öffnete, war ich ein wenig aufgeregt. Was, wenn es nicht schmeckte? Da die Mühle des Land Institutes ein ziemlich schweres Vollkornmehl hergestellt hatte, mischte ich es zu gleichen Teilen mit einem starken Weizenweißmehl. Der Teig ließ sich gut kneten und wurde schnell elastisch, obgleich es die seltsame Eigenschaft besaß, innerhalb von fünf Minuten klebrig zu werden. Der Teig ging schön auf.

Während er buk, tigerte ich wie ein erwartungsvoller Vater vor dem Ofen auf und ab. Nach einer Dreiviertelstunde tippte ich den Brotlaib am unteren Ende an und er antwortete mit einem schönen dumpfen Klang. So weit, so gut. Als das Brot abgekühlt war, schnitt ich es an und war begeistert von der leichten, weichen Kruste. Es schmeckte wunderbar: vollmundig und leicht nussig. Eines der besten Brote, das ich je gegessen hatte.

In den darauffolgenden Tagen buk ich aus dem Kernzamehl Wraps, Salzkräcker und Vollkornkekse. Die Wraps ließen sich wunderbar dehnen und blubberten und pufften in der Pfanne, bis sie beinahe kugelförmig waren. Während sie durchbrieten, blieb der Teig zugleich weich. Sie hatten einen leichten Biergeschmack, was eine schöne Gegennote zu den würzig angebratenen Bohnen und der Tomatensalsa bildete, mit denen ich sie servierte. Die Kräcker waren hingegen knusprig. Die nussige Note des Mehls wurde durch Meersalzstreusel hervorgehoben und unterstrich im Gegenzug den Geschmack der Kürbiskerne und des Walnusskernbruchs, die ich unter den Teig gemischt hatte. Die Vollkornkekse krümelten schön und durch den Zucker mischte sich eine Spur Süße unter den dunklen Geschmack des Mehls. Ich stellte fest, dass Kernza besser schmeckte, je weniger man es mit anderen Getreidesorten mischte.

Selbst wenn wir diese Pflanze lediglich nach ihrem Geschmack beurteilen müssten und ihre ökologischen Vorteile ignorieren würden, würde er für sich sprechen. Ich verspürte einen unbegründeten Stolz, zu einem der ersten Menschen in diesem Land zu gehören, der es probieren durfte. Dem Land Institute war etwas gelungen, was andere beinahe ein Jahrhundert lang vergeblich versucht hatten. So hatte die Sowjetunion beispielsweise in den 1930ern versucht, eine mehrjährige Getreidepflanze zu züchten, was eine große Herausforderung gewesen sein musste, da die Vererbung genetischer Merkmale offiziell als kapitalistische Illusion eingestuft wurde. Kernza war indes zumindest auf halbem Wege zum Erfolg.

Die fünfte Packung war den Weg bereits zu Ende geschritten. Der Reis, den sie enthielt, stammte aus einem Pflanzenzuchtprogramm, das vom Land Institute begonnen und von dem brillanten Botaniker Fengyi Hu an der Yunnan-Universität in

China weiterverfolgt worden war. Dabei hatte man eine einjährige chinesische Reissorte mit einer wilden afrikanischen Pflanze derselben Gattung – *Oryza longistaminata* – gekreuzt, um eine mehrjährige Nutzpflanze zu erhalten. Schon heute erreichen oder, in manchen Fällen, übertreffen ihre Erträge bereits die moderner einjähriger Reissorten.[768] Diese Kultur, die den wenig romantischen Namen PR_{23} trägt, wurde in China inzwischen als voll ausgebildete Marktpflanze auf 7000 Hektar angebaut.[769]

Die Nachfrage der Bauern war riesig: Nach kürzester Zeit war alles verfügbare Saatgut aufgekauft. Einjährige Reispflanzen, die auf Hängen wachsen, verursachen oft verheerende Bodenerosion. Infolge intensiver Bewirtschaftung kollabieren mitunter ganze Terrassen. Die langen Wurzeln von PR_{23} hingegen stabilisieren die Terrassen und schützen den Boden. Doch der drängendere Grund für seine Beliebtheit ist wohl der Arbeitskräftemangel, mit dem viele chinesische Reisbauern zu kämpfen haben: Viele junge Menschen, die den beschwerlichen Anbau der einjährigen Reispflanzen hätten verrichten können, haben den ländlichen Regionen den Rücken gekehrt. Einige PR_{23}-Felder wurden inzwischen zwölfmal ohne neue Aussaat geerntet.[770]

Ich kochte den vom Institut gesandten Reis und konnte hinsichtlich seines Geschmacks und der Textur keinerlei Unterschiede zum einjährigen Rundkornreis aus dem hiesigen chinesischen Supermarkt feststellen. Mit anderen Worten, die mehrjährige Pflanze ist im Grunde das gleiche Produkt. Inzwischen kreuzt Professor Hu PR_{23} mit anderen Sorten, um verschiedene Zubereitungsformen und Geschmacksrichtungen zu erhalten. Die »Grünere Revolution« hat begonnen.

Das Land Institute und seine Partner forschen noch an vielen weiteren Arten, darunter Bohnen,[771] Sorghum und Ölsaaten. Sie haben Hybride aus gewöhnlichem Weizen und Kernza gezüchtet, um eine neue mehrjährige Pflanze mit 50 bis 70 Prozent der Erträge von einjährigem Weizen zu erhalten.[772]

Hier nun meine Vision, wie eine neue Landwirtschaft aussehen könnte.

Getreidesorten wie Kernza, mehrjährige Weizenpflanzen oder Reis könnten in Streifen von der Breite von zwei oder drei Mähdreschern angebaut werden (oder an die jeweiligen Mähtechnologien von Kleinbauern angepasst). Zwischen zwei Streifen Getreidepflanzen könnte ein Streifen mit mehrjährigen Bohnen angepflanzt werden. Bohnen bieten stickstoffbindenden Bakterien ein Zuhause, die die Pflanze auf natürliche Weise düngen und Nitrate an den Boden abgeben. Ohne jährliches Pflügen wird sich wahrscheinlich Stickstoff im Boden akkumulieren und auch die benachbarten Getreidepflanzen versorgen.[773] Mit ihren tieferen Wurzeln und der längerfristigen Etablierung sollten sie die meisten anderen Mineralstoffe bekommen, die sie benötigen. Unter bestimmten Bedingungen könnte man sogar ganz auf zusätzliche Düngemittel zu verzichten.

Um jede Parzelle Getreidepflanzen und Bohnen (oder Ölsaaten und Bohnen) verläuft ein rund ein Meter breiter Streifen mit mehrjährigen Wildblumen, wie man ihn bei Tolly findet. Sowohl wilde Bestäuber[774] als auch räuberische Insekten, die Kulturpflanzenschädlinge fressen,[775] vermehren sich besser in mehrjährigen als in einjährigen Blumenbeeten. Bauern stehen der Idee, inmitten ihrer Feldfrüchte mehrjährige Blumenbeete zu unterhalten, oft misstrauisch gegenüber,[776] da der Traktor darum herum fahren muss und es einer Studie zufolge rund vier Jahre dauert, bis sie nachhaltig davon profitieren.[777] Doch in mehrjährigen Feldern, wo der Traktor weniger Arbeit verrichtet und die Feldpflanzen im Boden verbleiben, könnten diese Wildblumenstreifen besser angenommen werden. Die Blumenstreifen – und möglicherweise auch die Nutzpflanzen selbst – werden zu Korridoren und Trittsteinen für wilde Tiere, die durch die Felder streifen.

In einjährigen Systemen werden lediglich die Feldpflanzen, die den Blumenstreifen am nächsten stehen, von den darin lebenden, nützlichen Insekten besucht.[778, 779] In mehrjährigen Systemen hingegen sollten nützliche Insekten und Spinnen in der Lage sein, weiter in die Felder vorzudringen, da die dichteren Pflanzen ihnen Schutz bieten.[780] Wenn Tollys Beobachtungen stimmen, könnten natürliche Fressfeinde den Gebrauch von Pestiziden überflüssig machen. Eine Studie zeigt, dass im Falle blühender Nutzpflanzen (wie Bohnen und die meisten Ölsaaten) der Nettoeffekt von Pestiziden auf die Erträge und Gewinne des Bauern negativ ausfällt, da das Töten der Bestäuber mehr Schaden anrichtet als die Schädlingsbekämpfung Vorteile bringt.[781] Großbauern werden von Großpharmakonzernen hereingelegt.

Mehrjährige Pflanzen sind kein Allheilmittel – auch sie können nicht für immer im Boden bleiben: Wenn sie altern, gehen ihre Erträge wahrscheinlich zurück und nach ein paar Jahren müssen sie ausgegraben und durch eine andere Art ersetzt werden.[782] Doch eine Fruchtfolge mit mehrjährigen Pflanzen bricht den Boden seltener auf als eine Folge mit einjährigen. Wie alle Systeme könnte die Umstellung auf mehrjährige Ackerpflanzen ohne eine gute Politik perverse und katastrophale Konsequenzen haben: Da sie beispielsweise in weniger fruchtbaren Regionen wachsen,[783], könnten sie genutzt werden, um an Orten, die für andere Feldpflanzen ungeeignet sind, Biobrennstoffe zu produzieren. Damit würden sie zu einem mächtigen Instrument bei der Zerstörung natürlicher Lebensräume werden. Wir können nicht unendlich viel essen, doch wir können unendlich viel verbrennen.

Egal, wie erfolgreich das Zuchtprogramm ist, mehrjährige Pflanzen werden nicht überall angebaut werden, da Bauern sich oft scheuen, vertraute Strategien aufzugeben. Doch das muss nicht unbedingt schlecht sein, schließlich brauchen wir ja eine Vielfalt an Systemen und Technologien. Damit werden Diversität und Resilienz wieder Einzug in das Ernährungssystem halten und die Übermacht der globalen Standardfarm herausfordern. Indem der Boden geschützt und der Einsatz von schweren Maschinen, Wasser und Agrarchemikalien reduziert wird, könnten mehrjährige Pflanzen die durch die Landwirtschaft hervorgerufenen Umweltschäden um einiges verringern. Es ist wirklich erstaunlich, dass dieser entscheidende Wandel nicht etwa von Regierungen oder multilateralen Behörden angeleitet wird, sondern von einer kleinen, gemeinnützigen Organisation mit Sitz in einem Bauernhaus in Salina.

Eine Umstellung von kurzfristigen auf langfristige Nutzpflanzen und der hoffentlich damit einhergehende Umschwung von kurzfristigem zu langfristigem Denken stellen einen entscheidenden Schritt hin zu einer besseren Welt dar. Doch wir müssen noch weiter geht. Wir können die Reise nicht beenden, bis diejenigen von uns, die hinsichtlich ihrer Ernährung eine Wahl haben, aufhören, Tiere zu essen und neue Protein- und Fettquellen entdecken.

7 FARMFREE

Ob ich von einem Geräusch von ihm geweckt oder einfach in diesem Moment zufällig wach wurde, weiß ich nicht. Aber als ich die Augen öffnete, füllte er beinahe mein ganzes Blickfeld aus. Da mein Sichtfeld seitlich gekippt war, dauerte es eine Weile, bis ich erfasste, was ich sah. Ich starrte in ein goldenes Auge. Irgendwann begriff ich, dass es zu einem Hasen gehörte, der nur einen Meter von meinem Gesicht entfernt Gras auf der Böschung knabberte, auf der ich schlief. Dann setzte er sich auf und hoppelte gemächlich die Böschung hinauf, über die kleine, vorstädtische Straße und auf einem Grünstreifen auf der anderen Seite entlang, bis er schließlich in einen Garten einbog. In diesem Vorort von Helsinki kam er mir vor wie ein Omen. Aber ich hatte keine Ahnung, für was er stand.

Erschöpft von dem Interview, das ich gerade geführt hatte, war ich für einen Power Nap nach draußen gegangen, während der Rest des Teams im Labor geblieben war und Cutaways gefilmt hatte.[784] Pasi Vainikka, der Mann, den ich interviewt hatte, ist ein brillanter Wissenschaftler und ein visionärer Unternehmer, aber ich fürchte, er würde beim Turing-Test durchfallen. Mehrere Male hatte er meine enthusiastischen Fragen lediglich mit einem mechanischen »Das ist korrekt« beantwortet. Zwischen den Aufnahmen Konversation zu betreiben, war ähnlich aussichtslos, wie an der Klinke einer verschlossenen Tür zu rütteln.

Aber nicht jeder Rebellenführer hält flammende Reden oder trägt einen Zweispitz. Pasi baut etwas auf, das möglicherweise die wichtigste Umwelttechnologie überhaupt ist. Sie erfordert keinen großen technischen Durchbruch und keine neuen Instrumente oder Materialien, lediglich Verbesserungen und Leistungsfähigkeit. Auch wenn sein Labor als ein Labyrinth aus Rohren und Drähten, Ventilen und Messgeräten, Pumpen und Propellern daherkommt, tut er letztlich nichts anderes als einfach – oder nicht so einfach – nur zu brauen. Alles, was er verwendet, gehört zur Standardausstattung. Sein Prozess wurde in den 1960er-Jahren von Wissenschaftlern der NASA entwickelt.[785] Doch er fermentiert eine Revolution.

Pasis Aufgabe ist es, so günstig und effizient wie möglich eines der Lebewesen, mit denen wir es im ersten Kapitel zu tun hatten, zu vermehren: ein Bodenbakterium.

Zu den Überlebensstrategien von Bodenmikroben zählt die Fähigkeit, auf interessante Weise Energie zu generieren. Die Art, mit der Pasi arbeitet, *Cupriavidus necator*, zieht ihre Energie weder aus der Fotosynthese noch aus Produkten, die von anderen Organismen produziert werden, sondern aus Wasserstoff.[786] Es handelt sich um ein Wasserstoff oxidierendes Bakterium.

Der Blick durch ein kleines Bullauge in den Fermentationstank, wo Pasis Gebräu schäumte wie die Wäsche in einer Waschmaschine, war nicht sonderlich vielversprechend: Eine dünne, gelbe Brühe schwappte gegen das Glas. Doch als er eine Portion seiner Ursuppe entnahm und sie in ein beheiztes Fass füllte, wurde sie gleich appetitlicher: Sie verwandelte sich in ein goldenes Pulver, das nach Rührei duftete. Pasi erklärte, dass diese Art Beta-Carotine produzierte: Das Molekül, das Karotten ihre Farbe verleiht. Noch wichtiger: Rund 60 Prozent des Pulvers besteht aus Protein[787], und alles davon ist essbar.

Aus purer Extravaganz bat ich sein Team, mir einen Pancake zuzubereiten: Ich wollte die erste Person außerhalb des Labors sein, die eine Mahlzeit aus seinen Bakterien probierte. Statt die getrockneten Mikroben mit Eiern zu mischen, um ihren Eiweißgehalt zu erhöhen, musste das Laborteam Weizenmehl hinzufügen, um ihn zu reduzieren. Andernfalls käme ein Omelett heraus. Um einen flüssigen Teig zu bekommen, mischten sie etwas Hafermilch darunter (wobei Wasser auch gereicht hätte).

Es ist lange her, dass ich zuletzt einen herkömmlichen Pfannkuchen mit Eiern gegessen habe. Ich habe versucht, die Eier mit Gram-Kichererbsenmehl zu ersetzen und Dosas aus Reis- und Linsenmehl gebacken sowie eine koreanische Version aus Weizen- und Maismehl. Doch keiner dieser Pfannkuchen war je so zufriedenstellend gewesen wie die Pfannkuchen, die ich zu essen aufgehört hatte, als ich zu einer pflanzenbasierten Ernährung wechselte. Was fehlte, war das Protein – es gibt dem Pfannkuchen seine saftige Konsistenz. Der reichhaltigste Eiersatz – Mehl aus Kichererbsen oder Gram-Kichererbsen – hat einen Proteingehalt von rund 20 Prozent und damit weniger Eiweiß als der traditionelle westeuropäische Teig aus Weizenmehl, Ei und Milch. Hätte ich jetzt die Zubereitung nicht überwacht, hätte ich kaum glauben können, dass Pasis Pfannkuchen keine Eier enthielten. Noch ungläubiger hätte ich der Tatsache gegenübergestanden, dass es sich bei der Hauptzutat um getrocknete Bakterien handelte. Die Pfannkuchen schmeckten vollmundig, fluffig und waren sättigend, genau wie die, die ich früher gegessen hatte.

Das ist ein kleiner Pfannkuchen für einen Menschen, doch ein großer Sprung für die Menschheit. Ich glaube, dass er das Ende großer Teile der Landwirtschaft einleitet. In diesem dünnen Crêpe sind unsere wildesten Hoffnungen, den lebenden Planeten wiederherzustellen, gewickelt.

Denn diese Methode der Nahrungsmittelerzeugung lässt den Hauptverursacher von Umweltzerstörung zu einem erstaunlichen Grad schrumpfen: Unser Verbrauch von Land. Hier liegt das Potenzial für eine radikale Transformation unsere Beziehungen zur Lebenswelt und der Wiederherstellung der Gesundheit des Planeten.

Thomas Lindner, seines Zeichens außerordentlicher Professor der Agrarwissenschaften, hat die Fläche, die für einen ähnlichen Prozess wie den von Pasi Vainikkas benötigt wird, mit der bis dato flächeneffizientesten landwirtschaftlichen Methode der Proteinerzeugung verglichen: dem US-amerikanische Sojabohnenanbau.[788] In einem typischen Jahr besetzen Sojabohnen in den USA 36,5 Millionen Hektar, eine Fläche größer als Italien. Im Vergleich dazu benötigt die Proteinerzeugung durch Bakterienkulturen lediglich 21 000 Hektar, also die Fläche der Stadt Cleveland in Ohio. Mit anderen Worten: Sie frisst 1700-mal weniger Land.

Doch damit ist die Geschichte noch nicht zu Ende. Wir bräuchten immer noch Verarbeitungsfabriken, um die Bakterien zu töten und zu trocknen, sie in ihre Bestandteile zu zerlegen und das Abwasser aus dem Fermentationstank zu recyceln. Das gilt jedoch ebenso für die Verarbeitung von Soja (und in noch viel höherem Maße für Tierkadaver). Noch wichtiger: Pasis Brauerei benötigt Strom, vor allem, um Wasser in der Elektrolyse in Wasserstoff und Sauerstoff zu zerlegen. Wie der Name seines Unternehmens, Solar Foods, verrät, hat er Solarenergie als Quelle gewählt.[789] Dies ist eine flächenhungrige Form der Stromerzeugung. Doch selbst dann verbraucht das aus Bakterien und mittels Solarpaneelen gewonnene Protein einem Artikel in der *Engineering Biology* zufolge zwischen 30- und 60-mal weniger Fläche als Sojaprotein.[790] Würde man stattdessen Windenergie nutzen, würde das Verhältnis dem Artikel zufolge sogar auf 150- bis 400-mal steigen. Würden die Windturbinen offshore stehen, wo tendenziell größere Anlagen zum Einsatz kommen, würde noch weniger Fläche (bzw. Meeresgrund) benötigt werden. Noch weniger, wenn der Wasserstoff durch Atomreaktoren der vierten Generation hergestellt würde.

Während Feldpflanzen über Monate wachsen und gedeihen, verdoppeln sich die Bakterien in diesen Tanks alle drei Stunden. Wenn man gute Wachstumsbedingungen aufrechterhält, könnte man jeden einzelnen Tag im Jahr achtmal am Tag die Hälfte von ihnen ernten.[791] Diese Technologie könnte beinahe alles Land, das derzeit für die Proteinerzeugung genutzt wird, freigeben, ob es sich nun um pflanzliches oder tierisches Protein handelt. Ein Großteil unserer Nahrung könnte »farmfree«, also ohne die Landwirtschaft erzeugt werden.

Da Weideland zwei Drittel aller landwirtschaftlichen Flächen frisst und Getreide für Viehfutter oder pflanzliche Proteinquellen für Menschen fast den gesamten Rest belegt, könnten wir auf diese Weise eine unvorstellbare Masse Land einsparen. Wir könnten unseren entsetzlichen Einfluss aus weiten Gebieten des Planeten, die wir gepflügt, eingezäunt, beweidet und mit Giftstoffen überschüttet haben, zurückziehen. Indigene Menschen könnten ihr Land zurückbekommen und wiederaufbauen, und Ökosysteme könnten sich wieder ausbreiten. Dieser Wandel könnte unsere größte Hoffnung sein, das sechste große Artensterben zu stoppen.

Eine Studie in der *Nature* hält fest, dass im Falle eines Zerstörungsstopps auf lediglich 15 Prozent der Flächen in einigen Teilen der Welt 60 Prozent des andernfalls eintretenden Aussterbens verhindert und 30 Prozent des seit der industriellen Revolution freigelassenen Kohlenstoffdioxids aus der Atmosphäre genommen werden könnte.[792] Doch das Versprechen landwirtschaftsunabhängiger Nahrung ist noch viel weitreichender: Wir könnten die meisten Flächen, die derzeit landwirtschaftlich genutzt werden, rückverwildern und die verbleibenden natürlichen Räume unberührt lassen.

Doch nicht nur in Bezug auf Flächen, sondern auch mit anderen Ressourcen geht Pasis Technologie sparsam um. Er hat seinen Prozess so gestaltet, dass das Wasser und Kohlenstoffdioxid, welches die Bakterien benötigen, direkt aus der Atmosphäre außerhalb seiner Brauerei gewonnen wird: Sein Ziel ist es, Nahrung aus der Luft zu gewinnen. Im Grunde könnte der Stickstoff, den die Bakterien benötigen, ebenfalls aus der Luft gewonnen werden,[793] da einige Wasserstoff oxidierenden Bakterien ihn direkt verarbeiten können.[794] Solar Foods nutzt jedoch dieselbe Quelle wie Bauern: synthetisiertes Ammoniak. Im Gegensatz zum Dünger, der in der Landwirtschaft zum Einsatz kommt, geht jedoch fast keiner der

Mineralstoffe, den die Bakterien benötigen, verloren. Es handelt sich um ein geschlossenes System, da Wasser und Abwasser recycelt werden können.[795] Zum Bau der Anlage wird einiges an Stahl verwendet, doch da der Prozess hocheffizient und die Verarbeitungsmenge so groß ist, sind die Auswirkungen auf die Umwelt verhältnismäßig gering: Wahrscheinlich braucht man wesentlich weniger Stahl als für den Bau der weltweiten Schlachthöfe und Fleischverpackungsanlagen.

Würde alles andere unverändert bleiben, und wir würden Pasis Methode nutzen, um den Proteinbedarf der Menschen (der Referenzwert für die Nährstoffzufuhr von Protein, also der empfohlene Tagesbedarf, beläuft sich bei Männern auf 55 Gramm pro Tag und bei Frauen auf 45) vollständig zu decken, würde der weltweite Energiebedarf meinen Berechnungen zufolge um 11 Prozent steigen. Da dieser Prozess jedoch sehr viel weniger reaktiven Stickstoff verschwendet als die Landwirtschaft, würde ein Teil dieser 11 Prozent durch die Verringerung der Energie ausgeglichen werden, die für die Herstellung von Ammoniak und Urea aufgewendet wird. Selbst dann erfordert der zusätzliche Strom einen signifikanten Materialaufwand: Stahl, Kupfer, Lithium, Kobalt, seltene Erden und andere Mineralstoffe sind nötig, um Generatoren zu bauen und Elektrizität zu transportieren und zu speichern.[796, 797] Doch wir sollten die Einspeicherung von Ausrüstung und Brennstoff, die beim Pflügen und Drillen, Spritzen und Ernten, Halten und Bewegen von Nutztieren sowie beim Schlachten und bei der Fleischverarbeitung verbraucht wird, dagegenhalten.[798] Da die geografische Ausdehnung, der Maßstab der Infrastruktur und die zu bewegenden Frachten, um landwirtschaftlich Proteine anzubauen, viel höher sind als die für die

Kultivierung von Mikroben,[799] wird der übergeordnete Materialverbrauch sicherlich geringer sein.

Der Strombedarf wird kaum bei 11 Prozent bleiben, da neue, effizientere Methoden zur Wasserstofferzeugung ohne fossile Brennstoffe vorangetrieben werden: Festoxid-Elektrolyseurzellen, Hochtemperaturelektrolyse[800] und thermochemische Wasseraufbereitung[801] (die konzentrierte Solaranlagen[802, 803] oder kleine Atomreaktoren nutzen).[804] Noch wichtiger, alles andere wird wohl kaum in der Entwicklung stehen bleiben. Die Größe neuer Energiesysteme, die auf sauberen Strom bauen, wird an die Nachfrage angepasst sein, die beispielsweise in kalten Nationen im Winter und in niedrigeren Breitengeraden im Sommer (wenn Klimaanlagen am meisten benötigt werden) steigt. Im restlichen Jahr und in ruhigeren Momenten der energieintensiven Monate werden saubere Energiesysteme mehr Strom produzieren als die Verbraucher benötigen. Die Präzisionsfermentation könnte eine der Technologien sein, die sich den Überschuss zunutze macht. In Phasen, in denen ungenutzter Strom in Fülle vorhanden und demzufolge am günstigsten ist, könnte Wasserstoff hergestellt werden. In dem Fall würde die neue Nahrungsmittelerzeugung kaum zur Nachfrage nach zusätzlichen Generationskapazitäten beitragen und demzufolge auch keinen gesteigerten Materialbedarf im Energiesektor erfordern.

Je effizienter die Wasserstoffherstellung, desto günstiger wird das Bakterienprotein. Im Moment ist die weitaus teuerste Ressource bei der Herstellung der Strom.[805] Doch mit sinkenden Preisen im Solarenergiesektor rechnet Pasi damit, dass seine Produkte preislich auf dasselbe Niveau fallen wie das billigste verfügbare Protein der Erde (Soja). Hat es erst einmal breite

Akzeptanz erlangt, dann hätten wir mit Bakterienprotein zum ersten Mal in der Geschichte der Menschheit ein Grundnahrungsmittel, dass nicht durch Fotosynthese entsteht.

Bevor wir uns das Potenzial, mit mikrobieller Fermentation die Welt zu ernähren, näher anschauen, sollten wir uns in Erinnerung rufen, dass Menschen nicht hungern, weil es der Welt an Nahrung fehlt, sondern weil sie sich das Essen nicht leisten können. Global betrachtet produzieren wir weitaus mehr Protein als wir benötigen: 81 Gramm pro Person pro Tag ist für die Menschen verfügbar,[806] obwohl wir im Schnitt lediglich 50 oder 60 Gramm benötigen.[807] Pflanzenproteine werden sogar in noch größeren Mengen erzeugt, doch ein beachtlicher Teil wandert durch die Mägen von Nutztieren, bevor sie zu uns gelangen und geht auf diese Weise verloren. Der Proteinkonsum ist schlecht verteilt.[808] Die Reichen essen meistens viel mehr als sie brauchen und die Armen viel weniger.[809]

Arme Menschen haben nicht nur weniger Zugang zu tierischem Protein, sie leiden auch noch unverhältnismäßig stark unter den massiven Umweltschäden, die seine Erzeugung verursacht. Die Klimakatastrophe, die Zerstörung von Lebensräumen, die Verschmutzung von Flüssen, Meeren und der Luft, der sinkende Grundwasserspiegel und Bodenerosionen treffen Arme besonders hart. Wie üblich trifft sie das meiste Leid und sie machen am wenigsten Gewinn. Dabei lautet mein Vorschlag nicht, dass mikrobielles Protein lediglich von den Armen der Welt gegessen wird. Ich glaube, dass es die Grundlage jeder nachhaltigen Ernährung darstellen könnte. Insgesamt könnte es jedoch ein wirksames Instrument sein, um dem Hunger in ärmeren Gegenden entgegenzuwirken.

Während die internationalen Preise für Bakterienprotein in naher Zukunft wohl nicht weit unter das billigste Sojaprotein fallen werden, könnte es zugänglicher werden. In vielen armen Nationen zahlen Menschen für Protein obendrauf. Da es nicht regional erzeugt werden kann, muss es oft mit schwachen Währungen auf Rohstoffmärkten eingekauft werden, wo der Dollar herrscht. Mikrobielles Mehl hingegen kann überall, wo Strom generiert wird, zu ähnlichen Preisen produziert werden. Und viele der weltweit ärmsten Nationen haben ein riesiges Potenzial für erneuerbare Energien.[810]

Wenn ein fairer technologischer Transfer und eine Verteilung der Herstellung stattfinden, könnte dieses Protein breit und günstig verfügbar sein, und das unabhängig von den Launen des Wetters, des Bodens, der Währungen, den Handelsbedingungen, den Nahtstellen auf Schiffsrouten und anderen Gefahren. Da die Brauereien unabhängig operieren und die meisten der benötigten Inhaltsstoffe lokal gewonnen werden können, egal, wo die Anlage steht, könnte diese Nahrungsmittelerzeugung die Übertragung von wirtschaftlichen und politischen Schocks abfangen. Anders gesagt, sie könnte eine wichtige Eigenschaft wieder in das Ernährungssystem einführen: Modularität.

Technologien wie Pasis bieten auch Lösungsansätze für andere verzwickte Dilemmata, wie sie in Kapitel 2 erläutert wurden. Sie könnten die oft verloren gegangenen Back-ups, Redundanzen und Puffer wieder in unsere landwirtschaftlichen Systeme einführen.[811, 812] In Extremsituationen wie einem Asteroideinschlag, massiven Vulkanausbrüchen oder einem nuklearen Winter würden sie uns ermöglichen, weiterhin Nahrungsmittel zu erzeugen, wenn herkömmliche Landwirtschaft unmöglich geworden ist.[813, 814] Doch mein Hauptaugenmerk gilt dem Abwenden von der sich langsam, aber sicher abzeichnenden Klimakatastrophe und einem systemischen ökologischen Zusammenbruch.

Welche Lebensmittel werden diese Technologien herstellen? Nun, wenn ihr volles Potenzial erst einmal ausgeschöpft ist, sind den Möglichkeiten nur durch unsere Vorstellungskraft Grenzen gesetzt. Wir können viele der protein- und fettreichen Lebensmittel, die wir derzeit essen, ersetzen, doch wir müssen dort nicht stehen bleiben. Wir können zudem neue Gerichte und Lebensmittel entwickeln, die sowohl unserem Appetit als auch unserer Gesundheit zuträglich sowie in Textur und Geschmack vollkommen neu sind. Ich stelle mir da experimentierfreudige Köche vor, die gemeinsam mit Wissenschaftlern, sagen wir, Häppchen kreieren, die wie Steak schmecken, aber die Textur von Jakobsmuscheln haben. Oder sie entwickeln eine Mousse, die wie Pannacotta auf der Zunge zergeht, aber nach *Jamón Ibérico* schmeckt. Wer weiß? Genau wie die Erfindung der Landwirtschaft könnten landwirtschaftsunabhängige Nahrungsmittel zu vollkommen neuen Ernährungsformen führen, die wir uns jetzt noch nicht vorstellen können. Eines Tages könnten sie uns jedoch ebenso vertraut sein wie landwirtschaftliche Erfindungen wie Brot und Käse.

Pasis Bakterien produzieren alle neun essenziellen Aminosäuren.[815] Auch wenn noch weitere Beurteilungen nötig sind,[816] wird ihre Verträglichkeit und Nährstoffqualität derzeit auf halbem Wege zwischen pflanzlichen und tierischen Proteinen eingestuft.[817] Ihr Nukleinsäuregehalt (der genetische Zellinformationen erhält) ist höher als in anderen Nahrungsmitteln und muss bei der Herstellung des Mehls deutlich verringert werden, da er andernfalls Gicht und Nierensteine verursachen kann.[818, 819] Während das Mehl keinerlei Gluten oder Milchproteine enthält, muss es dennoch gründlich auf weitere mögliche Allergene getestet werden.[820] Auch die Auswirkungen der Mikroben auf unser Verdauungssystem müssen weiter untersucht werden.

Doch der Rohstoff, den Pasi verwendet, ist erst der Anfang. Im Gegensatz zu komplexeren Lebewesen sind Bakterien ganz wunderbar anpassungsfähig. Selbst in der Natur können sie ihren genetischen Aufbau durch horizontalen Gentransfer radikal verändern.

Ich bin gegen Gentechnik, wenn es darum geht, Saatgut in Konzerneigentum zu verwandeln oder Pflanzen resistent gegen patentrechtlich geschützte Herbizide zu machen: Diese Nutzung vergrößert lediglich die Macht von Großunternehmen und liefert zweifelhafte Vorteile für die Umwelt. Doch die gentechnische Veränderung bestimmter Mikroben ist bisher unumstritten. Seit 1978 wird auf diese Weise Insulin hergestellt. Inzwischen wird es zu mindestens 99 Prozent aus veränderten Bakterien und Hefe gewonnen.[821] Das Lab zur Herstellung von Hartkäse wurde früher aus der Magenschleimhaut des vierten Magens eines noch gesäugten Kalbs gewonnen. Was eher nach einer fehlenden Zutat des Gifttranks in *Macbeth* klingt, ist ein ziemlich grausamer Prozess. Kälbermägen müssen aufgeschlitzt und zerdrückt werden, um dann das Lab in einem chemischen Prozess zu extrahieren.[822] Manches wird immer noch auf diesem Wege produziert, meist, um ökologischen Standards zu entsprechen, die neuere Quellen verbieten.[823] Doch das moderne Lab wird überwiegend aus genetisch veränderten Hefe- und Bakterienkulturen gewonnen.[824] Kaum jemand scheint sich daran zu stören.

Genau wie wir Kulturpflanzen nach spezifischen Eigenschaften selektiert haben, könnten Bakterien, wie Pasi sie kultiviert, nach verschiedenen Geschmacksrichtungen und Verwendungsformen gezüchtet werden. So könnten ihre Genome beispielsweise dahingehend verändert werden, dass sie Vitamin B_{12} produzieren: Das tun bereits mehrere Bodenbakterienarten. Viele Menschen leiden unter einem Vitamin B_{12}-Mangel. Diejenigen, die sich vegan oder vegetarisch ernähren, sind besonders gefährdet und müssen gezielt Lebensmittel zu sich nehmen, die dieses Vitamin enthalten.[825] – etwa Rotalgen(pulver), Hefeflocken und einige Sorten Hefeextrakt, einige Marken pflanzenbasierter Milch und natürlich Nahrungsergänzungsmittel.

Zudem könnten Bakterien genetisch so verändert werden, dass sie über einen hohen Gehalt an Mikronährstoffen verfügen und damit helfen, die Mangelernährung von zwei Milliarden Menschen zu bekämpfen.[826] Sie könnten langkettige Omega-3-Fettsäuren enthalten, für die derzeit mit verheerenden ökologischen Folgen die Meere leergefischt werden.

Sollte es von Kontrollinstanzen und Verbrauchern für akzeptabel befunden werden, dann rechnet Pasi damit, dass sein Produkt zunächst als gewöhnlicher Inhaltsstoff auf den Markt kommt: Hochproteinhaltige Mehle werden schon jetzt in Brot, Pasta, Shakes, vielen Sorten Fast Food und Fertiggerichten verwendet. Doch sie könnten auch – vielleicht noch erfolgreicher als Pflanzenproteine – in den boomenden Markt der Fleischersatzprodukte eingeführt werden. Hinsichtlich ihrer Umweltbilanz schneidet pflanzenbasiertes Fleisch bereits sehr viel besser ab die Tierfleischprodukte, die es ersetzt: Einer Studie zufolge sind ihre durchschnittlichen Treibhausgasemissionen um 34 Prozent geringer als die von Hähnchenfleisch und 93 Prozent geringer als die von Rindfleisch.[827] Indem wir Soja und andere Körnerfrüchte direkt verzehren, anstatt sie erst durch Tiermägen zu leiten, verbrauchen pflanzenbasierte Fleischsorten 40 Prozent weniger Fläche als Hähnchen und 98 Prozent weniger Fläche als Rinder. Zugleich reduzieren sie deutlich den Wasserverbrauch, Verunreinigungen[828] und die Anwendung von Düngemitteln und Pestiziden.[829]

Mikrobielle Proteine, deren Flächenfußabdruck und Chemikalienbedarf noch viel kleiner ist als der von Soja, würden die negativen Umweltauswirkungen noch weiter verringern. Da Bakterien so maßgeschneidert werden könnten, dass sie spezifische Proteine und Fette produzieren, könnte der Fleischersatz noch realistischer und die lange Zutatenliste und der hohe Verarbeitungscharakter, für den einige pflanzenbasierte Fleischsorten in der Kritik standen,[830, 831] drastisch gekürzt werden.

Als ich mit der Recherche für dieses Buch begann, stellte ich mir vor, dass neue Proteine und Fette genutzt werden würden, um In-Vitro-Fleisch (oder zellbasiertes Fleisch) herzustellen: Fleisch, das biologisch identisch mit dem von Tieren ist, jedoch in einem Bioreaktor und nicht auf einem landwirtschaftlichen Betrieb erzeugt wird.

Doch je mehr ich über Laborfleisch und -fisch gelesen habe und je besser ich verstehe, wie unglaublich komplex es ist, ein Zellgerüst zu bauen, das wie Steak oder Thunfisch aussieht, sich anfühlt und schmeckt,[832, 833, 834, 835, 836] desto mehr bezweifle ich, dass diese Vision jemals Realität wird. Da die zu erwartende Kostenkurve[837] nicht zu überblicken ist, wird der anfängliche Enthusiasmus der wagemutigen Kapitalanleger schnell Frust und Desillusion weichen. Ich glaube kaum, dass das bisher investierte Geld geduldig genug ist, um durch die vielen hundert Schritte zu gehen, die noch nötig sind, um das Produkt auf den Markt zu bringen.

Stattdessen werden wir wohl meiner Einschätzung nach die Entwicklung eines Hybridsystems beobachten.[838] Schon jetzt wird ein Inhaltsstoff von Laborfleisch – Leghämoglobin aus Sojapflanzen –, der hergestellt wird, indem genetisch veränderte Mikroben gebraut werden, von einem Unternehmen namens Impossible Foods genutzt, um seine pflanzenbasierten Burger mit Blut zu versetzen.[839] Andere Unternehmen verwenden hoch entwickelte 3D-Drucker, um Pflanzenextrakte aus faserigem Gewebe zu erzeugen, die einigen Testerinnen zufolge dem Muskelgewebe eines Fleischstücks erstaunlich ähnlich sind.[840] Dabei kommen sie jedoch ohne die hochkomplexen Prozesse und Kosten aus, die nötig sind, um Zellgerüste in Bioreaktoren zu bauen. Derzeitige Inhaltsstoffe wie Erbsenprotein und Kokosöl könnten nach und nach durch Proteine und Fette aus der Präzisionsfermentation ersetzt werden. Das Ergebnis mag revolutionär sein, jeder einzelne Schritt ist jedoch einfach und logisch.

In einem Zoom-Interview erklärten mir die beiden jungen Wissenschaftler Ed Steele und Max Jamilly, die ein Start-up namens Hoxton Farms[841] gegründet haben, das Fettproblem. In Teilen von Tieren wird das Fett in Zellen gespeichert und sorgt so für die saftige Konsistenz und den typischen Geschmack. Tierfett wird in Membranen versiegelt und behält auch beim Kochen seine Struktur. Die Pflanzenfette hingegen, die in Fleischersatzprodukten enthalten sind, sind frei, wodurch diese Produkte oft eher fettig als saftig schmecken. Ein Großteil des Öls verteilt sich in der Pfanne oder sogar bereits im Regal.

Das ist der Hauptgrund für die lange Zutatenliste in pflanzenbasierten Fleischprodukten: Ihre Hersteller versuchen die Mängel der von ihnen verwendeten Öle auszugleichen und ihren starken Geschmack zu übertünchen. Ed und Max hingegen wollen in einem ähnlichen Fermentationsprozess wie dem von Pasi etwas Einfacheres erreichen als die Herstellung von Laborfleisch: die Ummantelung der Fette. Sie hoffen, innerhalb von fünf Jahren Zellfette als Zutat für pflanzenbasierte Fleischprodukte auf den Markt zu bringen. Wenn ihnen das gelingt, können wir damit rechnen, dass Fleischersatzprodukte gesünder (da keine Zusatzstoffe mehr nötig sind, um dem Problem der pflanzlichen Öle zu begegnen), einfacher und realistischer werden. Die pflanzlichen oder mikrobiellen Fleischprodukte der Zukunft auf Grundlage ihrer schlechten Qualität von heute anzugreifen, ist ungefähr so, wie die Menschen wegen der Hindenburg-Katastrophe davor zu warnen, mit einem modernen Verkehrsflugzeug zu fliegen.

In ihrem Buch *The Way We Eat Now* diskutiert Bee Wilson einige Ursachen für die massive globale Ausbreitung von Hühnerfleischerzeugnissen.[842] Sie führt an, dass ihr Erfolg zum Teil auf die Geschmacksarmut von industriell hergestelltem Hähnchenfleisch zurückzuführen ist. Es schmeckt kaum nach Fleisch und ist ein gewöhnliches weißes Protein, dem man Geschmacksrichtungen, Krusten oder Soßen hinzufügen und so eine schier endlose Reihe an Fast Foods, Fertiggerichten, Eintöpfen, Currys und Pfannengerichten kreieren kann. Eine

Bemerkung, die im Nachherein lächerlich offensichtlich scheint, jedoch einen Vorhang öffnet.

Ich musste sofort an die 66 Milliarden Hähnchen[843] denken – beinahe acht pro Person auf dem Planeten –, die jährlich geschlachtet werden, um dieses fade Protein zu produzieren, und unter welch grausamen Bedingungen sie leben: der vollkommene Sinnesentzug, die Massentierhaltung und die daraus resultierenden gegenseitigen Angriffe und Tötungen; die extrem schnelle Gewichtszunahme, auf die moderne Rassen hin gezüchtet wurden und unter dem sich ihre Beine verbiegen oder einige Vögel gar vornüber kippen und am Boden liegen bleiben; die Krankheiten, Parasiten und die vielen Arzneimittel, die ihnen verabreicht werden; die Reduktion von Tieren, deren wilde Vorfahren vielfältige und komplexe Leben führten, auf wenig mehr als kleine Maschinen. Dies ist eines der schmutzigen Geheimnisse der Welt. Wir verschließen die Augen vor dem, was in diesen sauberen Stahlfabriken geschieht. Wir wollen nicht darüber nachdenken, welch unermessliches Leid unsere Ernährung auslöst.

Neutrales, weißes Protein ist in der Herstellung kein sonderlich kompliziertes Produkt. Bei Quorn handelt es sich beispielsweise um ein Pilzmycel, das Protein ohne Tierleid herstellt. Durch neue Formen der Präzisionsfermentation werden diese Ersatzprodukte in der Herstellung immer einfacher und günstiger werden.

Es gibt durchaus noch die entfernte Möglichkeit, dass bessere Pflanzen- oder Bakterienersatzprodukte den Weg für voll kultiviertes Laborfleisch oder -fisch[844] ebnen. Doch es scheint wahrscheinlicher, dass sie seine komplizierte und kostspielige Produktion überflüssig machen werden. Durch neue mikrobielle

Inhaltsstoffe und 3-D-Druckprozesse könnten sie bald von Chicken Nuggets, Burgern, Würstchen oder anderen verarbeiteten Fleischprodukten kaum zu unterscheiden sein. Das wird die Fleischindustrie vor ein großes Problem stellen.

Da die Margen so schmal sind, hängt der Profit von Tierfleisch davon ab, dass für so viele Teile des Schlachtkörpers wie möglich ein Markt gefunden wird: Ein Problem, das unter Insidern als »Schlachtkörperausgleich« bekannt ist. Die nordamerikanische Fleischproduktion veranschaulicht das Problem. Um die Nachfrage nach Hackfleisch, das in den USA 62 Prozent ausmacht (in Hamburgern und den meisten Fleischfertiggerichten zu finden), zu befriedigen, ist der Anteil des Schlachtkörpers, der gehackt wird, gestiegen.[845] Der Wert des restlichen Kadavers – die edelsten Stücke – ist mit zurückgehender Nachfrage gefallen, doch die Rinder müssen weiterhin zu einem Standard gefüttert werden, der sicherstellt, dass diese Teile weiterhin verkaufsfähig sind. Auf diese Weise werden die Margen weiter zerrieben und die Industrie wird anfälliger für Störungen. Selbst wenn nur Teile des Hackfleischmarktes durch pflanzliche oder mikrobielle Ersatzprodukte erobert werden, würde das die Fleischerzeuger mit noch weniger ausgeglichenen Verkaufszahlen dastehen lassen und ihnen kaum Möglichkeiten bieten, den Preis ihrer besten Stücke im Ausgleich steigen zu lassen. Wie der Thinktank RethinkX bereits angeführt an, bedarf es nur einer kleinen Erschütterung, um die Industrie in eine Abwärtsspirale zu befördern.[846]

Hähnchen- und Putenfleischerzeuger, die ebenfalls einen Großteil ihres Umsatzes mit Hackfleisch (für Nuggets, Hotdogs, etc.) machen, stehen vor einem ähnlichen Problem, nur dass der Prozess bei ihnen langsamer vonstattengeht. Dagegen steht die Milchviehwirtschaft möglicherweise auf wackeligeren Füßen als die Fleischindustrie. Das liegt daran, dass Milch hauptsächlich aus Wasser besteht. Die wertvollsten Bestandteile – Kasein und Molkeproteine – machen lediglich 3,3 Prozent ihres Gesamtvolumens aus.[847] Rund ein Drittel dieser Proteine werden derzeit von der Milch getrennt und als Inhaltsstoffe für Säuglingsnahrung, Desserts oder andere verarbeitete Speisen verwendet, oder aber an Bodybuilder verkauft.

Diese mit Hilfe von Mikroorganismen zu produzieren ist vergleichsweise einfach und wird bereits von verschiedenen Unternehmen auf dem Markt gemacht. Bisher haben die Fermentationsunternehmen, die den Markt erobert haben, ihren Fokus auf wertvolle Produkte wie Eiscreme oder Käse gelegt.[848] Doch die anfallenden Kosten werden sinken. Im Gegensatz dazu ist die Milcherzeugung durch Kühe bereits auf ihr Effizienzplateau ausgeschlachtet worden, was unter anderem das verzweifelte und destruktive Verhalten vieler Milchviehwirte erklären kann. Wäre ich in diesem Geschäft, dann würde ich jetzt aussteigen.

Eier sind auf den ersten Blick schwerer zu knacken. Doch rund 30 Prozent von ihnen werden an Unternehmen als Zutaten für Kuchen und andere verarbeitete Lebensmittel verkauft. In vielen Fällen wollen die Verarbeitungsunternehmen ihre Eier getrennt haben, mitunter gar in isolierte Proteine. Es wird nicht lange dauern, bis es günstiger ist, sie in Fermentationsfässern herzustellen.

Diese Wandelprozesse werden zunächst langsam und dann immer schneller vonstattengehen. Wahrscheinlich werden sie kritische Schwellen erreichen und bereits existierende Systeme zum Kippen bringen. Mit anderen Worten: Genau wie die internen Dynamiken komplexer Systeme plötzlich detonieren können und gefährliche Leitwandel, wie ich sie in Kapitel 2 beschrieben habe, zur Folge haben, können sie plötzliche, aber vorteilhafte Zustandswandel katalysieren.[849] Die Probleme, die Fleischersatzprodukte dem Schlachtkörperausgleich bereiten, oder die Gefahren, die künstlich hergestellte Milchproteine für die Milchviehwirtschaft darstellen, könnten die Margen etablierter Industrien, die ohnehin nur mit Hilfe öffentlicher Gelder überleben, schnell zermürben. Da verschiedene Branchen voneinander lernen und zwischen neu entwickelten Prozessen Synergien entstehen, wird die Verbreitung neuer Technologien sich gegenseitig beschleunigen.[850]

Pasis Methode der Präzisionsfermentation ist nur eine von vielen Möglichkeiten[851] und die Bakterienart, die er kultiviert, nur eine von tausend Kandidaten. Die Proteine und Fette, die sie generieren, könnten direkt verwertet werden oder aber an andere Mikroben verfüttert werden, um spezielle Produkte herzustellen. Schon jetzt hat Solar Foods mehrere kommerzielle Mitbewerber.

Mit fallenden Produktionskosten könnten diese Technologien nicht nur tierische Produkte gefährden, sondern auch einige der umweltschädlichsten Pflanzenextrakte wie Palmöl, Olivenöl und Kokosöl. Es mag überraschen, dass ich diese Öle in eine eskalierende Reihenfolge von Umweltzerstörern aufgelistet habe. Einige Bauern entleeren ihre Olivenbäume inzwischen auf barbarische Weise nachts und töten dabei Millionen nistender Vögel.[852] Der Kokospalmenanbau überschwappt in einer verheerenden Welle die tropischen Inseln und bedroht aussterbende Arten, die allein dort beheimatet sind.[853] Eine hoch entwickelte landwirtschaftliche Logik hat die Tendenz, alles Gute in etwas Schlechtes zu verwandeln.

Die Erneuerer in der Lebensmittelindustrie leben in Angst vor etwas, das sie »die Kluft« nennen. Es handelt sich um die gedankliche Lücke zwischen denen, die bereit sind, mit einem neuen Produkt zu experimentieren – eine abenteuerlustige Minderheit – und dem restlichen Markt, den das Produkt erreichen muss, um in den Regalen bleiben zu dürfen.[854] Zwischen 70 und 80 Prozent neuer Produktlinien scheitern unter anderem wegen skeptischem Kaufverhalten.[855] Doch es gibt auch ausgleichende Kräfte: Wissenschaftliche Konvergenz, der Skaleneffekt und die selbst verstärkende Annahme neuer Technologien. Ich denke, man kann berechtigterweise sagen, dass die Kluft für verschiedene pflanzenbasierte Fleischerzeugnisse bereits überwunden wurde. Manche werden sich nicht durchsetzen, doch der allgemeine Trend zeigt in eine Richtung.

Wir werden wohl einen technisch-ethischen Wandel erleben, der ähnlich tiefgreifende Veränderungen nach sich ziehen wird wie die Antibabypille. Die Pille (und andere wissenschaftlichen Methoden der Familienplanung) beschleunigte die Gleichberechtigung der Frauen.[856] Sie intensivierte die schwelende Ungeduld mit dem Status quo und beschleunigte einen Wandel, der bereits auf den Weg gebracht worden war. Sie half dabei, eine Erfolgsspirale des sozialen Wandels anzutreiben. Was einst kaum vorstellbar war, wurde schnell unvermeidbar.

Der Fleischmarkt wird von Pflanzenproteinen herausgefordert und Pflanzenproteine wiederum von Mikrobenproteinen. Während Farmfree-Produkte zunehmend billiger, besser und gesünder werden als die Produkte, mit denen sie im Wettbewerb stehen, wird die Existenz guter Alternativen unser wachsendes Unwohlsein mit der Behandlung von Nutztieren, der fortgesetzten Zerstörung unserer lebenserhaltenden Systeme und mit durch Tierhaltung hervorgerufenen Pandemien schärfen. Warum sollten wir Produkte dieses grausamen, gefährlichen und ökozidalen Systems essen, wenn es nicht länger nötig ist? Erst, wenn etwas austauschbar wird, empfinden wir es als unzumutbar. In diesem Fall würde es Regierungen leichter fallen, Subventionen zu kürzen und Umwelt- und Tierschutzgesetze zu verschärfen. Dadurch wird die Nutztierhaltung noch weniger rentabel und der Wandel wird beschleunigt. Dieser technisch-ethische Wandel dürfte rascher erfolgen als die (immer noch weit entfernte) Gleichberechtigung der Frauen, schließlich muss er sich lediglich in einer einzigen Sphäre vollziehen – der Ernährung – und nicht in jedem einzelnen gesellschaftlichen Bereich.

Kipppunkte können sowohl sozialer als auch technischer Natur sein: Ob nun zum Besseren oder Schlechteren tendieren die meisten Menschen dazu, sich mit einem wie auch immer gearteten Status quo zufriedenzugeben. Doch wenn genug Menschen ihre Gewohnheiten oder Ansichten ändern, spüren andere, dass der Wind sich gedreht hat und wenden ihr Segel, um mit ihm zu fahren. In der jüngeren Geschichte gibt es jede Menge Beispiele für plötzliche Zustandsveränderungen. Zum Beispiel das bemerkenswert schnelle Schwinden des Rauchens; in Großbritannien und Irland die Abkehr von der Homophobie und die #MeToo-Bewegung, die binnen weniger Wochen die soziale Akzeptanz von sexueller Belästigung und Alltagssexismus drastisch reduziert hat. Experimente lassen darauf schließen, dass eine kritische Schwelle wahrscheinlich dann überschritten wird, wenn die engagierte Minderheit auf rund 25 Prozent der Bevölkerung anwächst.[857]

Zu diesem Zeitpunkt können soziale Konventionen urplötzlich kippen, und die große Mehrheit passt ihr Verhalten an.

Um einen systemischen ökologischen Zusammenbruch zu vermeiden, brauchen wir einen systemisch-ökonomischen und sozialen Wandel. Unsere Leben hängen vermutlich von etwas ab, was Wissenschaftler einen kaskadierenden Regime-Shift nennen: Das Kippen von einem stabilen Gleichgewichtszustand in einen neuen, gefolgt von einer vorteilhaften Hysterese. Mit anderen Worten, ein unwiderruflicher Systemwechsel. Wir haben versucht, unsere Existenzkrise anzugehen, indem wir uns nebensächlichen Details wie veränderten Darmmikroben in Kuhmägen zugewandt haben, damit sie etwas weniger Methan produzieren.[858] Auch das zaghafte Zupfen an den Agrarsubventionen, um ein paar kleine naturbelassen Eckchen einzurichten, auf denen Bäume wachsen, fallen darunter. Dies ist das landwirtschaftliche Äquivalent zum Versuch, den katastrophalen Klimakollaps durch den Kauf anderer Wattestäbchen abzuwenden. Einen Versuch, den ich als Mikro-Konsum-Schwachsinn bezeichne.[859] In den meisten Fällen fällt unsere Antwort auf die größte Krise, vor der die Menschheit jemals stand, kleinlich und zögerlich aus. Wo unser Denken mutig, komplex und ganzheitlich sein muss, war es bisher isoliert, engstirnig und kleinschrittig. Wir zerbrechen uns den Kopf, wie wir die Industrien verändern können, die uns auf die Katastrophe zu schlittern lassen, während die schiere Größenordnung der Krise erfordert, dass wir sie austauschen. Unsere Herausforderung besteht nicht darin, an den existierenden Modellen herumzubasteln, sondern die Rückkoppelungsschleifen ausfindig zu machen, die sie über ihre Kipppunkte geschoben haben.

Im Zuge der Erforschung der unendlichen Möglichkeiten, die uns die Präzisionsfermentation bietet, wird die Imitation von tierischen Produkten, so vermute ich, immer nebensächlicher werden. Die neuen Lebensmittel, die wir erfinden werden – für uns heute so unvorstellbar wie Camembert für die ersten Menschen, die einen lebenden Auerochsen fingen –, könnten gesünder, günstiger und leckerer sein als Fleisch oder Fleischersatzprodukte.

Die Vorstellung, Bakterien zu essen, widert Sie an? Wenn dem so ist, dann habe ich schlechte Nachrichten: Das tun Sie bereits mit jeder Mahlzeit. Genauer gesagt, von ihrem Verzehr hängen unsere gesamte Verdauung, unser Immunsystem und unsere Gesundheit im Allgemeinen ab. Das erklärt auch (ohne sie zu rechtfertigen) die Existenz einer milliardenschweren Industrie, die mikrobiotische Supplemente verkauft.

Über Tausende von Jahren haben wir uns von Nahrungsmitteln ernährt, deren Qualität und Charakter auf bakterieller Kontamination fußt: Käse, Joghurt, fermentierter Fisch und Gemüse. Lebendjoghurts werden teuer verkauft: Das Adjektiv besagt, dass sie aktive Bakterien enthalten, was Sie nun sicherlich mehr anekeln sollte als die toten Zellen, die zur Zubereitung meines Pfannkuchens verwendet wurden. Noch schlimmer, jede menschliche Zelle steckt voller Kleinstbestandteile, von denen einige sich verändern, ausdehnen und wackeln, da sie einst freilebende Keime waren. Ihr Feind steht nicht nur bereits in Ihrem Tor. Sie sind es selbst.

In der Feinschmeckerszene herrscht eine seltsame Spannung zwischen modernistischer Erfahrung und der Suche nach einer »authentischen« Volksküche. Die Suche nach Authentizität (die per definitionem aussichtslos ist) wird in einer Maxime des wunderbaren Autors Michael Pollan eingefangen, einem Mann, vor dem ich größten Respekt habe, auch wenn mir seine goldene Regel nicht recht einleuchten will: »Essen Sie nichts, was Ihre Ururgroßmutter nicht als Essen erkannt hätte.«[860]

Ich habe keine Ahnung, was meine Ururgroßmutter als Essen erkannt hätte. Doch meine Großmutter, geboren im Jahr 1911, wäre für die meisten Menschen heutzutage bereits eine Urgroßmutter oder eine Ururgroßmutter. Sie war alles, was ein nostalgischer Kulinarikfan gefeiert hätte: Eine toughe, fähige und sachkundige Frau vom Lande, die einen Teil ihrer Nahrung selbst fing oder anbaute und ihr Essen von Grund auf selbst zubereitete.

Sie war streng, unnachgiebig und tolerierte keine Schwächen oder Kummer. Immer, wenn meine Schwestern und ich sie besuchten, bestand sie darauf, dass wir um sechs auf den Beinen waren und scheuchte uns nach dem Frühstück, egal bei welchem Wetter, nach draußen. Dennoch waren diese Besuche die Höhepunkte meiner Schulferien.

Sie zeigte mir, wie ich winzige Nachbildungen von Insekten aus kleinen Fellstückchen oder Federresten basteln konnte, um damit die Fische im Fluss hinter ihrem Haus an der Nase herumzuführen. Wir fingen Forellen an Ufern voller Hahnenfuß, Döbel unter den Bäumen und Weißfisch im Flachwasser, wo die Rinder in den Fluss trotteten, um zu trinken und ihre Flanken zu kühlen. Die Forellen nahmen wir mit nach Hause, filetierten und brieten sie zum Abendessen. Im August und September sammelten wir Pilze, von denen es in manchen Jahren so viele gab, dass sie die Wiesen in weiße Teppiche verwandelten. Meine Großmutter lehrte mich zu beobachten, zuzuhören und sagte mir die Namen von Vögeln und Blumen. Ich lernte, still zu sein.

Hin und wieder besuchten wir ihre Freundinnen, eine fantastische Gruppe verrückter alter Damen, die in vornehmer Armut auf Narrowboats, den typischen englischen Hausbooten, und kleinen Landgütern lebten. Eine hatte wilde graue Haare und trug stets einen Rock, der von Strohballenschnüren zusammengehalten wurde. Sie behielt ihre Stiefel, ihre Wellington Boots, auch im Haus an und servierte uns Tee in alten Marmeladengläsern, während ihre Hühner in ihrer Küche hinein und hinaus gluckten und ein Schwein ihren Garten umpflügte. Wir verließen sie mit ein paar Hühnereiern und einem riesigen Gänseei, das wir am nächsten Morgen kochten und zwischen uns aufteilten. An einem Hof die Straße hinunter erstanden wir frische Milch.

Meine Großmutter ernährte sich ihr Leben lang von den folgenden Essensprodukten:

- Schinken
- Eier
- Tee
- Porridge (der in Zeiten der Not auch als Portlandzement zum Einsatz kam)
- Rinderbrühe mit Suet Dumplings
- Shepherd's Pie
- Rote Linsen und Perlgraupeneintopf
- Schälererbsen
- Kartoffeln
- Hausgemachtes Brot (noch nicht einmal die Enten konnten es fressen, weil es zu schnell unterging)

- Butter
- Marmelade
- Gemüse (gekocht, bis es mit dem Suppentopf eins wurde)
- Gepökelte Zunge
- Dosenschinken (mit einem Salzgehalt irgendwo nördlich des Meerwassers)
- Cheddarkäse
- Forelle (frisch aus dem Fluss gefangen)
- Dorsch (eine Woche zuvor gefangen und als »frisch« verkauft)
- Lardy Cake (der Name sagt eigentlich schon alles)
- Rock Cake (ebenfalls)
- Tapioca-Pudding
- Rhabarber mit Vanillesoße
- Apfelstreusel
- Dosenfrüchte
- Ingwerkekse
- Wilde Pilze (drei Wochen im Jahr)
- Blaubeeren (zwei Wochen im Jahr)
- Hausgemachter Wein (nützlich, um die Farbe von Türen und Fenstern zu lösen)

Viel mehr gab es für sie nicht.

Ihre Ernährung war wahrscheinlich etwas gesünder als die globale Standardernährung von heute. Sie enthielt viele Ballaststoffe und wenig Zucker. Doch zugleich schwamm sie vor Salz, gesättigtem Fett und Konservierungsstoffen, einschließlich Natriumnitrit. Es mangelte ihr an frischem Obst und Gemüse. Und, offen gestanden schmeckte einiges davon wirklich eklig. Würden wir lediglich das essen, was sie als

Essen anerkannte – in was für einer elenden Welt würden wir leben!

Fast nichts von dem, was ich heute esse, hätte sie als Essen erkannt. Zum Frühstück esse ich Müsli (schließlich arbeite ich für den *Guardian* – das steht im Arbeitsvertrag) mit Hafermilch, Kürbiskernen und Haselnüssen. Letztere sind das einzige Nahrungsmittel, das auch meine Großmutter gegessen hätte.

Zum Mittag verzehre ich die Salzkräcker, die ich inzwischen aus Kernzamehl backe, mit selbst gemachtem Hummus, gefrorenen Erbsen und meiner eigenen Chilisoße. Für den Hummus nehme ich Kichererbsen aus der Dose, Knoblauch, Tahin, Olivenöl und Zitronensaft. Die einzige dieser Zutaten, die meine Großmutter gebraucht hätte, ist der Zitronensaft. Doch zu den seltenen Gelegenheiten, an denen sie ihn benutzte, kam er aus einem gelben Plastikfläschchen in Zitronenform. Auch Olivenöl hat sie eingesetzt, allerdings nicht als Essen: Es wurde in der Apotheke als Weichmacher für verhärteten Ohrenschmalz verkauft. Sie wusste, was Knoblauch war, lehnte ihn jedoch rundheraus ab: eine ausländische Abscheulichkeit.

Gefrorene Erbsen waren ihr fremd. Im hiesigen Lebensmittelgeschäft gab es Erbsen aus der Dose. Ihr stinkender Kühlschrank, eine dunkle, furchteinflößende Truhe, deren Inhalt von oben nach unten in stratigrafischen Schichten ausgetauscht wurde, enthielt Fisch, Rindfleisch und Lamm, aber kein Gemüse. Den größten Raum nahm jedoch eine Substanz ein, vor der alle, die jünger waren als ich, zurückgeschreckt wären.

Walfleisch.

Es wurde in fettigen, grau-lila Fleischblöcken verkauft, eingewickelt in blutige Schutzhüllen. Walfleisch war nicht für den menschlichen Verzehr gedacht, sondern für Katzen und Hunde. Eine Mahnung, nicht die Primärindustrien vergangener Zeiten zu romantisieren.

Genau wie meine Großmutter koche ich mein Abendessen für mich und meine Partnerin für gewöhnlich selbst. Eines meiner liebsten Gerichte ist ein Rezept der Kochbuchautorin Anna Jones: Zitronengras-Kokos-Suppe mit grünen Pfefferkörnern.[861] Ich habe es ein wenig abgewandelt. Meine Version enthält frischen Ingwer, Knoblauch, Frühlingszwiebeln, Korianderblätter, geriebenen Kurkuma, grüne Pfefferkörner, Kokosmilch, Limettensaft, Tamari, Zitronengras, Hokkaidokürbis, Tofu, braunen Senf, asiatische Rotalge (für den Vitamin B_{12}-Gehalt)[862] und Vollkornreisnudeln. Die einzige Zutat, die meine Großmutter erkannt hätte, sind die Frühlingszwiebeln.

Mit anderen Worten, ich esse so gut wie nichts von dem, was meine Urahnin zu konsumieren pflegte. Dennoch ist meine Ernährung gesünder. Und, was wegen der breit gefächerten Zutaten überraschen mag, es hat zudem eine bessere Umweltbilanz (auch wenn ich kürzlich festgestellt habe, dass ich die Kokosmilch weglassen und meine Olivenölquelle ändern muss).

Stellen wir uns vor, die Welt würde derzeit den Großteil ihres Proteins und ihres Fetts in Mikrobenbrauereien produzieren, die insgesamt die Fläche einer kleinen Provinz belegen und durch saubere Energie betrieben würden. Stellen wir uns vor, mein böser, anagrammatischer Zwilling Tom Go-Bioregen würde ein Buch mit folgendem Argument schreiben.

»Ich habe eine tolle Idee. Lasst uns die Nahrungsmittelfabriken schließen. Lasst uns das Essen, das wir auf diese Weise produzieren, ersetzen, indem wir ein paar wilde Tiere fangen –

Auerochsen, Wildschweine, Kammhühner und wollige Wiederkäuer aus Mesopotamien –, sie extrem verändern und in unglaublicher Zahl vermehren. Lasst uns die Jungen von ihren Müttern trennen, sie kastrieren, ihre Schwänze kupieren, ihre Schnäbel, Zähne und Hörner ohne Betäubung kappen, sie in Scheunen und Käfige stecken, sie in ihren kurzen, stressigen Leben[863] unvorstellbarer Langeweile und sensitiver Deprivation aussetzen und sie dann in gigantische Fabriken einpferchen, wo wir sie betäuben, ihre Kehlen durchschneiden, ihre Haut abziehen und ihr blutiges Fleisch in Stücke reißen und schneiden, das du, glücklicher Konsument, essen wollen wirst (o ja, das wirst du!). Ich habe alle Berechnungen angestellt – wir müssen bloß 75 Milliarden Tiere im Jahr abschlachten.[864] Lasst uns die Auerochsenkälbchen umbringen, eine chemische Substanz aus der Schleimhaut ihres vierten Magens entnehmen und sie mit der Milch von säugenden Müttern derselben Spezies mischen, um eine wackelige Masse aus Fett und Proteinen herzustellen. Wir rühren ein paar lebende Bakterien darunter, damit sie das Gemisch verdauen und dann lassen wir ihre Exkremente ruhen, bis sie hart und gelb werden und anfangen zu stinken. Ihr werdet es lieben! Lasst uns die Wälder fällen, die Feuchtgebiete trockenlegen, die wilden Graslandschaften in Besitz nehmen, die indigene Bevölkerung vertreiben, die großen Raubtiere töten, die wilden Pflanzenfresser verjagen, einen globalen Zusammenbruch der Natur, den Klimakollaps und die Zerstörung des bewohnbaren Planeten herbeiführen. Lasst uns einen Teil dieses Landes für unsere gefangenen Tiere als Weideland einzäunen und auf dem Rest Nutzpflanzen anbauen, die sie fett machen. Lasst uns die Nutzpflanzen mit biozidalen Giftstoffen und Mineralien besprühen, die in den Boden und ins Grundwasser gelangen. Lasst uns die Flüsse begradigen und die Aquifere ausschöpfen. Lasst uns Milliarden Tonnen Scheiße ins Meer leiten. Lasst uns Plagen herbeiführen, die von unseren gefangenen Tieren auf uns Menschen übergehen und die Wirksamkeit unserer wichtigsten Arzneimittel zerstören. Klar, nach einer Weile geht alles kaputt, aber denkt nur, welchen Spaß wir haben werden. Kommt schon, ihr wisst genau, dass ihr es wollt.«

Ich hoffe, Sie jagen diesen Schuft aus der Stadt.

Ich bin mir durchaus bewusst, welch große Herausforderung auf uns zukommt. Ich weiß, dass einige Vorschläge, die dieses Buch macht, auf bitteren Widerstand treffen werden. Niccolò Machiavelli erklärt:

> Auch muss man bedenken, dass kein Vorhaben schwieriger in der Ausführung, unsicherer hinsichtlich seines Erfolges und gefährlicher bei seiner Verwirklichung ist, als eine neue Ordnung einzuführen; denn wer Neuerungen einführen will, hat alle zu Feinden, die aus der alten Ordnung Nutzen ziehen, und hat nur lasche Verteidiger an all denen, die von der neuen Ordnung Vorteile hätten. Diese Laschheit entsteht teils aus Furcht vor den Gegnern, welche die Gesetze auf ihrer Seite haben, teils aus dem Misstrauen der Menschen, die erst an die Wahrheit von etwas Neuem glauben, wenn sie damit verlässliche Erfahrungen gemacht haben; so kommt es, dass die Gegner, sooft sich ihnen dazu eine Gelegenheit bietet, mit Leidenschaft angreifen, während die anderen sich nur lasch verteidigen, so dass man gemeinsam mit ihnen in Gefahr gerät.[865]

In der Europäischen Union und mehreren Staaten der USA haben die Gesetzgeber, gestützt durch Lobbyarbeit und Zahlungen der Fleischindustrie, versucht, die aufkommende pflanzenbasierte Milch- und Fleischindustrie im Keim zu ersticken, indem sie teilweise jeglichen Namen mit Wiedererkennungswert für sie verbannt haben. Sie haben versucht, Namen wie Burger und Wurst für nicht tierische Nahrungsmittel zu verbieten:[866] Vegane und vegetarische Produkte müssten als »Scheiben«, »Pucks« oder »Röhren« verkauft werden.[867] Zudem haben sie darauf beharrt, dass die Worte Milch, Sahne, Butter, Käse und Joghurt nur laktosehaltigen Lebensmitteln zugeordnet werden dürfen.[868] Einige haben sogar versucht, bestimmte Verpackungstypen für weniger traditionsreiche Produkte zu verbieten (wie beispielsweise Butterblöcke und Milchkartons).[869] Ihre zuvorkommende Begründung lautet, sie wollten eine »Verwirrung« der Verbraucher vermeiden. Doch vor dem Hintergrund, dass das Verkaufsargument pflanzenbasierter Produkte, ähm, nun ja, eben jenes ist, dass sie pflanzenbasiert sind, und die Hersteller (aus eigenem Interesse) sicherstellen, dass ihre Konsumenten das auch erfahren, überrascht es wenig, dass diese angebliche Verwirrung völlig unbegründet ist.[870]

Die Lobbyisten wissen, dass Worte mächtige Waffen sein können. Wie wir Dinge benennen und einordnen, hat einen Einfluss darauf, wie wir sie sehen.[871] Hätte Moses den Israeliten ein Land voller Milchdrüsensekrete und Insektenkotze versprochen, dann wären sie ihm sicher nicht nach Kanaan gefolgt, auch wenn es sich um akkurate Beschreibungen für Milch und Honig handelt.

Wenn die Gesetzgeber schon auf die wortwörtliche Bezeichnung von Lebensmitteln pochen, dann sollten sie wenigstens konsequent sein. In Turkey Dinosaurs sind keine Dinosaurier enthalten (und auch nicht viel Truthahn). Wenn ein vegetarischer Hotdog ausgeschlossen wird, weil er kein Fleisch enthält, dann sollte die Fleischversion ausgeschlossen werden, weil sie keinen Hund enthält. Minced Meat (Hackfleisch) ist Fleisch, aber Mincemeat (ein süßes Gebäck) ist es nicht. Sweetmeat enthält kein Fleisch, Sweetbread hingegen schon. Buffalo Wings sollen uns offensichtlich in die Irre führen und Shepherd's Pie enthält zumindest den aufgedruckten Inhaltsstoffen nach keinen Schäfer. Und mit Jelly Babies (Fruchtgummi) fangen wir gar nicht erst an.

Die Abschreckungsversuche der Fleischindustrie werden von Gastronomen und sogar einigen Umweltschützern bestärkt, die gegen sogenanntes Fake Food wettern.[872] In welcher Hinsicht ist das in einer stinkenden Fabrik – die wir Stall nennen – durch einen kultivierten Organismus (das Hähnchen oder Schwein) erzeugte Fleisch realer als die Zellen, erzeugt von einem anders kultivierten Organismus – ein Bakterium – in einer viel saubereren Umgebung?

Zu oft, so scheint es mir, nehmen Kochbuchautoren und Aktivisten eine Missionarsposition ein: Sie versuchen, die Menschen zu ihrer eigenen Ernährung zu konvertieren, ohne offenbar zu erkennen, dass sie unmöglich weltweit praktiziert werden kann. Ich würde mir liebend gern vorstellen, dass sich alle von Nahrungsmitteln wie Blattgrün, wilden Kräutern, Nüssen, Hülsenfrüchten und rohem Getreide ernähren, die sie entweder selbst anbauen, sammeln oder von einem lokalen Erzeuger kaufen und zu Hause zubereiten. Doch ich sehe auch, dass dieser Vorschlag für viele irgendwo zwischen Wunschtraum und atavistischem Albtraum angesiedelt ist.

Abgesehen davon kann es sich die Mehrheit der Weltbevölkerung schlicht nicht leisten, sich so zu ernähren: Wir dürfen nicht vergessen, dass eine gesunde Ernährung derzeit fünfmal so viel kostet wie eine, die hinsichtlich ihres Kaloriengehalts gerade einmal angemessen ist.[873] Würden dieselben Kochbuchautoren, die für ihre eigene Ernährung werben, zugleich zu einer radikalen Umverteilung des Wohlstands aufrufen, dann würde ich mich ihnen vielleicht anschließen. Doch dieses Menü ohne eine wirtschaftliche Transformation vorzuschlagen, ist reiner Hohn.

Traditionellerweise hingen reichhaltige und diverse Ernährungsformen, die aus frischen Zutaten zubereitet wurden, von der de facto Sklaverei der Frau ab, die sie zubereitet hat (und tun es in einigen Teilen der Welt immer noch). Heutzutage sind viele Menschen jedoch arm und haben zugleich wenig Zeit. Daher können sie nicht so kochen, wie sie es gern wollen. Einer Befragung der Marktforschungsagentur Euromonitor zufolge berichteten 25 Prozent der Menschen in den USA und Großbritannien, 30 Prozent in Frankreich und beinahe 40 Prozent der Deutschen, dass sie keine Zeit zum Kochen haben.[874] Lediglich ein Drittel der Befragten in Deutschland, Großbritannien und den USA haben angegeben, dass sie »beinahe jeden Tag« kochen. In Großbritannien sagten 18 Prozent aus, dass sie entweder einmal im Monat oder nie kochen. Inzwischen werden einige Apartments bereits ohne Küchen verkauft oder vermietet.[875]

In ärmeren Nationen ist der Anteil derer, die nicht in der Lage sind, ihr eigenes Essen zuzubereiten, wohl noch um einiges höher. Ich habe eine Zeit lang im Vorort Kibera in Nairobi gewohnt, der zu der Zeit der größte Slum Afrikas war. Hier leben viele Menschen in kleinen Hütten ohne angemessenen Raum zum Schlafen, ganz zu schweigen von Kochen. Daher hängt ihr Überleben von Straßenverkäufern ab. Das billigste Gericht ist *Githera*: Kidneybohnen und grober, weißer Mais (der in reichen Nationen lediglich als Viehfutter dient), die auf einem Holzkohlebrenner gekocht werden. Der Eintopf muss in der Theorie etwa zweieinhalb Stunden köcheln, um die enthaltenen Nährstoffe freizusetzen, doch da Brennstoff teuer ist, sind viele Verkäufer knauserig. Das führt dazu, dass es Kiberas Grundnahrungsmittel nicht an Ballaststoffen und einigen Vitaminen und Mineralstoffen mangelt, sondern, dass ihm jede andere Eigenschaft fehlt, die es nährstoffhaltig oder auch nur bekömmlich macht. Eine der häufigsten Ursachen für Krankenhauseinweisungen unter Kiberas Kindern ist ein Rektumprolaps.

Viele Kochbuchautoren und gefeierte Köche machen sich nicht die Mühe nachzuforschen, ob sich auch wirklich alle Menschen von ihren Vorschlägen ernähren könnten. Ein klassisches Beispiel ist Weidelandfleisch. Wir sollten in diesem genau wie in anderen Feldern Immanuel Kants kategorischen Imperativ anwenden:

> Handle nur nach derjenigen Maxime, durch die du zugleich wollen kannst, dass sie ein allgemeines Gesetz werde.[876]

Anders gesagt, wir sollten uns fragen: »Wenn jeder so essen würde wie ich, was wären die Folgen?«

Professor Robert Paarlberg, der über Lebensmittel- und Umweltpolitik forscht, vergleicht die stillschweigende Allianz zwischen Kulinarikern und Fleischindustrie mit der unabsichtlichen

Koalition zwischen Baptisten und Schwarzbrennern im frühen 20. Jahrhundert.[877] Indem sie sich erfolgreich für ein Alkoholverbot einsetzten, schufen die Südstaaten-Baptisten versehentlich eine Schattenwirtschaft, die von bewaffneten Gangstern, die mit stärkeren und gefährlicheren Getränken handelten, korrupten Polizisten und Gesetzesgebern kontrolliert wurde, und durch die das organisierte Verbrechen Einzug ins öffentliche Leben erhielt.

Indem sie pflanzen- und mikrobenbasierte Fleischsorten und Milch angreifen, tragen die Essensbaptisten keinen Deut dazu bei, Lebensmittel gesund und nachhaltig zu machen. Stattdessen erweitern sie die Lizenz der Fleischindustrie, weiterhin grausame, umweltschädliche und ungesunde Produkte wie Burger, Nuggets und Würstchen zu vertreiben und mindern die Chancen der neuen Lebensmittel, sie zu ersetzen.

Unser Ziel sollte sein, die Menschen dort abzuholen, wo sie gerade stehen. Wir müssen die Beschränkungen, die ihnen auferlegt sind, anerkennen, damit wir gesündere, billigere und weniger umweltschädliche Versionen von vertrauten und anerkannten Gerichten kreieren können.[878] Das bedeutet – neben anderen Veränderungen – Imbiss- und Fertiggerichte, die weniger stark verarbeitet sind und weniger Salz, Zucker und gehärtete Fette enthalten, dafür jedoch mehr Ballaststoffe, Vitamine und Mineralstoffe. Genau wie Fran Gardner vom Gemeindezentrum Rose Hill glaube ich, dass Obst und Gemüse subventioniert werden sollten. Das wäre ein sehr viel wirksameres Instrument, um die Kosten guter Lebensmittel zu reduzieren, als die Steuergelder, mit denen der Staat die Bauern überschüttet. Auch kann es helfen sicherzustellen, dass Gemüsebauern wie Tolly faire Preise für ihre Produkte erhalten und davon leben können. Ich vermute, diese Maßnahmen würden viel mehr zur Gesundheit von Mensch und Planeten beitragen als eine Millionen Kulinariker, die andere Leute dazu ermahnen, so zu werden wie sie.

Nichts von alldem soll bedeuten, dass ernste Probleme ausgeschlossen werden. Neue Lebensmittel durch mikrobielle Fermentation herzustellen ist kein perfektes System. Das gibt es nicht und kann es auch nicht geben. Um sicherzustellen, dass Ausrüstung und Nährmedien steril bleiben, müssen in einigen Fällen Antibiotika zum Einsatz kommen. Sie würden zwar weniger verschwenderisch und kontrollierter angewendet werden als in der Nutzviehhaltung, dennoch muss ihr Gebrauch streng geregelt und regelmäßig überprüft werden.

Es besteht die Gefahr, dass diese Revolution von Großunternehmen aufgegriffen wird und ein System erschafft, das einige der Fehler und Schwächen der globalen Standardfarm wiederholt.[879] Derzeit konsolidieren viele Protein erzeugende Konzerne und sind im Wachstum begriffen.[880] Diejenigen von uns, denen die Ernährung der Menschen und die Lebenswelt am Herzen liegt, sollten sich jetzt mit diesen Themen befassen. Und zwar nicht, indem sie neue Nahrungsmittel blockieren, sondern indem sie dafür sorgen, dass sie gerecht und transparent genutzt werden.[881]

Um das sicherzustellen, gibt es zwei mächtige Instrumente. Das erste sind starke Kartellgesetze, die in jeder Branche durchgesetzt werden, um zu verhindern, dass einige wenige Großkonzerne den Markt beherrschen. Dank der Arbeit von Lobbyisten wurde diesen Gesetzen in den vergangenen Jahren selten nachgekommen. Das Ergebnis ist eine extreme Konzentration, insbesondere in den Bereichen Digital Food, Lebensmitteleinzelhandel, konventionelle Nahrungsmittel und Landwirtschaft. Der Wettbewerb ist beinahe zum Erliegen gekommen, doch nur selten treten die Behörden in Aktion.

Wir dürfen nicht zulassen, dass dasselbe mit Farmfree-Produkten geschieht. Schon jetzt mischen die Fleischerzeuger im pflanzenbasierten Sektor mit[882] und es ist nicht immer klar, ob sie ihn erweitern oder in Schach halten wollen. Ihre Produkte sind meistens von schlechterer Qualität als die kleinerer Startups und am Ende ist es nicht ihr Ziel, verarbeitetes Fleisch zu ersetzen, sondern in den Parallelmarkt einzusteigen.

Das zweite Instrument ist die Lockerung des Rechts auf geistiges Eigentum. Neue Nahrungsmittel aus Mikroben oder anderen Quellen zu gewinnen, ist für gewöhnlich einfacher und billiger, als neue Arzneimittel oder Maschinen zu erfinden. Daher sollten die betreffenden Eigentumsrechte gelockert werden. Stattdessen sollte der Weg für Zwangslizenzen geebnet werden: Auf diese Weise wird ärmeren Nationen die Nutzung dieser Technologien ermöglicht, ohne dass sie horrende Gebühren an die Urheber zahlen müssen. Es gibt vermehrt Hinweise, dass Zwangslizenzen neue Erfindungen nicht dämpfen, sondern sogar stimulieren.[883]

Während man durchaus gute Argumente für die Patentierung bestimmter Produktionsmethoden anführen kann, gibt es ebenso gute Gründe, die Moleküle, Gene und lebenden Organismen, mit denen die Lebensmitteltechniker arbeiten, nicht zu patentieren. Das Leben auf der Erde gehört allen und keinem und seine Einzäunung verschafft, wie im Falle der Landwirtschaft,[884] lediglich den größten Wettbewerbsteilnehmern einen Vorteil.

Wie in allen wissenschaftlichen Feldern könnten die Fortschritte von Patenttrollen behindert werden: Unternehmen, die Eigentumsrechte anhäufen und sie benutzen, um Lösegeld von den Innovatoren zu verlangen, die mit den Patenten arbeiten wollen.[885] Die neue Ernährungsrevolution könnte durch Rechte, die für ganze Technologieklassen geltend gemacht werden, aus den Fugen geraten. Derartige Behinderungen konnte man bereits im Fall der CRISPR-Genom-Editierung beobachten.[886] Jedes Patent, das in diesem Feld erteilt wird, sollte eingeschränkt und von kurzer Dauer sein. Wenn es sie überhaupt geben soll, dann sollten sie Prozesse und nicht die Biologie betreffen (mit anderen Worten: nicht Gene, Proteine, Zellen, Saatgut oder ganze Organismen).

Farmfree-Produkte sollten nach Möglichkeit eine Quelle sein, die für alle zugänglich ist.[887] Es handelt sich um ein Geschenk an die Welt, das uns genau dann erreicht, wenn wir es am dringendsten brauchen. In vielen Fällen (Solar Foods ist einer davon) wurde es mit Hilfe öffentlicher Universitäten und öffentlichen Geldern entwickelt.[888] Das sollten wir nicht verpulvern.

Die freigiebige Verbreitung dieser Technologien eröffnet spannende Möglichkeiten. Während es aus Gründen, die ich in Kapitel 5 erklärt habe, unmöglich ist, die Welt ausschließlich mit regionalen Erzeugnissen zu ernähren, kann der weltweite Bedarf an Proteinen und Fett hingegen sehr wohl mit landwirtschaftsunabhängigen Nahrungsmitteln aus der Region gedeckt werden. Wenn wir verhindern, dass sie von großen Konzernen geschluckt werden, könnten die neuen Fermentationstechnologien von lokalen Unternehmen für den lokalen Markt genutzt werden.[889] Da einige der ärmsten Nationen der Welt reich an Umweltenergie in Form von Sonnenlicht sind, könnten sie die neuen Nahrungsmittel vergleichsweise günstig produzieren. Bakterienprotein mag einige abschrecken, die Ernährungssouveränität und Nahrungsmittelgerechtigkeit fordern. Dabei könnte beides durch diese Technologie viel wirksamer erreicht werden als mit der Landwirtschaft.

All dies sind politische Entscheidungen. Schließlich handelt es sich um von Menschen geschaffene Systeme, die auch von Menschen verbessert werden können. Wir müssen sicherstellen, dass die Eigentumsrechte und Vorteile dieser aufkommenden Technologien gerecht verteilt sind, ihre Kosten geringer werden, ihre Qualität sich verbessert, dass sie sorgfältig geprüft, überwacht und zertifiziert werden und dass die neuen Technologien für jene zugänglich sind, die sie am dringendsten brauchen.

Die Anti-Agrarrevolution wird für viel Unruhe sorgen. Nicht nur Viehzüchter, sondern auch Schlachthausmitarbeiter und Angestellte in der Verpackungsindustrie werden ihren Job verlieren. Dabei sollten wir nicht um einen Sektor trauern, der auf eine lange schändliche Geschichte von Betriebsunfällen, Hungerlöhnen und Arbeitsmigration zurückblickt.[890] Doch im Gegensatz zu der brutalen Art und Weise, wie die Kohleminen in meinem Land über Nacht geschlossen und die Bergarbeiter der Arbeitslosigkeit und ganze Gemeinden dem Zusammenbruch überlassen wurden, sollten wir wirksame Staatshilfen für diejenigen verlangen, die anderswo Arbeit finden müssen. RethinkX schlägt eine Maxime vor, die allgemein gültig sein sollte: »Schützt Menschen und nicht Unternehmen oder traditionelle Industrien.«[891] Die breit gestreuten staatlichen Subventionen, die Viehbetriebe erhalten, sollten umfunktioniert werden, indem sie nicht mehr Menschen helfen, in einer Industrie beschäftigt zu bleiben, sondern sie zu verlassen.

Dieser Wandel wird sich wohl so oder so vollziehen, egal, wie heftig die Verteidiger der alten Ordnung Widerstand leisten: Er folgt einfach einer unaufhaltsamen ökonomischen Logik. Unsere Aufgabe ist es, diesen Prozess rasch und gerecht zu gestalten. Die neuen Industrien, die an die Stellen von Viehzucht und Fleischverarbeitung rücken werden, werden viele Arbeitsplätze schaffen. Wir sollten uns dafür einsetzen, dass die Menschen dort unter besseren Bedingungen arbeiten.

Dadurch könnte eine Vision Wirklichkeit werden, der ich mich in meinem letzten Buch *Verwildert*[892] hingegeben habe: Die Rückkehr einiger Megafaunen der Erde. Eine Megafauna – eine Gemeinschaft der größten Tiere – ist der Urzustand aller Ökosysteme. Elefanten, Nashörner und Löwen lebten einst neben weiteren großen Wildtieren, die inzwischen überall ausgestorben sind, in ganz Europa, Asien, Afrika und den Amerikas. Wale, große Haie und riesige Thunfische waren einst in vielen Küstengebieten ein alltäglicher Anblick. Die riesigen, faszinierenden Lebewesen, die einst den Planeten dominierten, waren zentral, um die lebenden Systeme der Erde zu verankern und zu erhalten.[893, 894, 895] Auf der ganzen Welt wurden die großen Wildtiere ausgerottet oder ihre Zahl erst durch Jagd und dann durch Landwirtschaft und Fischfang drastisch verringert. Bis vor Kurzem schien es, als könnte diese Entwicklung nur noch eine Richtung nehmen. Doch der Wechsel unserer Protein- und Fettquellen ermöglicht uns eine Rückverwilderung in unvorstellbarem Ausmaß – wir könnten auf jedem Kontinent einen Serengeti-Park schaffen.[896] Doch im

Gegensatz zum tatsächlichen Serengeti-Park könnten und sollten diese Ökosysteme weiterhin von den Menschen bewohnt werden, die auch heute in diesen Gebieten leben. Wir könnten mit einer neuen, naturbasierten Wirtschaft florieren.[897]

Im Zuge der Erholung von Wäldern, Steppen, Savannen, Feuchtgebieten, Mangroven, Algenwäldern und Meeresböden werden diese riesige Mengen an Kohlenstoffdioxid speichern. Während selbst eine Rückverwilderung dieser Größenordnung die industriellen Emissionen nicht auffangen kann[898] und daher mit der Dekarbonisierung unserer Wirtschaftszweige einhergehen muss, könnte sie genug Kohlenstoff aus der Atmosphäre aufnehmen, um eine Katastrophe auf unserem Planeten zu verhindern.[899, 900, 901] Ohne eine großflächige Wiederherstellung der ursprünglichen Lebenswelt kann der Klimakollaps womöglich nicht mehr verhindert werden.[902]

Dank der neuen Möglichkeiten, die uns Proteine und Fette aus Mikrobenquellen eröffnen, haben wir zum ersten Mal seit dem Neolithikum die Chance, nicht nur unser Ernährungssystem, sondern auch unsere gesamte Beziehung zur Lebenswelt zu verändert. Große Agrarflächen könnten sowohl von intensiver als auch extensiver Landwirtschaft befreit werden. Das Zeitalter des Artensterbens könnte von einem Zeitalter der Regenese abgelöst werden.

Da ist es sowohl ironisch als auch ziemlich passend, dass unsere Befreiung von der Landwirtschaft – die zerstörerischste menschliche Aktivität, die je über die Erde gekommen ist – mit einem Mikroorganismus aus dem Boden eingeläutet wird.

8 BLÜHENDE LANDSCHAFTEN

Was hindert uns daran, zu erkennen, dass sich etwas verändern muss? Warum ignorieren, tolerieren oder rechtfertigen wir sogar Umweltzerstörung und soziale Exklusion, gegen die wir andernfalls – würde sie von einer anderen Industrie ausgeübt – vehement Einspruch erhoben hätten? Warum werden diejenigen, die einen Wandel in der Produktionsform unserer Nahrung fordern, so heftig angegangen? Nun, es handelt sich um qua definitionem viszerale Themen. Nahrung und Identität sind eng miteinander verwoben. Doch in den vielen Jahren als Umweltaktivist bin ich langsam zu einem empörenden Schluss gekommen: Eine der größten Bedrohungen für alles Leben auf der Erde ist die Lyrik.

Im 7. Jahrhundert v. Chr. beschreibt der griechische Dichter Hesiod ein längst vergangenes Goldenes Zeitalter, in dem die Menschen »wie Götter« lebten. »Fern von Mühen und frei von Not« bewohnten sie ihr Land »und hatten nicht Kummer im Herzen«. Sie »[l]ebten […] freudig in Festen, weitab von allen den Übeln« und »Frucht brachte der nahrungsspendende

Boden / Willig von selbst, vielfältig und reich«.[903] In anderen Teilen der Welt erzählt man sich ähnliche überlieferte Geschichten.

Der Mythos des Goldenen Zeitalters wird für gewöhnlich als lächerliche Fantasie abgetan. Doch ich bin mir da nicht so sicher. Inzwischen verfügen wir über Datenerhebungen, denen zufolge unsere als Jäger und Sammler lebenden Vorfahren nachweislich größer, stärker und gesünder waren als ihre Nachfahren, die zu Bauern wurden.[904] Neueste Studien haben gezeigt, dass Jäger und Sammler weniger Stunden am Tag gearbeitet haben als Kleinbauern[905] und ihre Arbeit hatte so wenig mit der alltäglichen Plackerei anderer Menschen gemein, dass sie kaum als »Mühe« durchgeht.[906] Sie hatten tendenziell mehr Zeit für ausgelassene Feste, genauer gesagt: Zum Reden, Singen und Tanzen, wodurch ihre sozialen Netzwerke gestärkt wurden.[907]

Als Einwohner eines maritimen Staates – Boeotia – mag Hesiod durchaus Geschichten von Reisenden gehört haben, die von Jägern und Sammlern erzählten, die nach wie vor an den Rändern der damals bekannten Welt lebten. Wenn, dann hat er womöglich von Menschen erfahren, die im Vergleich zu den geplagten Arbeitern in seinem eigenen Land hochgewachsen, gesund und mit mehr Freizeit gesegnet waren.

Da die boetische Bevölkerung zu dieser Zeit nicht durch Jagen und Sammeln hätte überleben können, gab es keinerlei Aussichten, zu diesem verheißungsvollen Goldenen Zeitalter zurückzukehren. Heute ist diese Möglichkeit noch weiter in die Ferne gerückt: Einer Analyse zufolge sind zwischen 10 und 50 Quadratkilometer Land nötig, um einen Jäger und Sammler zu ernähren, während mit 10 Quadratkilometern moderner, produktiver Agrarfläche 4000 Menschen ernährt werden können.[908] Dennoch scheint mir, dass der Mythos einen wahren Kern hat. Erst Mitte des 20. Jahrhunderts erreichten die Menschen in der reichen Welt wieder die Größe (wenn auch nicht die Stärke) unserer fernen Vorfahren. Heutzutage leben wir viel länger, wenn auch mit schlechteren Zähnen.[909]

Im 3. Jahrhundert v. Chr. erzählte der Dichter Theokritos den Mythos des Goldenen Zeitalters auf abstruse Weise neu. Seine Müßiggänger, die wie Götter leben, sind Schäfer und Rinderhirten. Ganz im Gegensatz zu den realen Hirten, die oft von Sonnenaufgang bis Sonnenuntergang schufteten, scheinen sie keiner Arbeit nachzugehen, sondern verbringen ihre trägen Stunden mit Singen, Flöte spielen und vor allem damit, an unerwiderter Liebe zugrunde zu gehen. Theokritos, der aus dem Hexenkessel Alexandria sehnsüchtig auf seine Heimat Sizilien zurückblickt, schafft ein dichterisches Idyll, das das Leben des Schäfers, wenn auch sehr homoerotisch,[910] unschuldig und rein erscheinen lässt. Damit begründet er eine literarische Tradition, die später als Hirtendichtung oder pastorale Dichtung bekannt wird.

Das Thema wird von anderen griechischen Dichtern aufgenommen und schließlich, mit lebhaftem Nachhall, im 1. Jahrhundert v. Chr. von Vergil. Seine Eklogen waren in einer anderen Utopie angesiedelt, die genau wie Theokritos' Sizilien real und erfunden zugleich war: In Arkadien, dem felsigen Herz der Peleponnes. Hier in Pans zügellosem, aber ätherischem Reich werden der Dichter und seine Freunde zu Schäfern, die ihre verlorene Unschuld in einer Traumwelt voller Harmonie, Muße und sexuellen Verheißungen wiedererlangen. Seine Gedichte sind allegorischer und politischer als die griechische Hirtendichtung, doch sie bestärken die Vorstellung des Schäferlebens als Inbegriff von Tugend und Einfachheit, das im harten Kontrast zum brodelnden Verfall der Städte steht. Der gute Schäfer von Arkadien wird zum idealen Herrscher eines idealen Landes.

Ein bemerkenswerter Parallelismus verknüpft Vergils pastorale Dichtung mit einer anderen literarischen Tradition, die unabhängig von ihr von den Autoren des Alten Testaments entwickelt wurde. Sie waren im Grunde die literarischen, urbanen Nachkommen der nomadischen Hirten. Von der Genesis an lassen sie Schäfer als von Gott geliebte erscheinen: »Abel wurde ein Schäfer, Kain aber wurde ein Ackermann.«[911] Gott befahl Moses, Josua über die Menschen Israels herrschen zu lassen, »damit die Gemeinde des HERRN nicht sei wie die Schafe ohne Hirten«.[912] Die Israeliten gehörten auf Gottes Weiden: Sie waren »Schafe seiner Hand«.[913] Die Propheten verurteilten den komplexen, kompromittierenden urbanen Lebensstil, den sie führten: »Weh der mörderischen Stadt, die voll Lügen und Räuberei ist und von ihrem Rauben nicht lassen will!«[914]

Vergils vierte Ekloge, geschrieben um 40 v. Chr., nimmt die christliche Bibelgeschichte in erstaunlicher Weise vorweg:[915] »Schon wird ein neues Geschlecht vom erhabenen Himmel gesendet. / Sei du nur dem kommenden Kind recht günstig / [...] mit ihm höret auf der Menschheit eisernes Alter / Und es entsteht nun das goldene«. In seinen »glänzenden Zeiten« wird »jegliche Spur unserer Laster getilget«. Der besungene Knabe wird »leiten / Sämtliche Länder der Welt, mit des Vaters Tugend in Frieden«, in welcher die Schafe den Löwen nicht fürchten müssen. Unter dem Einfluss von Konstantin dem Großen im 5. Jahrhundert n. Chr. betrachteten einige Christen Vergil als Propheten.

Jesus sprach zu seinen Jüngern: »Ich bin der gute Hirte. Der gute Hirte lässt sein Leben für die Schafe.«[916] Johannes zufolge war er zudem »Gottes Lamm, das der Welt Sünde trägt«.[917] Jesus sandte seinen Jünger Simon mit den Worten fort: »Weide meine Schafe«.[918] Die Jünger und ihre Nachfolger wurden zu »Hirten« oder Schäfern, deren Bischöfe bis heute ein pastorales Werkzeug tragen, das in der westlichen Kirche die Form eines Hirtenstabs hat.

Die christlichen und säkularen Traditionen verschmolzen in geradezu spektakulärer Weise in der Renaissance. Zunächst durch die Werke Dantes, Petrarcas und Giovanni Boccaccios, dann durch italienische und spanische Dichter und Dramaturgen wie Jacopo Sannazaro, Battista Guarini, Isabella Andreini, Garcilaso de la Vega und Jorge de Montemayor. Sie entwickelten eine dichte, oft allegorische und satirische Literatur, die oft mächtige, vorherrschende Tugenden bestärkte. Zum Ende des 16. Jahrhunderts erblühte das pastorale Genre nach der Veröffentlichung von Edmund Spensers *The Shepheardes Calender* auch in England.[919] Der Trend wurde von Sir Philip Sidney, seiner Schwester Mary Herbert, Thomas Lodge, Christopher Marlowe und Dutzenden weiteren aufgenommen. Sie ließen Arkadien, den Garten Eden und das Goldene Zeitalter miteinander verschmelzen und schufen so eine ideale Welt, in der bestehende Machtstrukturen paradoxerweise oft aufgewertet und gefeiert wurden. Der gute politische Führer wurde zum guten Schäfer und das gute Subjekt zum guten Schaf. Wie Keith Thomas in seinem Buch *Man and the Natural World* festhält: »Loyale, folgsame Tiere, die ihrem weisen Herrn folgen, dienten als Vorbild für alle Arbeitnehmer.«[920]

Aber die Bearbeitung dieser überlieferten Motive konnte auch ironisch und selbstreflexiv sein. Shakespeares *Wie es Euch gefällt* nähert sich dem Pastoralen mit der für ihn so charakteristischen Ambivalenz und verspottet die traditionelle Trope des sorglosen Zeitvertreibs in der goldenen Welt. Nachdem er in den Wald von Arden geflohen ist, ruft der Herzog aus: »Sind diese Wälder / Nicht sorgenfreier als der falsche Hof?« Hier, in einem Leben »vom Getümmel frei« findet er in Bäumen »Zungen, [...] Schrift im Bach / In Steinen Lehre, Gutes überall.«[921] Diese Fantasie nimmt in dem alten Schäfer Corinnus (dessen Name sicherlich auf Corydon verweist, einen mythischen Schäfer, der sowohl von Theokritos als auch von Vergil gefeiert wird) menschliche Gestalt an. Als wir ihn treffen, ist er gerade in einer klassischen pastoralen Ekloge über eine unerwiderte Liebe zu dem jungen Hirten Silvius verfangen.

Doch das poetische Schicksal junger Schäfer wird mit einem lakonischen Schnipsen von Rosalind in der 1. Szene des 4. Aufzugs zerstört: »Die arme Welt ist fast sechstausend Jahre alt, und die ganze Zeit über ist noch kein Mensch in eigner Person gestorben: nämlich in Liebessachen.«. Das verbale Duell zwischen Corinnus und Probstein, dem Hofnarren, legt nahe, dass sich weder aus dem langatmigen Wortspiel des Hofes noch den rustikalen Banalitäten des zurückgezogenen Landlebens wirklich Erkenntnisse gewinnen lassen. Als die Stellung des Herzogs wiederhergestellt ist, marschieren er und seine Männer fröhlich von Arden/Arkadien zurück zu den Intrigen und Machtspielen am Hof.

Die Tradition hielt sich noch für einige Jahrhunderte, insbesondere in Elegien, die tote Dichter mit arkadischen Schäfern verglichen.[922, 923] Doch im Jahr 1783 erteilte George Crabbes unnachgiebige Bittschrift für ländlichen Realismus ihr den Todesstoß: *The Village*.[924] Er stellt die Poeten, die auf ihren bequemen Couches »in weichen, alternierenden Versen / Die Schönheit ihres Landes oder seiner Nymphen besingen« dem Landleben der gewöhnlichen Schäfer und Landarbeiter gegenüber, das von zermürbendem Elend gezeichnet war. Er verfasst eine Art poetischen Ressourcenfluch: Genau wie Wohlstand die versklavten Menschen, die ihn fördern, doppelt arm macht, verharmlost und demzufolge verschärft die pastorale Dichtung die Armut der Landarbeiter. Auch für nostalgische Gourmets hält er eine Botschaft bereit, die auch heute nichts an ihrer Relevanz verloren hat. Was Ihre Ururgroßmutter als Essen erkannt hätte, wäre wohl Folgendes:

Schlicht, nicht gesund, einfach,
nicht viel, von der Art / Welches Du, der voller Neid blickt,
verschmähen würdest, anzufassen«

Doch da war der pastorale Mythos bereits, was der Historiker Jeremy Lent – den ich für einen der größten Denker unserer Zeit halte – eine sogenannte »Root Metaphor«,[925] auf Deutsch Wurzelmetapher oder Grundmetapher, geworden. Bei einer Wurzelmetapher handelt es sich um ein Motiv, das so tief in unseren Köpfen verankert ist, dass es – ohne dass es uns bewusst ist – unser Verständnis formt und unsere Vorlieben beeinflusst. Es hinterlässt eine kognitive Spur, der wir, so Lent, wie einem Trampelpfad im hohen Gras folgen.

Wenn wir auf etwas treffen, das mit der Wurzelmetapher Hand in Hand geht, kann es ein wohliges Gefühl auslösen: »God's in his heaven – All right's with the world!« Wenn wir auf etwas treffen, dass mit einer Wurzelmetapher im Konflikt steht, kann es zu Verwirrung, Wut und kognitiven Dissonanzen führen. Bei den pastoralen Mythen handelt es sich um eine Geschichte, die die urbane Zivilisation ohne den Hauch eines Unbehagens gegen sich selbst erzählt: Die Schäfer und ihre Schafe sind gut und rein, wohingegen die Stadt niederträchtig und verdorben ist. Warum sind Schäfer, die sich in einem Schneesturm um ihre Herde kümmern in unseren Augen romantischere Figuren als Büroangestellte, die sich auf dem Weg zur Arbeit durch denselben Sturm kämpfen? Vielleicht liegt es daran, dass die Herden der Dichter bereits einen solch ausgetretenen Pfad durch das Gras getrampelt haben, dass es heute bewusste, kognitive Anstrengung erfordert, ihn wieder zu verlassen.

Im 20. und 21. Jahrhundert wurde der alte Mythos insbesondere in zwei der wichtigsten Medien wiederbelebt: Fernsehen und Kinderbücher.

Auffallend viele Kinderbücher erzählen eine beinahe identische Geschichte: Von einem Bauernhof mit oder ohne Bauer mit rosigen Wangen, in dem Tiere miteinander oder zum Leser sprechen.[926] Meistens gibt es eine Kuh, ein Schwein, ein Pferd, ein Huhn, einen Hund und eine Katze, die wie eine Familie zusammenleben. Natürlich gibt es keinerlei Hinweise darauf, warum die Tiere auf dem Hof gehalten werden, was ihnen in ihrem Leben widerfährt oder wie und warum sie sterben. Bereits in den frühen Dämmerstunden unseres Bewusstseins verinnerlichen wir, dass ein Viehbetrieb ein Ort der Sicherheit und Behaglichkeit, eine harmonische Welt abseits von Stress und Konflikten ist.

Streichelzoos und Spielzeugbauernhöfe verdinglichen dieses Märchen und stellen sicher, dass die einzigen Nutztierbetriebe, mit denen die meisten Menschen in Berührung kommen, die pastorale Kindergeschichte bestätigen. Was wir in unseren allerersten Bewusstseinsregungen lernen, kann tiefer verwurzelt sein als alles, was im späteren Leben dazu kommt. Umso schmerzhafter ist es, das früh Gelernte zu widerrufen: Selbst grausame Nachrichten und Bilder der industriellen Viehwirtschaft vermögen nicht, unsere ursprüngliche Vorstellung zu ersetzen. Als Erwachsene suchen wir unbewusst die sicheren, behaglichen Orte unserer Kindheit wieder auf und verbinden sie mit allem, was gut und richtig ist. Wenn jemand unser mythisches Konzept der Landwirtschaft infrage stellt, werden wir schnell wütend und verärgert.

Ich habe Bauern oft klagen hören, dass die Menschen ihrer Industrie mehr Sympathie entgegenbrächten, wenn sie sie besser kennen würden. Ich glaube, das Gegenteil ist der Fall. Ich glaube, dass unsere wohlwollende Vorstellung von Tierhaltung lediglich durch eine erstaunliche Ignoranz gegenüber dem, was sie tatsächlich beinhaltet, aufrechterhalten werden kann. Nur diese Ignoranz kann erklären, warum, wenn über 90 Prozent der US-Bürger Fleisch essen,[927] einer Umfrage nach 47 Prozent die Schlachthäuser verbieten lassen wollen.[928] W. H. Audens antipastorales Gedicht *Et in Arcadia Ego*[929] stellt die Menschheit dar, wie sie an der Realität des Landlebens vorbeikriecht und nicht wagt, einen Blick darauf zu werfen.

Die belanglose, pastorale Vorstellung, die wir als Kinder aufsaugen, wird im Erwachsenenalter von einer Reihe Sendungen im Primetime-Fernsehen verfestigt. Im britischen Fernsehen verlieren sich mindestens einmal pro Woche, oft am Sonntagabend, wenn die Einschaltquoten am höchsten sind, gelangweilte Stadtmenschen in einer bukolischen Fantasie der Nutztierhaltung. Jahrzehntelang haben Sendungen über Lammen, Hütehundwettkämpfe und wettergegerbte Schäfer, die ihre verlorenen Tiere retten, das Programm belegt: Die BBC könnte sich kaum mehr für Schafe begeistern. Je komplexer und hektischer sich das urbane Leben gestaltet, desto populärer werden diese Filme.

Inzwischen werden so viele Sendungen über das Landleben von Schafzüchtern präsentiert, dass es beinahe schon einer eigenen Qualifikation gleicht. Als müsste man Ölbohrarbeiter sein, um über den Klimakollaps sprechen zu können. In dieser geistlosen Wiederbelebung wurde die pastorale Tradition all ihrer Allegorien, Anspielungen und aller Ironie entkleidet. Das Idyll wird als Realität präsentiert. Ein Leser schrieb mir von einem Schafzüchter, der oft im Fernsehen verehrt wurde und zugleich auf eine lange Geschichte aus illegaler Gülleentsorgung, Müllverbrennung und Einschüchterung der Nachbarn zurückblickt. Doch ein Schafzüchter muss nur eines beherrschen, um als Held gefeiert zu werden: Auf einem Hügel stehen und bedeutungsschwanger in die Ferne blicken.

Was uns diese Sendungen nie erklären, ist, wie die Bauern ihren Lebensunterhalt bestreiten. Nämlich nicht durch die Schafzucht. Aus wirtschaftlicher Sicht sind die Schafe bloßes Dekorum. In Wales, wo eine Vielzahl dieser Idyllen gedreht werden, verlieren Schafzüchter rund 33 Pence pro erzeugtem Kilogramm Lammfleisch (etwa 13 Pfund pro Tier).[930] In England machen Tieflandbetriebe, auf denen Schafe oder Rinder weiden, jährlich ein Minus von 16 300 Pfund, Hochlandbetriebe sogar ein Minus von 16 600 Pfund.[931] Das tatsächliche Geschäft der Bauern findet am Computer, nämlich in Form von Subventionsanträgen statt: Britische Viehzüchter – und den deutschen zum Beispiel geht es kaum anders – sind mit Leib und Seele vom Steuerzahler abhängig.[932] Doch wer will das schon sehen?

Wahrscheinlich wird in diesem Land weit mehr Geld durch das Reden über Schafe erwirtschaftet als mit der Schafzucht selbst. Doch diese Sendungen sind genau deshalb so beliebt und lukrativ, weil sie eine realitätsferne Fantasie beliefern.

In den USA erzählt man sich eine ganz ähnliche Geschichte, nur dass ihre Helden in diesem Fall Rinder statt Schafe hüten. Ich betrachte die Cowboygeschichte als eine Form des pastoralen Idylls, durch die wir unseren komplexen Leben entfliehen und eine Fantasiewelt der Unabhängigkeit schaffen. Der Historiker Eric Hobsbawm argumentiert, dass der Mythos des Wilden Westens eine Gegenüberstellung von Natur und Freiheit auf der einen und Zivilisation und sozialen Beschränkungen auf der anderen Seite darstellt.[933] Der Cowboy entflieht dem urbanen Leben und sucht lediglich in Begleitung seines Pferdes, seiner Waffe und seiner Rinder Zuflucht in der Wildnis. Hin und wieder wird er dort einen anderen einsamen Wanderer treffen und mit ihm genau wie Theokritos' Schafhirten unter dem Sternenhimmel am Feuer sitzen, wo sie sich haarsträubende Geschichten erzählen und einfache Instrumente spielen (wobei wir bis *Brokeback Mountain* mit unserer Fantasie nicht weitergehen durften). In Literatur und Filmen ist der Wilde Westen ein Mythos der endlosen Perspektiven und unerschöpflichen Möglichkeiten, eine imaginäre Grenze, die in Richtung des Pazifik rollt, ihn jedoch nie erreicht. Nachdem die dort lebenden indigenen Menschen ausgemerzt waren, wurde der Westen zu Amerikas Arkadien.

Auch dieser Mythos hält sich hartnäckig. Die »Oath Keepers« aus Nevada und die »Three Percenters« aus Idaho, zwei der Milizen, die unter anderen den Angriff auf das US-amerikanischen Kapitol im Januar 2021 anführten, stellten sich als politische Kraft dar, die das pastorale Ideal gegen die staatlichen und bundesstaatlichen Behörden verteidigten.[934] Das macht folgender Vorfall deutlich: Nachdem der Rancher Cliven Bundy aufgefordert worden war, seine Rinder, die er in der Nähe von Bunkerville, Nevada, illegal auf öffentliches Land getrieben hatte, zu entfernen, um das zerbrechliche Ökosystem der Wüste nicht zu gefährden, setzten diese Milizen, bewaffnet mit halbautomatischen Waffen, ein, wie sie es nannten, »Freiheitscamp« auf, um ihn zu verteidigen. In einer bewaffneten Konfrontation auf dem Freeway zwangen sie die staatlichen Einsatzkräfte zum Rückzug. Dann stalkten und schikanierten sie Amtspersonen und drohten, sie zu kidnappen: Mehrere sahen sich gezwungen, die Region zu verlassen und Zuflucht in überwachten Häusern zu suchen. Obwohl sie Verbrechen begangen hatten, die unter anderen Umständen als Terrorismus eingestuft würden, kamen die Paramilitärs davon: Nur wenige wurden strafrechtlich verfolgt oder gar verhaftet.

Die Mythen des Westens und ihre Verkörperung in Bundys Verteidigungsakt waren so stark, dass keiner der Machthabenden sich traute, dagegen anzugehen. Ihre Straffreiheit in Nevada hat den Angriff der Milizen auf das Kapitol mit großer Wahrscheinlichkeit beflügelt.

Das ist ein extremes Beispiel dafür, wie pastorale Fantasien in die reale Welt hineinsickern. Diejenigen von uns, die sich für Politik interessieren, betonen gern, welch wirtschaftliche Macht Lobbygruppen haben. Doch über die Jahre bin ich zu dem Schluss gekommen, dass bei einem Wettstreit zwischen wirtschaftlicher und kultureller Macht in Nationen wie meiner die kulturelle Macht gewinnt. Regierungen sind mitunter bereit, gegen Öl- und Bergbauunternehmen, riesige Pharmakonzerne und sogar Banken vorzugehen,[935] doch sie scheuen sich meist vor der Konfrontation mit Viehzüchtern, selbst wenn sie große Umweltschäden anrichten. Stattdessen werden sie vom Staat mit Geld überschüttet.

Jedes Jahr investieren die Regierungen zwischen 500 und 600 Milliarden Dollar in Agrarsubventionen.[936, 937] Zum Vergleich wartet das von der reichen Welt vor langer Zeit erhobene Versprechen, ärmere Nationen mit 100 Milliarden Dollar dabei zu unterstützen, die Klimakatastrophe zu drosseln und zu überleben, noch immer auf seine Einlösung.[938] Für diese verschwenderische Handhabung von Steuergeldern werden verschiedene Erklärungen herangezogen. Eine der beliebtesten besagt, dass Agrarsubventionen die Lebensmittelpreise senken. Doch hätten sie dies wirklich zum Ziel, dann gäbe es kaum eine ineffizientere Form, es zu erreichen. Rund die Hälfte der weltweiten Subventionen, die als »Marktpreisstütze« daherkommen,[939] lassen die Lebensmittelpreise steigen. Ein Teil der anderen Hälfte könnte sie in der Theorie senken, jedoch lediglich auf umständliche und ineffiziente Weise. Wenn die Subventionen alternativ den Wert der Agrarflächen steigern, wie es teilweise der Fall ist,[940] kann selbst das

Geld, das nicht als Preisstütze bereitgestellt wird, die Lebensmittelpreise erhöhen. Wenn die Regierungen Essen – idealerweise gesundes Essen – tatsächlich günstiger machen wollten, dann würden sie am Verkaufspunkt ansetzen und Nahrungsmittel subventionieren.

Eine weitere Rechtfertigung besteht darin, dass Agrarsubventionen ländliche Not lindern. Doch das Geld wird zum größten Teil von den größten und wohlhabendsten Bauern aufgesogen. In der Europäischen Union werden die Subventionen beispielsweise nach Hektar ausgezahlt:[941] Je mehr Land du hast, desto mehr Geld erhältst du. Bei diesen Zahlungen könnte es sich um die weltweit rückschrittlichste Ausschüttungsform von Steuergeldern überhaupt handeln. Steuerzahler jeglicher Position spenden netterweise ihr hart erarbeitetes Einkommen den Herzögen, Ölscheichs, russischen Oligarchen, korrupten Politikern und anderen Aristokraten und Magnaten, die große Flächen Landbesitz innehaben.[942] Eine Untersuchung des Europäischen Rechnungshofes hat ergeben, dass die EU keine verwertbaren Daten auf Agrareinkommen erhebt und daher über keinerlei Wissen verfügt, ob ihre Subventionen irgendeinen sozialen Zweck erfüllen.[943]

In den USA streichen 10 Prozent der Bauern – für gewöhnlich die größten und reichsten – 77 Prozent der Subventionen ein.[944] Bei einigen Empfängern handelt es sich um abwesende Großgrundbesitzer, die noch nie einen Fuß auf ihr Land gesetzt haben. Viele Jahre lang haben die Regierungen der einzelnen Bundesstaaten schwarze Bauern systematisch diskriminiert, indem sie ihnen Agrarsubventionen verweigert und viele aus der Landwirtschaft vertrieben haben,[945] um »die richtigen Bauern« zu ermuntern.[946]

Es gibt durchaus Argumente für einen Fonds, der ländliche Not abfängt. Auf dem Land trifft Armut die Menschen oft härter als in der Stadt. Doch warum sollte das nur für Bauern gelten? Es gibt keinen Grund, ihrem Beruf mit einer exklusiven Quelle öffentlicher Spendengelder den Vorzug zu geben. Schließlich gibt es auch keinen speziellen Fond für erschöpfte Rechtsanwälte oder Klempner. Landwirtschaftliche Arbeiter, die oft sehr schlecht und teilweise gar nicht bezahlt werden,[947] wären sicherlich die angemesseneren Empfänger öffentlicher Wohlfahrt als die Großgrundbesitzer, die sie ausbeuten. Geld sollte nach Bedarf und nicht nach Beschäftigung verteilt werden.

Eine dritte Rechtfertigung besagt, dass Subventionen die Produktivität der landwirtschaftlichen Betriebe steigern. Doch viele der Zahlungen sind keineswegs an ein solches Ziel gekoppelt und diejenigen, die es sind, erweisen sich oft als pervers. In den indischen Bundesstaaten Punjab und Haryana gibt es beispielsweise lediglich zwei Fonds: für den Weizenanbau im Winter und den Reisanbau im Sommer.[948] Während diese Gelder einst geholfen haben, die Nahrungsmittelerträge zu steigern, halten sie heute die Bauern davon ab, mehr Ackerpflanzen in ihre Fruchtfolge einzubringen, was die Bodenqualität verbessern, den Wasserverbrauch verringern und ihren Lebensunterhalt stärken würde. In den USA kann durch die Subventionen der Bundesstaaten, die die Bauern dazu anregen, sich lediglich auf eine Nutzpflanze zu konzentrieren, ein ähnlicher Effekt beobachtet werde. Die Unterschrift der Regierung, als Versicherung zu fungieren, gibt den Bauern zudem einen Anreiz, Umweltrisiken zu ignorieren,[949] die zu katastrophalen Ernteausfällen führen können.[950]

Aber die vielleicht irreführendste Behauptung ist diejenige, dass diese Zahlungen die Lebenswelt schützen sollen. In den meisten Fällen bewirken sie das genaue Gegenteil. So erhalten Bauern beispielsweise in der EU ihr Geld lediglich, wenn sich ihr Land in einem »landwirtschaftlichen Zustand« befindet. Das muss nicht bedeuten, dass dort Nahrung erzeugt wird: Im Gegenteil, in einigen Nationen kann man die gesamte Zahlung einstreichen, ohne eine einzige Weizenähre oder einen Liter Milch abzuliefern. Es bedeutet, dass das Land so gut wie nackt sein muss. Wenn es über etwas verfügt, was die Richtlinien »nicht zulässige Eigenschaften« und der Rest von uns natürliche Lebensräume nennen – wie regenerierende Wälder, unbeweidete Feuchtgebiete, Tümpel oder Riedgebiete –, dann wird es von der Hauptquelle für Subventionen disqualifiziert: der Basisprämie der EU.[951, 952] Zerstörung ist somit keine unbeabsichtigte Folge des Subventionssystems, sondern vertraglich festgeschriebene Bedingung.

Im Jahr 2016 verbrachte ich einige Wochen in Transsilvanien und erforschte dort eine der artenreichsten Waldweiden des Planeten: Ein Mosaik aus blühenden Wiesen, Feuchtgebieten und Bäumen, das nach dem Ende oder der Verringerung der Beweidung durch Nutztiere wieder zum Leben erwacht war. Ich beobachtete goldene Pirole, Wiedehopfe, Wespenbussarde, rotrückige Neuntöter und große graue Würger, schwach getupfte Adler, Schwarzstörche, Rehe, Wildschweine und Bären. Kuckucks waren so verbreitet, dass sie in Schwärmen umherflogen. In dem kleinen Tal, in dem wir unterkamen, waren alle neun Arten des europäischen Spechts vertreten. Ebenso die Bienenfresser, Habichte, Wachtelkönige, Wachteln, Nachtschwalben, Kröten, Baumfrösche, Baummarder, Wildkatzen, Luchse und Wölfe. Doch die ansässigen Bauern hatten zu verstehen begonnen, dass sie für die Abholzung des Landes bezahlt wurden. Ich wurde Zeuge der schrecklichen Folgen: Überwältigende Orte, die lediglich brandgerodet wurden, um europäischen Richtlinien zu entsprechen.[953] Obwohl die Europäische Kommission sich nicht die Mühe gemacht hat, Daten zu sammeln, wurden quer durch die EU Hunderttausende Hektar Land, die andernfalls wohl der Natur gehören würden, einzig und allein für Erntesubventionen verwüstet. Dieser perverse Anreiz muss sich unter die weltweit stärksten Antriebskräfte von Umweltzerstörung einreihen.

Ein hoher Anteil dieser Subventionen geht an die Viehzucht: In der EU machen diese Zahlungen mit rund 30 Milliarden Euro mehr als die Hälfte des gesamten Agrarbudgets aus.[954] Kaum vorstellbar, wie sich die meisten Nutztierbetriebe – wohl der zerstörerischste Industriezweig überhaupt – ohne dieses Geld halten sollten. Die extensive Nutztierhaltung ist allerorts eine wirtschaftliche Fantasie, die entweder durch einen steuerlichen Geldsegen oder die öffentliche Toleranz massiver Umweltschäden, oder aber einer Mischung aus beidem aufrechterhalten wird. Intensive Nutztierbetriebe hingegen, die mitunter behaupten, keine Subventionen zu erhalten, erhalten größere Fördermittel in anderer Form, wie zum Beispiel die Hackschnitzel-Prämien, die viele der großen Hühnerfabriken solvent halten, zugleich jedoch Wälder und Flüsse vernichten. Würden die Regierungen tatsächlich die Schäden, die die Fleischerzeugung mit sich bringt, reduzieren wollen, dann müssten sie sie nicht einmal besteuern. Sie könnten einfach aufhören, dafür aufzukommen.

Eine Analyse der Weltbank hat ergeben, dass lediglich 5 Prozent der Subventionen in den reichsten Nationen der Welt eine Umweltkomponente enthalten.[955] Und selbst dieses Geld richtet oft mehr Schaden als Nutzen an. Während »Polster eins« im Subventionssystem der EU – die Basisprämie – Bauern dazu anhält, natürliche Lebensräume auf ihrem Land zu zerstören, zahlt »Polster zwei« ihnen Prämien dafür, sie wiederherzustellen. Aber nur ein bisschen.[956] Wenn sie es sich zu gut erholen lassen, würden sie schließlich die Zahlungen von Polster eins riskieren. In meinem Land, wo das Subventionssystem zum Zeitpunkt meines Schreibens an diesem Buch immer noch von dem europäischen Schema überschattet ist, stellen Zahlungen vom Typ Polster zwei 30 Prozent des Geldes dar, das Bauern erhalten, um ihre Tiere auf unproduktivem Land zu halten.[957] Ohne diese »grünen« Fonds würde die schlimmste Ursache für die Zerstörung natürlicher Lebensräume und der Pflanzen- und Tierwelt in Ländern wie meinem – das Weiden von Nutztieren auf unfruchtbarem Land – wohl in vielen Fällen zurückgehen, und Wälder und andere artenreiche Lebensräume könnten wieder an ihre Stelle treten. Das Geld, das Bauern erhalten, damit sie höher gelegene Ökosysteme erst zerstören und dann minimal wiederherstellen – in Großbritannien im Schnitt 37 000 Pfund[958] – könnte viel sinnvoller eingesetzt werden, indem es sie bei der Rückverwilderung ihres Landes unterstützt.

Diese Geldgeschenke widersetzen sich allen Reformversuchen. Alle paar Jahre verkünden Politiker in den USA, der EU, Japan, Südkorea, Indien und anderen Nationen ihre Absicht, die wahllos ausgeschütteten Steuergelder zu verringern oder ihre Verteilung an sinnvollere Zwecke zu binden. Doch bis die neue Politik sich in Gesetzen niederschlägt, sind sie zu rein kosmetischen Änderungen zusammengeschrumpft oder ersetzen eine Perversität durch die andere.[959] Obwohl wir das Geld liefern, hat die laienhafte Öffentlichkeit offenbar kein Mitspracherecht, wie es genutzt wird. In dieser Sache wird lediglich die Bauernlobby gehört. Eine Besteuerung ohne Volksvertretung.

Der Brexit bot eine hervorragende Gelegenheit, die kulturelle Macht der Landwirtschaft auf die Probe zu stellen. Seine Befürworter wetterten unablässig gegen den Missbrauch der Europäischen Union von Steuergeldern. Doch während sie sich über zu vernachlässigende Ausgaben aufregten, von denen einige sich als reine Einbildung herausstellten,[960] gelang es ihnen, die tatsächlichen Probleme zu übersehen. Zu jener Zeit flossen 40 Prozent des gesamten EU-Budgets in Agrarsubventionen, hauptsächlich als direkte Zahlungen für Landbesitz. Dennoch rührten die Brexit-Befürworter diesen Teil der EU-Ausgaben nicht an. Bei den seltenen Gelegenheiten, an denen sie erwähnt wurden, versicherte man den britischen Bauern, dass ihre Subventionen auch in Zukunft nicht gekürzt würden. Im Gegenteil, zwei der prominentesten Befürworter im Parlament schlugen vor, sie zu erhöhen.[961, 962]

Doch die Europäische Union steckt ihr Geld nicht nur in die Viehwirtschaft, sie hat sogar ein Extrabudget für ihr Marketing eingerichtet.[963] In drei Jahren wurden 71 Millionen Euro in Werbung investiert, die uns nahelegt, mehr Fleisch zu essen. Printwerbungen mit cool aussehenden Menschen, die über ihren Fleischtellern grinsen, ermuntern uns »Beefetarier« zu werden. Eine Fernsehwerbung verkündet, wir würden »durch den Kauf von europäischem Fleisch eine nachhaltige Landwirtschaft unterstützen«.[964] Den tiefsinnigen Gedanken der EU Sheep Meat Reflection Group folgend (ich stelle mir vor, wie sie im Schneidersitz auf dem Boden sitzen und ein Hammelbein betrachten), hat die Europäische Kommission entschieden, es sei »unerlässlich, unsere jungen Konsumenten anzusprechen und sie davon zu überzeugen«, sich für Lammfleisch als das »alltägliche Protein ihrer Wahl« zu entscheiden.[965]

Selbst nachdem wir Briten dafür gestimmt haben, die EU zu verlassen, wurde ein Teil dieses Geldes weiterhin in Großbritannien ausgegeben. Nach einigen, unverblümt gesagt, verlogenen Behauptungen, dass Schafhaltung die Pflanzen- und Tierwelt schützt und Kohlenstoff sequestriert,[966] ließ das Werbematerial der EU in diesem Land folgende unheilvolle Warnung ausrufen:

> Ohne die Schafzucht würden sich diese verlassenen Weiden in unproduktive Wälder für den menschlichen Konsum verwandeln. Es würde auch bedeuten, dass es ausschließlich zur Zucht verwendet würde und so eine Nutzung für andere Aktivitäten wie den Tourismus unmöglich wird.[967]

Ich habe keine Ahnung, was sie damit sagen wollen, außer vielleicht, dass Touristen von Leuten, die im Wald Sex haben, abgeschreckt werden. Aber ich bin mir sicher, die Steuergelder waren gut investiert.

Das Landleben ist weder unschuldig noch rein. In einigen ländlichen Gegenden geht es korrupter zu als in den Städten, und die Politik wird von einer besitzenden Elite, geerbter Macht und einer Obrigkeitskultur beherrscht. Verunreinigung, die in vielen Nationen hauptsächlich der Landwirtschaft zur Last gelegt werden kann, ist die physische Manifestation von Korruption. In Flüssen in aller Welt kann man den Gestank der Politik riechen. Würden wir die Landwirtschaft an den Normen einer jeden anderen Industrie bemessen, wären wir empört über ihre Transformation zu ungeklärten Abwasserkanälen, neben ihrer Zerstörung vieler restlicher Lebensformen auf der Erde. Doch die kulturelle Macht der landwirtschaftlichen Industrie macht sie immun gegen Kritik und staatliche Regulierung.

Wir garantieren der Landwirtschaft einen unanfechtbaren politischen Raum, wie ihn keine andere Berufsgruppe genießt. Wenn die Bauernlobby ein »Kein Durchgang«-Schild vor ihrem Wirtschaftszweig aufstellt und darauf beharrt, das alles würde uns nichts angehen, dann akzeptieren wir demütig, dass ihre Kühe geweiht und ihre Schafe heilig sind und ziehen ab, auch wenn diese Themen die wichtigsten überhaupt sind. Die bukolische Nostalgie fährt unsere moralische Vorstellungskraft herunter, beeinträchtigt unser Kritikvermögen und hindert uns daran, drängende und schwierige Fragen zu stellen. Doch in Zeiten einer globalen ökologischen Katastrophe können wir uns eine derartige Nachgiebigkeit nicht erlauben.

Während wir uns in alten Mythen verlieren, vernachlässigen wir die spannenden, wundervollen Geschichten, die die Wissenschaft uns zu erzählen hat. Allen voran die Geschichte des Bodens, auf dem wir leben. Auf der Erde gibt es mehr Dinge als wir uns in unserer Philosophie auch nur erträumt haben. Wir sollten die ausgelaugten, haltlosen Fabeln, die uns an Zerstörung ketten, durch die frischen, gut begründeten Erkenntnisse ersetzen, die uns den Geist öffnen können und der Welt erlauben, zu gedeihen.

In seinem einflussreichen Essay *The Quants & The Poets* argumentiert mein Freund und Widersacher Paul Kingsnorth, dass »die grüne Bewegung sich selbst mit Zahlen torpediert hat«.[968] Er verwendet Begriffe, die wir teilweise aus MBA-Klassen kennen – »Quantennerds« sind für die Zahlen, »Dichter« für Worte zuständig – und beschwert sich, dass die »grüne Bewegung von Quantennerds vereinnahmt wurde«:

> Wir leben in einer auffallend wörtlich denkenden und reduktionistischen Kultur … eine Kultur, die eine Umweltbewegung der frustrierten, leidenschaftlichen Menschen hervorbringt, die sich gezwungen sehen, sich wie sprechende Automaten zu verhalten, um gehört zu werden.

Es sei an der Zeit, so behauptet er, dass die Dichter die Oberhand gewinnen.

Er nennt ein paar gute Punkte, doch in Sachen Nahrungsmittel stehen wir genau vor dem gegenteiligen Problem. Eine erstaunliche Eigenschaft dieser Debatte ist, zumindest in den Medien und den sozialen Medien, ihr fortwährender Mangel an Zahlen: Sie ist geblendet von Lyrik. In diesem Gebiet liegt unsere Loyalität zu einem höheren Maße als in beinahe irgendeinem anderen Feld bei der Ästhetik und nicht bei belegbaren Beweisen. Verführt vom äußeren Erscheinungsbild der Dinge übersehen wir ihre Funktionsweise. Doch Schönheit ist selten Wahrheit, und Wahrheit ist selten Schönheit.

Wenn doch einmal Zahlen genannt werden, dann sind sie oft falsch und aus dem Kontext gerissen. Auf der einen Seite sitzt die brutale Macht von Unternehmen, auf der anderen die arkadische Fantasie.

Wer steht zwischen ihnen? Wo sind diejenigen, denen Nahrungsmittel und Menschen, denen die Lebenswelt wichtig ist, die jedoch auch die Zahlen berücksichtigen? Es gibt sie, doch es sind wenige. Es ist an der Zeit, dass wir uns für Zahlen begeistern. Wir müssen Erträge, Flächennutzung und die Diversität und die Abundanz von Pflanzen- und Tierwelt vergleichen. Wir müssen Emissionen, Erosion, Verschmutzung, Kosten, Einsatz und Nährstoffgehalt in jedem Aspekt der Nahrungsmittelerzeugung vergleichen. So emotional diese Themen auch sein mögen, wir können sie nicht nach unserem Bauchgefühl lösen. Sie erfordern einen ungeheuren Rechercheaufwand und die Sammlung quantitativer Daten – Dinge, die zum größten Teil noch nicht angegangen wurden.

Ich kann verstehen, warum Menschen davor zurückschrecken. Wir klammern uns an die warmen, tröstlichen Glaubenssätze, mit denen wir aufgewachsen sind, und wollen uns wieder in unserem eigenen Arkadien vergraben. Außerdem bedeuten Zahlen Arbeit. Bevor ich angefangen habe, an diesem Buch zu schreiben, musste ich genug über Bodenökologie lernen, um einen Abschluss zu machen. Seitdem habe ich über 5000 wissenschaftliche Aufsätze und ein Bücherregal gelesen, aber ich habe dennoch das Gefühl, nach wie vor an der Oberfläche zu kratzen. Ich habe noch eine Menge zu lernen.

Weder ich noch irgendjemand sonst hat alle Antworten. Aber wir sollten zumindest versuchen, die neue Ethik, die unsere Zeit erfordert, auf Fakten, nicht auf Märchen aufzubauen. Dieses Buch könnte als die Rache der Quantennerds betrachtet werden.

George Eliot, unter den englischen meine Lieblingsautorin, wies darauf hin, dass »[der] Skeptizismus […] aber bekanntlich immer seine Grenzen [hat], sonst würde das Leben zu einem völligen Stillstande gelangen; an etwas müssen wir glauben, durch etwas müssen wir uns bei unseren Handlungen leiten lassen«.[969] Ich glaube, was sie sagt, stimmt nur zur Hälfte. Wir müssen an etwas glauben und in diesem Glauben handeln, doch wir können unseren Glauben durch eine gründliche skeptische Hinterfragung bilden.

Nichtsdestotrotz räume ich ein, dass Zahlen allein nicht ausreichen. In diesem Punkt hat Paul Kingsnorth recht: Wir brauchen Geschichten. Wir brauchen Geschichten, die uns erzählen, wo wir stehen, wie wir hierhergekommen sind und wohin wir gehen müssen. Und vor allem brauchen wir Geschichten, die einer Handlungsstruktur folgen, die im öffentlichen Leben am wirksamsten zum Tragen kommt: das Erneuerungsnarrativ.[970] Doch ich sehe keinen Grund, warum diese Geschichten nicht durch Zahlen gefüttert sein sollten.

Wie also würde eine aktualisierte Erneuerungsgeschichte über Ernährung, die uns durch dieses und die kommenden Jahrhunderte tragen soll, klingen? Vielleicht so ähnlich:

Die Welt wurde durch mächtige Kräfte ins Chaos geworfen: Der Aufstieg der globalen Standardfarm, globale Konzerne, der zunehmende landwirtschaftliche Flächenfraß, kulturelle Mythen, der Pflug, Giftstoffe und Schadstoffe. Das Chaos bedroht unsere lebenserhaltenden Systeme, führt zum Artensterben und schadet der menschlichen Gesundheit. Die mächtigen Kräfte sind wiederum durch ihre inneren Dynamiken gefährdet – wodurch Kollaps und Hysterese drohen – und unterliegen immer stärkerem Druck von außen, insbesondere durch die Klimakatastrophe und den Wasserverlust durch Bewässerungssysteme.

Doch es gibt Helden, die gegen die Kräfte aufbegehren; Helden, die wir in dieser Krise dringend brauchen. Sie bereiten den Weg für eine neue Wissenschaft der Bodenökologie, entdecken neue Wege, mit dem Leben im Boden zu arbeiten, züchten Feldpflanzen, die hohe Erträge mit geringen Umweltbelastungen liefern und entfachen eine Revolution, die sich mit Farmfree-Produkten von der Landwirtschaft lossagt. Mit ihrer Hilfe initiieren wir einen Wandel, der ebenso tiefgreifend ist wie die neolithische Revolution. Es gelingt uns, die drohende Umweltkatastrophe abzuwenden und einen großen Teil der Zerstörung, die wir in der Lebenswelt angerichtet haben, rückgängig machen. Zugleich stellen wir sicher, dass jeder Mensch Zugang zu einer gesunden Ernährung hat. Wir können unseren Frieden mit dem Planeten schließen.

Die Geschichte hat einige entscheidende Nebenhandlungen, die es noch zu lösen gilt. Wir sollten uns darum bemühen, die Existenzgrundlage von Kleinbauern und Landarbeitern zu schützen. Das gelingt vor allem durch die Entwicklung einer neuen Agrarökonomie, die sich auf das Erd-Rover-Programm stützt: Auf die präzise Kartografierung der Böden und die fortschrittlichen Kenntnisse ihrer Biologie, wodurch wir uns ein vollkommen neues Verständnis von Fruchtbarkeit in der Art, wie Tolly es entwickelt, aneignen und sie verbessern. Mit diesem Wissen können Bauern und Wissenschaftler in Teamarbeit präzise und minimale organische Behandlungsmethoden entwickeln, die genau an die örtlichen Bedingungen angepasst sind. Wir brauchen eine Armee aus Beratern, die nicht dafür ausgebildet wurden, Pestizide und Düngemittel zu verkaufen – im Gegenteil: Sie helfen Bauern, sich aus dem

Würgegriff körperschaftlicher Saatgut- und Chemiekonzerne zu befreien, ihre Ausgaben zu verringern und sicherzustellen, dass sie tatsächlich in etwa das erhalten, was ihre Erzeugnisse wert sind.

Wir müssen Wege finden, um das knifflige Problem zu lösen, das ich in Kapitel 5 beschrieben habe: Wenn die meisten unserer Nahrungsmittel aus simplen mathematischen Gründen weit entfernt von unserem Wohnort angebaut werden müssen, wie hindern wir transnationale Unternehmen daran, die Nahrungsmittelkette noch fester in den Händen zu halten?

Wir müssen Viehwirten dabei helfen, die Industrie in einem gerechten Wandel zu verlassen,[971] indem wir sie finanziell unterstützen, neue Einkommensquellen oder neue Arbeit zu finden. Vor dem Hintergrund der katastrophalen Arbeitsbedingungen in der Viehwirtschaft hängt die Latte nicht sonderlich hoch, wenn es um besseres Einkommen und mehr Jobs geht. Eine Studie zu einem Rückverwilderungsprojekt in den Niederlanden hat ergeben, dass es sechsmal mehr Arbeitsplätze schafft als der Milchviehbetrieb, an dessen Stelle es gerückt ist. Kleine Unternehmen haben sich gegründet und bieten den Menschen Einblicke in die artenreiche Flora und Fauna, die sich seither dort breitgemacht hat.[972] Eine Auswertung von zwanzig Rückverwilderungsprojekten in England durch Rewilding Britain hat festgestellt, dass sie einen durchschnittlichen Anstieg von Vollzeit äquivalenten Arbeitsplätzen um 47 Prozent mit sich bringen.[973]

Eine erfolgreiche Rückverwilderung erfordert in den ersten Etappen viel Arbeit.[974, 975] Zäune müssen entfernt, Rohre ausgegraben, begradigte Flüsse in ihren Urzustand zurückgebracht und Feuchtgebiete wiederhergestellt werden. Verdrängte

Arten müssen wieder eingeführt und Bäume dort, wo sie nicht von selbst wieder wachsen, gesät oder gepflanzt werden. Möglicherweise durch Düngemittel oder Gülle vorhandene, exzessive Nährstoffrückstände müssen im Boden verringert werden. Das gelingt beispielsweise durch einige Jahre Heuschnitt und dessen Entnahme. Bauern dafür zu entlohnen, die Lebenswelt wiederherzustellen, ist sicher ein sinnvollerer Einsatz öffentlicher Gelder als sie dafür zu bezahlen, ihr zu schaden.

Bauern, die Subsistenzwirtschaft außerhalb des monetären Systems betreiben, dürften von der Ernährungsrevolution weniger betroffen sein als diejenigen, die ihre Erzeugnisse verkaufen. Dennoch sollte die Entwicklungshilfe im Bereich der Landwirtschaft umgeschichtet werden. Von ihrem derzeitigen, beinahe ausschließlichen Fokus auf der Vermarktung der globalen Standardfarm hin zu einer Unterstützung von Kleinbauern, wie sie, mithilfe der hoffentlich in Forschung und Entwicklung eintretenden wissenschaftlichen Durchbrüche, eine ertragreiche Agrarökonomie betreiben können.

Staaten sollten die zügige Entwicklung mehrjähriger Getreidekulturen finanzieren, um die Zerstörung der Böden und den Bedarf nach Wasser und Düngemitteln zu reduzieren: Es erscheint mir einfach lächerlich, dass diese bahnbrechende Technologie einem kleinen, gemeinnützigen Unternehmen mit einem begrenzten finanziellen Budget überlassen wird. In der Zwischenzeit sollten sie Bauern wie Tim Ashton dabei helfen, den Boden zu schützen und zugleich ihren Einsatz von Herbiziden zu minimieren oder ganz einzustellen. Außerdem sollten Bauern dabei unterstützt werden, die aufstrebende Wissenschaft der biologischen Schädlingskontrolle einzusetzen, indem sie Schädlinge durch Fressfeinde bekämpfen. Sie sollten Anreize schaffen, die sicherstellen, dass jede Fläche, die wir weiterhin landwirtschaftlich bewirtschaften, auch Raum für wilde Tiere bietet und Trittsteine und Korridore zwischen Schutzgebieten darstellt. Unsere wertvollen Nutzpflanzen sollten der Nahrungsmittelerzeugung dienen und nicht als Viehfutter, Biokraftstoff oder Bioplastik weggeschmissen werden. In anderer Hinsicht jedoch sollten die Regierungen beiseitetreten und aufhören, der Entwicklung mikrobieller Proteine und pflanzenbasierten oder im Labor kultivierten Lebensmitteln sinnlose Restriktionen aufzuerlegen. Stattdessen sollten sie sich lieber darum kümmern, dass diese entscheidenden neuen Technologien nicht von einigen wenigen Großkonzernen oder Milliardären vereinnahmt werden.

Diskussionen über die Zukunft der Ernährung tendieren dazu, die Menschen in technologische Fronten aufzuteilen. Einige glauben, die Antwort für die Welternährung läge in der Ausweitung der Grünen Revolution, die ab den 1950ern die Erträge der Hauptgetreidekulturen durch eine Kombination aus Pflanzenzucht und Agrarchemie signifikant gesteigert hat. Andere wiederum sind fest davon überzeugt, die Antwort läge, ganz im Gegenteil, in der Ablehnung dieses hoch technisierten Zugangs und wenden sich stattdessen sogenannten »natürlichen« Methoden zu: Viehwirtschaft und Nutzpflanzen werden integriert, die intensive Viehwirtschaft durch Weidehaltung ersetzt und eine Fruchtfolge mit langen Bracheperioden wiederbelebt.

Ich hingegen bin der Überzeugung, dass Technologie das falsche Schlachtfeld ist. Wir sollten Systeme fördern, die hohe Erträge bei geringen Auswirkungen auf die Umwelt liefern und Systeme ablehnen, die hohe Erträge auf Kosten einer schlechten

Umweltbilanz oder aber geringe Erträge liefern. Schließlich führen geringe Erträge zu einer schlechten Umweltbilanz, da sich die Fläche, um eine bestimmte Menge Nahrungsmittel zu erzeugen, vergrößert. Flächennutzung sollte als der wohl gewichtigste aller Umweltfaktoren gewertet werden (s. Kapitel 5).

Die Bewegungen, die die Grüne Revolution – oft zu Recht – für ihren massiven Einsatz von Düngemitteln und Pestiziden, ihre intensive Bewässerung und ihre Tendenz, die Belange multinationaler Konzerne über die Belange von Kleinbauern und lokalen Märkten zu stellen, kritisiert haben, haben mitunter selbst schwerwiegende Fehler gemacht. Da sie oft blind für Erträge waren, haben sie unbeabsichtigt den landwirtschaftlichen Flächenfraß gefördert: Den Verbrauch großer Flächen, um kleine Mengen Nahrung zu erzeugen. Flächenfraß bedroht wie kaum ein anderer Faktor das Überleben unserer lebenserhaltenden Systeme.

Die entscheidende Frage, die wir unseren Technologien stellen sollten, lautet nicht: »Wie ausgeklügelt ist sie?«, sondern: »Wer besitzt sie?« Wenn eine produktive Technologie eine gute Umweltbilanz hat und ihre Besitzanteile entweder gerecht verteilt oder öffentlich sind, dann sollten wir bereit sein, sie anzunehmen. (»Öffentlich« bedeutet in diesem Fall übrigens nicht notwendigerweise staatlich: Es kann auch Gemeinschaftseigentum sein.) Wenn die Besitzverhältnisse hingegen konzentriert und in privaten Händen sind, dann sollten wir diese Strukturen infrage stellen, da eine Konzentrierung zur Ausbreitung der globalen Standardernährung und zur globalen Standardfarm beiträgt. Gegen beide Phänomene sollten wir Widerstand leisten. Ob ein System technisch ausgeklüngelt ist, ist an sich irrelevant.

Wir müssen fast alle Debatten, die bisher getobt haben, beiseite wischen: Sie führen an den sozialen, landwirtschaftlichen und ökologischen Herausforderungen, vor denen wir stehen, vorbei. Wir müssen eine neue Ernährungs- und Umweltbewegung formieren, die sich hohe Erträge bei einer Erzeugung mit geringen Auswirkungen für die Umwelt zum obersten Ziel macht. Die Methoden, für die sie sich ausspricht, können von der Nutzung von Zweighackschnitzeln bis hin zur Bakterienvermehrung durch die Präzisionsfermentation reichen.

Die neue Bewegung sollte damit beginnen, eine ungemütliche, aber fest etablierte Realität anzuerkennen. Eine Realität, die schon allzu oft unter den Teppich gekehrt wurde: Die Landwirtschaft, egal, ob intensiv oder extensiv, ist die weltweit größte Ursache für Umweltzerstörung. Wenn sie neue Systeme in Erwägung zieht, sollte die Bewegung sich drei fundamentale Fragen stellen: »Liefert dieses System mehr Nahrung mit weniger Landwirtschaft?«, »Wem gehört es und wer kontrolliert es?« und »Sind die auf diese Weise erzeugten Nahrungsmittel gesund, günstig und für alle zugänglich?«

Eine neue Bewegung, die über all diese Fragen informiert ist, braucht ein Manifest. Es könnte in etwa so aussehen:

Damit die Menschen und alles andere Leben auf der Erde blüht, sollten wir:

Zahlenfetischisten im Bereich Ernährung werden
Die Geschichten verändern, die wir uns erzählen
Die Fläche, die wir benötigen, um die Welt zu ernähren, begrenzen

Unseren Wasserverbrauch und den Einsatz von Agrarchemie minimieren
Das Erd-Rover-Programm starten, um endlich die Böden der Welt zu kartografieren
Die Fruchtbarkeit mit kleinstmöglichen organischen Maßnahmen verbessern
Nach einer ertragreichen Agrarökologie forschen und sie weiterentwickeln
Die Nutztierhaltung einstellen
Die tierischen Proteine und Fette durch Präzisionsfermentation ersetzen
Die Nahrungsmittelkette aus dem Würgegriff globaler Konzerne befreien
Das globale Ernährungssystem vielfältiger machen
Unser Verständnis komplexer Systeme nutzen, um einen kaskadierenden systemischen Wandel einzuleiten
Die von der Landwirtschaft freigegebenen Flächen rückverwildern

Die Covid-19-Pandemie hat zwei politische Ideen fortgewischt, die die vergangenen vierzig Jahre entscheidend geprägt haben: Dass Regierungen nicht regieren sollten und dass Menschen nicht bereit sind, die Interessen der Allgemeinheit vor die individuellen Interessen zu stellen. Die Idee, dass Regierungen passiv agieren sollten – die sogenannte »Can't do Culture« –, wie sie beharrlich vom selbsthassenden Staat propagiert wurde, ist gescheitert. Ebenso die Vorstellung, dass die Bürger ohnehin nicht auf die Signale reagieren würden, die man ihnen sendet. Wenn Regierungen regieren wollen, dann können sie das, wie sich in einigen Ländern höchst wirksam gezeigt hat (zum Beispiel in Taiwan, Neuseeland, Kenia, Südkorea und Vietnam). Wenn Geld nötig ist, dann wird es aufgetrieben. Wenn Menschen mobilisiert werden, antworten sie.

Die Veränderungen, um die wir gebeten wurden, um das Virus in Schach zu halten, waren viel extremer als die, die nötig sind, um einen Umweltkollaps zu verhindern. Wir wurden gebeten, unsere Arbeit zu unterbrechen, nicht mehr einkaufen oder zum Sport zu gehen, keine Bars und Restaurants mehr zu besuchen, keine Partys mehr zu schmeißen, nicht mehr zu Spielen oder Konzerten zu gehen und nicht mehr in den Urlaub zu fahren: Alles Aktivitäten, die wir vorher als essenzielle Bestandteile unseres Lebens und unserer Identität betrachtet haben. Kinder durften nicht mehr in die Schule gehen, Reisen kamen zum Stillstand, wir mussten unsere Gesichter in der Öffentlichkeit bedecken, unsere Hände sterilisieren, Abstand halten und für lange Zeit leben, als stünden wir unter Hausarrest.

Keine vernünftige Umweltforderung kommt auch nur annähernd an die strengen Maßnahmen heran, die die Pandemie erforderte. Und dennoch, als wir gebeten wurden, diese drastischen Veränderungen mitzumachen, taten die meisten von uns es aus freien Stücken. Wir erkannten unsere öffentliche Pflicht an und handelten dementsprechend. Die Quellen einiger unserer Nahrungsmittel zu wechseln, unsere Ernährung etwas umzustellen, die von der Landwirtschaft genutzten Flächen zu verkleinern, ihre umweltschädlichsten Praktiken zu beenden und Schutzräume auszuweiten sind im Vergleich dazu geringfügige Änderungen. Uns mangelt es nicht an menschlichen Fähigkeiten, sondern an politischem Willen.

Würden die Regierungen unsere Umweltkrise – die eine sehr viel größere Gefahr für die Menschheit darstellt als selbst Covid-19 – mit der nötigen Dringlichkeit kommunizieren, die Richtlinien ändern und unsere öffentliche Pflicht darlegen, auf sie zu antworten, dann würden wir es zweifellos tun. Politische Systeme wurden von Menschen geschaffen und können auch von Menschen wieder verändert werden.

Es ist an der Zeit, die Kontrolle über das globale Ernährungssystem wieder in die Hand zu nehmen und die Konzernlobbyisten und Interessensvertreter, die es beherrschen, zu stürzen. Es ist an der Zeit, eine neue, ergiebige, produktive und idealerweise ökologische Landwirtschaft zu begründen, die nicht länger auf die Viehwirtschaft baut und günstige und gesunde Nahrungsmittel erzeugt, die für alle verfügbar sind. Es ist an der Zeit, eine neue, revolutionäre Küche zu entwickeln, die sich auf Farmfree-Produkte stützt. Es ist an der Zeit, große Teile des Planeten von unserem verheerenden Einfluss zu befreien, seine Dysbiose umzukehren, seine lebenden Systeme wiederherzustellen und unser eigenes Wohlergehen und unsere Aussichten auf Überleben zu verbessern.

Wir können nun das Ende der Landwirtschaft, der verheerendsten Kraft, die jemals von den Menschen entfesselt wurde, planen und den Beginn einer neuen Ära ins Auge fassen, in der wir nicht länger die Lebenswelt auf dem Altar unseres Appetits opfern müssen. Wir können das größte Dilemma lösen, mit dem wir jemals konfrontiert waren, und die Welt ernähren, ohne den Planeten zu verschlingen.

9 DIE EISHEILIGEN

Es war der beste Obststand, die ich jemals zu Gesicht bekommen hatte. Während der gesamten Bestäubungsperiode – von der zweiten Aprilhälfte bis zum Maibeginn – waren die Tage warm und die Nächte mild. Zum ersten Mal erlebte ich nicht einmal mehr Bodenfrost. Bienen und Schwebefliegen umschwirrten die Blüten, und beinahe jede Blume begann, nachdem die Blütenblätter zu Boden geschwebt waren, zu einer Frucht anzuschwellen. Ich warnte die anderen Familien unserer Obstbaumgruppe, dass wir einige Tage im Juni für das Ausdünnen der Früchte würden einplanen müssten, um nicht am Ende mit Tausenden Äpfeln von der Größe einer Walnuss dazustehen. Ein gutes Problem. Außerdem blockte ich mir ein Wochenende im Oktober für die Mutter aller Ciderpressungen.

Als ich die Frostvorhersage für die Nacht vom 12. Mai sah, blieb ich unbesorgt. Der Moment größter Verletzlichkeit – wenn die Blüte geöffnet ist – war vorüber. Am darauffolgenden Tag besuchte ich den Obstgarten, um zu sehen, ob der Frost die letzten paar Blüten versengt hatte.

Es dauerte eine ganze Weile, bis ich verstand, was ich sah. Jede einzelne Frucht an jedem einzelnen Baum war schrumpelig geworden, und die Stiele waren vergilbt und schwach. Runde um Runde wanderte ich um den Obstgarten, um sicherzugehen, dass meine Augen mich nicht trogen. Als ich mir nichts mehr vormachen konnte, wäre ich beinahe in Tränen ausgebrochen. Die gesamte Ernte war zerstört. Später fand ich heraus, dass der Frost sehr viel schlimmer ausgefallen war, als in der Vorhersage prophezeit: Ein verrückter Frost, schlimm genug, um die allgemein gültige Regel, dass die Früchte mit dem Ende der Blüte in Sicherheit sind, zu brechen.

Trübsinnig schlurfte ich in Richtung Tor und schüttelte dabei weiterhin ungläubig den Kopf. Auf dem Weg vor unserem Garten traf ich Stewart, den Gartennachbarn, der uns seine Baumreihe überlassen hatte. Er und ein anderer Gartenveteran, Mike, betrachteten ihre zerstörten Kartoffeln und stöhnten wie alle betagten Gärtner über die Launen des Wetters.

»Ich glaub's einfach nicht«, sagte ich zu ihnen. »Wir haben die gesamte Ernte verloren.«

»Tja«, sagte Stewart. »Da sind wir wohl selbst dran schuld. Hätten wir mal lieber zu den Eisheiligen gebetet.«

»Zu den was?«

»Schlag sie nach.«

Das tat ich und erfuhr, dass der 11.,12. und 13. Mai jeweils die Tage der Heiligen Mamertus, Pancras und Servatius sind. In mehreren Regionen Europas werden diese drei Tage als »der Schwarzdorn-Winter« beklagt, da der Winter angeblich noch einmal zuschlägt, wenn der Schwarzdorn blüht. Der *Weather* zufolge, einer ausgefallenen Mischung aus meteorologischer, landwirtschaftlicher und theologischer Zeitschrift, wird diese Zeit in Großbritannien mit den Nordwinden in Verbindung gebracht, die durch Hochdruckgebiete über Grönland und eine schwache Zyklonenaktivität über dem Atlantik entstehen.[976] Darin hieß es: »Jemand, der seine Schafe vor dem St.-Servatius-Tag schert, liebt die Wolle mehr als seine Schafe.« Wohl aus dem Grund, weil er sie frierend dem späten Frost überlässt. In verschiedenen Ländern, insbesondere in Osteuropa, werden die drei Heiligen (deren Identitäten von Nation zu Nation unterschiedlich sind) weithin ersucht, doch bitte die Hand vom Wetter zu lassen.

Zu meiner großen Enttäuschung ist es mir nicht gelungen, irgendwo in der Wissenschaftsliteratur eine Studie der Gebete oder Trankopfer zu finden, die am wirksamsten die Stärke der atlantischen Zyklone erhöhen. Auch konnte nicht abschließend geklärt werden, warum das Wetter den Wechsel von julianischen zum gregorianischen Kalender, der die Heiligen um zehn Tage zurückwarf, mitgemacht hat. Doch angesichts meiner verzweifelten Angst vor einer weiteren Missernte würde ich, offen gestanden, alles versuchen.

Doch wie durch ein Wunder fand ich mich im folgenden Monat erneut im Obstgarten wieder und erwischte mich dabei, wie ich die Wiese mähte, alte Schuhe zusammentrug, die ein Fuchs sammelte – wer weiß woher – und uns ins Gras legte, und den Bäumen einen Sommerschnitt verpasste. Mir ging auf, dass ich den Obstgarten für das folgende Jahr vorbereitete, in der Hoffnung, dass unser Schicksal sich wenden und wir mehr Glück mit der Ernte haben würden. Einmal mehr hatte die Hoffnung über die Erfahrung gesiegt.

Die Erfahrungen von Umweltschützern waren bisher ziemlich bitter. Wir haben an den sagenumwobenen Überlebensinstinkt der Menschen appelliert und festgestellt, dass er ihnen abhandengekommen ist. Wir haben Beweise gesammelt, das Problem erklärt, Lösungen vorgebracht und wurden wie Dr. Stockmann in Henrik Ibsens Stück *Ein Feind des Volkes* empfangen: mit Wut, Ablehnung und Beleidigungen.

Doch die Erfahrung aller wirkmächtigen Bewegungen zeigt auch, dass ihr Erfolg in der Vorbereitung auf den Moment des Wandels liegt. Er könnte unerwartet kommen. Manchmal besteht die Rolle einer ganzen Generation lediglich darin, sich vorzubereiten, Argumente zu entwickeln, ihre Geschichten zu erzählen und ihre Kampagnen für den Moment aufzubauen, in dem ihre Nachfolger einen wirklichen Wandel vorantreiben.

Ich glaube, wir können eine gemeinsame Ausrichtung von technologischem Wandel, systemischer Fragilität und öffentlichem Unbehagen beobachten, die ausreicht, um einen technisch-ethischen Wandel auszulösen. Er wird uns ermöglichen, unsere Beziehung mit dem lebenden Planeten neu zu schreiben. Für diesen Zustandswandel sind keine Gebete nötig, lediglich die harte Arbeit einer kleinen Anzahl engagierter Menschen und die Bereitschaft der anderen, sie zu unterstützen. Wir werden uns, so hoffe ich, bald in einem Moment wiederfinden, in dem sich die Zeichen ändern.

Danksagung

Bei der Recherche und beim Schreiben dieses Buches war ich mehr denn je auf die Großzügigkeit anderer Menschen angewiesen. Sie haben mir ihre Zeit, ihren Rat und ihre Expertise gegeben, Raum für mich gemacht und haben mir während der intensiven und schier endlosen Arbeit, die für dieses Projekt erforderlich war, beigestanden.

Allen voran möchte ich meiner wundervollen Familie danken: meiner Partnerin Rebecca und meinen Töchtern Hanna und Martha.

Ich danke auch meiner fantastischen Assistentin Fiona Rowe, außerdem Katie Kedward und Charlie Young, deren Recherchearbeit vor allem in der Entwicklungsphase unbezahlbar war, und Jo Haward, der mit mir rasch und effizient die Quellenangaben bearbeitet hat.

Vielen Dank an meine geniale Lektorin Chloe Currens, deren Einsicht, Vision und großartige Aufmerksamkeit und Betreuung dieses Buch unendlich verbessert haben. Ein Dank geht auch an meinen brillanten Agenten Antony Harwood, an meinen ausgezeichneten und unfehlbaren Redakteur Richard Mason und an das restliche Team von Penguin.

Ich danke den Landwirten, Praktizierenden und Forschern, die ich im Buch begleitet habe und die so freundlich und geduldig waren, sich von mir mit nervenden Fragen löchern zu lassen: Iain Tolhurst (Tolly), Tamara und Gena, Tim Ashton, Ian Wilkinson und FarmEd, Fran Gardner, Simon Geffrey, Paul Cawood, Pasi Vainikka und Solar Foods, FareShare und SOFEA, Stephen Marsh-Smith, Alison Caffyn und Christine Hugh-Jones, Rachel Stroer und dem Land Institute, Bruce Friedrich und Maia Keerie und Sophie Armour vom Good Food Institute. Vielen Dank auch an Alexandra Elbakyan und Sci-Hub, ohne die ich einen großen Teil des Recherchematerials nicht bekommen hätte: Zugang zu Wissen ist kein Verbrechen.

Ein großer Dank geht an die Experten, die sich netterweise die Zeit genommen haben, mein Manuskript zu lesen, Kommentare und Verbesserungsvorschläge zu machen und mir zu zeigen, wo ich auf dem Holzweg war: Tim Benton, Hannah Ritchie, Tara Garnett, Mary Stockdale, Aislinn Pearson, Chloe MacLaren, Dan Blumgart, Tim Lenton, Jamie Arbib, Vicki Hird, Erik Meijaard, Tomas Linder, Simon Fairlie, Frank Ashwood, Franciska de Vries, Sarah Wakefield und John Boardman. Alle noch verbleibenden Fehler sind allein mir zuzuschreiben.

Ich danke meiner liebevollen und inspirierenden Schwester Eleanor, Mark Lynas, Joel Scott-Halkes und Tong Wu, meinen Mitgliedern der Obstbaumfamilie Hugh Warwick, Zoe Broughton, Kate Raworth, Roman Krzarnic, Caspar Henderson, Cristina Mateos, Phil Mann und Amanda Smigelski-Mann, außerdem Stewart Young, der East Ward Allotment Association, Steve Farmer, Jim Mallinson, Michael Witzel,

Anna Morser, außerdem Peter Gauvain, Clem Cheetham und Nick Metcalfe vom *Apocalypse-Cow*-Team und Franny Armstrong, Nicola Cutcher und dem Rest der Schurken vom *Rivercide*-Team. Ein Dank geht auch an meine langmütigen Herausgeber beim *Guardian*, Damian, Carrington, Nigel Dudley, Mike Manson, Jeremy Lent, Simon Evans, Ben Middleton, Andrew Balmford, Stuart Pengs, David Butler, Jim Thomas, der Soil Association, Piero Visconti, Duncan Cameron, Alexandra Sexton, Charles Ssekyewa und Gunnar Rundgren.

Anmerkungen

1 WAS UNTER UNS LIEGT

1 The Orchard Project, *Winter Wassail 2013,* 2013 https://www.theorchardproject.org.uk/blog/winter-wassail-2013
2 Our World in Data, *Calorie Supply by Food Group, 2017*, 2018, https://ourworldindata.org/grapher/calorie-supply-by-food-group?country=GBR~CHN~SWE~USA~BRA~IND~BGD, 2018.
3 Tiehang Wu, Edward Ayres, Richard D. Bardgett u. a., »Molecular study of worldwide distribution and diversity of soil animals«, in: *Proceedings of the National Academy of Sciences* 108, Nr. 43 (2011), S. 17720–5. https://doi.org/10.1073/pnas.1103824108
4 David C. Coleman, Mac A. Callaham Jr. und D. A. Crossley Jr., *Fundamentals of Soil Ecology*, Cambridge 2018. https://doi.org/10.1016/C2015-0-04083-7
5 Tiehang Wu, Ayres, Bardgett u. a., ebenda.
6 Coleman, Callaham und Crossley, ebenda.
7 Radnorshire Wildlife Trust, *Yellow Meadow Ant*, https://www.rwt wales.org/wildlife-explorer/invertebrates/ants/yellow-meadow-ant
8 Nick Baker, »Hidden Britain: Ant Woodlouse«, in: *BBC Wildlife* (Mai 2020), https://www.yumpu.com/news/en/issue/7785-bbc-wildlife-issue-052020/read?page=21
9 Coleman, Callaham und Crossley, ebenda, S. 10.
10 Ebenda.
11 Die Taxonomie der Bodentiere unterliegt einem beständigen Wandel, sodass dieses Buch zum Zeitpunkt des Erscheinens schon wieder veraltet sein könnte.

12 Auch hier gibt es unterschiedliche Positionen. Mal werden Symphylae als Klasse, mal als Phylum behandelt.
13 A. Pascale u. a., »Modulation of the root microbiome by plant molecules: The basis for targeted disease suppression and plant growth promotion«, in: *Frontiers in Plant Science* 10, Artikel 1741 (2020), https://doi.org/10.3389/fpls.2019.01741
14 Coleman, Callaham und Crossley, ebenda.
15 David R. Montgomery und Anne Biklé, The Hidden Half of Nature: The Microbial Roots of Life and Health, New York 2016.
16 Merlin Sheldrake, *Entangled Life: How Fungi Make Our Worlds, Change Our Minds and Shape Our Futures*, London 2020.
17 Patrick Lavelle u. a., »Ecosystem Engineers in a Self-Organized Soil«, in: *Soil Science* 181, Nr. 3/4 (März/April 2016), S. 91–109. https://doi.org/10.1097/SS.0000000000000155
18 Hongwei Liu u. a., »Microbiome-mediated stress resistance in plants«, in: *Trends in Plant Science* 25, Nr. 8 (2020), S. 733–43. https://doi.org/10.1016/j.tplants.2020.03.014
19 Lavelle u. a., ebenda.
20 Coleman, Callaham und Crossley, ebenda., S. 50.
21 Dilfuza Egamberdieva u. a., »High incidence of plant growth-stimulating bacteria associated with the rhizosphere of wheat grown on salinated soil in Uzbekistan«, in: *Environmental Microbiology* 10, Nr. 1 (2008), S. 1–9. https://doi.org/10.1111/j.1462-2920.2007.01424.x
22 Andrew L. Neal u. a., »Soil as an extended composite phenotype of the microbial metagenome«, in: *Scientific Reports* 10, Artikel 10649 (2020). https://doi.org/10.1038/s41598-020-67631-0
23 Ioannis A. Stringlis u. a., »MYB72-dependent coumarin exudation shapes root microbiome assembly to promote plant health«, in: *Proceedings of the National Academy of Sciences* 115, Nr. 22, Artikel E5213–E5222 (2018). https://doi.org/10.1073/pnas.1722335115
24 Pascale u. a., ebenda.
25 Hongwei Liu u. a., ebenda.
26 Shamayim T. Ramírez-Puebla u. a., »Gut and root microbiota commonalities«, in: *Applied and Environmental Microbiology* 79, Nr. 1 (2012), S. 2–9. https://doi.org/10.1128/AEM.02553-12
27 Die Firmicuten, die Bacteroiden, Proteobakterien und Actinobakterien.
28 Rodrigo Mendes und Jos M. Raaijmakers, »Cross-kingdom similarities in microbiome functions«, in: *The ISME Journal* 9 (2015), S. 1905–7. https://doi.org/10.1038/ismej.2015.7
29 Kateryna Zhalnina u. a., »Dynamic root exudate chemistry and

microbial substrate preferences drive patterns in rhizosphere microbial community assembly«, in: *Nature Microbiology* 3 (2018), S. 470–80. https://doi.org/10.1038/s41564-018-0129-3

30 Ed Yong, *I Contain Multitudes: The Microbes Within Us and a Grander View of Life*. Vintage, London 2016.

31 Diesen Effekt nennt man Kolonisationsresistenz.
Maureen Berg und Britt Koskella, »Nutrient- and dose-dependent microbiome-mediated protection against a plant pathogen«, in: *Current Biology* 28, Nr. 15 (2018), S. 487–2492, e2483. https://doi.org/10.1016/j.cub.2018.05.085

32 Paulo José P. L. Teixeira u. a., »Beyond pathogens: Microbiota interactions with the plant immune system«, in: *Current Opinion in Microbiology* 49 (Juni 2019), S. 7–17. https://doi.org/10.1016/j. mib.2019.08.003

33 Mathias J. E. E. E. Voges, »Plant-derived coumarins shape the composition of an *Arabidopsis* synthetic root microbiome«, in: *Proceedings of the National Academy of Sciences* 11, Nr. 25 (2019), S. 12558–65. https://doi.org/10.1073/pnas.1820691116

34 Stringlis u. a., ebenda.

35 Viviane Cordovez u. a., »Ecology and evolution of plant microbiomes«, in: *Annual Review of Microbiology* 73, Nr. 1 (2019), S. 69–88. https://doi.org/10.1146/annurev-micro-090817-062524

36 Hongwei Liu u. a., ebenda.

37 Pascale u. a., ebenda.

38 Stephen A. Rolfe, Joseph Griffiths und Jurriaan Ton, »Crying out for help with root exudates: Adaptive mechanisms by which stressed plants assemble health-promoting soil microbiomes«, in: *Current Opinion in Microbiology* 49 (2019), S. 73–82. https://doi.org/10.1016/j.mib.2019.10.003

39 Sergio Rasmann u. a., »Recruitment of entomopathogenic nematodes by insect-damaged maize roots«, in: *Nature* 434 (2005), S. 732–7. https://doi.org/10.1038/nature03451

40 D. R. Strong u. a., »Entomopathogenic nematodes: Natural enemies of root-feeding caterpillars on bush lupine«, in: *Oecologia* 108, Nr. 1 (1996), S. 167–73. https://doi.org/10.1007/BF00333228

41 Pinar Avci u. a., »In-vivo monitoring of infectious diseases in living animals using bioluminescence imaging«, in: *Virulence* 9, Nr. 1 (2018), S. 28–63. https://doi.org/10.1080/21505594.2017.1371897

42 Geraldine Mulley u. a., »From insect to man: *Photorhabdus* sheds light on the emergence of human pathogenicity«, in: *PLoSONE* 10, Nr. 12 (2015), e0144937. https://doi.org/10.1371/journal.pone.0144937

43 Matt Soniak, »Why some Civil War soldiers glowed in the dark«, in: *Mental Floss*, 5. April 2012.

44 Montgomery und Biklé, ebenda.

45 E. J. N. Helfrich u. a., »Bipartite interactions, antibiotic production and biosynthetic potential of the *Arabidopsis* leaf microbiome«, in: *Nature Microbiology* 3 (2018), S. 909–19. https://doi.org/10.1038/s41564-018-0200-0

46 Coleman, Callaham und Crossley, ebenda.

47 Pascale u. a., ebenda.

48 Thimmaraju Rudrappa u. a., »Root-secreted malic acid recruits beneficial soil bacteria«, in: *Plant Physiology* 148, Nr. 3 (2008), S. 1547–56. https://doi.org/10.1104/pp.108.127613

49 Montgomery und Biklé, ebenda.

50 Gabriele Berg u. a., »Plant microbial diversity is suggested as the key to future biocontrol and health trends«, in: *FEMS Microbiology Ecology* 93, Nr. 5 (2017). https://doi.org/10.1093/femsec/fix050

51 Charisse Petersen und June L. Round, »Defining dysbiosis and its influence on host immunity and disease«, in: *Cellular Microbiology* 16, Nr. 7 (2014), S. 1024–33. https://doi.org/10.1111/cmi.12308

52 Cordovez u. a., ebenda.

53 Rodrigo Mendes, Paolina Garbeva und Jos M. Raaijmakers, »The rhizosphere microbiome: Significance of plant beneficial, plant pathogenic, and human pathogenic microorganisms«, in: *FEMS Microbiology Reviews* 37, Nr. 5 (2013), S. 634–63, https://doi.org/10.1111/15746976. 12028

54 Rodrigo Mendes und Jos M. Raaijmakers, »Cross-kingdom similarities in microbiome functions«, in: *The ISME Journal* 9 (2015), S. 1905–7. https://doi.org/10.1038/ismej.2015.7

55 Rodrigo Mendes u. a., »Deciphering the rhizosphere microbiome for disease-suppressive bacteria«, in: *Science* 332, Nr. 6033 (2011), S. 1097–100. DOI: 10.1126/science.1203980

56 Niki Grigoropoulou, Kevin R. Butt und Christopher N. Lowe, »Effects of adult *Lumbricus terrestris* on cocoons and hatchlings in Evans' boxes«, in: *Pedobiologia* 51 (2008), S. 343–9.

57 Wurst, Sonnemann und Zaller, ebenda.

58 M. Blouin u. a., »A Review of earthworm impact on soil function and ecosystem services«, in: *European Journal of Soil Science* 64, Nr. 2 (2013), S. 161–82. https://doi.org/10.1111/ejss.12025

59 Blouin u. a., ebenda.

60 Christian Feller u. a., »Charles Darwin, earthworms and the natural sciences: Various lessons from past to future«, in: *Agriculture, Ecosystems*

& Environment 99, Nr. 1–3 (2003), S. 29–49. https://doi.org/10. 1016/S0167-8809(03)00143-9

61 Coleman, Callaham und Crossley, ebenda.

62 Diese eindrucksvolle Auswirkung der Regenwurmtätigkeit wurde von Charles Darwin in seinem wundervollen Buch *The Formation of Vegetable Mould through the Action of Worms, with Observations on their Habits* (1881) gemessen und festgehalten.

63 Jan Willem van Groenigen u. a., »Earthworms increase plant production: A meta-analysis«, in: *Scientific Reports* 4, Nr. 6365 (2014). https://doi.org/10.1038/srep06365

64 Ruben Puga-Freitas u. a., »Signal molecules mediate the impact of the earthworm *Aporrectodea caliginosa* on growth, development and defence of the plant *Arabidopsis thaliana*«, in: *PLOS One* 7, Nr. 12 (2012), e49504. https://doi.org/10.1371/journal.pone.0049504

65 Manuel Blouin u. a., »Belowground organism activities affect plant aboveground phenotype, inducing plant tolerance to parasites«, in: *Ecology Letters* 8, Nr. 2 (2005), S. 202–8. https://doi.org/10.1111/j. 1461-0248.2004.00711.x

66 Zhenggao Xiao u a., »Earthworms affect plant growth and resistance against herbivores: A meta-analysis«, in: *Functional Ecology* 32, Nr. 1 (2018), S. 150–60. https://doi.org/10.1111/1365-2435.12969

67 Maria J. I. Briones, »The serendipitous value of soil fauna in ecosystem functioning: The unexplained explained«, in: *Frontiers in Environmental Science* 6, Artikel 149 (2018). https://doi.org/10.3389/fenvs.2018.00149

68 Andrew L. Neal u. a., »Soil as an extended composite phenotype of the microbial metagenome«, in: *Scientific Reports* 10, Artikel 10649 (2020). https://doi.org/10.1038/s41598-020-67631-0

69 Ruben Puga-Freitas und Manuel Blouin, »A review of the effects of soil organisms on plant hormone signaling pathways«, in: *Environmental and Experimental Botany* 114 (2015), S. 104–16. https://doi.org/10.1016/j.envexpbot.2014.07.006

70 Neal u a., ebenda.

71 Ebenda.

72 Yakov Kuzyakov und Evgenia Blagodatskaya, »Microbial hotspots and hot moments in soil: Concept & review«, in: *Soil Biology and Biochemistry* 83 (2015), S. 184–99. https://doi.org/10.1016/j.soilbio.2015.01.025

73 G. E. Hutchinson, »Concluding remarks«, in: *Cold Spring Harbor Symposia on Quantitative Biology* 22 (1957), S. 415–27. https://www2.unil.ch/biomapper/Download/Hutchinson-CSHSymQunBio-1957.pdf

74 Robert K. Colwell und Thiago F. Rangel, »Hutchinson's duality: The once and future niche«, in: *Proceedings of the National Academy of Sciences* 106, Nr. 2 (November 2009), S. 19651–8. https://doi.org/10.1073/pnas.0901650106

75 Samuel Pironon u. a., »The ›Hutchinsonian niche‹ as an assemblage of demographic niches: Implications for species geographic ranges«, in: *Ecography* 41, Nr. 7 (2017), S. 1103–13. https//doi: 10.1111/ecog.03414

76 Kuzyakov und Blagodatskaya, ebenda.

2 WAS VOR UNS LIEGT

77 Ein komplexes System ist nicht vergleichbar mit einem lediglich komplizierten System, wie zum Beispiel einem Motor, der gebaut wurde, um auf eine gewisse Weise zu funktionieren und der auf einen Reiz (wie zum Beispiel Ihr Fuß auf dem Gaspedal) in geradliniger und vorhersehbarer Form antwortet. Die Eigenschaften eines komplexen Systems können durch die bloße Betrachtung seiner Einzelteile nicht bestimmt werden. Seine Komponenten formen ein selbstorganisiertes Netzwerk, dass auf Druck spontan und nicht linear reagiert.

78 Philipp de Vrese, Stefan Hagemann und Martin Claussen, »Asian irrigation, African rain: Remote impacts of irrigation«, in: *Geophysical Research Letters* 43, Nr. 8 (2016), S. 3737–45. https://doi.org/10.1002/2016GL068146

79 Dirk Helbing, »Globally networked risks and how to respond«, in: *Nature* 497 (2013), S. 51–9. https://doi.org/10.1038/nature12047

80 Wenn das stimmt, dann ist eine wahrscheinliche Erklärung, dass die hohen Temperaturen und die schweren Regenfälle in den Tropen zu einem höheren Gehalt an anorganischem Stickstoff im Boden und einem höheren Säuregehalt führen, was möglicherweise die Abundanz und die Diversität der Mikroben einschränkt, von denen sich viele Bodentiere ernähren. Was natürlich nicht bedeutet, dass eine verringerte Biodiversität über der Erde die Biodiversität unter der Erde fördert – weit gefehlt. Vgl.K. Merton, »The unanticipated consequences of purposive social action«, in: *American Sociological Review* 1, Nr. 6 (1936), S. 894–904. https://doi.org/10.2307/2084615

81 John Steinbeck, *Früchte des Zorns*. Aus dem Englischen von Klaus Lambrecht. München 1985. S. 42f.

82 Andrew G. Haldane, »Rethinking the financial network«, in: *Bank of England at the Financial Student Association*, Amsterdam, 28 April 2009.

https://www.bankofengland.co.uk/speech/2009/rethinking-the-financial-network

83 Tim G. Benton u. a., »Environmental Tipping Points and Food System Dynamics: Main Report«, in: *The Global Food Security programme, UK* (2017). https://dspace.stir.ac.uk/bitstream/1893/24796/1/GFS_Tipping%20Points_Main%20Report.pdf

84 Ebenda.

85 Timothy M. Lenton u a., »Climate tipping points – too risky to bet against«, in: *Nature* 575 (2019), S. 592–5. doi: https://doi.org/10.1038/d41586-019-03595-0; vgl. Timothy M. Lenton, »Tipping positive change«, in: *Philosophical Transactions of the Royal Society B, Biological Sciences* 375, Nr. 1794 (2020). https://doi.org/10.1098/rstb.2019.0123,

86 Benton u. a., ebenda.

87 Zeynep K. Hansen und Gary D. Libecap, »Small farms, externalities, and the Dust Bowl of the 1930s«, in: *Journal of Political Economy* 112, Nr. 3 (2004). https://doi.org/10.1086/383102

88 Ebenda.

89 Lenton, ebenda.

90 Stefano Battiston u a., »Complexity theory and financial regulation«, in: *Science* 351, Nr. 6275 (2016), S. 818–19. https://doi.org/10.1126/science.aad029

91 Leonhard Horstmeyer u. a., »Predicting collapse of adaptive networked systems without knowing the network«, in: *Scientific Reports* 10, Artikel 1223 (2020). https://doi.org/10.1038/s41598-020-57751-y

92 Battiston u. a., ebenda.

93 Haldane, ebenda.

94 Miguel A. Centeno u. a., »The emergence of global systemic risk«, in: *Annual Review of Sociology* 41 (2015), S. 65–85. https://doi.org/10.1146/annurev-soc-073014-112317

95 Flaviano Morone, Gino Del Ferraro und Hernán A. Makse, »The k-core as a predictor of structural collapse in mutualistic ecosystems«, in: *Nature Physics* 15 (2019), S. 95–102. https://doi.org/10.1038/s41567-018-0304-8

96 Paolo D'Odorico u. a., »The global food-energy-water nexus«, in: *Reviews of Geophysics* 56, Nr. 3 (2018), S. 456–531. https://doi.org/10.1029/2017RG000591

97 Chengyi Tu, Samir Suweis und Paolo D'Odorico, »Impact of globalization on the resilience and sustainability of natural resources«, in: *Nature Sustainability* 2 (2019), S. 283–9. https://doi.org/10.1038/s41893-019-0260-z

98 Dirk Helbing, »Globally networked risks and how to respond«, in: *Nature* 497 (2013), S. 51–9. https://doi.org/10.1038/nature12047

99 Charles D. Brummitt, Raissa M. D'Souza und E. A. Leicht, »Suppressing cascades of load in interdependent networks«, in: *Proceedings of the National Academy of Sciences* 109, Nr. 12 (2012), e680–e689. https://doi. org/10.1073/pnas.1110586109

100 Sara Kammlade u. a., »The Changing Global Diet«, in: *International Center for Tropical Agriculture (CIAT)*, 2017. https://ciat.cgiar.org/the-changing-global-diet/

101 Ebenda.

102 Colin K. Khoury u. a., »Increasing homogeneity in global food supplies and the implications for food security«, in: *Proceedings of the National Academy of Sciences* 111, Nr. 11 (2014), S. 4001–6. https://doi. org/10.1073/pnas.1313490111

103 Bee Wilson, *The Way We Eat Now: How the Food Revolution Has Transformed Our Lives, Our Bodies, and Our World*, New York 2019.

104 D'Odorico u. a., ebenda.

105 Christopher Bren d'Amour und Weston Anderson, »International trade and the stability of food supplies in the global south«, in: *Environmental Research Letters* 15, Nr. 7 (2020). https://doi.org/10.1088/1748-9326/ab832f

106 Ryan Walton, J. O. Miller und Lance Champagne, »Simulating Maritime Chokepoint Disruption in the Global Food Supply«, in: *Winter Simulation Conference, National Harbor,* 8.–11. Dezember 2019, S. 1708–18. https://doi.org/10.1109/WSC40007.2019.9004883

107 Michael J. Puma u. a., »Assessing the evolving fragility of the global food system«, in: *Environmental Research Letters* 10, Nr. 2 (2015). https://doi.org/10.1088/1748-9326/10/2/024007

108 Walton, Miller und Champagne, ebenda.

109 FAO, »How to Feed the World in 2050«, in: *Food and Agriculture Organization of the United Nations*, 12. Oktober 2009. http://www.fao.org/fileadmin/templates/wsfs/docs/expert_paper/How_to_Feed_the_World_in_2050.pdf

110 Puma u. a., ebenda.

111 Christopher Bren d'Amour u. a., »Teleconnected food supply shocks«, in: *Environmental Research Letters* 11, Nr. 3 (2016). https://doi. org/10.1088/1748-9326/11/3/035007

112 David Seekell u. a., »Resilience in the global food system«, in: *Environmental Research Letters* 12, Nr. 2 (2017). https://doi.org/10.1088/1748-9326/aa5730

113 M. Nyström u. a., »Anatomy and resilience of the global production ecosystem«, in: *Nature* 575 (2019), S. 98–108. https://doi.org/10.1038/s41586-019-1712-3

114 Chengyi Tu, Suweis und D'Odorico, ebenda.
115 Samir Suweis u. a., »Resilience and reactivity of global food security«, in: *Proceedings of the National Academy of Sciences* 112, Nr. 22 (2015), S. 6902–7. https://doi.org/10.1073/pnas.1507366112
116 Nyström u. a., ebenda.
117 Adam Smith, *The Theory of Moral Sentiments*, Part IV, »Of the effect of utility upon the sentiment of approbation«, 1759, S. 165. https://www.ibiblio.org/ml/libri/s/SmithA_MoralSentiments_p.pdf
118 FAO, »Building on Gender, Agrobiodiversity and Local Knowledge – A Training Manual«, in: *Food and Agriculture Organization of the United Nations*, 2006. http://www.fao.org/3/y5956e/Y5956E03.htm.
119 Ravi P. Singh u. a., »The emergence of Ug99 races of the stem rust fungus is a threat to world wheat production«, in: *Annual Review of Phytopathology* 49 (2011), S. 465–81.
120 Ian Heap und Stephen O. Duke, »Overview of glyphosate-resistant weeds worldwide«, in: *Pest Management Science* 74, Nr. 5 (2018), S. 1040–9. https://doi.org/10.1002/ps.4760
121 Patricio Grassini, Kent M. Eskridge und Kenneth G. Cassman, »Distinguishing between yield advances and yield plateaus in historical crop production trends«, in: *Nature Communications* 4, Artikel 2918 (2013). https://doi.org/10.1038/ncomms3918
122 Ebenda.
123 David Tilman u. a., »Agricultural sustainability and intensive production practices«, in: *Nature* 418 (2002), S. 671–7. https://doi.org/10.1038/nature01014
124 Ebenda.
125 Kenneth G. Cassman u. a., »Meeting cereal demand while protecting natural resources and improving environmental quality«, in: *Annual Review of Environment and Resources* 28 (2003). S. 315–58. https://doi.org/10.1146/annurev.energy.28.040202.122858
126 Nyström u. a., ebenda.
127 Patrick Woodall und Tyler L. Shannon, »Monopoly power corrodes choice and resiliency in the food system«, in: *The Antitrust Bulletin* 63, Nr. 2 (2018), S. 198–221. https://doi.org/10.1177/0003603X18770063
128 Sophia Murphy, David Burch und Jennifer Clapp, »Cereal Secrets: The World's Largest Grain Traders and Global Agriculture«, in: *Oxfam Research Reports*, August 2012. https://www.oxfam.org/en/research/cereal-secrets-worlds-largest-grain-traders-and-global-agriculture
129 Adam Putz, »The ABCDs and M&A: Putting 90% of the global grain supply in fewer hands«, in: *Pitchbook*, 21. Februar 2018.

https://pitchbook.com/news/articles/the-abcds-and-ma-putting-90-of-the-global-food-supply-in-fewer-hands

130 Philip Howard und Mary Hendrickson, »The state of concentration in global food and agriculture industries«, in: Hans Herren und Benedikt Haerlin, *Transformation of Our Food Systems: The Making of a Paradigm Shift*. IAASTD (2020). https://philhoward.net/2020/09/27/the-state-of-concentration-in-global-food-and-agriculture-industries

131 Jennifer Clapp und Joseph Purugganan, »Contextualizing corporate control in the agrifood and extractive sectors«, in: *Globalizations* 17, Nr. 7 (2020), S. 1265–75, https://doi.org/10.1080/14747731.2020.1783814

132 Jennifer Clapp, »Mega-mergers on the menu: Corporate concentration and the politics of sustainability in the global food system«, in: *Global Environmental Politics* 18, Nr. 2 (2018), S. 12–33. https://doi.org/10.1162/glep_a_00454

133 Pat Mooney u. a., »Too Big to Feed: Exploring the Impacts of Mega-Mergers, Concentration of Power in the Agri-Food Sector«, in: *International Panel of Experts on Sustainable Food Systems* (IPES-Food), Oktober 2017. http://www.ipes-food.org/_img/upload/files/Concentration_FullReport.pdf

134 Susanne Gura und François Meienberg, *Agropoly – A Handful of Corporations Control World Food Production*, Zürich 2013. https://www.econexus.info/sites/econexus/files/Agropoly_Econexus_BerneDeclaration.pdf

135 Mooney u. a., ebenda.

136 Clapp und Purugganan, ebenda.

137 Woodall und Shannon, ebenda.

138 Michael L. Katz, »Multisided platforms, big data, and a little antitrust policy«, in: *Review of Industrial Organization* 54 (2019), S. 695–716. https://doi.org/10.1007/s11151-019-09683-9

139 Laura Wellesley u. a., »Chokepoints in global food trade: Assessing the risk«, in: *Research in Transportation Business & Management* 25 (2017), S. 15–28. https://doi.org/10.1016/j.rtbm.2017.07.007

140 Bren d'Amour u. a., ebenda.

141 Evan D. G. Fraser, Alexander Legwegoh und Krishna KC, »Food stocks and grain reserves: Evaluating whether storing food creates resilient food systems«, in: *Journal of Environmental Studies and Sciences* 5 (2015), S. 445–58. https://doi.org/10.1007/s13412-015-0276-2

142 Christophe Gouel, »Optimal food price stabilisation policy«, in: *European Economic Review* 57 (2013), S. 118–34. https://doi.org/10.1016/j.euroecorev.2012.10.003

143 Fraser, Legwegoh und Krishna, ebenda.

144 Jennifer Clapp und S. Ryan Isakson, »Risky returns: The implications of financialization in the food system«, in: *Development and Change* 49, Nr. 2 (2018). S. 437–60. https://doi.org/10.1111/dech.12376

145 José Azar, Martin C. Schmalz und Isabel Tecu, »Anticompetitive effects of common ownership«, in: *The Journal of Finance* 73, Nr. 4 (2018), S. 1513–65. https://doi.org/10.1111/jofi.12698

146 Dirk Helbing, »Globally networked risks and how to respond«, in: *Nature* 497 (2013), S. 51–9. https://doi.org/10.1038/nature12047

147 *Chicago SRW Wheat – Volume, Futures and Options*, Daily Exchange Volume Chart. https://www.cmegroup.com/trading/agricultural/grain-and-oilseed/wheat_quotes_volume_voi.html#tradeDate=20191216

148 M. Graziano Ceddia, »The super-rich and cropland expansion via direct investments in agriculture«, in: *Nature Sustainability* 3 (2020), S. 312–18. https://doi.org/10.1038/s41893-020-0480-2

149 Land Matrix. https://landmatrix.org

150 Land Matrix. https://landmatrix.org/region/africa

151 Ward Anseeuw und Giulia Maria Baldinelli, »Uneven Ground: Land Inequality at the Heart of Unequal Societies«, in: *International Land Coalition & Oxfam,* 2020. https://oi-files-d8-prod.s3.eu-west-2.amazonaws.com/s3fs-public/2020-11/uneven-ground-land-inequality-unequal-societies.pdf

152 Private Eye, *Selling England (and Wales) by the Pound*, 2015. https://www.private-eye.co.uk/registry

153 Mario Herrero, »Farming and the geography of nutrient production for human use: A transdisciplinary analysis«, in: *The Lancet Planetary Health* 1, Nr. 1 (2017), S. e33–e42. https://doi.org/10.1016/S2542-5196(17) 30007-4

154 Nyström u. a., ebenda.

155 Rong Wang, »Flickering gives early warning signals of a critical transition to a eutrophic lake state«, in: *Nature* 492 (2012), S. 419–22. https://doi.org/10.1038/nature11655; Vgl. Jon Greenman, Tim Benton und Joseph Travis, »The amplification of environmental noise in population models: Causes and consequences«, in: *The American Naturalist* 161, Nr. 2 (2003). https://doi.org/10.1086/345784

156 Benton u. a., ebenda.

157 Richard S. Cottrell u. a., »Food production shocks across land and sea«, in: *Nature Sustainability* 2 (2019), S. 130–7. https://doi.org/10. 1038/s41893-018-0210-1

158 FAO, IFAD, UNICEF, WFP und WHO, *The State of Food Security and*

Nutrition in the World 2020: Transforming Food Systems for Affordable Healthy Diets, Rom 2020. https://doi.org/10.4060/ca9692en

159 Jennifer Clapp, »Food self-sufficiency: Making sense of it, and when it makes sense«, in: *Food Policy* 66 (2017), S. 88–96. https://doi.org/10.1016/j.foodpol.2016.12.001

160 Bren d'Amour u. a., ebenda.

161 Tiziano Distefano, »Shock transmission in the international food trade network«, in: *PLoS ONE* 13, Nr. 8 (2018), e0200639. https://doi.org/10.1371/journal.pone.0200639

162 Frederick Kaufman, »How Goldman Sachs created the food crisis«, 2011. https://foreignpolicy.com/2011/04/27/how-goldman-sachs-created-the-food-crisis

163 Marianela Fader u. a., »Spatial decoupling of agricultural production and consumption: Quantifying dependences of countries on food imports due to domestic land and water constraints«, in: *Environmental Research Letters* 8, Nr. 1 (2013). https://doi.org/10.1088/1748-9326/8/1/014046

164 Therea Falkendal u. a, »Grain export restrictions during COVID-19 risk food insecurity in many low- and middle-income countries«, in: *Nature Food* 2 (2021), S. 11–14. https://doi.org/10.1038/s43016-020-00211-7

165 Franziska Gaupp, »Extreme events in a globalized food system«, in: *One Earth* 2, Nr. 6 (2020), S. 518–21, https://doi.org/10.1016/j.oneear.2020.06.001

166 Marcy Nicholson, »Canada sees supply of main crops dropping 26 % on drought impact«, in: *Bloomberg News*, 26. August 2021. https://www.bloomberg.com/news/articles/2021-08-26/canada-sees-supply-of-main-crops-dropping-26-on-drought-impact

167 Baird Langenbrunner, »Water, water not everywhere«, in: *Nature Climate Change* 11 (2021), S. 650. https://doi.org/10.1038/s41558-021-01111-9

168 Zhao Yimeng, »Agriculture officials work to ensure food supply after floods Damage Crops«, in: *China Daily* (30. Juli 2021). https://global.china-daily.com.cn/a/202107/30/WS6103a913a310efa1bd6658fb.html

169 Agnieszka de Sousa und Megan Durisin, »Global food costs jump back near decade-high on harvest woes«, in: *Bloomberg*, 2. September 2021. https://www.bloomberg.com/news/articles/2021-09-02/global-food-prices-jump-back-near-decade-high-on-harvest-woes

170 Beck, Haerlin und Richter, ebenda.

171 Max Roser, Hannah Ritchie und Esteban Ortiz-Ospina, »World Population Growth«, in: *OurWorldInData.org*, 2013. https://ourworldindata.org/world-population-growth

172 Nikos Alexandratos und Jelle Bruinsma, »World Agriculture Towards 2030/2050: The 2012 Revision«, in: *Food and Agriculture Organization of the United Nations*, 2012. https://www.researchgate.net/publication/270890453_World_Agriculture_Towards_20302050_The_2012_Revision

173 Diese Berechnungen wurden auf den neuesten Stand gebracht, um einen weiteren Rückgang in der weltweiten Bevölkerungswachstumsrate abzubilden und werden erklärt in: George Monbiot, »Pregnant Silence«, 19. November 2015. https://www.monbiot.com/2015/11/19/pregnant-silence

174 David Tilman u. a., »Global food demand and the sustainable intensification of agriculture«, in: *Proceedings of the National Academy of Sciences* 108, Nr. 50 (2011), 20260–4. https://doi.org/10.1073/pnas.1116437108

175 Beck, Haerlin und Richter, ebenda.

176 Rob Cook, *World Cattle Inventory by Year*, 23. Oktober 2021. https://beef2live.com/story-world-cattle-inventory-1960-2014-130-111523

177 Beck, Haerlin und Richter, ebenda.

178 Nikos Alexandratos und Jelle Bruinsma, »World Agriculture Towards 2030/2050: The 2012 Revision«, in: *Food and Agriculture Organization of the United Nations*, 2012. https://www.researchgate.net/publication/270890453_World_Agriculture_Towards_20302050_The_2012_Revision

179 D'Odorico u. a., ebenda.

180 Henri de Ruiter, u. a., »Total global agricultural land footprint associated with UK food supply 1986–2011«, in: *Global Environmental Change* 43 (2017), S. 72–81. https://doi.org/10.1016/j.gloenvcha. 2017.01.007

181 Department for Environment, Food and Rural Affairs, 2020, *Farming Statistics – Provisional Arable Crop Areas, Yields and Livestock Populations at 1 June 2020 United Kingdom*, 8. Oktober 2020. https://assets.publishing.service.gov.uk/government/uploads/system/uploads/attachment_data/file/931104/structure-jun2020prov-UK-08oct20i.pdf

182 Emily S. Cassidy u. a., »Redefining agricultural yields: From tonnes to people nourished per hectare«, in: *Environmental Research Letters* 8, Nr. 3 (2013), 034015. https://doi.org/10.1088/1748-9326/8/3/034015

183 Maria Cristina Rulli u. a., »The water-land-food nexus of first generation biofuels«, in: *Scientific Reports* 6, Artikel 22521 (2016). https://doi.org/10.1038/srep22521

184 Mitchell C. Hunter u. a., »Agriculture in 2050: Recalibrating targets for sustainable intensification«, in: *BioScience* 67, Nr. 4 (2017), S. 386–91. https://doi.org/10.1093/biosci/bix010

185 Deepak K. Ray u. a., »Yield trends are insufficient to double global crop production by 2050«, in: *PLoS ONE* 8, Nr. 6 (2013), e66428. https://doi.org/10.1371/journal.pone.0066428

186 Colin Raymond, Tom Matthews und Radley M. Horton, »The emergence of heat and humidity too severe for human tolerance«, in: *Science Advances* 6, Nr. 19 (2020). https://doi.org/10.1126/sciadv.aaw1838
187 Ebenda.
188 Nir Y. Krakauer, Benjamin I. Cook und Michael J. Puma, »Effect of irrigation on humid heat extremes«, in: *Environmental Research Letters* 15, Nr. 9 (2020). https://doi.org/10.1088/1748-9326/ab9ecf
189 Raymond, Matthews und Horton, ebenda.
190 Luke J. Harrington und Friederike E. L. Otto, »Reconciling theory with the reality of African heatwaves«, in: *Nature Climate Change* 10 (2020), S. 796–8. https://doi.org/10.1038/s41558-020-0851-8
191 Chi Xu u. a., »Future of the human climate niche«, in: *Proceedings of the National Academy of Sciences* 117, Nr. 21 (Mai 2020), S. 11350–5. https://doi.org/10.1073/pnas.1910114117
192 UN Food and Agriculture Organization, »Nigeria: Small family farms country fact sheet«, 2018. http://www.fao.org/3/i9930en/I9930EN.pdf
193 Nigerian Price, »Tractor prices in Nigeria«, September 2021. https://nigerianprice.com/tractor-prices-in-nigeria
194 Vincent Ricciardi, »How much of the world's food do smallholders produce?«, in: *Global Food Security* 17 (2018), S. 64–72. https://doi.org/10.1016/j.gfs.2018.05.002
195 Deepak K. Ray u. a., »Climate change has likely already affected global food production«, in: *PLoS ONE* 14, Nr. 5 (2019), e0217148. https://doi.org/10.1371/journal.pone.0217148
196 Lindsey L. Sloat u. a., »Climate adaptation by crop migration«, in: *Nature Communications* 11, Artikel 1243 (2020). https://doi.org/10.1038/s41467-020-15076-4
197 David Makowski u. a., »Quantitative synthesis of temperature, CO_2, rainfall, and adaptation effects on global crop fields«, in: *European Journal of Agronomy* 115 (2020). https://doi.org/10.1016/j.eja.2020.126041
198 Xuhui Wang u. a., »Emergent constraint on crop yield response to warmer temperature from field experiments«, in: *Nature Sustainability* 3 (2020), S. 908–16. https://doi.org/10.1038/s41893-020-0569-7. Zampieri u. a., »When will current climate extremes affecting maize production become the norm?«, in: *Earth's Future* 7 (2019), S. 113–22. https://doi.org/10.1029/2018EF000995
Chuang Zhao u. a., »Temperature increase reduces global yields of major crops in four independent estimates«, in: *Proceedings of the*

National Academy of Sciences 114, Nr. 35 (2017), S. 9326–31. https://doi.org/10.1073/pnas.1701762114

199 Rory G. J. Fitzpatrick u. a., »How a typical West African day in the future-climate compares with current-climate conditions in a convection-permitting and parameterised convection climate model«, in: *Climatic Change* 163 (2020), S. 267–96. https://doi.org/10.1007/s10584-020-02881-5

200 Samuel S. Myers u. a., »Increasing CO_2 threatens human nutrition«, in: *Nature* 510 (2014), S. 139–42. https://doi.org/10.1038/nature13179

201 J. I. Macdiarmid und S. Whybrow, »Nutrition from a climate change perspective«, in: *Proceedings of the Nutrition Society* 78 (2019), S. 380–7. https://doi.org/10.1017/S0029665118002896

202 Ebenda.

203 Elizabeth R. H. Moore u. a., »The mismatch between anthropogenic CO_2 emissions and their consequences for human zinc and protein sufficiency highlights important environmental justice issues«, in: *Challenges* 11 (1), Nr. 4 (2020). https://doi.org/10.3390/challe11010004

204 Matthew R. Smith und Samuel S. Myers, »Impact of anthropogenic CO_2 emissions on global human nutrition«, in: *Nature Climate Change* 8 (2018), S. 834–9. https://doi.org/10.1038/s41558-018-0253-3

205 Danielle E. Medek, Joel Schwartz und Samuel S. Myers, »Estimated effects of future atmospheric CO_2 concentrations on protein intake and the risk of protein deficiency by country and region«, in: *Environmental Health Perspectives* 125, Nr. 8 (2017). https://doi.org/10.1289/EHP41

206 M. R. Smith, C. D. Golden und S. S. Myers, »Potential rise in iron deficiency due to future anthropogenic carbon dioxide emissions«, in: *GeoHealth* 1, Nr. 6 (2017), S. 248–57. https://doi.org/10.1002/2016GH000018

207 Samuel S. Myers u. a., »Climate change and global food systems: Potential impacts on food security and undernutrition«, in: *Annual Review of Public Health* 38, Nr. 1 (2017), S. 259–77. https://doi.org/10.1146/annurev-publhealth-031816-044356

208 M. R. Smith und S. S. Myers, »Global health implications of nutrient changes in rice under high atmospheric carbon dioxide«, in: *GeoHealth* 3, Nr. 7 (2019), S. 190–200. https://doi.org/10.1029/2019GH000188

209 Andrew S. Ross, »A shifting climate for grains and flour«, in: *Cereals & Grains Association, Cereal Foods World*, 2019. https://www.cerealsgrains.org/publications/cfw/2019/September-October/Pages/CFW-64-5-0050.aspx

210 Edward D. Perry, Jisang Yu und Jesse Tack, »Using insurance data to quantify the multidimensional impacts of warming temperatures on

yield risk«, in: *Nature Communications* 11, Artikel 4542 (2020). https://doi.org/10.1038/s41467-020-17707-2

211 Noah S. Diffenbaugh, »Verification of extreme event attribution: Using out-of-sample observations to assess changes in probabilities of unprecedented events«, in: *Science Advances* 6, Nr. 12 (2020), e2368. https://doi.org/10.1126/sciadv.aay2368

212 »2 years since Cyclone Idai and Mozambique has already faced an additional 3 cyclones«, in: *ReliefWeb*, 2021. https://reliefweb.int/report/mozambique/2-years-cyclone-idai-and-mozambique-has-already-faced-additional-3-cyclones

213 Xiaogang He und Justin Sheffield, »Lagged compound occurrence of droughts and pluvials globally over the past seven decades«, in: *Geophysical Research Letters* 47, Nr. 14 (13. Mai 2020).

214 Xu Yue und Nadine Unger, »Fire air pollution reduces global terrestrial productivity«, in: *Nature Communications* 9, Artikel 5413 (2018). https://doi.org/10.1038/s41467-018-07921-4

215 Walton, Miller und Champagne, ebenda.

216 Laura Wellesley u. a., »Chokepoints in global food trade: Assessing the risk«, in: *Research in Transportation Business & Management* 25 (2017), S. 15–28. https://doi.org/10.1016/j.rtbm.2017.07.007

217 Jon Gambrell und Samy Magdy, »Massive cargo ship becomes wedged, blocks Egypt's Suez Canal«, in: *AP News*, 24. März 2021. https://apnews.com/article/cargo-ship-blocks-egypt-suez-canal-5957543bb555ab31c14d56ad09f98810

218 Wellesley u. a., ebenda.

219 Walton, Miller und Champagne, ebenda.

220 Kyle Frankel Davis u. a., »Water limits to closing yield gaps«, in: *Advances in Water Resources* 99 (2017), S. 67–75. https://doi.org/10.1016/j.advwatres.2016.11.015

221 Y. Wada u. a., »Modeling global water use for the 21st century: The water futures and solutions (WFaS) initiative and its approaches«, in: *Geoscientific Model Development* 9, Nr. 1 (2016), S. 175–222. https://doi.org/10.5194/gmd-9-175-2016

222 Zhongwei Huang u. a., »Global agricultural green and blue water consumption under future climate and land use changes«, in: *Journal of Hydrology* 574 (2019), S. 242–56. https://doi.org/10.1016/j.jhydrol.2019.04.046

223 D'Odorico u. a., ebenda.

224 J. S. Famiglietti u. a., »Satellites measure recent rates of groundwater depletion in California's Central Valley«, in: *Geophysical Research Letters* 38, Nr. 3 (2011). https://doi.org/10.1029/2010GL046442

225 Justin Fox, »Cows suck up more water than almonds«, in: *Bloomberg*, 13. April 2015. https://www.bloomberg.com/opinion/articles/2015-04-13/cows-suck-up-more-of-california-s-water-than-almonds
226 Mesfin Mekonnen und Arjen Hoekstra, »The green, blue and grey water footprint of crops and derived crop products«, in: *Hydrology and Earth System Sciences Discussions* 15 (2011), S. 1577–1600. https://doi.org/10.5194/hess-15-1577-2011
227 World Resources Institute, Aqueduct, *Aqueduct Tools*. https://www.wri.org/aqueduct
228 Daniel Viviroli u. a., »Increasing dependence of lowland populations on mountain water resources«, in: *Nature Sustainability* 3 (2020), S. 917–28. https://doi.org/10.1038/s41893-020-0559-9
229 W. W. Immerzeel u. a., »Importance and vulnerability of the world's water towers«, in: *Nature* 577 (2019), S. 364–9. https://doi.org/10.1038/s41586-019-1822-y
230 Hamish D. Pritchard, »Asia's shrinking glaciers protect large populations from drought stress«, in: *Nature* 569 (2019), S. 649–54. https://doi.org/10.1038/s41586-019-1240-1
231 Ebenda.
232 H. Biemans u. a., »Importance of snow and glacier meltwater for agriculture on the Indo-Gangetic plain«, in: *Nature Sustainability* 2 (2019), S. 594–601. https://doi.org/10.1038/s41893-019-0305-3
233 Pritchard, ebenda.
234 Immerzeel u. a., ebenda.
235 Pritchard, ebenda.
236 Sadaf Taimur, »India, Pakistan, and the coming climate-induced scramble for water«, in: *Salzburg Global Seminar*, 15. Oktober 2020. https://www.salzburgglobal.org/news/opinions/article/india-pakistan-and-the-coming-climate-induced-scramble-for-water
237 Yue Qin u. a., »Agricultural risks from changing snowmelt«, in: *Nature Climate Change* 10 (2020), S. 459–65. https://doi.org/10.1038/s41558-020-0746-8
238 C. A. Scott u. a., »Irrigation efficiency and water-policy implications for river-basin resilience«, in: *Hydrology and Earth System Sciences* 18 (2014), S. 1339–48. https://doi.org/10.5194/hess-18-1339-2014
239 Ebenda.
240 Isaac M. Held und Brian J. Soden, »Robust responses of the hydrological cycle to global warming«, in: *Journal of Climate* 19, Nr. 21 (2006), S. 5686–99. https://doi.org/10.1175/JCLI3990.1
241 Chang-Eui Park u. a., »Keeping global warming within 1.5 °C constrains

emergence of aridification«, in: *Nature Climate Change* 8 (2018), S. 70–4. https://doi.org/10.1038/s41558-017-0034-4

242 Miroslav Trnka u. a., »Mitigation efforts will not fully alleviate the increase in water scarcity occurrence probability in wheat-producing areas«, in: *Science Advances* 5, Nr. 9 (2019), e2406. https://doi.org/10.1126/sciadv. aau2406

243 Matti Kummu u. a., »Climate change risks pushing one-third of global food production outside the safe climatic space«, in: *One Earth* 4, Nr. 5 (2021), S. 720–9. https://doi.org/10.1016/j.oneear.2021.04.017

244 David B. Lobell, »Climate change adaptation in crop production: Beware of illusions«, in: *Global Food Security* 3, Nr. 2 (2014), S. 72–6. https://doi.org/10.1016/j.gfs.2014.05.002

245 Commission of the European Communities, »Proposal for a directive of the European Parliament and of the Council establishing a framework for the protection of soil and amending Directive 2004/35/EC«, in: *Access to European Union Law*, Document 52006PC0232 (2006). https://eur-lex.europa.eu/legal-content/EN/TXT/?uri=CELEX:52006PC0232

246 »Withdrawal of Soil Framework Directive Welcomed«, in: *National Farmers' Union*, 22. Mai 2014. https://www.nfuonline.com/withdrawal-of-soil-framework-directive-welcomed

247 Defra Strategic Evidence and Partnership Project, 2011. https://issuu.com/westcountryriverstrust/docs/9850_theriverstrustdseppreport

248 Ebenda.

249 Department for Environment, Food and Rural Affairs, 2020, »Farming Statistics – Land Use, Livestock Populations and Agricultural Workforce at 1 June 2020 – England«. https://assets.publishing.service.gov.uk/government/uploads/system/uploads/attachment_data/file/928397/structure-landuse-june20-eng-22oct20.pdf

250 George Monbiot, »Fuel for nought«, in: *The Guardian*, 23. November 2004. https://www.theguardian.com/politics/2004/nov/23/greenpolitics.uk

251 Der ursprüngliche Artikel wurde gelöscht – https://www.fginsight.com/home/arable/taking-maize-for-energy-production-to-the-next-level/59704.article – doch ich habe ihn damals an dieser Stelle zitiert: George Monbiot, »How a false solution to climate change is damaging the natural world«, in: *The Guardian*, 14. März 2014. https://www.theguardian.com/environment/georgemonbiot/2014/mar/14/uk-ban-maize-biogas

252 Richard Gaughan, »How much land is needed for wind turbines?«, in: *Sciencing*, 10. Mai 2018. https://sciencing.com/much-land-needed-wind-turbines-12304634.html

253 R. C. Palmer und R. P. Smith, »Soil structural degradation in SW England and its impact on surface-water runoff generation«, in: *Soil Use and Management* 29, Nr. 4 (2013), S. 567–75. https://doi.org/10.1111/sum.12068

254 Nils Klawitter, »Corn-Mania: Biogas Boom in Germany Leads to Modern-Day Land Grab«, in: *Spiegel International*, 30. August 2012. https://www.spiegel.de/international/germany/biogas-subsidies-in-germany-lead-to-modern-day-land-grab-a-852575.html

255 Pasquale Borrelli u. a., »An assessment of the global impact of 21st-century land use change on soil erosion«, in: *Nature Communications* 8, Artikel 2013 (2017). https://doi.org/10.1038/s41467-017-02142-7

256 Martina Sartori u. a., »A linkage between the biophysical and the economic: Assessing the global market impacts of soil erosion«, in: *Land Use Policy* 86 (2019), S. 299–312. https://doi.org/10.1016/j.landusepol.2019.05.014

257 World Bank Group, *Republic of Malawi Poverty Assessment*, World Bank, Washington DC 2017. https://openknowledge.worldbank.org/handle/10986/26488

258 Solomon Asfawa, Giacomo Pallanteb und Alessandro Palma, »Distributional impacts of soil erosion on agricultural productivity and welfare in Malawi«, in: *Ecological Economics* 177 (2020). https://doi.org/10.1016/j.ecolecon.2020.106764

259 Luca Montanarella, Robert Scholes und Anastasia Brainich (Hrsg.), *The IPBES Assessment Report on Land Degradation and Restoration*, Secretariat of the Intergovernmental Science-Policy Platform on Biodiversity and Ecosystem Services, Bonn 2018. https://doi. org/10.5281/zenodo.3237392

260 Ebenda.

261 Pasquale Borrelli u. a., »Land use and climate change impacts on global soil erosion by water«, in: *Proceedings of the National Academy of Sciences* 117, Nr. 36 (2020), S. 21994–22001. https://doi.org/10.1073/pnas. 2001403117

262 Margaret R. Douglas, Jason R. Rohr und John F. Tooker, »Neonicotinoid insecticide travels through a soil food chain, disrupting biological control of non-target pests and decreasing soya bean yield«, in: *Journal of Applied Ecology* 52 (2014), S. 250–60. https://doi.org/10.1111/1365-2664.12372

263 Cláudia de Lima e Silva u. a., »Comparative toxicity of imidacloprid and thiacloprid to different species of soil invertebrates«, in: *Ecotoxicology* 26 (2017), S. 555–64. https://doi.org/10.1007/s10646-017-1790-7

264 Bo Yu u. a., »Effects on soil microbial community after exposure to neonicotinoid insecticides thiamethoxam and dinotefuran«, in: *Science of the Total Environment* 725. https://doi.org/10.1016/j.scitotenv. 2020.138328

265 Peng Zhang et al., »Sorption, desorption and degradation of neonicotinoids in four agricultural soils and their effects on soil microorganisms«, in: *Science of the Total Environment* 615 (2018), S. 59–69. https://doi.org/10.1016/j.scitotenv.2017.09.097

266 Montanarella, Scholes und Brainich (Hrsg.), ebenda.

3 LANDWIRTSCHAFTLICHER FLÄCHENFRASS

267 Tim Maugham, »The modern world has finally become too complex for any of us to understand. No one's driving«, 30. November 2021. https://onezero.medium.com/the-modern-world-has-finally-become-too-complex-for-any-of-us-to-understand-1a0b46fbc292

268 Wales Environment Link, *Statement in response to Natural Resources Wales' new advice on the River Wye Special Area of Conservation (SAC)*, 18. Dezember 2020. https://www.waleslink.org/sites/default/files/wel_statement_on_nrw_phosphate_in_river_wye_sac_final.pdf

269 United Kingdom Government Legislation, 2016. *The Environmental Permitting (England and Wales) Regulations 2016, Intensive Farming*. UK Statutory Instruments, 2016, no. 1154, sch. 1, pt. 2, ch. 6, section 6.9. https://www.legislation.gov.uk/uksi/2016/1154/schedule/1/part/2/chapter/6/crossheading/intensive-farming/made

270 Antworten der beiden Bezirksräten und der Kontrollaufsicht an das Rivercide-Team via Mail.

271 Nicola Cutcher, »Counting chickens«, 15. Juli 2021. https://cutcher.co.uk/linklog/2021/07/15/counting-chickens

272 Wil Crisp, »Revealed: no penalties issued under ›useless‹ English farm pollution laws«, in: *The Guardian*, 12. Februar 2021. https://www.theguardian.com/environment/2021/feb/12/revealed-no-penalties-issued-under-useless-uk-farm-pollution-laws

273 Gordon Green, »River phosphate aspects of poultry farming in Powys – A case study«, 2021. https://www.wyesalmon.com/wp-content/uploads/2021/04/A-Study-of-Poultry-Farming-and-its-Impact-on-Water-Quality-in-the-Wye.pdf

274 The Wye & Usk Foundation, »Nation's ›Favourite‹ River Facing Ecological Disaster«, 8. Juni 2020. https://www.wyeuskfoundation.org/news/nations-favourite-river-facing-ecological-disaster

275 Brecon & Radnor Branch of Campaign for the Protection of Rural Wales and, Herefordshire and Shropshire Branches of Campaign for the Protection of Rural, *Intensive Chicken Production Units: Herefordshire, Shropshire & Powys*, 2019. http://www.brecon-and-radnor-cprw. wales/wp-content/uploads/2019/07/IPU-ALLdataV4-Master-20190707-3-Counties-FINAL-2.0-20190711.pdf

276 The Wye & Usk Foundation, ebenda.

277 CPRW Brecon & Radnor Branch Press Release, *5 Years this July: Remember, Remember the Disappearing Wildlife and Clean Rivers of Powys*, 2. Juli 2020. https://m.facebook.com/notes/river-wye-pollution-and-conservation/cprw-brecon-radnor-branch-press-release-2nd-july-2020/2633300743624910

278 Kate Bull auf Change.Org, »Save the River Wye!«, *Demand Moratorium on all New Poultry Units in Powys*, 2020. https://www.change.org/p/powys-county-council-save-the-river-wye-demand-moratorium-on-all-new-poultry-units-in-powys?recruiter=66808012&utm_source=share_petition&utm_medium=facebook&utm_campaign=psf_combo_share_initial&utm_term=share_petition&recruited_by_id= 4570935e-5370-4756-9804-1bdb777cb9b4&utm_content=fht-23011731-en-gb%3Av12&fbclid= I W A R 0 W E W KR bef-EZ2Zzr0S9Yz_516GNEKYMG8nNylcr4z8mw7w46PJzg3Schc

279 Natural Resources Wales, »NRW issues new advice to safeguard the River Wye special area of conservation«, 17. Dezember 2020. https://naturalresources.wales/about-us/news-and-events/news/nrw-issues-new-advice-to-safeguard-the-river-wye-special-area-of-conservation/?lang=en

280 Salmon & Trout Conservation, »NRW's planning advice on Wye pollution ineffective, say conservation organisations *Fish Legal* and *Salmon & Trout Conservation*«, 9. Februar 2021. https://salmon-trout.org/2021/02/09/nrws-planning-advice-on-wye-pollution-ineffective-say-conservation-organisations

281 Elgan Hearn, »Plans for 150,000-bird chicken farm near Welshpool rejected«, in: *Powys County Times*, 4. Februar 2021. https://www.county-times.co.uk/news/19066507.plans-150-000-bird-chicken-farm-near-welshpool-rejected

282 George Monbiot, »Think dairy farming is benign? Our rivers tell a different story«, in: *The Guardian*, 5. Oktober 2015. https://www.theguardian.com/environment/2015/oct/05/think-dairy-farming-is-benign-our-rivers-tell-a-different-story

283 Ebenda.

284 Crisp, ebenda.

285 Madeleine Cuff, »Farmers on average receive a pollution inspection from the Environment Agency every 263 years«, in: *iNews*, 24. September 2020. https://inews.co.uk/news/environment/farmers-pollution-inspection-environment-agency-chemicals-pollutants-659701

286 John Cossens, »River Axe N2K Catchment Regulatory Project Report«, in: *Salmon & Trout Conservation*, 2019. https://www.salmon-trout.org/wp-content/uploads/2020/03/Final-Axe-Regulatory-Report.pdf

287 Andrew Wasley u. a., »Dirty Business: The Livestock Farms Polluting the UK«, in: *The Bureau of Investigative Journalism*, 21. August 2017. https://www.thebureauinvestigates.com/stories/2017-08-21/farming-pollution-fish-uk

288 Red Tractor. https://redtractor.org.uk

289 United Kingdom Parliamentary Business, »UK Progress on Reducing Nitrate Pollution«, in: *Commons Select Committees, Environmental Audit*, 22. November 2018. https://publications.parliament.uk/pa/cm201719/cmselect/cmenvaud/656/65605.htm

290 Cossens, ebenda.

291 UK Environment Agency, Corporate Report: Environ ment Agency Statistics on Serious Pollution Incidents, their Impacts on Air and Water and the Sectors Responsible, 1. Dezember 2017. https://www.gov.uk/government/publications/pollution-incidents-evidence-summaries

292 Natural Resources Wales, *Sea Trout Stock Performance in Wales 2018*, 29. April 2019. https://cdn.cyfoethnaturiol.cymru/media/688881/sea-trout-stock-performance-in-wales-2018_1.pdf?mode=pad&rnd=132013665370000000; vgl. Meat Promotion Wales, *Little Book of Meat Facts: Compendium of Welsh Red Meat and Livestock Industry Statistics 2018*, 2018. https://meatpromotion.wales/images/resources/Little_Book_of_Meat_Facts_2018_web.pdf

293 Ella McSweeney, »›We've crossed a threshold‹: Has industrial farming contributed to Ireland's water crisis?«, in: *The Guardian*, Animals farmed, Ireland, 28. September 2020. https://www.theguardian.com/environment/2020/sep/28/weve-crossed-a-threshold-has-industrial-farming-contributed-to-irelands-water-crisis

294 Ministry for the Environment & Stats NZ, *Embargoed until 10.45am 18 April 2019: New Zealand's Environmental Reporting Series: Environment Aotearoa 2019*, 2019. https://www.documentcloud.org/documents/5954379-Environment-Aotearoa-2019-Embargoed.html

295 Yaara Bou Melhem, »New Zealand's troubled waters«, in: *ABC*, 15. März 2021. https://www.abc.net.au/news/2021-03-16/new-zealand-rivers-pollution-100-per-cent-pure/13236174

296 Fiona Proffitt, *How Clean Are Our Rivers?* National Institute of Water and Atmospheric Research (NIWA), 22. Juli 2010. https://niwa.co.nz/publications/wa/water-atmosphere-1-july-2010/how-clean-are-our-rivers
297 Maryna Strokal u. a., »Alarming nutrient pollution of Chinese rivers as a result of agricultural transitions«, in: *Environmental Research Letters* 11, Nr. 2 (2016). https://doi.org/10.1088/1748-9326/11/2/024014
298 Franziska Schulz u. a., *Unterschiede der Fütterung ökologischer und konventioneller Betriebe und deren Einfluss auf die Methan-Emission aus der Verdauung von Milchkühen*. Braunschweig 2013, Johann Heinrich von Thünen-Institut, S. 189–205. http://www.pilotbe triebe.de/download/Abschlussbericht%202013/5-8_Schulz%20et%20al%202013.pdf
299 Rhian Price, »How dairy farmers are making four cuts of 11.3ME silage«, in: *Farmers Weekly*, 12. Februar 2018. https://www.fwi.co.uk/livestock/how-dairy-farmers-are-making-four-cuts-of-11-3me-silage
300 Volac International Limited, *Grow More Milk With Ecosyl*, 2021. https://uk.ecosyl.com/grow-more-milk-with-ecosyl#
301 Paul Cawood, pers. Mitt.
302 UK Department for Environment, Food & Rural Affairs and Environ ment Agency, *Rules for Farmers and Land Managers to Prevent Water Pollution*, 2. April 2018. https://www.gov.uk/guidance/rules-for-farmers-and-land-managers-to-prevent-water-pollution
303 Fly Fishing & Fly Tying, *Welsh Slurry Contractors Say Regulation is Required on Spreading*. https://flyfishing-and-flytying.co.uk/blog/view/welsh_slurry_contractors_say_regulation_is_required_on_spreading
304 Alexandra Leclerc und Alexis Laurent, »Framework for estimating toxic releases from the application of manure on agricultural soil: National release inventories for heavy metals in 2000–2014«, in: *Science of The Total Environment* 590–1 (2017), S. 452–60. https://doi.org/10. 1016/j.scitotenv.2017.01.117
305 Xiaoyong Qian u. a., »Heavy metals accumulation in soil after 4 years of continuous land application of swine manure: A field-scale monitoring and modeling estimation«, in: *Chemosphere* 210 (2018), S. 1029–34. https://doi.org/10.1016/j.chemosphere.2018.07.107
306 Organization for Economic Cooperation and Development (OECD), *Policy Insights – Antimicrobial Resistance*, 10. November 2016. https://www.oecd.org/health/health-systems/AMR-Policy-Insights-November 2016.pdf
307 US Food and Drug Administration (FDA), Guidance for Industry: *New Animal Drugs and New Animal Drug Combination Products*

Administered in or on Medicated Feed or Drinking Water of Food-Producing Animals: Recommendations for Drug Sponsors for Voluntarily Aligning Product Use Conditions with GFI #209, Nr. 213 (Dezember 2013). https://www.fda.gov/media/83488/download

308 Wan-Ying Xie, Q. Shen und F. J. Zhao, »Antibiotics and antibiotic resistance from animal manures to soil: A review«, in: *European Journal of Soil Science* 69, Nr. 1 (2018), S. 181–95. https://doi.org/10.1111/ejss.12494

309 Evelyn Walters, Kristin McClellan und Rolf U. Halden, »Occurrence and loss over three years of 72 pharmaceuticals and personal care products from biosolids-soil mixtures in outdoor mesocosms«, in: *Water Research* 44, Nr. 20 (2010), S. 6011–20. https://doi.org/10.1016/j.watres. 2010.07.051

310 Ya He u. a., »Antibiotic resistance genes from livestock waste: Occurrence, dissemination, and treatment«, in: *Nature Partner Journal (NPJ)*, Clean Water, 3, Artikel 4 (2020). https://doi.org/10.1038/s41545-020-0051-0

311 Yong-Guan Zhu u. a., »Soil biota, antimicrobial resistance and planetary health«, in: *Environment International* 131 (2019). https://doi. org/10.1016/j.envint.2019.105059

312 Paulo Durão, Roberto Balbontín und Isabel Gordo, »Evolutionary mechanisms shaping the maintenance of antibiotic resistance«, in: *Trends in Microbiology* 26, Nr. 8 (2018), S. 677–91. https://doi.org/10.1016/j.tim.2018. 01.005

313 Wan-Ying Xie u. a., »Long-term effects of manure and chemical fertilizers on soil antibiotic resistome«, in: *Soil Biology and Biochemistry* 122 (2018), S. 111–19. https://doi.org/10.1016/j.soilbio.2018.04.009

314 Fenghua Wang u. a., »Fifteen-year application of manure and chemical fertilizers differently impacts soil ARGs and microbial community structure«, in: *Frontiers in Microbiology* 11 (2020). https://doi.org/10.3389/fmicb.2020.00062

315 Heather Storteboom u. a., »Tracking antibiotic resistance genes in the South Platte River Basin using molecular signatures of urban, agricultural, and pristine sources«, in: *Environmental Science & Technology* 44, Nr. 19 (2010), S. 7397–404. https://doi.org/10.1021/es101657s

316 S. Koike u. a., »Monitoring and source tracking of tetracycline resistance genes in lagoons and groundwater adjacent to swine production facilities over a 3-year period«, in: *Applied and Environmental Microbiology* 73, Nr. 15 (2007), S. 4813–23. https://doi.org/10.1128/AEM. 00665-07

317 Zhishu Liang u. a., »Pollution profiles of antibiotic resistance genes associated with airborne opportunistic pathogens from typical area,

Pearl River estuary, and their exposure risk to humans«, in: *Environment International* 143 (2020). https://doi.org/10.1016/j.envint.2020. 105934

318 Fangkai Zhao u. a., »Bioaccumulation of antibiotics in crops under long-term manure application: Occurrence, biomass response and human exposure«, in: *Chemosphere* 219 (2019), S. 882–95. https://doi.org/10.1016/j.chemosphere.2018.12.076

Yu-Jing Zhang u. a., »Transfer of antibiotic resistance from manure-amended soils to vegetable microbiomes«, in: *Environment International* 130, Artikel 104912 (2019). https://doi.org/10.1016/j.envint. 2019.104912

319 Organization for Economic Cooperation and Development (OECD), *Policy Insights – Antimicrobial Resistance*, 10. November 2016. https://www.oecd.org/health/health-systems/AMR-Policy-Insights-November 2016.pdf

320 Holger Heuer, Heike Schmitt und Kornelia Smalla, »Antibiotic resistance gene spread due to manure application on agricultural fields«, in: *Current Opinion in Microbiology* 14, Nr. 3 (2011), S. 236–43. https://doi.org/10.1016/j.mib.2011.04.009

321 World Health Organization (WHO Europe), *Tackling Antibiotic Resistance from a Food Safety Perspective in Europe*, 2011. https://www.euro.who.int/data/assets/pdf_file/0005/136454/e94889.pdf

322 Jim O'Neill, Review on Antimicrobial Resistance – Antimicrobial Resistance: Tackling a Crisis for the Health and Wealth of Nations, 2014. https://wellcomecollection.org/works/rdpck35v

323 Aude Teillant u. a., »Potential burden of antibiotic resistance on surgery and cancer chemotherapy antibiotic prophylaxis in the USA: A literature review and modelling study«, in: *The Lancet Infectious Diseases* 15, Nr. 12 (2015), S. 1429–37. https://doi.org/10.1016/S1473-3099(15)00270-4

324 Thomas P. Van Boeckel u. a., »Global trends in antimicrobial use in food animals«, in: *Proceedings of the National Academy of Sciences* 112, Nr. 18 (2015), S. 5649–54. https://doi.org/10.1073/pnas.1503141112

325 Biosolids Assurance Scheme (BAS), *About Biosolids*. https://assured-biosolids.co.uk/about-biosolids

326 Crispin Dowler und Zach Boren, »Revealed: Salmonella, Toxic Chemicals and Plastic Found in Sewage Spread on Farmland«, in: *Unearthed, Greenpeace UK*, 2020. https://unearthed.greenpeace.org/2020/02/04/sewage-sludge-landspreading-environment-agency-report

327 Environment Agency, *Perfluorooctane Sulfonate (PFOS) and Related Substances: Sources, Pathways and Environmental Data*, Department for Environment, Food & Rural Affairs, Oktober 2019. https://consult.environment-agency.gov.uk/environment-and-business/challenges-and-

choices/user_uploads/perfluorooctane-sulfonate-and-related-substances-pressure-rbmp-2021.pdf

328 Bei diesen Stoffen handelt es sich ausschließlich um von Menschenhand hergestellte, organische Verbindungen (organisch bedeutet in diesem Fall, dass sie Kohlenstoff-Wasserstoff-Bindungen aufweisen). Einige von ihnen, wie PFASs und PCBs werden bewusst hergestellt, andere sind Nebenprodukte von industriellen Prozessen oder Verbrennung. Diese chemischen Stoffe lösen sich nicht so ohne weiteres auf, in einigen Fällen sogar überhaupt nicht. Auf ihrem Weg durch die Nahrungskette akkumulieren sie sich und reichern sich insbesondere im Gewebe langlebiger Tiere an der Spitze der Nahrungskette ab, etwa in Schwertwalen oder Menschen.

329 Gareth Simkins, »EA »sat on sewage sludge risks research«, report says«, in: *ENDS Report*, 2020. https://www.endsreport.com/article/1672915/ea-sat-sewage-sludge-risks-research-report-says

330 Environment Agency, *News Story: Farm Suppliers Warned over Waste Materials Rules; New Enforcement Programme Targets Inappropriate Landspreading*. UK Government, 1. Dezember 2015. https://www. gov.uk/government/news/farm-suppliers-warned-over-waste-materials-rules

331 Bo Yu u. a., »Effects on soil microbial community after exposure to neonicotinoid insecticides thiamethoxam and dinotefuran«, in: *Science of the Total Environment* 725 (2020). https://doi.org/10.1016/j.scitotenv.2020.138328

332 United States Environmental Protection Agency, Report: EPA Unable to Assess the Impact of Hundreds of Unregulated Pollutants in Land-Applied Biosolids on Human Health and the Environment, Office of Inspector General, Report #19-P-0002, 15. November 2018. https://www.epa.gov/sites/production/files/2018-11/documents/_epaoig_20181115-19-p-0002.pdf

333 Jennifer Lee, »Sludge spread on fields is fodder for lawsuits«, in: *The New York Times*, 26. Juni 2003. https://www.nytimes.com/2003/06/26/us/sludge-spread-on-fields-is-fodder-for-lawsuits.html

334 Seacoast Online, »Maine dairy farmer's blood tests high for ›forever chemicals‹ from toxic sludge«, in: *Bangor Daily News*, 16. August 2019. https://bangordailynews.com/2019/08/16/news/york/maine-dairy-farmers-blood-tests-high-for-forever-chemicals-from-toxic-sludge

335 Sharon Lerner, »Toxic PFAS chemicals found in main farms fertilized with sewage sludge«, in: *The Intercept*, 7. Juni 2019. https://theintercept.com/2019/06/07/pfas-chemicals-maine-sludge

336 Amy Lowman u. a., »Land application of treated sewage sludge: Community health and environmental justice«, in: *Environmental Health*

Perspectives 121, Nr. 5 (2013), S. 537–42. https://doi.org/10.1289/ehp.1205470

337 Tom Perkins, »Biosolids: Mix human waste with toxic chemicals, then spread on crops«, in: *The Guardian*, 5. Oktober 2019. https://www.the-guardian.com/environment/2019/oct/05/biosolids-toxic-chemicals-pollution

338 Esther A. Gies u. a., »Retention of microplastics in a major secondary wastewater treatment plant in Vancouver, Canada«, in: *Marine Pollution Bulletin* 133 (2018), S. 553–61. https://doi.org/10.1016/j. marpolbul.2018.06.006

339 Jenna Gavigan u. a., »Synthetic microfiber emissions to land rival those to waterbodies and are growing«, in: *PLOS One* 15, Nr. 9 (2020), e0237839. https://doi.org/10.1371/journal.pone.0237839

340 Alexandra Scudo u. a., *Intentionally Added Microplastics in Products: Final Report*, Amec Foster Wheeler Environment & Infrastructure UK Limited, Oktober 2017. https://ec.europa.eu/environment/chemi-cals/reach/pdf/39168%20Intentionally%20added%20microplastics%20-%20Final%20report%2020171020.pdf

341 Jessica Stubenrauch und Felix Ekardt, »Plastic pollution in soils: Governance approaches to foster soil health and closed nutrient cycles«, in: *Environments* 7, Nr. 5:38 (2020). https://doi.org/10.3390/environments70 50038

342 Marcela Calabi-Floody u. a., »Smart Fertilizers as a Strategy for Sustainable Agriculture«, in: Donald L. Sparks (Hg.), *Advances in Agronomy*, Bd. 147, Cambridge 2018, S. 119–57. https://doi.org/10.1016/bs.agron.2017.10.003

343 Muhammad Yasin Naz und Shaharin Anwar Sulaiman, »Slow release coating remedy for nitrogen loss from conventional urea: A review«, in: *Journal of Controlled Release* 225 (2016), S. 109–20. https://doi.org/10.1016/j.jconrel.2016.01.037

344 Global Witness, »Last line of defence: The industries causing the climate crisis and attacks against land and environmental defenders«, 13. September 2021. https://www.globalwitness.org/en/campaigns/environmental-activists/last-line-defence

345 Fabio Corradini u. a., »Evidence of microplastic accumulation in agricultural soils from sewage sludge disposal«, in: *Science of the Total Environment* 671 (2019), S. 411–20. https://doi.org/10.1016/j.scitotenv.2019.03.368

346 Jill Crossman u. a., »Transfer and transport of microplastics from biosolids to agricultural soils and the wider environment«, in: *Science of*

the Total Environment 724 (2020). https://doi.org/10.1016/j.scitotenv.2020.138334

347 Dunmei Lin u. a., »Microplastics negatively affect soil fauna but stimulate microbial activity: Insights from a field-based microplastic addition experiment«, in: *Proceedings of the Royal Society*, B Biological Sciences 287, Nr. 1934 (2020). https://doi.org/10.1098/rspb.2020.1268

348 Yang Song u. a., »Uptake and adverse effects of polyethylene terephthalate microplastics fibers on terrestrial snails (Achatina fulica) after soil exposure«, in: *Environmental Pollution* 250 (2019), S. 447–55. https://doi.org/10.1016/j.envpol.2019.04.066

349 Dong Zhu u. a., »Exposure of soil collembolans to microplastics perturbs their gut microbiota and alters their isotopic composition«, in: *Soil Biology and Biochemistry* 116 (2018), S. 302–10. https://doi.org/10.1016/j. soilbio.2017.10.027

350 Dunmei Lin u. a., ebenda.

351 Esperanza Huerta Lwanga u. a., »Microplastics in the terrestrial ecosystem: Implications for *Lumbricus terrestris* (*Oligochaeta*, *Lumbricidae*)«, in: *Environmental Science & Technology* 50, Nr. 5 (2016). https://doi.org/10.1021/acs.est.5b05478

352 Elma Lahive u. a., »Microplastic particles reduce reproduction in the terrestrial worm *Enchytraeus crypticus* in a soil exposure«, in: *Environmental Pollution* 255 (2019), pt. 2, S. 113–74. https://doi.org/10.1016/j.envpol.2019.113174

353 Anderson Abel de Souza Machado u. a., »Microplastics as an emerging threat to terrestrial ecosystems«, in: *Global Change Biology* 24, Nr. 4 (2017), S. 1405–16. https://doi.org/10.1111/gcb.14020

354 Xiao-Dong Sun u. a., »Differentially charged nanoplastics demonstrate distinct accumulation in *Arabidopsis thaliana*«, in: *Nature Nanotechnology* 15 (2020), S. 755–60. https://doi.org/10.1038/s41565-020-0707-4

355 Simin Li u. a., »Influence of long-term biosolid applications on communities of soil fauna and their metal accumulation: A field study«, in: *Environmental Pollution* 260 (2020). https://doi.org/10.1016/j.envpol.2020.114017

356 »Average EU citizen consumes 61 kg of soy per year, most from soy embedded in meat, dairy, eggs and fish«, in: World Wildlife Fund 2015. https://wwf.panda.org/wwf_offices/brazil/?247051/WWF-Average-EU-citizen-consumes-61-kg-of-soy-per-year--most-from-soy-embedded-in-meat-dairy-eggs-and-fish

357 Hannah Ritchie, *Soy*, Our World in Data. https://ourworldindata.org/soy

358 Ebenda.

359 Walter Fraanje und Tara Garnett, *Soy: Food, Feed, and Land Use Change*. Food Climate Research Network, University of Oxford (TABLE debates) 2020. https://tabledebates.org/building-blocks/soy-food-feed-and-land-use-change

360 Jonny Hughes und Neil Burgess, »Rare wildlife in Brazil's savannah is under threat – we are all responsible«, in: *United Nations Environment Programme World Conservation Monitoring Centre (UNEP-WCMC)*, 29. Oktober 2019. https://medium.com/@unepwcmc/rare-wildlife-in-brazils-savannah-is-under-threat-we-are-all-responsible-c17b21e3c0fa

361 Raoni Rajão u. a., »The rotten apples of Brazil's agribusiness«, in: *Science* 369, Nr. 6501 (2020), S. 246–8. https://science.sciencemag.org/content/369/6501/246

362 Gabriel S. Hofmann u. a., »The Brazilian Cerrado is becoming hotter and drier«, in: *Global Change Biology* 27, Nr. 17 (2021), S. 4060–73. https://doi.org/10.1111/gcb.15712

363 André Vasconcelos u. a., *Illegal Deforestation and Brazilian Soy Exports: The case of Mato Grosso*. Trase, Issue Brief 4, Juni 2020. http://resources.trase.earth/documents/issuebriefs/TraseIssueBrief4_EN.pdf

364 Nestor Ignacio Gasparri und Yann le Polain de Waroux, »The coupling of South American soybean and cattle production frontiers: New challenges for conservation policy and land change science«, in: *Conservation Letters* 8, Nr. 4 (2015), S. 290–8. https://doi.org/10.1111/conl. 12121

365 Michael DiBartolomeis, »An assessment of acute insecticide toxicity loading (AITL) of chemical pesticides used on agricultural land in the United States«, in: *PLOS One* 14, Nr. 8 (2019), e0220029. https://doi.org/10.1371/journal.pone.0220029

366 Thomas James Wood und Dave Goulson, »The environmental risks of neonicotinoid pesticides: A review of the evidence post-2013«, in: *Environmental Science and Pollution Research International* 24, Nr. 21 (2017), S. 17285–325. https://doi.org/10.1007/s11356-017-9240-x

367 Margaret R. Douglas, Jason R. Rohr und John F. Tooker, »Editor's Choice: Neonicotinoid insecticide travels through a soil food chain, disrupting biological control of non-target pests and decreasing soya bean yield«, in: *Journal of Applied Ecology* 52, Nr. 1 (2015), S. 250–60. https://doi.org/10.1111/1365-2664.12372

368 Cláudia de Lima e Silva u. a., »Comparative toxicity of imidacloprid and thiacloprid to different species of soil invertebrates«, in: *Ecotoxicology* 26 (2017), S. 555–64. https://doi.org/10.1007/s10646-017-1790-7

369 Samuel J. Macaulay u. a., »Imidacloprid dominates the combined toxicities of neonicotinoid mixtures to stream mayfly nymphs«, in: *Science of the Total Environment* 761, Artikel 143263 (2021). https://doi. org/10.1016/j.scitotenv.2020.143263
370 Verena C. Schreiner u. a., »Paradise lost? Pesticide pollution in a European region with considerable amount of traditional agriculture«, in: *Water Research* 188, Artikel 116528 (2021). https://doi.org/10.1016/j.watres.2020.116528
371 Pedro Cardoso u. a., »Scientists' warning to humanity on insect extinctions«, in: *Biological Conservation* 242, Artikel 108426 (2020). https://doi.org/10.1016/j.biocon.2020.108426
372 Caspar A. Hallmann u. a., »More than 75 percent decline over 27 years in total flying insect biomass in protected areas«, in: *PLOS One* 12, Nr. 10 (2017), e0185809. https://doi.org/10.1371/journal.pone.0185809
373 Anders Pape Møller, »Parallel declines in abundance of insects and insectivorous birds in Denmark over 22 years«, in: *Ecology and Evolution* 9, Nr. 11 (2019), S. 6581–7. https://doi.org/10.1002/ece3.5236
374 Caspar A. Hallmann u. a., »Declining abundance of beetles, moths and caddisflies in the Netherlands«, in: *Insect Conservation and Diversity* 13, Nr. 2 (2019), S. 127–39. https://doi.org/10.1111/icad.12377
375 UN General Assembly, *Report of the Special Rapporteur on the Right to Food*, United Nations General Assembly Human Rights Council, Thirty-fourth session, 27. Februar–24. März 2017, Agenda item 3, A/HRC/34/48. https://www.pan-uk.org/site/wp-content/uploads/United-Nations-Report-of-the-Special-Rapporteur-on-the-right-to-food.pdf
376 David L. Wagner, »Insect declines in the Anthropocene«, in: *Annual Review of Entomology* 65 (2020), S. 457–80. https://doi.org/10.1146/annurev-ento-011019-025151
377 Yijia Li, Ruiqing Miao und Madhu Khanna, »Neonicotinoids and decline in bird biodiversity in the United States«, in: *Nature Sustainability* 3 (2020), S. 1027–35. https://doi.org/10.1038/s41893-020-0582-x
378 Masumi Yamamuro u. a., »Neonicotinoids disrupt aquatic food webs and decrease fishery yields«, in: *Science* 366, Nr. 6465 (2019), S. 620–3. https://doi.org/10.1126/science.aax3442
379 David Tilman u. a., »Forecasting agriculturally driven global environmental change«, in: *Science* 292, Nr. 5515 (2001), S. 281–4. https://doi.org/10.1126/science.1057544
380 Mengqiu Wang u. a., »The great Atlantic *Sargassum* belt«, in: *Science* 365, Nr. 6448 (2019), S. 83–7. https://doi.org/10.1126/science.aaw7912
381 Thais Sousa, »Fertilizers keep up with agroindustry, see higher demand«,

in: *Brazil-Arab News Agency (ANBA)*, 28 April (2020). https://anba.com.br/en/fertilizers-keep-up-with-agroindustry-see-higher-demand
382 Virginia Institute of Marine Science, »Dead zones: Lack of oxygen a key stressor on marine ecosystems«. https://www.vims.edu/research/topics/dead_zones/index.php
383 Max Roser und Hannah Ritchie, »Phosphate fertilizer production, 1961 to 2014«, in: *Our World in Data*. https://ourworldindata.org/fertilizers#phosphate-fertilizer-production
384 Max Roser und Hannah Ritchie, »Nitrogen fertilizer production, 1961 to 2014«, in: *Our World in Data*. https://ourworldindata.org/fertilizers#nitrogen-fertilizer-production
385 Kenneth G. Cassman, Achim Dobermann und Daniel T. Walters, »Agroecosystems, Nitrogen-use efficiency, and nitrogen management«, in: *AMBIO: A Journal of the Human Environment* 31, Nr. 2 (2002), S. 132–40. https://doi.org/10.1579/0044-7447-31.2.132
386 Peter Omara u. a., »World cereal nitrogen use efficiency trends: Review and current knowledge«, in: *Agrosystems, Geosciences and Environment* 2, Nr. 1 (2019), S. 1–8. https://doi.org/10.2134/age2018.10.0045
387 Hannah Ritchie, »Excess fertilizer use: Which countries cause environmental damage by overapplying fertilizers?«, in: *Our World in Data*, 7. September 2021. https://ourworldindata.org/excess-fertilizer
388 J. J. Schröder u. a., »Improved phosphorus use efficiency in agriculture: A key requirement for its sustainable use«, in: *Chemosphere* 84, Nr. 6 (2011), S. 822–31. https://doi.org/10.1016/j.chemosphere.2011.01.065
389 Cassman, Dobermann und Walters, ebenda.
390 Gulshan Mahajan und Jagadish Timsina, »Effect of nitrogen rates and weed control methods on weeds abundance and yield of direct-seeded rice«, in: *Archives of Agronomy and Soil Science* 57, Nr. 3 (2011), S. 239–50. https://doi.org/10.1080/03650340903369384
391 Rui Catarino, Sabrina Gaba und Vincent Bretagnolle, »Experimental and empirical evidence shows that reducing weed control in winter cereal fields is a viable strategy for farmers«, in: *Scientific Reports* 9, Artikel 9004 (2019). https://doi.org/10.1038/s41598-019-45315-8
392 David Kleijn u. a., »Ecological intensification: Bridging the gap between science and practice«, in: *Trends in Ecology & Evolution* 34, Nr. 2 (2019), S. 154–66. https://doi.org/10.1016/j.tree.2018.11.002
393 David Wuepper, Nikolaus Roleff und Robert Finger, »Does it matter who advises farmers? Pest management choices with public and private extension«, in: *Food Policy* 99, Artikel 101995 (2021). https://doi.org/10.1016/j.foodpol.2020.101995

394 Council of the European Union, Directive (EU) 2018/2001 of the European Parliament and of the Council of 11 December 2018 on the Promotion of the Use of Energy from Renewable Sources (Text with EEA Relevance), Dokument 32018L2001, 2018. http://data.europa.eu/eli/dir/2018/2001/oj

395 Ecovision Commercial, *The Renewable Partner for Poultry Farmers, Renewable Heating for Poultry Farms*, Ecovision Systems Ltd. https://www.ecovisionsystems.co.uk/poultry

396 Chloe Ryan, »How to make money from renewable energy on poultry farms«, in: *Poultry News*, 2018. http://www.poultrynews.co.uk/business-politics/business/feature-how-to-make-money-from-renewable-energy-on-poultry-farms.html

397 Dogwood Alliance, »Destroying southern forests for international export, EU demand is stripping our forests«, 2017. https://www. dogwoodalliance.org/wp-content/uploads/2017/08/Acres-of-Pellets-Fact-Sheet.pdf

398 Hazel Sheffield, »Carbon-neutrality is a fairy tale: How the race for renewables is burning Europe's forests«, in: *The Guardian*, 14. Januar 2021. https://www.theguardian.com/world/2021/jan/14/carbon-neutrality-is-a-fairy-tale-how-the-race-for-renewables-is-burning-europes-forests

399 Aljazeera, »Romania: Rape of the forest«, in: 26. November 2020. https://www.aljazeera.com/program/people-power/2020/11/26/rape-of-the-forest

400 Emerging Europe, »Environmental groups warn Poland not to restart logging in Białowieża Forest«, 29. Januar 2019. https://emerging-europe.com/news/environmental-groups-sound-alarm-over-new-polish-plans-to-log-in-bialowieza-forest

401 Guido Ceccherini u. a., »Abrupt increase in harvested forest area over Europe after 2015«, in: *Nature* 583 (2020), S. 72–7. https://doi.org/10. 1038/s41586-020-2438-y

402 Duncan Brack, »Woody biomass for power and heat: Impacts on the global climate«, in: *Chatham House*, 23. Februar 2017. https://www.chathamhouse.org/2017/02/woody-biomass-power-and-heat
Andrea Camia u. a., *The Use of Woody Biomass for Energy Production in the EU*, European Commission's Joint Research Centre (JRC), EUR 30548 EN, 2020. https://publications.jrc.ec.europa.eu/reposi tor y/bitst ream/J RC 1227 19/jrc – forest-bioene rgy-study-2021-final_online.pdf
Thierry Courvoisier, President EASAC, »Letter to Jean-Claude Juncker, President of the European Commission«, European Academies Science Advisory Council (EASAC), 8. Januar 2018. https://easac.eu/filead-min/user_upload/180108_Letter_to_President_Juncker.pdf

Tim Benton, Juliet Vickery und Jeremy Wilson, »Farmland biodiversity: Is habitat heterogeneity the key?«, in: *Trends in Ecology & Evolution* 18, Nr. 4 (2003), S. 182–8. https://doi.org/10.1016/S0169-5347(03)00011-9

403 Tim Benton, Juliet Vickery und Jeremy Wilson, »Farmland biodiversity: Is habitat heterogeneity the key?«, in: *Trends in Ecology & Evolution* 18, Nr. 4 (2003), S. 182–8. https://doi.org/10.1016/S0169-5347(03)00011-9

404 »Is Organic Better?«, in: *Pesticide Action Network UK*. http://www.pan-uk. org/organic

405 Andrew L. Neal u. a., »Soil as an extended composite phenotype of the microbial metagenome«, in: *Scientific Reports* 10, Artikel 10649 (2020). https://doi.org/10.1038/s41598-020-67631-0

406 Laurence G. Smith u. a., »The greenhouse gas impacts of converting food production in England and Wales to organic methods«, in: *Nature Communications* 10, Artikel 4641 (2019). https://doi.org/10.1038/s41467-019-12622-7

407 Tomek de Ponti, Bert Rijk und Martin van Ittersum, »The crop yield gap between organic and conventional agriculture«, in: *Agricultural Systems* 108 (2012), S. 1–9. https://doi.org/10.1016/j.agsy.2011. 12.004

408 Verena Seufert, Navin Ramankutty und Jonathan A. Foley, »Comparing the yields of organic and conventional agriculture«, in: *Nature* 485 (2012), S. 229–32. https://doi.org/10.1038/nature11069

409 Michael Clark und David Tilman, »Comparative analysis of environmental impacts of agricultural production systems, agricultural input efficiency, and food choice«, in: *Environmental Research Letters* 12, Nr. 6 (2017). https://doi.org/10.1088/1748-9326/aa6cd5

410 Laura Cattell Noll u. a., »The nitrogen footprint of organic food in the United States«, in: *Environmental Research Letters* 15, Nr. 4 (2020). https://doi.org/10.1088/1748-9326/ab7029

411 H. L. Tuomisto u. a., »Does organic farming reduce environmental impacts? – A meta-analysis of European research«, in: *Journal of Environmental Management* 112 (2012), S. 309–20. https://doi.org/10.1016/j.jenvman.2012.08.018

412 Michael Clark und David Tilman, »Comparative analysis of environmental impacts of agricultural production systems, agricultural input efficiency, and food choice«, in: *Environmental Research Letters* 12, Nr. 6 (2017). https://doi.org/10.1088/1748-9326/aa6cd5

413 Jon Ungoed-Thomas, »Free-range egg farms choking life out of the Wye«, in: *The Sunday Times*, 21. Juni 2020. https://www.thetimes.co.uk/arti-cle/free-range-egg-farms-choking-life-out-of-the-wye-rt3c763qc

414 Statistics for Wales, *Farm Incomes in Wales, April 2018 to March 2019*, Welsh Government, SFR 123/2019, 18. Dezember 2019. https://gov.wales/sites/default/files/statistics-and-research/2019-12/farm-incomes-april-2018-march-2019-209.pdf

415 »The Desert of Wales as Seen from the Summit of Drygarn Fawr«, in: *Wikimedia Commons*, 29. März 2009. https://commons.wikimedia.org/wiki/File:Desert_of_wales_from_Drygarn_Fawr.JPG

416 F. M. Chambers u. a., »Recent vegetation history of Drygarn Fawr (Elenydd SSSI), Cambrian Mountains, Wales: Implications for conservation management of degraded blanket mires«, in: *Biodiversity and Conservation* 16 (2007), S. 2821–46. https://doi.org/10.1007/s10531-007-9169-3

417 Christopher J. Ellis, »Oceanic and temperate rainforest climates and their epiphyte indicators in Britain«, in: *Ecological Indicators* 70 (2016), S. 125–33. https://doi.org/10.1016/j.ecolind.2016.06.002

418 Philip Shaw und D. B. A. Thompson, *The Nature of the Cairngorms: Diversity in a Changing Environment*, Edinburgh 2006. https://www.tsoshop.co.uk/bookstore.asp?FO=1160013&ProductID=9780114973261&Action=Book

419 Wesley Stephenson, »Gardens help towns and cities beat countryside for tree cover«, in: *BBC News, Science & Environment*, 18. Oktober 2020. https://www.bbc.co.uk/news/science-environment-54311593

420 George Monbiot, »Explanation of the figures in grim reaping«, in: 11. Januar 2017.https://www.monbiot.com/2017/01/11/explanation-of-the-figures-in-grim-reaping

421 »Current agricultural land use in the UK«, Savills, 17. Januar 2019. https://www.savills.co.uk/research_articles/229130/274017-0

422 UK Department for Environment, Food and Rural Affairs (DEFRA), *Farming Statistics – Provisional Arable Crop Areas, Yields and Livestock Populations at 1 June 2020 United Kingdom*, 8. Oktober 2020. https://assets.publishing.service.gov.uk/government/uploads/system/uploads/attachment_data/file/931104/structure-jun2020prov-UK-08oct20i.pdf

423 Hannah Postles, »New land cover atlas reveals just six per cent of UK is built on«, The University of Sheffield, 8. November 2017. https://www.sheffield.ac.uk/news/nr/land-cover-atlas-uk-1.744440

424 UK Department for Environment, Food and Rural Affairs (DEFRA), 8. Oktober 2020, ebenda.

425 Monbiot, »Explanation of the figures«, ebenda.

426 Mark Easton, »The great myth of urban Britain«, in: *BBC News*, 28. Juni 2012. https://www.bbc.co.uk/news/uk-18623096

427 UK Department for Environment, Food and Rural Affairs (DEFRA), *Farming Statistics – Provisional Crop Areas, Yields and Livestock Populations at June 2018 – United Kingdom*, 11. Oktober 2018. https://assets.publishing.service.gov.uk/government/uploads/system/uploads/attachment_data/file/747210/structure-jun2018prov-UK-11oct18.pdf

428 Hannah Ritchie und Max Roser, »Land use«, in: *Our World in Data*, September 2019. https://ourworldindata.org/land-use

429 Navin Ramankutty u. a., »Farming the planet: 1. geographic distribution of global agricultural lands in the year 2000«, in: *Global Biogeochemical Cycles* 22, Nr. 1 (2008). https://doi.org/10.1029/2007GB 002952

430 UN Environment Programme World Conservation Monitoring Centre (UNEP-WCMC), *Mapping the World's Special Places*, 2014. https://www. unep-wcmc.org/featured-projects/mapping-the-worlds-special-places

431 Tara Garnett u. a., »Grazed and confused? Ruminating on cattle, grazing systems, methane, nitrous oxide, the soil carbon sequestration question – and what it all means for greenhouse gas emissions«, in: *Food Climate Research Network (FCRN)*, 2017. https://www.oxfordmartin.ox.ac. uk/downloads/reports/fcrn_gnc_report.pdf

432 »Land use per 100 grams of protein«, in: *Our World in Data*, 2018. https://ourworldindata.org/grapher/land-use-protein-poore

433 Marian Swain u. a., »Reducing the environmental impact of global diets«, in: *Science of the Total Environment* 610–11 (2018), S. 1207–9. https://doi.org/10.1016/j.scitotenv.2017.08.125

434 Michael Clark und David Tilman, »Comparative analysis of environmental impacts of agricultural production systems, agricultural input efficiency, and food choice«, in: *Environmental Research Letters* 12, Nr. 6 (2017). https://doi.org/10.1088/1748-9326/aa6cd5

435 Durk Nijdam, Trudy Rood und Henk Westhoek, »The price of protein: Review of land use and carbon footprints from life cycle assessments of animal food products and their substitutes«, in: *Food Policy* 37, Nr. 6 (2012), S. 760–70. https://doi.org/10.1016/j.foodpol.2012. 08.002

436 Hannah Ritchie, »How much of the world's land would we need in order to feed the global population with the average diet of a given country?«, in: *Our World in Data*, 3. Oktober 2017. https://ourworldindata.org/agricultural-land-by-global-diets

437 J. Poore und T. Nemecek, »Reducing food's environmental impacts through producers and consumers«, in: *Science* 360, Nr. 6392 (2018), S. 987–92. https://doi.org/10.1126/science.aaq0216

438 Hannah Ritchie, »If the world adopted a plant-based diet we would reduce global agricultural land use from 4 to 1 billion hectares«, in: *Our World in Data*, 4. März 2021. https://ourworldindata.org/land-use-diets
439 R. Conant (erstellt von), *Challenges and Opportunities for Carbon Sequestration in Grassland System – A Technical Report on Grassland Management and Climate Change Mitigation, Food and Agriculture Organization of the United Nations* (FAO), 2010. http://www. fao.org/3/a-i1399e.pdf
440 United Nations, »Chapters of the thematic assessment of land degradation and restoration«, in: *Plenary of the Intergovernmental Science-Policy Platform on Biodiversity and Ecosystem Services (IPBES)*, 6. Sitzung, Medellin, Kolumbien, 18.–24. März 2018, Programmpunkt 7. IPBES/6/INF/1/Rev.1. https://ipbes.net/sites/default/files/ipbes_6_inf_1_rev.1_2.pdf
441 Kris Zouhar, »*Species*: Bromus tectorum«, US Department of Agriculture, Forest Service, Fire Effects Information System (FEIS), 2003. https://www.fs.fed.us/database/feis/plants/graminoid/brotec/all.html
442 Alessandro Filazzola u. a., »The effects of livestock grazing on biodiversity are multi-trophic: a meta-analysis«, in: *Ecology Letters* 23, Nr. 8 (2020), S. 1298–1309. https://doi.org/10.1111/ele.13527
443 Thomas L. Fleischner, »Ecological costs of livestock grazing in western North America«, in: *Conservation Biology* 8, Nr. 3 (1994), S. 629–44. https://doi.org/10.1046/j.1523-1739.1994.08030629.x
444 Knepp Wildland: Rewilding in West Sussex. https://knepp.co.uk/home
445 George Monbiot, »The Knepp Estate's beef production statistics«, 27. November 2019. https://twitter.com/GeorgeMonbiot/status/1199973821144543233
446 George Monbiot, »Comment on Isabella Tree's article, ›If you want to save the world, veganism isn't the answer‹«, in: *The Guardian*, 25. August 2018. https://www.theguardian.com/commentisfree/2018/aug/25/veganism-intensively-farmed-meat-dairy-soya-maize#comment-119748600
447 Brian Machovina u. a., »Biodiversity conservation: The key is reducing meat consumption«, in: *Science of the Total Environment* 536 (2015), S. 419–31. https://doi.org/10.1016/j.scitotenv.2015.07.022
448 Christopher Ketcham, »The Rogue Agency, a USDA program that tortures dogs and kills endangered species«, in: *Harper's Magazine*, März 2016. https://harpers.org/archive/2016/03/the-rogue-agency
449 Kristin Ruether, »Wildlife Services Kills Wolves in Sawtooth National Recreation Area to Prop Up Harmful Sheep Grazing«, in: *Western Watersheds Project*, 17. Jul 2018. https://www.westernwatersheds.org/wildlife-services-kills-wolves-in-sawtooth-national-recreation-area-to-prop-up-harmful-sheep-grazing

450 Ketcham, ebenda.

451 Mariel Padilla, »Trump administration reauthorizes use of ›cyanide bombs‹ to kill wild animals«, in: *The New York Times*, 10. August 2019. https://www.nytimes.com/2019/08/10/us/cyanide-bombs-animals-trump-administration.html

452 Jimmy Tobias, »The secretive government agency planting ›cyanide bombs‹ across the US«, in: *The Guardian*, 26. Juni 2020. https://www.the-guardian.com/environment/2020/jun/26/cyanide-bombs-wildfire-services-idaho

453 George Monbiot, *No Man's Land: An Investigative Journey through Kenya and Tanzania*, Dartington Hall, 2003. http://www.greenbooks.co.uk/no-mans-land

454 United Nations, »Chapters of the thematic assessment«, ebenda.

455 Florence Pendrill u. a., »Deforestation displaced: Trade in forest-risk commodities and the prospects for a global forest transition«, in: *Environmental Research Letters* 14, Nr. 5 (2019). https://doi.org/10.1088/1748-9326/ab0d41

456 Shannon Sterling und Agnès Ducharne, »Comprehensive data set of global land cover change for land surface model applications«, in: *Global Biogeochemical Cycles* 22, Nr. 3 (2008). https://doi.org/10.1029/2007GB002959

457 Pendrill u. a., ebenda.

458 Machovina u. a., ebenda.

459 William F. Laurance, Jeffrey Sayer und Kenneth G. Cassman, »Agricultural expansion and its impacts on tropical nature«, in: *Trends in Ecology & Evolution* 29, Nr. 2 (2014), S. 107–16. https://doi.org/10.1016/j. tree.2013.12.001

460 Mustafa Zia u. a., »Brazil once again becomes the world's largest beef exporter«, in: US Department of Agriculture, Economic Research Service, 1. Juli 2019. https://www.ers.usda.gov/amber-waves/2019/july/brazil-once-again-becomes-the-world-s-largest-beef-exporter

461 David Pitt, »US lifts Brazilian beef import ban amid quality concerns«, in: *AP News*, 21. Februar 2020. https://apnews.com/article/us-news-united-states-iowa-global-trade-food-safety-56c199093 f898a69dc 5aef2392906002

462 »Amazon slaughterhouses eye greater share of American pie as Brazil beef sales surge«, in: *Earthsight*, 23. September 2021. https://www.earthsight. org.uk/news/analysis-amazon-slaughterhouses-eye-greater-share-of-american-pie-as-brazil-beef-sales-surge?s=09

463 André Campos u. a., »Revealed: New evidence links Brazil meat giant JBS to Amazon deforestation«, in: *The Guardian*, 27. Juli 2020.

https://www.theguardian.com/environment/2020/jul/27/revealed-new-evidence-links-brazil-meat-giant-jbs-to-amazon-deforestation

464 Matthew N. Hayek und Rachael D. Garrett, »Nationwide shift to grass-fed beef requires larger cattle population«, in: *Environmental Research Letters* 13, Nr. 8 (2018). https://doi.org/10.1088/1748-9326/aad401

465 »Greenhouse gas emissions per 100 grams of protein«, in: *Our World in Data*, 2018. https://ourworldindata.org/grapher/ghg-per-protein-poore

466 J. Poore und T. Nemecek, »Reducing food's environmental impacts through producers and consumers«, in: *Science* 360, Nr. 6392 (2018), S. 987–92. https://doi.org/10.1126/science.aaq0216

467 Nijdam, Rood und Westhoek, ebenda.

468 Michael Clark und David Tilman, »Comparative analysis of environmental impacts of agricultural production systems, agricultural input efficiency, and food choice«, in: *Environmental Research Letters* 12, Nr. 6 (2017). https://doi.org/10.1088/1748-9326/aa6cd5

469 Hannah Ritchie, »Less meat is nearly always better than sustainable meat, to reduce your carbon footprint«, in: *Our World in Data*, 4. Februar 2020. https://ourworldindata.org/less-meat-or-sustainable-meat

470 Peter Scarborough u. a., »Dietary greenhouse gas emissions of meat-eaters, fish-eaters, vegetarians and vegans in the UK«, in: *Climatic Change* 125 (2014), S. 179–92. https://doi.org/10.1007/s10584-014-1169-1

471 M. Crippa u. a., »Food systems are responsible for a third of global anthropogenic GHG emissions«, in: *Nature Food* 2 (2021), S. 198–209. https://doi.org/10.1038/s43016-021-00225-9

472 Hannah Ritchie, »Emissions from food alone could use up all of our budget for 1.5 °C or 2 °C – but we have a range of opportunities to avoid this«, in: *Our World in Data*, 10. Juni 2021. https://ourworldindata.org/food-emissions-carbon-budget

473 Timothy D. Searchinger u. a., »Assessing the efficiency of changes in land use for mitigating climate change«, in: *Nature* 564 (2018), S. 249–53. https://doi.org/10.1038/s41586-018-0757-z

474 Matthew N. Hayek u. a., »The carbon opportunity cost of animal-sourced food production on land«, in: *Nature Sustainability* 4 (2021), S. 21–4. https://doi.org/10.1038/s41893-020-00603-4

475 P. J. Gerber u. a., *Tackling Climate Change through Livestock: A Global Assessment of Emissions and Mitigation Opportunities*, Food and Agriculture Organization of the United Nations, Rom 2013. http://www.fao.org/3/i3437e/i3437e.pdf

476 Florence Pendrill u. a., »Deforestation displaced: Trade in forest – risk commodities and the prospects for a global forest transition«,

in: *Environmental Research Letters* 14, Nr. 5 (2019). https://doi.org/10.1088/1748-9326/ab0d41

477 Donald Broom, »A method for assessing sustainability, with beef production as an example«, in: *Biological Reviews* 96, Nr. 5 (2021), S. 836–1853. https://doi.org/10.1111/brv.12726

478 Ilissa Ocko u. a., »Acting rapidly to deploy readily available methane mitigation measures by sector can immediately slow global warming«, in: *Environmental Research Letters* 16, Nr. 5, Artikel 054042 (2021). https://doi.org/10.1088/1748-9326/abf9c8

479 Myles R. Allen u. a., »A solution to the misrepresentations of CO_2-equivalent emissions of short-lived climate pollutants under ambitious mitigation«, in: *Nature Partner Journal (NPJ) Climate and Atmospheric Science* 1, Artikel 16 (2018). https://doi.org/10.1038/s41612-018-0026-8

480 »Ruminant Methane & GWP*«, in: *Farmwel*. https://www.farmwel.org.uk/ruminant-methane

481 Myles Allen u. a., *Climate Metrics for Ruminant Livestock*, Oxford Martin Programme on Climate Pollutants, Juli 2018. https://www.oxfordmartin.ox.ac.uk/downloads/reports/Climate-metrics-for-ruminant-livestock.pdf

482 *Nature* Editorial, »Control methane to slow global warming – fast«, in: *Nature* 596 (25 August 2021), S. 461. doi: https://doi.org/10.1038/d41586-021-02287-y

483 Hannah Ritchie, »You want to reduce the carbon footprint of your food? Focus on what you eat, not whether your food is local«, in: *Our World in Data*, 24. Januar 2020. https://ourworldindata.org/food-choice-vs-eating-local

484 Hannah Ritchie, ebenda.

485 »Share of global food miles by transport method«, in: *Our World in Data*, 2018. https://ourworldindata.org/grapher/share-food-miles-by-method

486 Llorenç Milà i Canals u. a., »Comparing domestic versus imported apples: A focus on energy use«, in: *Environmental Science and Pollution Research – International* 14 (2007), S. 338–44. https://doi.org/10.1065/espr2007.04.412

487 Almudena Hospido u. a., »The role of seasonality in lettuce consumption: A case study of environmental and social aspects«, in: *The International Journal of Life Cycle Assessment* 14 (2009), S. 38–391. https://doi.org/10.1007/s11367-009-0091-7

488 David Coley, Mark Howard und Michael Winter, »Local food, food miles and carbon emissions: A comparison of farm shop and mass

distribution approaches«, in: *Food Policy* 34, Nr. 2 (2009), S. 150–5. https://doi.org/10.1016/j.foodpol.2008.11.001.

489 Allan Savory, Joseph Geni (trans.), »How to fight desertification and reverse climate change«, in: *TED: Ideas Worth Spreading*, 2013. https://www.ted.com/talks/allan_savory_how_to_fight_desertification_and_reverse_climate_change/transcript?language=en#t-1119536

490 Allan Savory, »How to green the world's deserts and reverse climate change«, in: *YouTube (TED)*, 4. März 2013. https://www.youtube.com/watch?v=vpTHi7O66pI

491 »Awakening people to the possibilities of regeneration«, in: *Kiss the Ground*. https://kisstheground.com

492 Rattan Lal, »Digging deeper: A holistic perspective of factors affecting soil organic carbon sequestration in agroecosystems«, in: *Global Change Biology* 24, Nr. 8 (2018), S. 3285–3301. https://doi.org/10.1111/gcb.14054

493 Jonathan Sanderman, Tomislav Hengl und Gregory J. Fiske, »Soil carbon debt of 12,000 years of human land use«, in: *Proceedings of the National Academy of Sciences* 114, Nr. 36 (2017), S. 9575–80. https://doi. org/10.1073/pnas.1706103114

494 Rattan Lal, »Digging deeper: A holistic perspective of factors affecting soil organic carbon sequestration in agroecosystems«, in: *Global Change Biology* 24, Nr. 8 (2018), S. 3285–301. https://doi.org/10.1111/gcb.14054

495 Rattan Lal, »Managing soils and ecosystems for mitigating anthropogenic carbon emissions and advancing global food security«, in: *BioScience* 60, Nr. 9 (2010), S. 708–21. https://doi.org/10.1525/bio.2010.60.9.8

496 Rolf Sommer und Deborah Bossio, »Dynamics and climate change mitigation potential of soil organic carbon sequestration«, in: *Journal of Environmental Management* 144 (2014), S. 83–7. https://doi.org/10.1016/j.jenvman.2014.05.017

497 Tara Garnett u. a., »Grazed and confused? Ruminating on cattle, grazing systems, methane, nitrous oxide, the soil carbon sequestration question – and what it all means for greenhouse gas emissions«, in: *Food Climate Research Network*, University of Oxford 2017. https://edepot.wur.nl/427016

498 Gabriel Popkin, »A soil-science revolution upends plans to fight climate change«, in: *Quanta*, 2021. https://www.quantamagazine.org/a-soil-science-revolution-upends-plans-to-fight-climate-change-20210727

499 Johannes Lehmann und Markus Kleber, »The contentious nature of soil organic matter«, in: *Nature* 528, Nr. 60–8 (2015). https://doi.org/10.1038/nature16069

500 Jennifer Soong u. a., »Five years of whole-soil warming led to loss of subsoil carbon stocks and increased CO_2 efflux«, in: *Science Advances* 7, Nr. 21 (2021). https://doi/10.1126/sciadv.abd1343

501 Andrew Nottingham u. a., »Soil carbon loss by experimental warming in a tropical forest«, in: *Nature* 584, Nr. 234–7 (2020). https://doi.org/10.1038/s41586-020-2566-4

502 George Monbiot, »Eat Meat and Save the World?«, 4. August 2014. https://www.monbiot.com/2014/08/04/eat-meat-and-save-the-world

503 W. R. Teague u. a., »Grazing management impacts on vegetation, soil biota and soil chemical, physical and hydrological properties in tall grass prairie«, in: *Agriculture, Ecosystems & Environment* 141, Nr. 3–4 (2011), S. 310–22. https://doi.org/10.1016/j.agee.2011.03.00
Oliver Jakoby u. a., »How do individual farmers' objectives influence the evaluation of rangeland management strategies under a variable climate?«, in: *Journal of Applied Ecology* 51, Nr. 2 (2014), S. 483–93. https://doi.org/10.1111/1365-2664.12216
Christopher L. Crawford u. a., »Behavioral and ecological implications of bunched, rotational cattle grazing in East African savanna ecosystem«, in: *Rangeland Ecology & Management* 72, Nr. 1 (2019), S. 204–9. https://doi.org/10.1016/j.rama.2018.07.016
Matt Barnes und Jim Howell, »Multiple-paddock grazing distributes utilization across heterogeneous mountain landscapes: A case study of strategic grazing management«, in: *Rangelands* 35, Nr. 5 (2013), S. 52–61. https://doi.org/10.2111/RANGELANDS-D-13-00019.1

504 David D. Briske u. a., »Commentary: A critical assessment of the policy endorsement for holistic management«, in: *Agricultural Systems* 125 (2014), S. 50–3. https://doi.org/10.1016/j.agsy.2013.12.001

505 Maria Nordborg und Elin Röös, *Holistic Management – A critical Review of Allan Savory's Grazing Method*, Swedish University of Agricultural Sciences (SLU), Centre for Organic Food & Farming (EPOK) & Chalmers, 2016. https://publications.lib.chalmers.se/records/fulltext/244566/local_244566.pdf

506 Heidi-Jayne Hawkins, »A global assessment of Holistic Planned Grazing™ compared with season-long, continuous grazing: Metaanalysis findings«, in: *African Journal of Range & Forage Science* 34, Nr. 2 (2017), S. 65–75. https://doi.org/10.2989/10220119.2017.1358213

507 Jayne Belnap u. a., *Biological Soil Crusts: Ecology and Management*, US

Department of the Interior, Technical Reference 1730–2, BLM/ID/ST-01/001+1730, 2001. https://www.ntc.blm.gov/krc/uploads/231/Crust Manual.pdf

508 John Carter u. a., »Holistic management: Misinformation on the science of grazed ecosystems«, in: *International Journal of Biodiversity* 2014, Artikel 163431 (2014). https://doi.org/10.1155/2014/163431

509 Liming Lai und Sandeep Kumar, »A global meta-analysis of livestock grazing impacts on soil properties«, in:. *PLOS One* 15, Nr. 8 (2020), e0236638. https://doi.org/10.1371/journal.pone.0236638

510 Carter u. a., ebenda.

511 Norman Ambos, George Robertson und Jason Douglas, »Dutchwoman Butte: A relict grassland in central Arizona«, in: *Rangelands* 22, Nr. 2 (2000), S. 3–8. http://dx.doi.org/10.2458/azu_rangelands_v22i2_ambos

512 D. P. Fernandez, J. C. Neff und R. L. Reynolds, »Biogeochemical and ecological impacts of livestock grazing in semi-arid southeastern Utah, USA«, in: *Journal of Arid Environments* 72, Nr. 5 (2008), S. 777–91. https://doi.org/10.1016/j.jaridenv.2007.10.009

513 aspidoscelis, *Comment on thread – TED Talk: Spreading bullshit about the desert*, FreeThoughtBlogs.com, Kommentar 25, 15. März 2013 um 19:32 Uhr. https://freethoughtblogs.com/pharyngula/2013/03/15/ted-talk-spreading-bullshit-about-the-desert/#comment-580202

514 David D. Briske u. a., »The savory method cannot green deserts or reverse climate change«, in: *Rangelands* 35 (2013). S. 72–4. https://doi. org/10.2111/rangelands-d-13-00044.1

515 Nicholas Carter und Dr. Tushar Mehta, »Another Industry Attempt to Greenwash Beef«, in: *Plant Based Data*, Januar 2021. https://plant-baseddata.medium.com/the-failed-attempt-to-greenwash-beef-7dfca9d74333

516 James Temple, »Why we can't count on carbon-sucking farms to slow climate change«, in: *MIT Technology Review*, 3. Juni 2020. https://www.technologyreview.com/2020/06/03/1002484/why-we-cant-count-on-carbon-sucking-farms-to-slow-climate-change

517 Shan Goodwin, »Microsoft buys carbon credits from NSW cattle operation«, in: *Farm Weekly*, 29. Januar 2021. https://www.farmweekly.com.au/story/7105542/microsoft-buys-carbon-credits-from-nsw-cattle-operation/?cs=5151

518 Robert Paarlberg, »President Biden, please don't get into carbon farming«, in: *Wired*, 22. Januar 2021. https://www.wired.com/story/president-biden-please-dont-get-into-carbon-farming

519 Gustaf Hugelius u. a., »Large stocks of peatland carbon and nitrogen are vulnerable to permafrost thaw«, in: *Proceedings of the National Academy of Sciences* 117, Nr. 34 (2020), S. 20438–46. https://doi.org/10.1073/pnas.1916387117

520 Myron King u. a., »Northward shift of the agricultural climate zone under 21st-century global climate change«, in: *Scientific Reports* 8, Artikel 7904 (2018). https://doi.org/10.1038/s41598-018-26321-8

521 Lee Hannah u. a., »The environmental consequences of climate-driven agricultural frontiers«, in: *PLOS One* 15, Nr. 7 (2020), e0236028. https://doi.org/10.1371/journal.pone.0236028

522 Emily Chung, »Canada could be a huge climate change winner when it comes to farmland«, in: *Canadian Broadcasting Corporation (CBC)*, 12. Februar 2020. https://www.cbc.ca/news/technology/climate-change-farming-1.5461275

523 »Land grant: Govt drafts bill for ›1-hectare per Russian‹ in Far East«, in: *RT (Rossiya Segodnya – Russia Today)*, 17. November 2015. https://www.rt.com/russia/322404-government-drafts-bill-on-free

524 »Chinese firm to rent Russian land in Siberia for crops«, in: *BBC News*, 19. Juni 2015. https://www.bbc.co.uk/news/world-asia-33196396

525 Government of Northwest Territories Department of Industry, Tourism and Investment, *The Business of Food: A Food Production Plan, 2017–2022*, Northwest Territories Agriculture Strategy Tabled document 314–18(2), 2017. https://www.ntassembly.ca/sites/assembly/files/td_314–18_282_29.pdf

526 White Rock Consulting & Communications, *Agriculture Industry Supported by Increased Access to Crown Land*, 17. Februar 2017. http://www.whiterocknl.com/agriculture-industry-supported-by-increased-access-to-crown-land/

527 Tim G. Benton u. a., »Food system impacts on biodiversity loss: Three levers for food system transformation in support of nature«, in: *Chatham House*, the Royal Institute of International Affairs, Research Paper, Energy, Environment and Resources Programme, 2021. https://www.chathamhouse.org/sites/default/files/2021-02/2021-02-03-food-system-biodiversity-loss-benton-et-al_0.pdf

528 Florian Zabel u. a., »Global impacts of future cropland expan sion and intensification on agricultural markets and biodiversity«, in: *Nature Communications* 10, Nr. 1 (2019). https://doi.org/10.1038/s41467-019-10775-z

Laura Kehoe u. a., »Biodiversity at risk under future cropland expansion and intensification«, in: *Nature Ecology & Evolution* 1 (2017), S. 1129–35.

https://doi.org/10.1038/s41559-017-0234-3 Florian u. a., ebenda.
Walter Willett u. a., »Food in the Anthropocene: The EAT – Lancet Commission on healthy diets from sustainable food systems«, in: *The Lancet Commissions* 393, Nr. 10170 (2019), S. 447–92. https://doi.org/10. 1016/S0140-6736(18)31788-4

529 Walter Willett u. a., »Food in the Anthropocene: The EAT – Lancet Commission on healthy diets from sustainable food systems«, in: *The Lancet Commissions* 393, Nr. 10170 (2019), S. 447–92. https://doi.org/10. 1016/S0140-6736(18)31788-4
Machovina u. a., ebenda.

530 Bruce M. Campbell u. a., »Agriculture production as a major driver of the Earth system exceeding planetary boundaries«, in: *Ecology and Society* 22, Nr. 4 (2017). https://doi.org/10.2307/26798991

531 Rosamunde Almond, Monique Grooten und Tanya Petersen, *Living Planet Report 2020 – Bending the Curve of Biodiversity Loss*, World Wildlife Fund, 2020. https://www.wwf.org.uk/sites/default/files/2020-09/LPR20_Full_report.pdf

532 Hannah Ritchie und Max Roser, »Environmental impacts of food and agriculture«, in: *Our World in Data*, 2020. https://ourworldindata.org/environmental-impacts-of-food#environmental-impacts-of-food-and-agriculture

533 Yinon M. Bar-On, Rob Phillips und Ron Milo, »The biomass distribution on Earth«, in: *Proceedings of the National Academy of Sciences* 115, Nr. 25 (2018), S. 6506–11. https://doi.org/10.1073/pnas.1711842115

534 Bar-On, Phillips und Milo, ebenda.

535 Andrew Balmford u. a., »The environmental costs and benefits of high-yield farming«, in: *Nature Sustainability* 1 (2018), S. 477–85. https://doi.org/10.1038/s41893-018-0138-5

536 M. Pfeifer u. a., »Creation of forest edges has a global impact on forest vertebrates«, in: *Nature* 551 (2017), S. 187–91. https://doi.org/10. 1038/nature24457

537 Zabel u. a., ebenda.

538 Laura Kehoe u. a., »Biodiversity at risk under future cropland expansion and intensification«, in: *Nature Ecology & Evolution* 1 (2017), S. 1129–35. https://doi.org/10.1038/s41559-017-0234-3

539 John M. Halley u. a., »Dynamics of extinction debt across five taxonomic groups«, in: *Nature Communications* 7, Artikel 12283 (2016). https://doi.org/10.1038/ncomms12283

540 Laurance, Sayer und Cassman, ebenda.

541 Grass u. a., ebenda.

542 Lucas A. Garibaldi u. a., »Wild pollinators enhance fruit set of crops regardless of honey bee abundance«, in: *Science* 339, Nr. 6127 (2013), S. 1608–11. https://doi.org/10.1126/science.1230200

543 Cedric Alaux, Yves Le Conte und Axel Decourtye, »Pitting wild bees against managed honey bees in their native range, a losing strategy for the conservation of honey bee biodiversity«, in: *Frontiers in Ecology and Evolution* 7 (2019). https://doi.org/10.3389/fevo.2019.00060

544 Océane Bartholomée u. a., »Pollinator presence in orchards depends on landscape-scale habitats more than in-field flower resources«, in: *Agriculture, Ecosystems & Environment* 293 (2020). https://doi.org/10.1016/j.agee.2019.106806

545 M. G. Ceddia u. a., »Sustainable agricultural intensification or Jevons paradox? The role of public governance in tropical South America«, in: *Global Environmental Change* 23, Nr. 5 (2013), S. 1052–63. https://doi.org/10.1016/j.gloenvcha.2013.07.005

546 Benton u. a., ebenda.

547 Nigel Dudley und Sasha Alexander, »Agriculture and biodiversity: A review«, in: *Biodiversity* 18, Nr. 2–3 (2017), S. 45–9. https://doi.org/10.1080/14888386.2017.1351892

548 Laurance, Sayer und Cassman, ebenda.

549 Bruce M. Campbell u. a., »Agriculture production as a major driver of the Earth system exceeding planetary boundaries«, in: *Ecology and Society* 22, Nr. 4, Artikel 8 (2017). https://doi.org/10.5751/ES-09595-220408

4 FRUCHTBAR

550 Victoria County History, *VCH Oxfordshire Texts in Progress, Whitchurch*, Introduction: Landscape, Settlement, and Buildings, Juni 2019. https://www.history.ac.uk/sites/default/files/file-uploads/2019-06/whitchurch_intro_web_june_2019.pdf

551 Michael Redley, *The Real Mr Toad: Merchant Venturer and Radical in the Age of Gold*, Self-published, available from the Bell Bookshop in Henley, Garlands in Pangbourne, and the Hardwick Estate Office, 2016. https://hardwickestate.wordpress.com/history

552 Hardwick Estate, *About Sir Julian*. https://hardwickestate.wordpress.com/sir-julian

553 Agforward (Organic Research Centre), *Silvoarable Agroforestry in the UK*. https://www.agforward.eu/index.php/en/silvoarable-agroforestry-in-the-uk.html

554 Louis Sutter u. a., »Enhancing plant diversity in agricultural landscapes promotes both rare bees and dominant crop-pollinating bees through complementary increase in key floral resources«, in: *Journal of Applied Ecology* 54, Nr. 6 (2017), S. 1856–64. https://doi.org/10.1111/1365-2664.12907

555 Ingo Grass u. a., »Land-sharing/-sparing connectivity landscapes for ecosystem services and biodiversity conservation«, in: *People and Nature* 1, Nr. 2 (2019), S. 262–72. https://doi.org/10.1002/pan3.21

556 Eusun Han u. a., »Can precrops uplift subsoil nutrients to top-soil?«, in: *Plant and Soil* 463 (2021), S. 329–45. https://doi.org/10.1007/s11104-021-04910-3

557 David Weisberger, Virginia Nichols und Matt Liebman, »Does diversifying crop rotations suppress weeds? A meta-analysis«, in: *PLOS One* 14, Nr. 7 (2019), e0219847. https://doi.org/10.1371/journal.pone.0219847

558 Chloe MacLaren u. a., »An ecological future for weed science to sustain crop production and the environment: A review«, in: *Agronomy for Sustainable Development*, Ausgabe 40, Artikel 24 (2020). https://doi.org/10.1007/s13593-020-00631-6

559 Sally Westaway, »Ramial woodchip in agricultural production«, in: *WOOFS Technical Guide 2. Organic Research Centre*, November 2020. https://www.organicresearchcentre.com/wp-content/uploads/2020/12/WOOFS_TG2_Final.pdf

560 S. Jeffery und F. G. A. Verheijen, »A new soil health policy paradigm: Pay for practice not performance!«, in: *Environmental Science & Policy* 112 (2020), S. 371–3. https://doi.org/10.1016/j.envsci.2020.07.006

561 Y. Kuzyakov, J. K. Friedel und K. Stahr, »Review of mechanisms and quantification of priming effects«, in: *Soil Biology and Biochemistry* 32, Nr. 11–12 (2000), S. 1485–98. https://doi.org/10.1016/S0038-0717(00)00084-5

562 Céline Caron, Gilles Lemieux und Lionel Lachance, *Regenerating Soils with Ramial Chipped Wood*, The Dirt Doctor, Howard Garrett. https://www.dirtdoctor.com/organic-research-page/Regenerating-Soils-with-Ramial-Chipped-Wood_vq4462.htm

563 Michael Clark und David Tilman, »Comparative analysis of environmental impacts of agricultural production systems, agricultural input efficiency, and food choice«, in: *Environmental Research Letters* 12, Nr. 6 (2017). https://doi.org/10.1088/1748-9326/aa6cd5

564 Soil Association, *Soil Association Standards Farming and Growing – Version 18.6: Updated on 12th February 2021*. https://www.soilassociation.org/media/15931/farming-and-growing-standards.pdf

565 Department for Environment, Food & Rural Affairs, *Guidance – Broiler (meat) Chickens: Welfare Recommendations*, 2019. https://www.gov.uk/government/publications/poultry-on-farm-welfare/broiler-meat-chickens-welfare-recommendations

566 Soil Association, ebenda.

567 Kenneth G. Cassman, Achim Dobermann und Daniel T. Walters, »Agroecosystems, nitrogen-use efficiency, and nitrogen management«, in: *AMBIO: A Journal of the Human Environment* 31, Nr. 2 (2002), S. 132–40. https://doi.org/10.1579/0044-7447-31.2.132

568 X. P. Pang und J. Letey, »Organic farming challenge of timing nitrogen availability to crop nitrogen requirements«, in: *Soil Science Society of America Journal* 64, Nr. 1 (2000), S. 247–53. https://doi.org/10.2136/sssaj2000.641247x

569 Wendy J. Binder and Blaire Van Valkenburgh, »A comparison of tooth wear and breakage in Rancho La Brea sabertooth cats and dire wolves across time«, in: *Journal of Vertebrate Paleontology* 30, Nr. 1 (2010), S. 255–61. https://doi.org/10.1080/02724630903413016

George Monbiot, »Is this all humans are? Diminutive monsters of death and destruction?«, in: *The Guardian*, 24. März 2014. https://www.theguardian.com/commentisfree/2014/mar/24/humans-diminutive-monster-destruction

570 Gareth Grundy, »Building a boat in the back yard – in pictures«, in: *The Guardian*, 17. Juli 2011. https://www.theguardian.com/lifeandstyle/gal-lery/2011/jul/17/homemade-boat-in-pictures

571 Cornelia Rumpel u. a., »The 4p1000 initiative: Opportunities, limitations and challenges for implementing soil organic carbon sequestration as a sustainable development strategy«, in: *Ambio* 49 (2020), S. 350–60. https://doi.org/10.1007/s13280-019-01165-2

572 Pete Smith u. a., »How to measure, report and verify soil carbon change to realize the potential of soil carbon sequestration for atmospheric greenhouse gas removal«, in: *Global Change Biology* 26, Nr. 1 (2019), S. 219–41. https://doi.org/10.1111/g

573 Sigbert Huber u. a., *Environmental Assessment of Soil for Monitoring Volume I: Indicators & Criteria*, JRC Institute for Environment and Sustainability. EUR 23490 EN/1, Luxembourg, OPOCE, JRC47184, 2008. https://doi.org/10.2788/93515

574 Nicolas P. A. Saby u. a., »Will European soil-monitoring net-works be able to detect changes in topsoil organic carbon content?«, in: *Global Change Biology* 14, Nr. 10 (2008), S. 2432–42. https://doi.org/10.1111/j.1365-2486.2008.01658.x

575 W. Amelung u. a., »Towards a global-scale soil climate mitigation strategy«, in: *Nature Communications* 11, Artikel 5427 (2020). https://doi.org/10.1038/s41467-020-18887-7
576 Ebenda.
577 Jan Willem van Groenigen u. a., »Sequestering soil organic carbon: A nitrogen dilemma«, in: *Environmental Science & Technology* 51, Nr. 9 (2017), S. 4738–9. https://doi.org/10.1021/acs.est.7b01427
578 Cassman, Dobermann und Walters, ebenda.
579 Emanuele Lugato, Adrian Leip und Arwyn Jones, »Mitigation potential of soil carbon management overestimated by neglecting N2O emissions«, in: *Nature Climate Change* 8 (2018), S. 219–23. https://doi. org/10.1038/s41558-018-0087-z
580 Elvir Tenic, Rishikesh Ghogare und Amit Dhingra, »Biochar – A panacea for agriculture or just carbon?«, in: *Horticulturae* 6, Nr. 3 (2020), S. 37. https://doi.org/10.3390/horticulturae6030037
581 SoilFixer Products, *Biochar Fine Granules (0-2-mm)*, https://www.soilfixer.co.uk/Biochar%20Granules%20(0-2mm,%20pallets%20load)
582 Forage, *Learn to Make Charcoal*, Forage Open-Source Charcoal. http://foragejournalism.org/make-charcoal/#production-1
583 Dominic Woolf, »Sustainable biochar to mitigate global climate change«, in: *Nature Communications* 1, Artikel 56 (2010). https://doi.org/10.1038/ncomms1053
584 Kyle S. Hemes u. a., »Assessing the carbon and climate benefit of restoring degraded agricultural peat soils to managed wetlands«, in: *Agricultural and Forest Meteorology* 268 (2019), S. 202–14. https://doi.org/10.1016/j.agrformet.2019.01.017
585 Lucas E. Nave u. a., »Reforestation can sequester two petagrams of carbon in US topsoils in a century«, in: *Proceedings of the National Academy of Sciences* 115, Nr. 11 (2018), S. 2776–81. https://doi.org/10.1073/pnas.1719685115
586 LaVia Campesina, International Peasants' Movement. https://viacampesina.org/en
587 Les Levidow u. a., Transitions towards a European Bioeconomy: Life Sciences versus Agroecology Trajectories. Ecology, Capitalism and the New Agricultural Economy: The Second Great Transformation, London 2019. S. 181–203. http://oro.open.ac.uk/58109/20/LL_Transitions%20towards%20a%20European%20bioeconomy_2019.pdf
588 Michel P. Pimbert und Nina Isabella Moeller, »Absent agroecology aid: On UK agricultural development assistance since 2010«, in: *Sustainability* 10, Nr. 2 (2018), S. 505. https://doi.org/10.3390/su10020505

589 H.K. Gibb und J.M. Salmon, »Mapping the world's degraded lands«, in: *Applied Geography* 57 (2015), S. 12–21. https://doi.org/10.1016/j.apgeog. 2014.11.024
590 Carlos Guerra u.a., »Blind spots in global soil biodiversity and ecosystem function research«, in: *Nature Communications* 11 (2020), S. 3870. https://doi.org/10.1038/s41467-020-17688-2
591 Marcia DeLonge, Albie Miles und Liz Carlisle, »Investing in the transition to sustainable agriculture«, in: *Environmental Science and Policy* 55 (2016), Teil 1, S. 266–73. https://doi.org/10.1016/j.envsci.2015. 09.013.
592 The Vegan-Organic Network, *The Stockfree-Organic Standards*, 2007. https://veganorganic.net/wp-content/uploads/2016/08/von-standards.pdf
593 Ruth Kelly u.a., *The Hunger Grains*. Oxfam Briefing Paper 161, 2012. https://oxfamilibrary.openrepository.com/bitstream/handle/10546/242997/bp161-the-hunger-grains-170912-en.pdf;jsessionid=59A3BFB0B7A7B7E0A65838095E08972C?sequence=1
594 Chris Malins, »Biofuel to the fire – The impact of continued expansion of palm and soy oil demand through biofuel policy«, in: *Rainforest Foundation Norway*, 2020. https://d5i6is0eze552.cloudfront.net/documents/RF_report_biofuel_0320_eng_SP.pdf?mtime=20200310101137
595 Janis Brizga, Klaus Hubacek und Kuishuang Feng, »The unintended side effects of bioplastics: Carbon, land, and water footprints«, in: *One Earth* 3, Nr. 4 (2020), S. 515–16. https://doi.org/10.1016/j.oneear. 2020.06.016
596 Tolhurst Organic, *Tolly's Rambles: Plastic Confessional*, Tolhurst Organic Partnership, 3. Mai 2018. https://www.tolhurstorganic. co.uk/2018/05/tollys-rambles-plastic-confessional

5 GENUSS IN ZAHLEN

597 »Rivercide: The world's first live investigative documentary«. https://www.youtube.com/watch?v=5ID0VAUNANA
598 Hannah Ritchie, »Three billion people cannot afford a healthy diet«, 12. Juli 2021. https://ourworldindata.org/diet-affordability#a-healthy-diet-three-billion-people-cannot-afford-one
599 South Oxfordshire Food & Education Academy, SOFEA. https://www.sofea.uk.com
600 FareShare. https://fareshare.org.uk
601 FareShare, pers. Komm.
602 Jo Dyson, Lebensmittelleitung FareShare, pers. Komm.

603 Feedback Global, *Farmers Talk Food Waste. Supermarkets' Role in Crop Waste on UK Farms*, 2018. https://feedbackglobal.org/wp-content/uploads/2018/08/Farm_waste_report_.pdf
604 Charlie Spring, »How foodbanks went global«, in: *New Internationalist*, 10. November 2020. https://newint.org/immersive/2020/11/10/how-foodbanks-went-global
605 Jenny Gustavsson u. a., *Global Food Losses and Food Waste: Extent, Causes and Prevention*, Food and Agriculture Organization of the United Nations (FAO), 2011. http://www.fao.org/3/i2697e/i2697e.pdf
606 Brian Lipinski u. a., *SDG Target 12.3 on Food Loss and Waste: 2017 Progress Report*, World Resources Institute – Champions 12.3, 2017. https://champions123.org/sites/default/files/2020-09/champions-12-3-2017-progress-report.pdf
607 *Technical Platform on the Measurement and Reduction of Food Loss and Waste,* Food and Agriculture Organization of the United Nations (FAO). http://www.fao.org/platform-food-loss-waste/en
608 Melanie Saltzman, Christopher Livesay und Mark Bittman, »Is France's groundbreaking food-waste law working?«, in: *PBS Newshour*, Pulitzer Center, 1. September 2019. https://pulitzercenter.org/stories/frances-groundbreaking-food-waste-law-working
609 *Food Wastage Footprint & Climate Change*, UN Food and Agriculture Organization, 2015. https://www.fao.org/3/bb144e/bb144e.pdf
610 Purabi R. Ghosh u. a., »An Overview of Food Loss and Waste: Why Does It Matter?«, in: *COSMOS* 11, Nr. 1 (2015), S. 89–103. https://doi.org/10.1142/S0219607715500068
611 William F. Laurance, Miriam Goosem und Susan G. W. Laurance, »Impacts of roads and linear clearings on tropical forests«, in: *Trends in Ecology & Evolution* 24, Nr. 12 (2009), S. 659–69. https://doi.org/10.1016/j. tree.2009.06.009
612 William F. Laurance, Jeffrey Sayer und Kenneth G. Cassman, »Agricultural expansion and its impacts on tropical nature«, in: *Trends in Ecology & Evolution* 29, Nr. 2 (2014), S. 107–16. https://doi.org/10.1016/j.tree.2013.12.001
613 Ebenda.
614 William F. Laurance u. a., »Impacts of roads and hunting on Central African rainforest mammals«, in: *Conservation Biology* 20, Nr. 4 (2006), S. 1251–61. https://doi.org/10.1111/j.1523–1739.2006.00420.x
615 Walter Willett u. a., »Food in the Anthropocene: the EAT-Lancet Commission on healthy diets from sustainable food systems«, in: *The Lancet*

393, Nr. 10170 (2019), S. 447–92. https://doi.org/10.1016/S0140-6736(18)31788-4

616 Anjum Klair, »The five-week wait for first payment of universal credit is unnecessary and unacceptable«, in: *Trades Union Congress (TUC)*, 10. November 2020. https://www.tuc.org.uk/blogs/five-week-wait-first-payment-universal-credit-unnecessary-and-unacceptable

617 Rachel Loopstra und Doireann Lalor, »Financial insecurity, food insecurity, and disability: The profile of people receiving emergency food assistance from The Trussell Trust Foodbank Network in Britain«, in: The Trussell Trust, 2017. https://www.trusselltrust.org/wp-content/uploads/sites/2/2017/07/OU_Report_final_01_08_online2.pdf

618 Alice Goisis, Amanda Sacker und Yvonne Kelly, »Why are poorer children at higher risk of obesity and overweight? A UK cohort study«, in: *European Journal of Public Health* 26, Nr. 1 (2015), S. 7–13. https://doi. org/10.1093/eurpub/ckv219

619 Felicity Lawrence, *Not on the Label – What Really Goes into the Food on Your Plate*, London 2013. https://www.penguin. co.uk/books/54815/not-on-the-label/9780241967829.html

620 Food and Agriculture Organization of the United Nations (FAO), the International Fund for Agricultural Development (IFAD), the United Nations Children's Fund (UNICEF), the World Food Programme (WFP) and the World Health Organization (WHO), *The State of Food Security and Nutrition in the World 2020: Transforming Food Systems for Affordable Healthy Diets*. Rom 2020, FAO. https://doi.org/10.4060/ca9692en

621 Rocco Barazzoni und Gianluca Gortan Cappellari, »Double burden of malnutrition in persons with obesity«, in: *Reviews in Endocrine and Metabolic Disorders* 21 (2020), S. 307–13. https://doi.org/10.1007/s11154-020-09578-1

622 Pilyoung Kim u. a., »How socioeconomic disadvantages get under the skin and into the brain to influence health development across the lifespan«, in: N. Halfon, C. Forrest, R. Lerner and E. Faustman (Hrsg.), *Handbook of Life Course Health Development*, Cham 2017. https://doi.org/10.1007/978-3-319-47143-3_19

623 »Obesity – Obesity is less common in more equal societies«, in: *The Equality Trust*. https://www.equalitytrust.org.uk/obesity

624 Anthony Rodgers u. a., »Prevalence trends tell us what did not precipitate the US obesity epidemic«, in: *The Lancet Public Health* 3, Nr. 4 (2018), E162–3. https://doi.org/10.1016/S2468-2667(18)30021–5

625 Carl Baker, *Research Briefing – Obesity Statistics*, House of Commons

Library, 11. Januar 2021. https://commonslibrary.parliament.uk/research-briefings/sn03336/#fullreport

626 Ferris Jabr, »How sugar and fat trick the brain into wanting more food«, in: *Scientific American*, 1. Januar 2016. https://www.scientifi camerican.com/article/how-sugar-and-fat-trick-the-brain-into-wanting-more-food

627 Kevin Hall u. a., »Ultra-processed diets cause excess calorie intake and weight gain: An inpatient randomized controlled trial of ad libitum food intake«, in: *Cell Metabolism* 30 (2019), S. 67–77. https://doi.org/10.1016/j.cmet.2019.05.008

628 Sarah Boseley, »Food firms could face litigation over neuro-marketing to hijack brains«, in: *The Guardian*, 25. Mai 2018. https://www.theguardian.com/society/2018/may/25/food-firms-may-face-litigation-over-neuromarketing-to-hijack-brains

629 Anahad O'Connor, »Coca Cola funds scientists who shift blame for obesity away from bad diets«, in: *The New York Times*, 9. August 2015. https://well.blogs.nytimes.com/2015/08/09/coca-cola-funds-scientists-who-shift-blame-for-obesity-away-from-bad-diets

630 Cristin E. Kearns, Laura A. Schmidt und Stanton A. Glantz, »Sugar industry and coronary heart disease research – A historical analysis of internal industry documents«, in: *JAMA Internal Medicine* 176, Nr. 11 (2016), S. 1680–5. https://doi.org/10.1001/jamainternmed.2016.5394

631 WhyHunger, *We Can't ›Foodbank‹ Our Way Out of Hunger: From Charity to a Social Justice Funding Model*, Sustainable Agriculture and Food Systems Funders (SAFSF), 22. Oktober 2020. https://www.agandfoodfunders.org/event/we-cant-foodbank-our-way-out-of-hunger

632 »Trussell Trust data briefing on end-of-year statistics relating to use of food banks: April 2020 – March 2021«, in: *The Trussell Trust*, 22. April 2021. https://www.trusselltrust.org/wp-content/uploads/sites/2/2021/04/Trusell-Trust-End-of-Year-stats-data-briefing_2020_21.pdf

633 Spring, ebenda.

634 UK Food Standards Agency, *Covid19 Research Tracker – Wave Four*, 12. August 2020. https://data.food.gov.uk/catalog/datasets/da60fd93-be85-4a6b-8fb6-63eddf32eeab

635 Oxford Real Farming Conference, *#ORFC20 A Food Strategy for the UK: Local Food Systems and Access to Healthy, Affordable Food*, 18. Januar 2020. https://www.youtube.com/watch?v=jA8kGRLAWu0

636 Alastair Smith, »Why global food prices are higher today than for most of modern history«, 27 September 2021. https://theconversation.com/why-global-food-prices-are-higher-today-than-for-most-of-modern-history-168210

637 Willett u. a., ebenda.
638 George Monbiot, »The UK government wants to put a price on nature – but that will destroy it«, in: *The Guardian*, 15. Ma 2018. https://www.theguardian.com/commentisfree/2018/may/15/price-natural-world-destruction-natural-capital
639 Nyéléni Forum, *Declaration of the Forum for Food Sovereignty, Nyéléni, Sélingué, Mali*, 27. Februar 2007. https://nyeleni.org/spip.php? article290
640 Ebenda.
641 Oxford Real Farming Conference, »ORFC 2020 Patrick Holden in conversation with George Monbiot«, 16. Januar 2020. https://www.you-tube.com/watch?v=fB2F5GsOUCU
642 David P. Edwards u a., »Land-sparing agriculture best protects avian phylogenetic diversity«, in: *Current Biology* 25, Nr. 18 (2015), S. 2384–91. https://doi.org/10.1016/j.cub.2015.07.063
643 Pat Mooney u. a., *A Long Food Movement: Transforming Food Systems by 2045*, The International Panel of Experts on Sustainable Food Systems (IPES-Food) and ETC Group, 2021. http://www.ipes-food.org/_img/upload/files/LongFoodMovementEN.pdf
644 La Via Campesina, »Global Solidarity Actions demand equal ownership of land, recognition of women's work and a world free of violence«, 25. März 2021. https://viacampesina.org/en/08-march-global-solidarity-actions-demand-equal-ownership-of-land-recognition-of-womens-work-and-a-world-free-of-violence
645 La Via Campesina, »The path of peasant and popular feminism in La Via Campesina«, 2021. https://viacampesina.org/en/wp-content/uploads/sites/2/2021/06/Peasant-and-Popular-Feminism-Publication-LVC-2021-EN.pdf
646 La Via Campesina, »Food sovereignty, a manifesto for the future of our planet«, 13. Oktober 2021. https://viacampesina.org/en/food-sovereignty-a-manifesto-for-the-future-of-our-planet-la-via-campesina
647 Pekka Kinnunen u. a., »Local food crop production can fulfil demand for less than one-third of the population«, in: *Nature Food* 1 (2020), S. 229–37. https://doi.org/10.1038/s43016-020-0060-7
648 Richard Reynolds, *Guerrilla Gardening blog*. http://www.guerrillagar-dening.org
649 Mooney u. a., ebenda.
650 George Monbiot, »Towering lunacy«, 16. August 2010. https://www.monbiot.com/2010/08/16/towering-lunacy
651 Chris Beytes, *FarmedHere Shuts Down*, Grower Talks, 29. März 2017. https://www.growertalks.com/Article/?articleid=22890

652 Jennifer Marston, »What Plantagon's bankruptcy could tell us about the future of large-scale vertical farming«, in: *The Spoon*, 1. März 2019. https://thespoon.tech/what-plantagons-bankruptcy-could-tell-us-about-the-future-of-large-scale-vertical-farming

653 Edward Game u. a., »Conservation in a wicked complex world: Challenges and solutions«, in: *Conservation Letters* 7 (2014), S. 271–7. https://doi.org/10.1111/conl.12050

6 WURZELN SCHLAGEN

654 Green Alliance, *Net Zero Policy Tracker, April 2021 Update*, 2021. https://green-alliance.org.uk/resources/Net_zero_policy_tracker_April_2021.pdf

655 Niels Corfield, *Wet on Top Dry Underneath*, 2020. https://nielscor field.com/soil-health/wet-on-top-dry-underneath

656 David C. Coleman, *Fundamentals of Soil Ecology*, Cambridge 2017. https://www.elsevier.com/search-results?query= 9780128052518

657 Jan Willem van Groenigen u. a., »Earthworms increase plant production: A meta-analysis«, in: *Scientific Reports* 4, Artikel 6365 (2014). https://doi.org/10.1038/srep06365

658 Lorna J. Cole, Jenni Stockan und Rachel Helliwell, »Managing riparian buffer strips to optimise ecosystem services: A review«, in: *Agriculture, Ecosystems & Environment* 296 (2020). https://doi.org/10.1016/j.agee.2020.106891

659 Humberto Blanco-Canqui und Rattan Lal, »Buffer strips«, in: *Principles of Soil Conservation and Management*, Dordrecht 2010, S. 223–57. https://doi.org/10.1007/978-1-4020-8709-7_9

660 Eduardo González u. a., »Integrative conservation of riparian zones«, in: *Biological Conservation* 211 (2017), Teil B, S. 20–9. https://doi.org/10.1016/j.biocon.2016.10.035

661 María Sol Balbuena u. a., »Effects of sublethal doses of glyphosate on honeybee navigation«, in: *Journal of Experimental Biology* 218, Nr. 17 (2015), S. 2799–805. https://doi.org/10.1242/jeb.117291

662 Pingli Dai u. a., »The herbicide glyphosate negatively affects mid-gut bacterial communities and survival of honeybee during larvae reared in vitro«, in: *Journal of Agricultural and Food Chemistry* 66, Nr. 29 (2018), S. 7786–93. https://doi.org/10.1021/acs.jafc.8b02212

663 Abbas Güngördü, Miraç Uçkun und Ertan Yoloğlu, »Integrated 1assessment of biochemical markers in premetamorphic tadpoles of three

amphibian species exposed to glyphosate- and methidathionbased pesticides in single and combination forms«, in: *Chemosphere* 144 (2016), S. 2024–35. https://doi.org/10.1016/j.chemosphere.2015.10.125
664 Ming-Hui Li u. a., »Metabolic profiling of goldfish (*Carassius auratis*) after long-term glyphosate-based herbicide exposure«, in: *Aquatic Toxicology* 188 (2017), S. 159–69. https://doi.org/10.1016/j.aquatox.2017.05.004
665 Jimena L. Frontera u. a., »Effects of glyphosate and poly-oxyethylenamine on growth and energetic reserves in the freshwater crayfish *Cherax quadricarinatus* (*Decapoda, Parastacidae*)«, in: *Archives of Environmental Contamination and Toxicology* 61 (2011), S. 590–8. https://doi.org/10.1007/s00244-011-9661–3
666 Valerio Matozzo u. a., »Ecotoxicological risk assessment for the herbicide glyphosate to non-target aquatic species: A case study with the mussel *Mytilus galloprovincialis*«, in: *Environmental Pollution* 233 (2018), S. 623–32. https://doi.org/10.1016/j.envpol.2017.10.100
667 Cong Wang u. a., »Differential growth responses of marine phytoplankton to herbicide glyphosate«, in: *PLOS One* 11, Nr. 3 (2016). https://doi.org/10.1371/journal.pone.0151633
668 Louis Carles u. a., »Meta-analysis of glyphosate contamination in surface waters and dissipation by biofilms«, in: *Environment International* 124 (2019), S. 284–93. https://doi.org/10.1016/j.envint.2018.12.064
669 Philip Mercurio u. a., »Glyphosate persistence in seawater«, in: *Marine Pollution Bulletin* 85, Nr. 2 (2014), S. 385–90. https://doi.org/10. 1016/j.marpolbul.2014.01.021
670 Valerio Matozzo, Jacopo Fabrello und Maria Gabriella Marin, »The effects of glyphosate and its commercial formulations to marine invertebrates: A review«, in: *Journal of Marine Science and Engineering* 8, Nr. 6 (2020), S. 399. https://doi.org/10.3390/jmse8060399
671 Todd Funke u. a., »Molecular basis for the herbicide resistance of Roundup Ready crops«, in: *Proceedings of the National Academy of Sciences* 103, Nr. 35 (2006), S. 13010–15. https://doi.org/10.1073/pnas.0603638103
672 A. H. C. Van Bruggen u. a., »Environmental and health effects of the herbicide glyphosate«, in: *Science of the Total Environment* 616–17 (2018), S. 255–68. https://doi.org/10.1016/j.scitotenv.2017.10.309
673 Laura Arango u. a., »Effects of glyphosate on the bacterial community associated with roots of transgenic Roundup Ready® soybean«, in: *European Journal of Soil Biology* 63 (2014), S. 41–8. https://doi.org/10.1016/j.ejsobi.2014.05.005

674 María C. Zabaloy u. a., »Soil ecotoxicity assessment of glyphosate use under field conditions: Microbial activity and community structure of Eubacteria and ammonia-oxidising bacteria«, in: *Pest Management Science* 72, Nr. 4 (2015), S. 684–91. https://doi.org/10.1002/ps.4037
675 Tsuioshi Yamada u. a., »Glyphosate interactions with physiology, nutrition, and diseases of plants: Threat to agricultural sustainability?«, in: *European Journal of Agronomy* 31, Nr. 3 (2009), S. 111–13. http://www.lcb.esalq.usp.br/publications/articles/2009/2009ejav31n3p111-113.pdf
676 Elena Okada, José Luis Costa und Francisco Bedmar, »Glyphosate dissipation in different soils under no-till and conventional tillage«, in: *Pedosphere* 29, Nr. 6 (2019), S. 773–83. https://doi.org/10.1016/S1002-0160(17)60430-2
677 Yong-Guan Zhu u. a., »Soil biota, antimicrobial resistance and planetary health«, in: *Environment International* 131 (2019). https://doi.org/10.1016/j.envint.2019.105059
678 Paulo Durão, Roberto Balbontín und Isabel Gordo, »Evolutionary mechanisms shaping the maintenance of antibiotic resistance«, in: *Trends in Microbiology* 26, Nr. 8 (2018), S. 677–91. https://doi.org/10.1016/j.tim.2018. 01.005
679 Hanpeng Liao u. a., »Herbicide selection promotes antibiotic resistance in soil microbiomes«, in: *Molecular Biology and Evolution* 38, Nr. 6 (2021), S. 2337–50. https://doi.org/10.1093/molbev/msab029
680 Anne Mendler u. a., »Mucosal-associated invariant T-Cell (MAIT) activation is altered by chlorpyrifos-and glyphosate-treated commensal gut bacteria«, in: *Journal of Immunotoxicology* 17, Nr. 1 (2020), S. 10–20. https://doi.org/10.1080/1547691X.2019.1706672
681 Sebastian T. Soukup u. a., »Glyphosate and AMPA levels in human urine samples and their correlation with food consumption: Results of the cross-sectional KarMeN study in Germany«, in: *Archives of Toxicology* 94 (2020), S. 1575–84. https://doi.org/10.1007/s00204-020-02704-7
682 Braeden Van Deynze, Scott Swinton und David Hennessy, »Are glyphosate-resistant weeds a threat to conservation agriculture? Evidence from tillage practices in soybean«, in: Conference Paper/Presentation, Agricultural and Applied Economics Association, Nr. 274360 (2018). https://doi. org/10.22004/ag.econ.274360
683 Mailin Gaupp-Berghausen u. a., »Glyphosate-based herbicides reduce the activity and reproduction of earthworms and lead to increased soil nutrient concentrations«, in: *Nature Scientific Reports* 5, Artikel 12886 (2015). https://doi.org/10.1038/srep12886

684 María Jesús I. Briones und Olaf Schmidt, »Conventional tillage decreases the abundance and biomass of earthworms and alters their community structure in a global meta-analysis«, in: *Global Change Biology* 23, Nr. 10 (2017), S. 4396–419. https://doi.org/10.1111/gcb.13744
685 Niki Grigoropoulou, Kevin R. Butt and Christopher N. Lowe, »Effects of adult *Lumbricus terrestris* on cocoons and hatchlings in Evans' boxes«, in: *Pedobiologia* 51, Nr. 5–6 (2008), S. 343–9. https://doi.org/10.1016/j.pedobi.2007.07.001
686 Maria A. Tsiafouli u. a., »Intensive agriculture reduces soil biodiversity across Europe«, in: *Global Change Biology* 21, Nr. 2 (2015), S. 973–985. https://doi.org/10.1111/gcb.12752
687 Stacy M. Zuber und María B. Villamil, »Meta-analysis approach to assess effect of tillage on microbial biomass and enzyme activities«, in: *Soil Biology and Biochemistry* 97 (2016), S. 176–87. https://doi.org/10.1016/j.soilbio.2016.03.011
688 UK Government Natural Capital Committee, *How to Do It: A Natural Capital Workbook, Version 1*, Department for Environment, Food & Rural Affairs, April 2017. https://assets.publishing.service.gov.uk/government/uploads/system/uploads/attachment_data/file/957503/ncc-natural-capital-workbook.pdf
689 Lucinda Dann, »Video: Crimper roller trial aims to kill cover crops without herbicides«, in: *Farmers Weekly*, 28. Jun 2018. https://www.fwi. co.uk/arable/land-preparation/cover-crops/video-crimper-roller-trial-aims-to-kill-cover-crops-without-herbicides
690 Damian Carrington, »Killer farm robot dispatches weeds with electric bolts«, in: *The Guardian*, 29. April 2021. https://www.theguardian.com/environment/2021/apr/29/killer-farm-robot-dispatches-weeds-with-electric-bolts
691 »Titan FT35 pay-per-acre model«, in: *FarmWise*, 2021. https://farmwise.io/services
692 Cameron M. Pittelkow u. a., »When does no-till yield more? A global meta-analysis«, in: *Field Crops Research* 183 (2015), S. 156–68. https://doi.org/10.1016/j.fcr.2015.07.020
693 Ademir Calegari u. a., »Conservation agriculture in Brazil«, in: *Conservation Agriculture: Global Prospects and Challenges* (2014), Kap. 3, S. 54–87. https://doi.org/10.1079/9781780642598.0054
694 Peter R. Hobbs, Ken Sayre und Raj Gupta, »The role of conservation agriculture in sustainable agriculture«, in: *Philosophical Transactions of the Royal Society B: Biological Sciences* 363, Nr. 1491 (2007). https://doi. org/10.1098/rstb.2007.2169

695 Peter R. Hobbs und Raj K. Gupta, »Resource-conserving technologies for wheat in the rice-wheat system«, in: *Improving the Productivity and Sustainability of Rice-Wheat Systems: Issues and Impacts* (2003). https://doi.org/10.2134/asaspecpub65.c7

696 Krutika Pathi und Arvind Chhabra, »Stubble burning: Why it continues to smother north India«, in: *BBC News*, 30. November 2020. https://www.bbc.co.uk/news/world-asia-india-54930380

697 Cameron M. Pittelkow u. a., »Productivity limits and potentials of the principles of conservation agriculture«, in: *Nature* 517 (2015), S. 365–8. https://doi.org/10.1038/nature13809

698 N. Verhulst u. a., »Conservation agriculture, improving soil quality for sustainable production systems?«, in: *Food Security and Soil Quality* (2010). https://www.taylorfrancis.com/chapters/edit/10.1201/EBK1439800577-7/conservation-agriculture-improving-soil-quality-sustainable-production-systems-verhulst-govaerts-verachtert-castellanos-navarrete-mezzalama-wall-chocobar-deckers-sayre

699 Humberto Blanco-Canqui und Sabrina J. Ruis, »No-tillage and soil physical environment«, in: *Geoderma* 326 (2018), S. 164–200. https://doi.org/10.1016/j.geoderma.2018.03.011

700 Zhongkui Luo, Enli Wang und Osbert J. Sun, »Can no-tillage stimulate carbon sequestration in agricultural soils? A meta-analysis of paired experiments«, in: *Agriculture, Ecosystems & Environment* 139, Nr. 1–2 (2010), S. 224–31. https://doi.org/10.1016/j.agee.2010.08.006

701 Stefani Daryanto, Lixin Wang und Pierre-André Jacinthe, »Impacts of no-tillage management on nitrate loss from corn, soybean and wheat cultivation: A meta-analysis«, in: *Scientific Reports* 7, Artikel 12117 (2017). https://doi.org/10.1038/s41598-017-12383-7

702 Daniel Elias, Lixin Wang und Pierre-Andre Jacinthe, »A meta-analysis of pesticide loss in runoff under conventional tillage and no-till management«, in: *Environmental Monitoring and Assessment* 190, Artikel 79 (2018). https://doi.org/10.1007/s10661-017-6441-1

703 Rolf Derpsch u. a., »Current status of Adoption of no-till farming in the world and some of its main benefits«, in: *International Journal of Agricultural and Biological Engineering* 3, Nr. 1 (2010). https://ijabe.org/index.php/ijabe/article/viewFile/223/113

704 Olaf Erenstein u. a., »Conservation agriculture in maize- and wheat-based systems in the (sub)tropics: Lessons from adaptation initiatives in South Asia, Mexico, and Southern Africa«, in: *Journal of Sustainable Agriculture* 36, Nr. 2 (2012), S. 180–206. https://doi.org/10.1080/10440046.2011.620230

705 Hobbs, Sayre und Gupta, ebenda.

706 George Rapsomanikis, »The economic lives of smallholder farmers: An analysis based on household data from nine countries«, in: *Food and Agriculture Organization of the United Nations*, Rom 2015. http://www.fao.org/3/i5251e/i5251e.pdf

707 Emma Hamer, »Can we continue to grow oilseed rape in the UK?«, in: *National Farmers Union*, 2016. https://www.nfuonline.com/sectors/crops/crops-news/blog-can-we-continue-to-grow-oilseed-rape-in-the

708 Timothy M. Bowles, »Long-term evidence shows that crop-rotation diversification increases agricultural resilience to adverse growing conditions in North America«, in: *One Earth* 2, Nr. 3 (2020), S. 284–93. https://doi.org/10.1016/j.oneear.2020.02.007

709 Paula Sanginés de Cárcer u. a., »Long-term effects of crop succession, soil tillage and climate on wheat yield and soil properties«, in: *Soil and Tillage Research* 190 (2019), S. 209–19. https://doi.org/10.1016/j.still.2019.01.012

710 Jeremy Cherfas, »The worst thing since sliced bread: The Chorleywood bread process«, in: *Dublin Gastronomy Symposium, Disruptive Technology, Food and Disruption* (2020). https://doi.org/10.21427/99cm-eb95

711 Felicity Lawrence, *Not on the Label: What Really Goes into the Food on Your Plate*, London 2013. https://www.penguin.co.uk/books/548/54815/not-on-the-label/9780241967829.html

712 Cherfas, ebenda.

713 Pat M. Burton u. a., »Glycemic impact and health: New horizons in white bread formulations«, in: *Critical Reviews in Food Science and Nutrition* 51, Nr. 10 (2011), S. 965–82. https://doi.org/10.1080/10408398.2 010.491584

714 Andrew S. Ross, *A Shifting Climate for Grains and Flour*. Cereals & Grains Association, 2019. https://www.cerealsgrains.org/publications/cfw/2019/September–October/Pages/CFW-64-5-0050.aspx

715 Steve Gliessman, »Transforming food systems to sustainability with agroecology«, in: *Journal of Sustainable Agriculture* 35, Nr. 8 (2011), S. 823–5. https://doi.org/10.1080/10440046.2011.611585

716 Mateo Mier y Terán Giménez Cacho u. a., »Bringing agroecology to scale: Key drivers and emblematic cases«, in: *Agroecology and Sustainable Food Systems* 42, Nr. 6 (2018), S. 637–65. https://doi.org/10.1080/216 83565.2018.1443313

717 Oliver Rackham, *The History of the Countryside*, London 2020. https://www.weidenfeldandnicolson.co.uk/titles/oliver-rackham/the-history-of-the-countryside/9781474614023

718 FarmED, *Farm & Food Education.* https://www.farm-ed.co.uk
719 Li Guo Qiang u. a., »Dynamic analysis on response of dry matter accumulation and partitioning to nitrogen fertilizer in wheat cultivars with different plant types«, in: *Acta Agronomica Sinica* 35, Nr. 12 (2009), S. 2258–65. https://doi.org/10.3724/SP.J.1006.2009.02258
720 Tejendra Chapagain, Laura Super und Andrew Riseman, »Root architecture variation in wheat and barley cultivars«, in: *Journal of Experimental Agriculture International* 4, Nr. 7 (2014), S. 849–56. https://doi. org/10.9734/AJEA/2014/9462
721 S. Jeffery und F. G. A. Verheijen, »A new soil health policy paradigm: Pay for practice not performance!«, in: *Environmental Science & Policy* 112 (2020), S. 371–3. https://doi.org/10.1016/j.envsci.2020.07.006
722 I. K. S. Andrew, J. Storkey und D. L. Sparkes, »A review of the potential for competitive cereal cultivars as a tool in integrated weed management«, in: *Weed Research* 55, Nr. 3 (2015), S. 239–48. https://doi.org/10.1111/wre.12137
723 Jo Smith u. a., *Lessons Learnt: Silvoarable Agroforestry in the UK (Part 1)*, AgForward, Agroforestry for Europe, 2017. https://www.agforward.eu/index.php/en/silvoarable-agroforestry-in-the-uk.html?file=files/agforward/documents/LessonsLearnt/WP4_UK_Sil-voarable_1_lessons_learnt.pdf
724 Peter R. Shewry, Till K. Pellny und Alison Lovegrove, »Is modern wheat bad for health?«, in: *Nature Plants* 2, Artikel 16097 (2016). https://doi.org/10.1038/nplants.2016.97
725 Peter Shewry u. a., »Defining genetic and chemical diversity in wheat grain by 1H-NMR spectroscopy of polar metabolites«, in: *Molecular Nutrition & Food Research* 61, Artikel 1600807 (2017). https://doi.org/10.1002/mnfr.201600807
726 J. I. Macdiarmid und S. Whybrow, »Nutrition from a climate change perspective. Conference on ›Getting energy balance right‹, Symposium 5: Sustainability of food production and dietary recommendations«, in: *Proceedings of the Nutrition Society* 78, Nr. 3 (2019), S. 380–7. https://doi.org/10.1017/S0029665118002896
727 Hannah Ritchie, »If the world adopted a plant-based diet we would reduce global agricultural land use from 4 to 1 billion hectares«, in: *Our World in Data* (2021), gesehen 2022. Land use per kilogram of food product. https://ourworldindata.org/grapher/land-use-per-kg-poore
728 Mier y Terán Giménez Cacho u. a., ebenda.
729 Meagan E. Schipanski u. a., »Realizing resilient food systems«, in: *BioScience* 66, Nr. 7 (2016), S. 600–10. https://doi.org/10.1093/biosci/biw052

730 Steven Lawry u. a., »The impact of land property rights interventions on investment and agricultural productivity in developing countries: A systematic review«, in: *Journal of Development Effectiveness* 9, Nr. 1 (2017), S. 61–81. https://doi.org/10.1080/19439342.2016.1160947

731 Ward Anseeuw und Giulia Maria Baldinelli, *Uneven Ground: Land Inequality at the Heart of Unequal Societies*, International Land Coalition and Oxfam, 2020. https://oi-files-d8-prod.s3.eu-west-2.amazonaws.com/s3fs-public/2020-11/uneven-ground-land-inequality-unequal-societies.pdf

732 Mauricio Betancourt, »The effect of Cuban agroecology in mitigating the metabolic rift: A quantitative approach to Latin American food production«, in: *Global Environmental Change* 63, Artikel 102075 (2020). https://doi.org/10.1016/j.gloenvcha.2020.102075

733 Miguel A. Altieri, Fernando R. Funes-Monzote und Paulo Petersen, »Agroecologically efficient agricultural systems for smallholder farmers: Contributions to food sovereignty«, in: *Agronomy for Sustainable Development* 32 (2012), S. 1–13. https://doi.org/10.1007/s13593-011-0065-6

734 Marc-Olivier Martin-Guay u. a., »The new Green Revolution: Sustainable intensification of agriculture by intercropping«, in: *Science of the Total Environment* 615 (2018), S. 767–72. https://doi.org/10.1016/j.scitotenv.2017.10.024

735 Brian Machovina, Kenneth J. Feeley und William J. Ripple, »Biodiversity conservation: The key is reducing meat consumption«, in: *Science of the Total Environment* 536 (2015), S. 419–31. https://doi. org/10.1016/j.scitotenv.2015.07.022

736 Christian Dupraz u. a., »To mix or not to mix: Evidences for the unexpected high productivity of new complex agrivoltaic and agroforestry systems«, in: 5th World Congress of Conservation Agriculture incorporating 3rd Farming Systems Design Conference, 2011. https://vtechworks.lib.vt.edu/bitstream/handle/10919/70121/5015_WCCA_FSD_2011.pdf?sequence=1&is#page=219

737 Nicholas Carter, *The Secret to Farming for the Climate*, A Well-Fed World. https://awellfedworld.org/issues/climate-issues/farming-for-climate

738 Michael Langemeier und Elizabeth Yeager, *International Benchmarks for Wheat Production*, Purdue University Center for Commercial Agriculture, 2016. https://ag.purdue.edu/commercialag/Docu ments/Resources/Mangagement-Strategy/International-Benchmarks/2016_9_Langemeier_International_Benchmarks_for_Wheat_Production.pdf

739 Monique Kleinhuizen, »Kernz-huh? Could the perennial promise of Kernza benefit food, beer, and the world?«, in: *The Growler*, 27. Februar 2017. https://images.app.goo.gl/T9kjbo8v4NdGFSXy5

740 The Land Institute. https://landinstitute.org
741 Yanming Zhang u. a., »Potential of perennial crop on environ-mental sustainability of agriculture«, in: *Procedia Environmental Sciences* 10 (2011), Teil B, S. 1141–7. https://doi.org/10.1016/j.proenv. 2011.09.182
742 Frank Rasche u. a., »A preview of perennial grain agriculture: Knowledge gain from biotic interactions in natural and agricultural ecosystems«, in: *Ecosphere* 8, Nr. 12 (2017). https://doi.org/10.1002/ecs2.2048
743 Brandon Schlautman, »Perennial grain legume domestication phase I: Criteria for candidate species selection«, in: *Sustainability* 10, Nr. 3 (2018), S. 730. https://doi.org/10.3390/su10030730
744 Timothy E. Crews und Douglas J. Cattani, »Strategies, advances, and challenges in breeding perennial grain crops«, in: *Sustainability* 10, Nr. 7, Artikel 2192 (2018). https://doi.org/10.3390/su10072192
745 The Land Institute, *Perennial Crops: New Hardware for Agriculture*, https://landinstitute.org/our-work/perennial-crops
746 Schlautman, ebenda.
747 David L. Van Tassel u. a., »Accelerating *Silphium* domestication: An opportunity to develop new crop ideotypes and breeding strategies informed by multiple disciplines«, in: *Crop Science* 57, Nr. 3 (2017), S. 1274–84. https://doi.org/10.2135/cropsci2016.10.0834
748 David L. Van Tassel und Lee DeHaan, »Wild plants to the rescue«, in: *American Scientist* 101, Nr. 3 (2013), S. 218. https://www.american scientist. org/article/wild-plants-to-the-rescue
749 The Land Institute, *Kernza® Grain*. https://landinstitute.org/our-work/perennial-crops/kernza
750 Frank Rasche u. a., »A preview of perennial grain agriculture: knowledge gain from biotic interactions in natural and agricultural ecosystems«, in: *Ecosphere* 8, Nr. 12 (2017). https://doi.org/10.1002/ecs2. 2048
751 Alicia Ledo u. a., »Changes in soil organic carbon under perennial crops«, in: *Global Change Biology* 26, Nr. 7 (2020), S. 4158–68. https://doi. org/10.1111/gcb.15120
752 Timothy E. Crews und Brian E. Rumsey, »What agriculture can learn from native ecosystems in building soil organic matter: A review«, in: *Sustainability* 9, Nr. 4 (2017), S. 578. https://doi.org/10.3390/su9040578
753 S. W. Culman u. a., »Long-term impacts of high-input annual cropping and unfertilized perennial grass production on soil properties and belowground food webs in Kansas, USA, agriculture«, in: *Ecosystems & Environment* 137, Nr. 1–2 (2010), S. 13–24. https://doi.org/10. 1016/j. agee.2009.11.008

754 Jerry D. Glover u. a., »Harvested perennial grasslands provide ecological benchmarks for agricultural sustainability«, in: *Agriculture, Ecosystems & Environment* 137, Nr. 1–2 (2010), S. 3–12. https://doi.org/10.1016/j.agee.2009.11.001

755 C. Emmerling, »Impact of land-use change towards perennial energy crops on earthworm population«, in: *Applied Soil Ecology* 84 (2014), S. 12–15. https://doi.org/10.1016/j.apsoil.2014.06.006

756 Frank Rasche u. a., »A preview of perennial grain agriculture: Knowledge gain from biotic interactions in natural and agricultural ecosystems«, in: *Ecosphere* 8, Nr. 12 (2017). https://doi.org/10.1002/ecs2.2048

757 Ebenda.

758 Virginia Nichols u. a., »Weed dynamics and conservation agriculture principles: A review«, in: *Field Crops Research* 183 (2015), S. 56–68. https://doi.org/10.1016/j.fcr.2015.07.012

759 Iris Lewandowski u. a., »The development and current status of perennial rhizomatous grasses as energy crops in the US and Europe«, in: *Biomass and Bioenergy* 25, Nr. 4 (2003), S. 335–61. https://doi.org/10.1016/S0961-9534(03)00030-8

760 Marisa Lanker, Michael Bell und Valentin D. Picasso, »Farmer perspectives and experiences introducing the novel perennial grain Kernza intermediate wheatgrass in the US Midwest«, in: *Renewable Agriculture and Food Systems* 35, Nr. 6 (2019), S. 653–62. https://doi.org/10. 1017/S1742170519000310

761 Richard G. Smith, »A succession-energy framework for reducing non-target impacts of annual crop production«, in: *Agricultural Systems* 133 (2015), S. 14–21. https://doi.org/10.1016/j.agsy.2014.10.006

762 Caterina Batello u. a., *Perennial Crops for Food Security. Proceedings of the FAO Expert Workshop*, Food and Agriculture Organization of the United Nations (FAO), 2014. http://www.fao.org/3/i3495e/i3495e.pdf

763 C. M. Cox, K. A. Garrett und W. W. Bockus, »Meeting the challenge of disease management in perennial grain cropping systems«, in: *Renewable Agriculture and Food Systems* 20, Nr. 1, *Special Issue: Perennial Grain Crops: An Agricultural Revolution* (2005), S. 15–24. https://doi. org/ 10.1079/RAF200495

764 Rasche u. a., ebenda.

765 Batello u. a., ebenda.

766 Van Tassel und DeHaan, ebenda.

767 J. D. Glover u. a., »Increased food and ecosystem security via perennial grains«, in: *Science* 328, Nr. 5986 (2010), S. 1638–9. https://doi.org/10.1126/science.1188761

768 Huang Guangfu u. a., »Performance, economics and potential impact of perennial rice PR23 relative to annual rice cultivars at multiple locations in Yunnan Province of China«, in: *Sustainability* (Switzerland) 10, Nr. 4 (2018). https://doi.org/10.3390/su10041086

769 The Land Institute, *Perennial Rice*. https://landinstitute.org/our-work/perennial-crops/perennial-rice

770 Ebenda.

771 Claudia Ciotir u. a., »Building a botanical foundation for perennial agriculture: Global inventory of wild, perennial herbaceous *Fabaceae* species«, in: *Plants, People, Planet* 1, Nr. 4 (2019), S. 375–86. https://doi.org/10.1002/ppp3.37

772 The Land Institute, *Perennial Wheat*. https://landinstitute.org/our-work/perennial-crops/perennial-wheat

773 Schlautman, ebenda.

774 Matthias Albrecht, »The effectiveness of flower strips and hedgerows on pest control, pollination services and crop yield: A quantitative synthesis«, in: *Ecology Letters* 23, Nr. 10 (2020), S. 1488–98. https://doi.org/10.1111/ele.13576

775 Dominik Ganser, Eva Knop und Matthias Albrecht, »Sown wildflower strips as overwintering habitat for arthropods: Effective measure or ecological trap?«, in: *Agriculture, Ecosystems & Environment* 275 (2019), S. 123–31. https://doi.org/10.1016/j.agee.2019.02.010

776 David Kleijn u. a., »Ecological intensification: Bridging the gap between science and practice«, in: *Trends in Ecology & Evolution* 34, Nr. 2 (2019), S. 154–66. https://doi.org/10.1016/j.tree.2018.11.002

777 Richard F. Pywell u. a., »Wildlife-friendly farming increases crop yield: Evidence for ecological intensification«, in: *Proceedings of the Royal Society B: Biological Sciences* 282, Nr. 1816 (2015). https://doi.org/10.1098/rspb.2015.1740

778 K. L. Collins u. a., »Influence of beetle banks on cereal aphid predation in winter wheat«, in: *Agriculture, Ecosystems & Environment* 93, Nr. 1–3 (2002), S. 337–50. https://doi.org/10.1016/S0167-8809(01)00340-1

779 Albrecht, ebenda.

780 B. A. Woodcock u. a., »Impact of habitat type and landscape structure on biomass, species richness and functional diversity of ground beetles«, in: *Agriculture, Ecosystems & Environment* 139, Nr. 1–2 (2010), S. 181–6. https://doi.org/10.1016/j.agee.2010.07.018

781 Rui Catarino u. a., »Bee pollination outperforms pesticides for oilseed crop production and profitability«, in: *Proceedings of the Royal Society*

B: Biological Sciences 286, Nr. 1912 (2019). https://doi.org/10.1098/rspb.2019.1550

782 Chunlong Shi u. a., »Prospect of perennial wheat in agroecological system«, in: *Procedia Environmental Sciences* 11 (2011), Teil C, S. 1574–9. https://doi.org/10.1016/j.proenv.2011.12.237

783 Crews und Rumsey, ebenda.

7 FARMFREE

784 *Apocalypse Cow: How Meat Killed the Planet*, Channel 4, 8. Januar 2020. https://www.channel4.com/programmes/apocalypse-cow-how-meat-killed-the-planet

785 John Litchfield, »Nutrition in life support systems for space exploration«, in: International Congress of Nutrition, *Problems of World Nutrition* 4 (1967), S. 1068–74.

786 Jani Sillman u. a., »Bacterial protein for food and feed generated via renewable energy and direct air capture of CO_2: Can it reduce land and water use?«, in: *Global Food Security* 22 (2019), S. 25–32. https://doi.org/10.1016/j.gfs.2019.09.007

787 Tomas Linder, »Making the case for edible microorganisms as an integral part of a more sustainable and resilient food production system«, in: *Food Security* 11 (2019), S. 265–78. https://doi.org/10.1007/s12571-019-00912-3

788 Tomas Linder, »Edible Microorganisms – An Overlooked Technology Option to Counteract Agricultural Expansion«, in: *Frontiers in Sustainable Food Systems* 3 (2019), S. 32. https://doi.org/10.3389/fsufs.2019.00032

789 Solar Foods, *Food Out of Thin Air*, 2019. https://solarfoods.fi

790 Bart Pander u. a., »Hydrogen oxidising bacteria for production of single-cell protein and other food and feed ingredients«, in: *Engineering Biology* 4, Nr. 2 (2020), S. 21–4. https://doi.org/10.1049/enb.2020.0005

791 Tomas Linder, »Making food without photosynthesis«, in: *Biology Fortified Inc.*, 18 August 2019. https://biofortified.org/2019/08/food-without-photosynthesis

792 Bernardo B. N. Strassburg, »Global priority areas for ecosystem restoration«, in: *Nature* 586 (2020), S. 724–9. https://doi.org/10.1038/s41586-020-2784-9

793 Akanksha Mishra u. a., »Power-to-protein: Carbon fixation with renewable electric power to feed the world«, in: *Joule* 4, Nr. 6 (2020), S. 1142–7. https://doi.org/10.1016/j.joule.2020.04.008

794 Xiaona Hu u. a., »Microbial protein out of thin air: Fixation of nitrogen gas by an autotrophic hydrogen-oxidizing bacterial enrichment«, in: *Environmental Science & Technology* 54, Nr. 6 (2020), S. 3609–17. https://doi.org/10.1021/acs.est.9b06755

795 Sillman u. a., ebenda.

796 Jacob Knutson, »Global need for copper is pitting clean energy against the wilderness«, in: *Axios*, 5 September 2020. https://www.axios.com/copper-renewable-energy-mining-environment-8f2bf6b4-8557-4937-8020-7b6f39dc3fc2.html

797 Laura Millan Lombrana, »Saving the Planet with Electric Cars Means Strangling this Desert«, in: *Bloomberg Green*, 11. Juni 2019. https://www. bloomberg.com/news/features/2019-06-11/saving-the-planet-with-electric-cars-means-strangling-this-desert

798 P. J. Gerber u. a., »Tackling climate change through livestock: A global assessment of emissions and mitigation opportunities«, in: *Food and Agriculture Organization of the United Nations*, Rom 2013. http://www. fao.org/3/i3437e/i3437e.pdf

799 Antti Nyyssölä u. a., »Production of endotoxin-free microbial biomass for food applications by gas fermentation of gram-positive H2-oxidizing bacteria«, in: *American Chemical Society (ACS) Food Science & Technology* 1, Nr. 3 (2021), S. 470–9. https://doi.org/10.1021/acsfoodscitech.0c00129

800 Deepak Yadav und Rangan Banerjee, »Net energy and carbon footprint analysis of solar hydrogen production from the high-temperature electrolysis process«, in: *Applied Energy* 262, Artikel 114503 (2020). https://doi.org/10.1016/j.apenergy.2020.114503

801 Farid Safari und Ibrahim Dincer, »A review and comparative evaluation of thermochemical water splitting cycles for hydrogen production«, in: *Energy Conversion and Management* 205, Artikel 112182 (2020). https://doi.org/10.1016/j.enconman.2019.112182

802 Seyed Ehsan Hosseini und Mazlan Abdul Wahid, »Hydrogen from solar energy, a clean energy carrier from a sustainable source of energy«, in: *International Journal of Energy Research* 44, Nr. 6 (2019), S. 4110–31.

803 S. Shahab Naghavi, Jiangang He und C. Wolverton, »CeTi2O6 – A promising oxide for solar thermochemical hydrogen production«, in: *American Chemical Society (ACS) Applied Materials & Interfaces* 12, Nr. 19 (2020), S. 21521–7. https://doi.org/10.1021/acsami.0c01083

804 International Atomic Energy Agency (IAEA), *Hydrogen Production Using Nuclear Energy*, IAEA Nuclear Energy Series, no. NP-T-4.2. IAEA Vienna, 2013. https://www-pub.iaea.org/MTCD/Publications/PDF/Pub1577_web.pdf

805 Sillman u. a., ebenda.

806 Tara Garnett u. a., »Grazed and Confused? Ruminating on cattle, grazing systems, methane, nitrous oxide, the soil carbon sequestration question – and what it all means for greenhouse gas emissions«, in: *Food Climate Research Network (FCRN)*, University of Oxford 2017. https://www.oxfordmartin.ox.ac.uk/downloads/reports/fcrn_gnc_report.pdf

807 UK Government, *Nutrient Intakes*, Office for National Statistics, 2014. https://assets.publishing.service.gov.uk/government/uploads/system/uploads/attachment_data/file/384775/familyfood-method-rni-11dec14.pdf

808 FAOSTAT, *New Food Balances*, Food and Agriculture Organization of the United Nations (FAO), 14. April 2021. http://www.fao.org/faostat/en/#data/FBS

809 Sumedha Minocha u. a., »Supply and demand of high-quality protein foods in India: Trends and opportunities«, in: *Global Food Security* 23 (2019), S. 139–48. https://doi.org/10.1016/j.gfs.2019.05.004

810 Sebastian Hermann, Asami Miketa und Nicolas Fichaux, »Estimating the renewable energy potential in Africa: A GIS-based approach«, in: *International Renewable Energy Agency (IRENA) Secretariat working paper*, Abu Dhabi 2014. https://www.irena.org/-/media/Files/IRENA/Agency/Publication/2014/IRENA_Africa_Resource_Potential_Aug2014.pdf

811 Michael J. Puma u. a., »Assessing the evolving fragility of the global food system«, in: *Environmental Research Letters* 10, Nr. 2 (2015). https://doi.org/10.1088/1748-9326/10/2/024007

812 Dirk Helbing, »Globally networked risks and how to respond«, in: *Nature* 497 (2013), S. 51–9. https://doi.org/10.1038/nature12047

813 David C. Denkenberger und Joshua M. Pearce, »Feeding everyone: Solving the food crisis in event of global catastrophes that kill crops or obscure the sun«, in: *Futures* 72 (2015), S. 57–68. https://doi.org/10.1016/j.futures.2014.11.008

814 David C. Denkenberger und Joshua M. Pearce, »Cost-effectiveness of interventions for alternate food to address agricultural catastrophes globally«, in: *International Journal of Disaster Risk Science* 7 (2016), S. 205–15. https://doi.org/10.1007/s13753-016-0097-2

815 Pasi Vainikka, *Food Out of Thin Air*, Solar Foods Presentation 2019. https://cdn2.hubspot.net/hubfs/4422035/Solar-Foods-presentation-03-2019.pdf

816 A. Parodi u. a., »The potential of future foods for sustainable and healthy diets«, in: *Nature Sustainability* 1 (2018), S. 782–9. https://doi. org/10.1038/s41893-018-0189-7

817 T. G. Volova und V. A. Barashkov, »Characteristics of proteins synthesized by hydrogen-oxidizing microorganisms«, in: *Applied Biochemistry and Microbiology* 46 (2010), S. 574–9. https://doi.org/10.1134/S0003683810060037
818 Anneli Ritala u. a., »Single cell protein – State-of-the-art, industrial landscape and patents 2001–2016«, in: *Frontiers in Microbiology* 9 (2017), S. 2009. https://doi.org/10.3389/fmicb.2017.02009
819 A.T. Nasseri u. a., »Single cell protein: Production and process«, in: *American Journal of Food Technology* 6, Nr. 2 (2011), S. 103–16. https://doi.org/10.3923/ajft.2011.103.116
820 Isabella Pali-Schöll u. a., »Allergenic and novel food proteins: State of the art and challenges in the allergenicity assessment«, in: *Trends in Food Science & Technology* 84 (2019), S. 45–8. https://doi.org/10.1016/j.tifs. 2018.03.007
821 Kasia J. Lipska, Joseph S. Ross und Holly K. Van Houten, »Use and out-of-pocket costs of insulin for type 2 diabetes mellitus from 2000 through 2010«, in: *Journal of the American Medical Association (JAMA)* 311, Nr. 22 (2014), S. 2331–3. https://doi.org/10.1001/jama.2014.6316
822 Jon Entine und XiaoZhi Lim, »Cheese: The GMO food die-hard GMO opponents love, but don't want to label«, in: *Genetic Literacy Project*, 2. November 2018. https://geneticliteracyproject.org/2018/11/02/cheese-gmo-food-die-hard-gmo-opponents-love-and-oppose-a-label-for
823 *Soil Association Standards Food and Drink. Version 18.6: updated on 12th February 2021*, Soil Association. https://www.soilassocia tion.org/media/15883/food-and-drink-standards.pdf
824 Jeanne Yacoubou, *Microbial Rennets and Fermentation Produced Chymosin (FPC): How Vegetarian Are They?*, The Vegetarian Resource Group (VRG), 21. August 2012. https://www.vrg.org/blog/2012/08/21/microbial-rennets-and-fermentation-produced-chymosin-fpc-how-vegetarian-are-they
825 Roman Pawlak u. a., »How prevalent is vitamin B12 deficiency among vegetarians?«, in: *Nutrition Reviews* 71, Nr. 2 (2013), S. 110–17. https://doi.org/10.1111/nure.12001
826 Global Agriculture. *Health: Food or Cause of Illness?* https://www.globalagriculture.org/report-topics/health.html
827 Raychel E. Santo u. a., »Considering plant-based meat substitutes and cell-based meats: A public health and food systems perspective«, in: *Frontiers in Sustainable Food Systems* 4 (2020), S. 134. https://doi.org/10.3389/fsufs.2020.00134

828 Ujué Fresán u. a., »Water footprint of meat analogs: Selected indicators according to life cycle assessment«, in: *Water* 11, Nr. 4 (2019), S. 728. https://doi.org/10.3390/w11040728

829 Xueqin Zhu und Ekko C. van Ierland, »Protein chains and environmental pressures: A comparison of pork and novel protein foods«, in: *Environmental Sciences* 1, Nr. 3 (2004), S. 254–76. https://doi.org/10.1080/15693430412331291652

830 Benjamin M. Bohrer, »An investigation of the formulation and nutritional composition of modern meat analogue products«, in: *Food Science and Human Wellness* 8, Nr. 4 (2019), S. 320–9. https://doi.org/10. 1016/j.fshw.2019.11.006

831 Felicity Curtain und Sara Grafenauer, »Plant-based meat substitutes in the flexitarian age: An audit of products on supermarket shelves«, in: *Nutrients* 11, Nr. 11 (2019), S. 2603. https://doi.org/10.3390/nu11112603

832 Lieven Thorrez und Herman Vandenburgh, »Challenges in the quest for ›clean meat‹«, in: *Nature Biotechnology* 37 (2019), S. 215–16. https://doi.org/10.1038/s41587-019-0043-0

833 Sghaier Chriki und Jean-François Hocquette, »The myth of cultured meat: A review«, in: *Frontiers in Nutrition* 7 (2020), S. 7. https://doi.org/10.3389/fnut.2020.00007

834 Neil Stephens, »Bringing cultured meat to market: Technical, socio-political, and regulatory challenges in cellular agriculture«, in: *Trends in Food Science & Technology* 78 (2018), S. 155–66. https://doi.org/10.1016/j.tifs.2018.04.010

835 Ilse Fraeye u. a., »Sensorial and nutritional aspects of cultured meat in comparison to traditional meat: Much to be inferred«, in: *Frontiers in Nutrition* 7 (2020), S. 35. https://doi.org/10.3389/fnut.2020.00035

836 Joe Fassler, »Lab-grown meat is supposed to be inevitable: The science tells a different story«, in: *The Counter*, 22. September 2021. https://the-counter.org/lab-grown-cultivated-meat-cost-at-scale

837 Liz Specht, »An analysis of culture medium costs and production volumes for cultivated meat«, in: *The Good Food Institute* (2020). https://gfi.org/wp-content/uploads/2021/01/clean-meat-production-vol.- and-medium-cost.pdf

838 Carsten Gerhardt u. a., *How Will Cultured Meat and Meat Alternatives Disrupt the Agricultural and Food Industry?*, AT Kearney Business Consulting, 2019. https://www.kearney.com/documents/20152/2795757/How+Will+Cultured+Meat+and+Meat+Alternatives+Disrupt+the+Agricultural+and+Food+Industry.pdf/06ec385b-63a1-71d2-c081-51c07ab88ad1?t=1559860712714

839 Impossible Foods (IF™), *What is Soy Leghemoglobin, or Heme?* https://faq.impossiblefoods.com/hc/en-us/articles/360019100553-What-is-soy-leghemoglobin-or-heme-

840 Zoe Williams, »3D-printed steak, anyone? I taste test this ›gamechanging‹ meat mimic«, in: *The Guardian*, 16. November 2021. https://www.theguardian.com/food/2021/nov/16/3d-printed-steak-taste-test-meat-mimic

841 Hoxton Farms. https://hoxtonfarms.com

842 Bee Wilson, *The Way We Eat Now: Strategies for Eating in a World of Change*, London 2019.

843 Faunalytics, *Global Chicken Slaughter Statistics and Charts*, 2018. https://faunalytics.org/global-chicken-slaughter-statistics-and-charts

844 Gerhardt u. a., ebenda.

845 Don Close, *Ground Beef Nation: The Effect of Changing Consumer Tastes and Preferences on the U.S. Cattle Industry*, Rabobank AgFocus, 2014. https://www.beefcentral.com/wp-content/uploads/2014/06/Ground-Beef-Nation.pdf

846 Catherine Tubb und Tony Seba, Rethinking Food and Agriculture 2020–2030: The Second Domestication of Plants and Animals, the Disruption of the Cow, and the Collapse of Industrial Livestock Farming, Rethink Food & Agriculture, A RethinkX Sector Disruption Report, 2019. https://static1.squarespace.com/static/585c3439be65942f022bbf9b/t/5d7fe0e83d119516bfc0017e/1568661791363/RethinkX+Food+and+Agriculture+Report.pdf

847 Tubb und Seba, ebenda.

848 Kat Smith, *Dairy-Identical Vegan Cheese Is Coming to Save the Cows*, Livekindly. https://www.livekindly.co/dairy-identical-vegan-cheese-is-coming-to-save-cows/

849 Simon Sharpe und Timothy Lenton, »Upward-scaling tipping cascades to meet climate goals: Plausible grounds for hope«, in: *Climate Policy* 21, Nr. 4 (2021), S. 421–33. https://doi.org/10.1080/14693062.2020.1870097

850 Timothy Lenton u. a., »Operationalising positive tipping points towards global sustainability«, in: Working paper, im Druck, 2021. https://www.exeter.ac.uk/media/universityofexeter/globalsystemsinstitute/documents/Lenton_et_al_-_Operationalising_positive_tipping_points.pdf

851 Akanksha Mishra u. a., »Power-to-protein: Carbon fixation with renewable electric power to feed the world«, in: *Joule* 4, Nr. 6 (2020), S. 1142–7. https://doi.org/10.1016/j.joule.2020.04.008

852 Luis P. da Silva und Vanessa A. Mata, »Stop harvesting olives at night – it kills millions of songbirds«, in: *Nature* (Correspondence) 569, 7 Mai 2019, S. 192. https://doi.org/10.1038/d41586-019-01456-4

853 Erik Meijaard u. a., *Coconut Oil, Conservation and the Conscientious Consumer*, Social Science Research Network (SSRN) Current Biology, 2020. http://dx.doi.org/10.2139/ssrn.3575129

854 Benjamin S. Halpern, »The long and narrow path for novel cell-based seafood to reduce fishing pressure for marine ecosystem recovery«, in: *Fish and Fisheries* 22, Nr. 3 (2021), S. 652–64. https://doi.org/10.1111/faf.12541

855 Inez Blackburn, *Speed to Market – Capitalizing on Demand*, U Connect 08. http://www.markettechniques.com/assets/pdf/Speed2Market.pdf

856 Sonia Oreffice, »The contraceptive pill was a revolution for women and men«, in: *The Conversation*, 6. Februar 2015. https://theconversation.com/the-contraceptive-pill-was-a-revolution-for-women-and-men-37193

857 Damon Centola u. a., »Experimental evidence for tipping points in social convention«, in: *Science* 360, Nr. 6393 (2018), S. 1116–19. https://www.science.org/doi/abs/10.1126/science.aas8827

858 Wei Lan und Chunlei Yang, »Ruminal methane production: Associated microorganisms and the potential of applying hydrogen-utilizing bacteria for mitigation«, in: *Science of the Total Environment* 654 (2019), S. 1270–83. https://doi.org/10.1016/j.scitotenv.2018.11.180

859 George Monbiot, »Capitalism is killing the planet – it's time to stop buying into our own destruction«, in: *The Guardian*, 30. Oktober 2021. https://www.theguardian.com/environment/2021/oct/30/capitalism-is-killing-the-planet-its-time-to-stop-buying-into-our-own-destruction

860 Michael Pollan, »Six rules for eating wisely«. *Time Magazine*, 4. Jun 2006. https://michaelpollan.com/articles-archive/six-rules-for-eating-wisely

861 Anna Jones, Saturday Kitchen, »Green peppercorn and lemongrass coconut broth«, in: *BBC Food*. https://www.bbc.co.uk/food/recipes/peppercorn_coconut_broth_84709

862 Fumio Watanabe u. a., »Vitamin B12-containing plant food sources for vegetarians«, in: *Nutrients* 6, Nr. 5 (2014), S. 1861–73. https://doi.org/10.3390/nu6051861

863 Lori Marino, »Thinking chickens: A review of cognition, emotion, and behavior in the domestic chicken«, in: *Animal Cognition* 20 (2017), S. 127–47. https://doi.org/10.1007/s10071-016-1064-4

864 FAOSTAT, *Livestock Primary*. Food and Agriculture Organization of the United Nations (FAO), 19. Februar 2021. http://www.fao.org/faostat/en/#data/QL

865 Niccolò Machiavelli. *Il Principe/Der Fürst*. Übersetzt und herausgegeben von Philipp Rippel. Stuttgart 1986. S. 45.

866 State of Arkansas House Bill, »An act to require truth in labeling of agricultural 10 products that are edible by humans; and for other purposes«, in: 92nd General Assembly, House Bill 1407, 2019. https://www.arkleg.state.ar.us/Acts/Document?type=pdf&act=501&ddBiennium Se ssion=2019%2F2019R

867 European Parliament, *Regulation (EU) No 1308/2013. Annex VII – part I a (new)*, 2018/19. https://www.europarl.europa.eu/doceo/document/A-8-2019-0198_EN.pdf#page=169

868 Presseerklärung 63/17 – Court of Justice of the European Union, Luxembourg, 14. Juni 2017. »Purely plant-based products cannot, in principle, be marketed with designations such as ›milk‹, ›cream‹, ›butter‹, ›cheese‹ or ›yoghurt‹, which are reserved by EU law for animal products«, Judgment in Case C-422/16, Verband Sozialer Wettbewerb eV v TofuTown.com GmbH. https://curia.europa.eu/jcms/upload/docs/application/pdf/2017-06/cp170063en.pdf

869 Maria Chiorando, *EU Parliament Rejects ›Veggie Burger Ban‹ but Supports ›Dairy Ban‹ Against Vegan Producers*, Natural Products Global, 26. Oktober 2020. https://www.naturalproductsglobal.com/food-and-drink/eu-parliament-rejects-veggie-burger-ban-but-supports-dairy-ban-against-vegan-producers

870 Nicolas Treich, »Cultured meat: Promises and challenges«, in: *Environmental and Resource Economics* 79 (2021), S. 33–61. https://doi.org/10.1007/s10640-021-00551-3

871 George Lakoff, *Don't Think of an Elephant: Know Your Values and Frame the Debate*, Vermont 2004. https://georgelakoff.com/books/dont_think_of_an_elephant_know_your_values_and_frame_the_debatethe_essential_guide_for_progres sives-119190455949080

872 Joanna Blythman, »They are expensive and tasteless, don't fall for the fake-meat veggie burger fad«, in: *The Herald*, 5. September 2020. https://www.heraldscotland.com/news/18687082. opinion-joanna-blythman-expensive-tasteless-dont-fall-fake-meat-veggie-burger-fad

873 Food and Agriculture Organization of the United Nations (FAO), the International Fund for Agricultural Development (IFAD), the United Nations Children's Fund (UNICEF), the World Food Programme (WFP) and the World Health Organization (WHO). *The State of Food Security and Nutrition in the World 2020. Transforming Food Systems for Affordable Healthy Diets*. FAO, Rom 2020. https://doi.org/10.4060/ca9692en

874 Euromonitor, Lifestyles Survey, 2020-2021. Proprietary data. https://www.euromonitor.com/voice-of-the-consumer-lifestyles-survey-2021-key-insights/report

875 Alisa Jordan, »Apartments don't come with kitchens in Germany«, in: Alisa Jordan Writes, 6. August 2018. https://alisajordanwrites.com/2018/08/06/apartments-dont-come-with-kitchens-in-germany

876 Immanuel Kant, *Gesammelte Schriften*. Hrsg.: Bd. 1–22 Preussische Akademie der Wissenschaften, Bd. 23 Deutsche Akademie der Wissenschaften zu Berlin, ab Bd. 24 Akademie der Wissenschaften zu Göttingen, Berlin 1900ff. AA IV, S. 421

877 Robert Paarlberg, »Foodies and factory farmers have formed an unholy alliance«, in: *Wired*, 8. November 2020. https://www.wired.com/story/foodies-and-factory-farmers-have-formed-an-unholy-alliance

878 Jan Dutkiewicz und Gabriel N. Rosenberg, »Burgers won't save the planet – but fast food might«, in: *Wired*, 8. Juli 2020. https://www.wired.com/story/opinion-burgers-wont-save-the-planet-but-fast-food-might

879 Treich, ebenda.

880 Philip Howard u. a., »›Protein‹ industry convergence and its implications for resilient and equitable food systems«, in: *Frontiers in Sustainable Food Systems* 5, Artikel 684181 (2021). https://doi: 10.3389/fsufs.2021.684181

881 Garrett M. Broad, »Plant-based and cell-based animal product alter natives: An assessment and agenda for food tech justice«, in: *Geoforum* 107 (2019), S. 223–6. https://doi.org/10.1016/j.geoforum.2019.06.014

882 Malte Rödl, »Why the meat industry could win big from the switch to veggie lifestyles«, in: *The Conversation*, 5. März 2019. https://theconversation.com/why-the-meat-industry-could-win-big-from-the-switch-to-veggie-lifestyles-112714

883 Petra Moser, »Patents and innovation in economic history«, in: *Annual Review of Economics* 8, Nr. 1 (2016), S. 241–58. https://doi. org/10.1146/annurev-economics-080315-015136

884 John H. Barton und Peter Berger, »Patenting agriculture«, in: *Issues in Science and Technology* (Arizona State University), Bd. XVII:4, 2001. https://issues.org/barton

885 Science|Business Viewpoint Debate, Richard L. Hudson, »The great IP debate: Do patents do more harm than good?«, in: *Science|Business*, 28. Juli 2016. https://sciencebusiness.net/news/79887/The-Great-IP-Debate% 3A-Do-patents-do-more-harm-than-good%3F

886 Fiona Mischel, »Who owns CRISPR in 2021? It's even more complicated than you think«, in: *SynBioBeta*, 27. April 2021. https://syn biobeta.com/

who-owns-crispr-in-2021-its-even-more-complicated-than-you-think

887 Broad, ebenda.

888 »Food from air with a new process – power-to-x solution and pilot equipment by LUT and VTT«, in: *LUT University News*. LUT University, Finland and VTT Technical Research Centre of Finland. https://www.lut. fi/web/en/news/-/asset_publisher/lGh4SAywhcPu/content/food-from-air-with-a-new-process-%E2%80% 93-power-to-x-solution-and-pilot-equipment-by-lut-and-vtt

889 Jan Dutkiewicz, »Socialize lab meat«, in: *Jacobin*, 11. August 2019. https://jacobinmag.com/2019/08/lab-meat-socialism-green-new-deal

890 Livia Gershon, »Why does meatpacking have such bad working conditions?«, in: *JSTOR Daily*, 8. Mai 2020. https://daily.jstor.org/why-does-meatpacking-have-such-bad-working-conditions

891 Tubb und Seba, ebenda.

892 George Monbiot, *Verwildert. Die Wiederherstellung unserer Ökosysteme und die Zukunft der Natur*, Berlin 2021.

893 Felisa Smith u. a., »Megafauna in the Earth system«, in: *Ecography* 39 (2016), S. 99–108. https://doi: 10.1111/ecog.02156

894 Jacquelyn Gill, »Ecological impacts of the late Quaternary megaherbivore extinctions«, in: *New Phytologist* 201 (2014), S. 1163–9. https://doi. org/10.1111/nph.12576

895 Christopher Doughty u. a., »Global nutrient transport in a world of giants«, in: *Proceedings of the National Academy of Sciences* 113, Nr. 4 (2016), S. 868–73. https://doi.org/10.1073/pnas.1502549112

896 Elisabeth Bakker und Jens-Christian Svenning, »Trophic rewilding: Impact on ecosystems under global change«, in: *Philosophical Transactions of the Royal Society B: Biological Sciences* 373 (2018), S. 1761. https://doi.org/10.1098/rstb.2017.0432

897 Rebecca Wrigley, *Rewilding and the Rural Economy: How Nature-Based Economies Can Help Boost and Sustain Local Communities, Rewilding Britain,* 2021. https://s3.eu-west-2.amazonaws.com/assets. rewildingbritain.org.uk/documents/nature-based-economies-rewilding-britain.pdf

898 Susan Cook-Patton u. a., »Mapping carbon accumulation potential from global natural forest regrowth«, in: *Nature* 585 (2020), S. 545–50. https://doi.org/10.1038/s41586-020-2686-x

899 Eric Dinerstein u. a., »A ›global safety net‹ to reverse biodiversity loss and stabilize Earth's climate«, in: *Science Advances* 6 (2020), S. 36. https://doi.org/10.1126/sciadv.abb2824

900 Simon Lewis u. a., »Restoring natural forests is the best way to remove atmospheric carbon«, in: *Nature* 568 (2019), S. 25–8. doi: https://doi.org/10.1038/d41586-019-01026-8
901 Lucas Nave u. a., »Reforestation can sequester two petagrams of carbon in US topsoils in a century«, in: *Proceedings of the National Academy of Sciences* 115, Nr. 11 (2018), S. 2776–81. https://doi.org/10.1073/pnas.1719685115
902 *IPBES-IPCC co-sponsored Workshop on Biodiversity and Climate Change – Scientific Outcome*. https://www.ipbes.net/sites/default/files/2021-06/2021_IPCC-IPBES_scientific_outcome_20210612.pdf

8 BLÜHENDE LANDSCHAFTEN

903 Hesiod / Vergil / Ovid: *Werke und Tage. Vom Landbau. Liebeskunst.* Übersetzt von Maria Götte München 1990. S. 30, V. 112–115
904 Amanda Mummert u. a., »Stature and robusticity during the agricultural transition: Evidence from the bioarchaeological record«, in: *Economics & Human Biology* 9, Nr. 3 (2011), S. 284–301. https://doi. org/10.1016/j.ehb.2011.03.004
905 Mark Dyble u. a., »Engagement in agricultural work is associated with reduced leisure time among Agta hunter-gatherers«, in: *Nature Human Behaviour* 3 (2019), S. 792–6. https://doi.org/10.1038/s41562-019-0614-6
906 Peter Gray, »Play as a foundation for hunter-gatherer social existence«, in: *American Journal of Play* 1, Nr. 4 (2009), S. 476–522. https://www.journalofplay.org/sites/www.journalofplay.org/files/pdf-articles/1-4-article-hunter-gatherer-social-existence.pdf
907 James Suzman, *Affluence Without Abundance – What We Can Learn from the World's Most Successful Civilisation*, London 2019. https://www.bloomsbury.com/uk/affluence-without-abundance-9781526609311
908 Yadvinder Malhi, »The metabolism of a human-dominated planet«, in: Ian Goldin (Hg.), *Is the Planet Full?* Oxford 2014.
909 Ron Pinhasi, Vered Eshed und Noreen von Cramon-Taubadel, »Incongruity between affinity patterns based on mandibular and lower dental dimensions following the transition to agriculture in the Near East, Anatolia and Europe«, in: *PLOS One* 10, Nr. 2 (2015). https://doi.org/10. 1371/journal.pone.0117301
910 vgl. Theocritus, 3rd century BC. *Idyll XXIX, The Aeolic Love Poems, The First Love Poem*. https://www.theoi.com/Text/Theocri tusIdylls5.html
911 1. Moses 4,2. Alle Bibelzitate aus der Lutherbibel 2017

912 4. Moses 27,17.

913 Psalm 97,7.

914 Nahum 3,1.

915 Vergil, *Werke in einem Band.* Hirtengedichte, Gedichte vom Landbau, Aeneis. Hrsg. von Wolfgang Hering Berlin und Weimar 1966, S. 13f.

916 Johannes 10,11.

917 Johannes 1,29.

918 Johannes 21,17.

919 Edmund Spenser, *The Shepheardes Calender I: Januarye*, 1579. http://spenserians.cath.vt.edu/TextRecord.php?action=GET&textsid=15

920 Keith Thomas, *Man and the Natural World: Changing Attitudes in England 1500–1800*, New York 1983, S. 46.

921 Shakespeare, William: *Wie es euch gefällt*. Hrsg.: Friedrich Gundolf, Berlin 1921. Zweiter Aufzug, erste Szene

922 John Milton, *Lycidas*, 1637. https://www.poetryfoundation.org/poems/44733/lycidas

923 Percy Bysshe Shelley, *Adonais: An Elegy on the Death of John Keats*, 1821. https://www.poetryfoundation.org/poems/45112/adonais-an-elegy-on-the-death-of-john-keats

924 George Crabbe, *The Village: Book I*, 1783. https://www.poetryfoundation.org/poems/44041/the-village-book-i

925 Jeremy Lent, *The Patterning Instinct: A Cultural History of Humanity's Search for Meaning*, New York 2017.

926 George Monbiot, »It's time to wean ourselves off the fairytale version of farming«, in: *The Guardian*, 29. Mai 2015. https://www.theguardian.com/environment/georgemonbiot/2015/may/29/its-time-to-wean-ourselves-off-the-fairytale-version-of-farming

927 Zach Hrynowski, »What percentage of Americans are vegetarian?«, in: *Gallup*, 27. September 2019. https://news.gallup.com/poll/267074/percentage-americans-vegetarian.aspx

928 Teresa Steckler, »Survey: Nearly one-third of Americans support ban on slaughterhouses«, in: *Illinois Extension*, University of Illinois, 11. Februar 2018. https://extension.illinois.edu/blogs/cattle-blog/2018-02-11-survey-nearly-one-third-americans-support-ban-slaughterhouses

929 W. H. Auden, *Et in Arcadia Ego*, 3. Juni 1965. https://www.nybooks.com/articles/1965/06/03/et-in-arcadia-ego

930 The Farm Business Survey in Wales, *Wales Farm Income Booklet 2018/19 Results*, Institute of Biological, Environmental and Rural Sciences, Aberystwyth University, 2019. https://www.aber.ac.uk/en/media/departmental/ibers/farmbusinesssurvey/FBS_Booklet_2019_Web.pdf

931 Charlie Reeve, »Farm business incomes increasingly reliant on direct payments«, in: *Agriculture and Horticulture Development Board (AHDB)*, 7. Januar 2021. https://ahdb.org.uk/news/farm-business-incomes-increasingly-reliant-on-direct-payments

932 Department for Environment, Food & Rural Affairs and Department (DEFRA), *Farm Business Income by type of farm, England, 2019/20*, 16. Dezember 2020. https://assets.publishing.service.gov.uk/government/uploads/system/uploads/attachment_data/file/944352/fbs-businessincome-statsnotice-16dec20.pdf

933 Eric Hobsbawm, *Fractured Times: Culture and Society in the Twentieth Century*, London 2014. https://www.littlebrown. co.uk/titles/eric-hobsbawm-2/fractured-times/9780349139098

934 Christopher Ketcham, »Capitol attackers have long threatened violence in rural American west«, in: *The Guardian*, 9. Januar 2021. https://www.theguardian.com/environment/2021/jan/09/us-capitol-attackers-violence-rural-west

935 Aruna Viswanatha und Brett Wolf, »HSBC to pay $1.9 billion U.S. fine in money-laundering case«, in: *Reuters*, 11. Dezember 2012. https://www.reuters.com/article/us-hsbc-probe-IDUSBRE8BA05M20121211

936 »A multi-billion-dollar opportunity – Repurposing agricultural support to transform food systems«, in: Food and Agriculture Organization of the United Nations, United Nations Development Programme and United Nations Environment Programme, 2021. http://www.fao.org/3/cb6562en/cb6562en.pdf

937 Christophe Bellmann, *Subsidies and Sustainable Agriculture: Mapping the Policy Landscape*, Hoffmann Centre for Sustainable Resource Economy, Chatham House 2019. https://www.chathamhouse.org/sites/default/files/Subsidies%20and%20Sustainable%20Ag%20-%20Mapping%20the%20Policy%20Landscape%20FINAL-compressed.pdf

938 »UN climate chief urges countries to deliver on USD 100 billion pledge«, in: *UN Climate Change News*, 7. Juni 2021. https://unfccc.int/news/un-climate-chief-urges-countries-to-deliver-on-usd-100-billion-pledge

939 Timothy D. Searchinger u. a., *Revising Public Agricultural Support to Mitigate Climate Change*, World Bank, Development Knowledge and Learning, Washington DC 2020. https://openknowledge.worldbank.org/bit-stream/handle/10986/33677/K880502.pdf?sequence=4&isAllowed=y

940 Pavel Ciaian u. a., »The capitalization of agricultural subsidies into land prices«, in: *Annual Review of Resource Economics* 13 (2021). https://doi.org/10.1146/annurev-resource-102020-100625

941 Murray W. Scown, Mark V. Brady und Kimberly A. Nicholas, »Billions

in misspent EU agricultural subsidies could support the sustainable development goals«, in: *One Earth* 3, Nr. 2 (2020), S. 237–50. https://doi.org/10.1016/j.oneear.2020.07.011

942 Selam Gebrekidan, Matt Apuzzo und Benjamin Novak, »The money farmers: How oligarchs and populists milk the E.U. for millions«, in: *The New York Times*, 3. November 2019. https://www.nytimes.com/2019/11/03/world/europe/eu-farm-subsidy-hungary.html

943 European Court of Auditors, »Is the Commission's system for performance measurement in relation to farmers' incomes well designed and based on sound data?«, Publications Office of the European Union, Luxemburg 2016. https://doi.org/10.2865/72393

944 Searchinger u. a., ebenda.

945 Congressional Research Service (CRS), *The Pigford Cases: USDA Settlement of Discrimination Suits by Black Farmers*, EveryCRSReport, 25. August 2005–29. Mai 2013, RS20430. https://www.everycrsreport.com/reports/RS20430.html

946 Raj Patel, »A green new deal for agriculture«, 9. April 2019. https://raj-patel.org/2019/04/09/a-green-new-deal-for-agriculture

947 Food Empowerment Project, n.d. *Slavery in the U.S.* https://foodispower.org/human-labor-slavery/slavery-in-the-us/

948 Shruti Bhogal und Shreya Sinha, »India protests: Farmers could switch to more climate-resilient crops – but they have been given no incentive«, in: *The Conversation*, 12. Februar 2021. https://theconversation. com/india-protests-farmers-could-switch-to-more-climate-resilient-crops-but-they-have-been-given-no-incentive-154700

949 Kaitlyn Spangler, Emily K. Burchfield und Britta Schumacher, »Past and current dynamics of U.S. agricultural land use and policy«, in: *Frontiers in Sustainable Food Systems* 4, Artikel 98 (2020). https://doi. org/10.3389/fsufs.2020.00098

950 Francis Annan und Wolfram Schlenker, »Federal crop insurance and the disincentive to adapt to extreme heat«, in: *American Economic Review* 105, Nr. 5 (2015), S. 262–6. https://doi.org/10.1257/aer.p20151031

951 UK Rural Payments Agency, *Basic Payment Scheme: Rules for 2019*, 2019. https://assets.publishing.service.gov.uk/government/uploads/system/uploads/attachment_data/file/915511/BPS _2019_scheme_rules_v3.0.pdf

952 George Monbiot, »The hills are dead«, 4. Januar 2017. monbiot.com/2017/01/04/the-hills-are-dead/#_ftnref8

953 George Monbiot, »The shocking waste of cash even leavers won't condemn«, in: *The Guardian*, 21. Juni 2016. https://www.theguardian.com/com-mentisfree/2016/jun/21/waste-cash-leavers-in-out-land-subsidie

954 Greenpeace, *Feeding the Problem: The Dangerous Intensification of Animal Farming in Europe*, Greenpeace European Unit, 2019. https://www.greenpeace.org/static/planet4-eu-unit-stateless/2019/02/83254ee1-190212-feeding-the-problem-dangerous-intensification-of-animal-farming-in-europe.pdf

955 Searchinger u. a., ebenda.

956 European Court of Auditors, »Special Report n°21/2017: Greening: A more complex income support scheme, not yet environ-mentally effective«, Publications Office of the European Union, Luxemburg, 12. Dezember 2017. https://www.eca.europa.eu/en/Pages/DocItem.aspx?did=44179

957 Charlie Reeve, »Farm business incomes increasingly reliant on direct payments«, in: *Agriculture and Horticulture Development Board (AHDB)*, 7. Januar 2021. https://ahdb.org.uk/news/farm-business-incomes-increasingly-reliant-on-direct-payments

958 Ebenda.

959 BirdLife International, European Environmental Bureau und Greenpeace, »Does the new CAP measure up? NGOs assessment against 10 tests for a Green Deal-compatible EU Farming Policy«, 2021. https://www.greenpeace.org/static/planet4-eu-unit-stateless/2021/06/874e7b56-2021-06-29-cap-10-tests-green-deal-compatible-farm-policy.pdf

960 Jack Peat, »The EU has archived all of the ›Euromyths‹ printed in UK media – and it makes for some disturbing reading«, in: *The London Economic*, 14. November 2018. https://www.thelondoneconomic.com/news/the-eu-have-archived-all-of-the-euromyths-printed-in-uk-media-and-it-makes-for-some-disturbing-reading-108942

961 The Newsroom, »After Brexit, farm subsidies could be even bigger: Villiers«, in: *Belfast News Letter*, 5. März 2016. https://www.newsletter.co.uk/news/after-brexit-farm-subsidies-could-be-even-bigger-villiers-1261493

962 John Mulgrew, »›No stability in voting to stay in EU‹, Owen Paterson warns farmers«, in: *Belfast Telegraph*, 8. Juni 2016. https://www.belfasttelegraph.co.uk/business/brexit/no-stability-in-voting-to-stay-in-eu-owen-paterson-warns-farmers-34781544.html

963 Peter Teffer, »EU promotes meat, despite climate goals«, in: *European Data Journalism Network*, 13. März 2019. https://www.europeandata-journalism.eu/eng/News/Data-news/EU-promotes-meat-despite-climate-goals

964 Maeve Campbell, »›Become a beefatarian‹ says controversial EU-funded red meat campaign«, in: *Euronews*, 25. November 2020. https://www.euronews.com/green/2020/11/25/become-a-beefatarian-says-controversial-eu-funded-red-meat-campaign

965 Research Executive Agency (REA), *EU Lamb Campaign*. European Commission, 2017. https://ec.europa.eu/chafea/agri/campaigns/eu-lamb-campaign
966 Lamb. »Try it, love it«, in: n.d. *Sheep Farming in Europe: A Positive Contribution to Biodiversity!* https://www.trylamb.co.uk/sustainability/sheep-farming-in-europe-biodiversity
967 Ebenda.
968 Paul Kingsnorth, *The Quants & The Poets*, 2011. https://www.paulkingsnorth.net/quants
969 George Eliot, *Middlemarch*, Berlin 1873, Drittes Buch, *In Erwartung des Todes*, 1. Kapitel, https://www.projekt-gutenberg.org/eliot/middlem2/chap001.html
970 George Monbiot, »The new political story that could change everything«, in: TEDSummit, Juli 2019. https://www.ted.com/talks/george_monbiot_the_new_political_story_that_could_change_everything?language=en#t-1591
971 Giuliana Viglione, »Climate justice: The challenge of achieving a ›just transition‹ in agriculture«, in: *CarbonBrief*, 6. Oktober 2021. https://www.carbonbrief.org/climate-justice-the-challenge-of-achieving-a-just-transition-in-agriculture
972 P. Jepson, F. Schepers und W. Helmer, »Governing with nature: A European perspective on putting rewilding principles into practice«, in: *Philosophical Transactions of the Royal Society B: Biological Sciences* 373, Nr. 1761 (2018). http://doi.org/10.1098/rstb.2017.0434
973 Alastair Driver, »Rewilding boosts jobs and volunteering opportunities, study shows«, in: *Rewilding Britain*. https://www.rewildingbritain.org.uk/news-and-views/press-releases-and-media-statements/rewilding-boosts-jobs-and-volunteering-opportunities-study-shows
974 Forest Isbell u. a., »Deficits of biodiversity and productivity linger a century after agricultural abandonment«, in: *Nature Ecology & Evolution* 3 (2019), S. 1533–8. https://doi.org/10.1038/s41559-019-1012-1
975 José M. Rey Benayas, »Enhancement of biodiversity and ecosystem services by ecological restoration: A meta-analysis«, in: *Science* 325, Nr. 5944 (2009), S. 1121–4. https://doi.org/10.1126/science.1172460

9 DIE EISHEILIGEN

976 David Bowker, »Ice saints and the Spring Northerlies«, in: *Weather* 69, Nr. 10 (2014), S. 272–4. https://doi.org/10.1002/wea.2271